E

4000

1068

1407

22

20

1750

4550

3325

1025

F

2000 1700 1250 650

1300 1650

12865

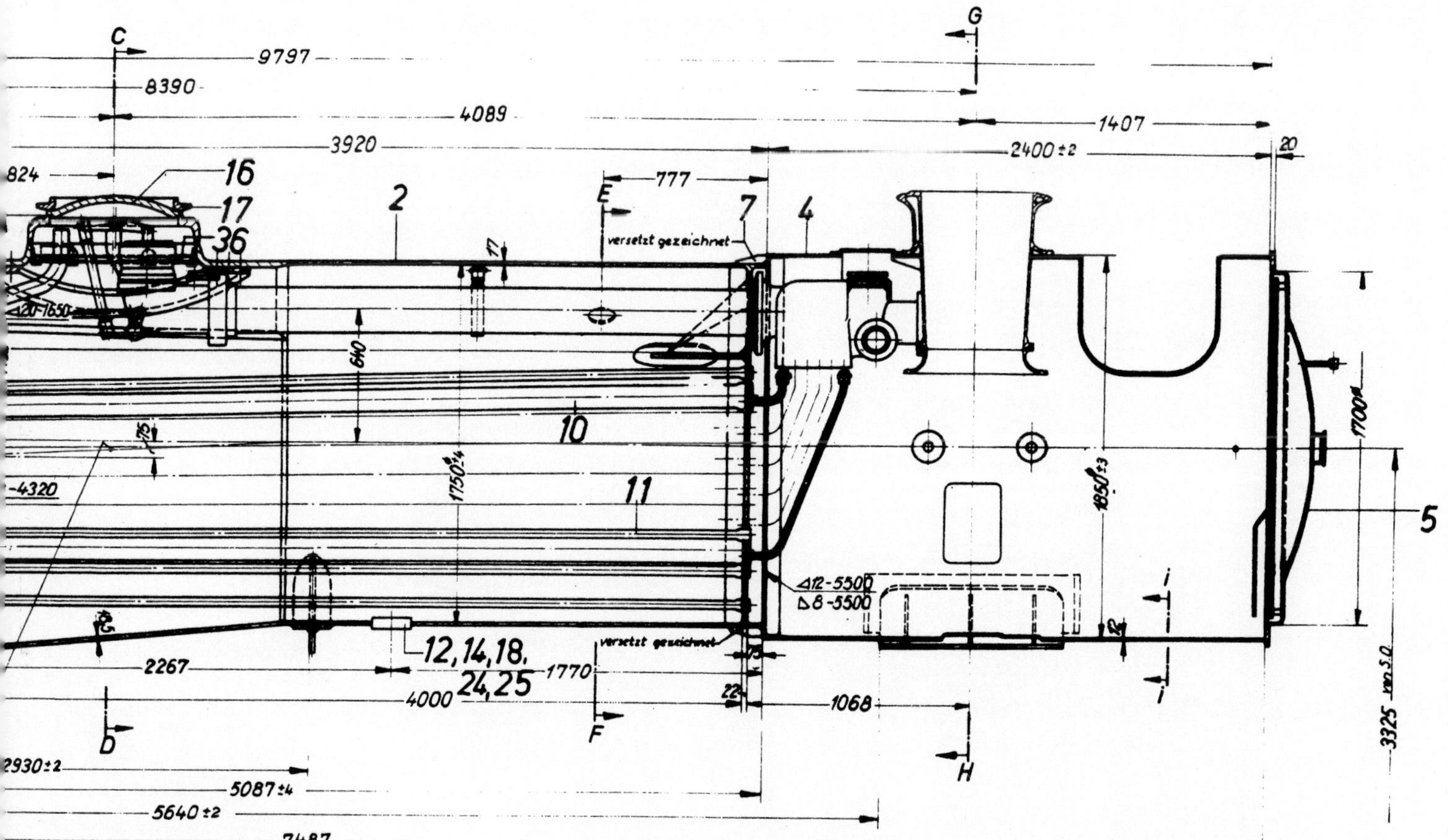

C

9797

8390

4089

3920

824

1407

2400 ±2

20

16

17

36

2

E

777

7

4

versetzt gezeichnet

17

⊿20-1650

640

10

75

-4320

1750±4

11

1850±3

1700

5

⊿12-5500

Δ8-5500

i

12,14,18,

24,25

versetzt gezeichnet

2267

1770

4000

22

1068

D

F

H

3325 max 5.0

2930±2

5087±4

5640±2

7487

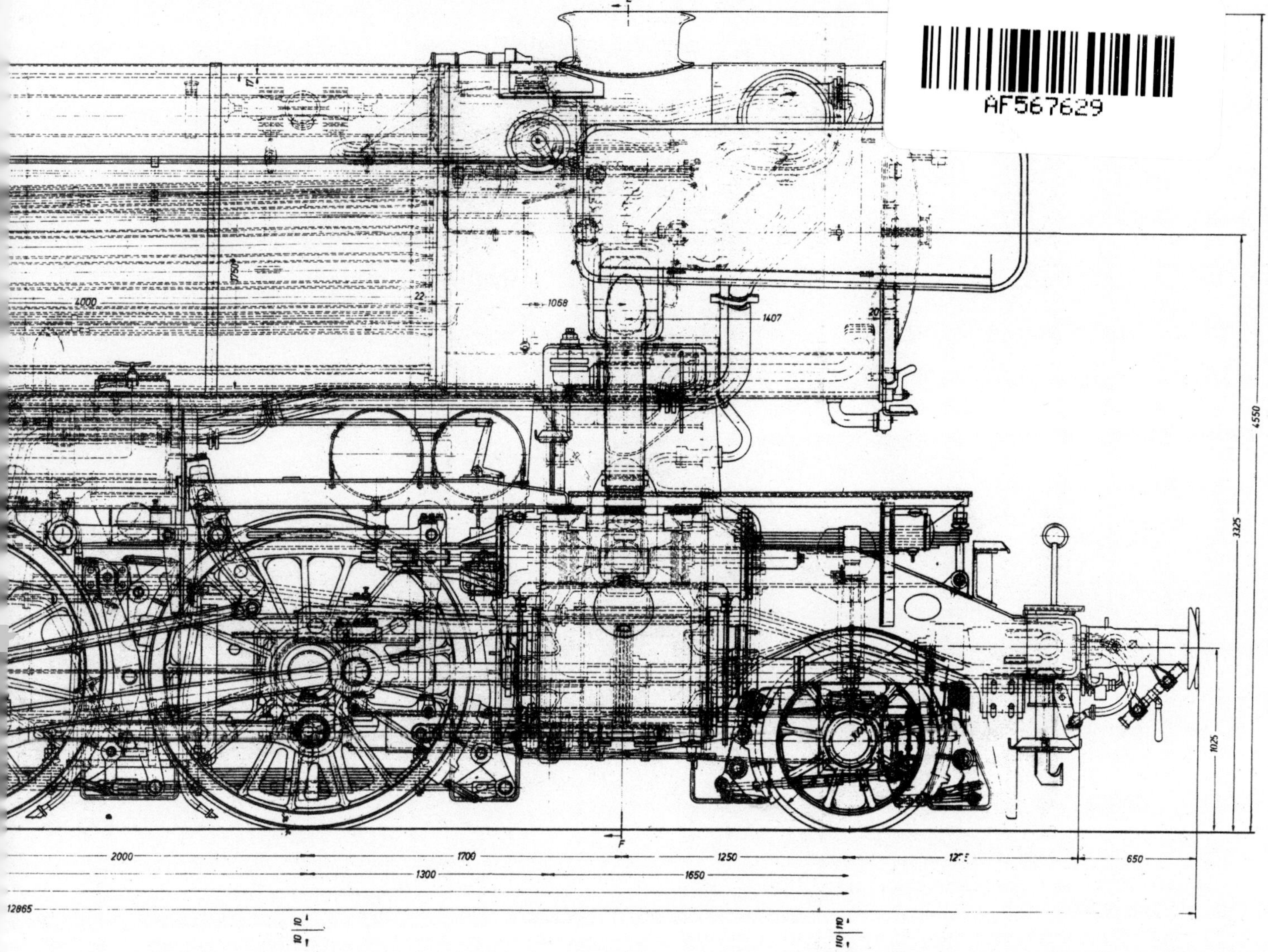

ngsachse des Kessels

5 mm Abweichung zugelassen.

Frank Lüdecke

Die Baureihe 23

Die letzte Neubau-Dampflokomotive der DB

EK-Verlag

Impressum

Titelbild
23 067 gehörte zu den ersten drei 23ern, die im April 1966 zum Bw Crailsheim kamen. Kurze Zeit später, am 29. Mai 1966, entstand dieses Portrait der Mischvorwärmer-Lok im Bw Lauda. Als 023 067 bezeichnet war sie auch eine der letzten 23er des Bw Crailsheim und schied erst im März 1975 aus dem Dienst.
Aufnahme: Albert Schöppner, Archiv Jörg Sauter

Rückseite
Auf der Rampe von Hartmannshof nach Neukirchen b. Sulzbach-Rosenberg waren bis 1975 die Weidener 44 mit den schweren Erzzügen für die Maxhütte in Sulzbach-Rosenberg zu erleben. Am 30. Juni 1985 hat 23 105 noch etwa 500 m bis zum Bahnhof Neukirchen b. S/R zurückzulegen.
Aufnahme: Georg Wagner

Vorsatz
oben: Querschnitt der Lokomotiven 23 001 bis 023 mit Oberflächenvorwärmer, Gleitlagern und Lüftungsaufsatz auf dem Führerhausdach.
unten: Kessel mit Oberflächenvorwärmer der Lokomotiven 23 001 bis 023 und 026 bis 052.

Nachsatz
Querschnitt der Lokomotiven 23 024 und 025 mit Mischvorwärmer Henschel MVC. Unten der Längsschnitt des Rahmens der Lokomotiven 23 024 bis 025 und 053 bis 105 mit Rollenlagern. Abbildungen (3): Sammlung Michael Bergmann

Über den Autor

Frank Lüdecke, Jahrgang 1951, begann nach einem Studium der Betriebswirtschaft seine Berufstätigkeit im Finanzbereich eines amerikanischen Pharma-Konzerns. Nach Stationen in Unternehmen der internationalen Halbleiterindustrie und der Film- und Fernsehproduktion setzte er seine Tätigkeit in Führungspositionen der Verlagswirtschaft fort. Bis zu seinem Eintritt in den Ruhestand war Lüdecke Geschäftsführer des „Tagesspiegels" in Berlin.

Schon von Kindesbeinen an galt sein besonderes Interesse der Eisenbahn, die ihm in seiner langjährigen Heimat München besonders in Gestalt von Altbauelloks vertraut war. Dieser Traktionsart galten ab 1979 auch seine Buch-Publikationen beim EK-Verlag, die sich bis zum heutigen Tage fortsetzen.

Nach der Heizerausbildung 1977 beim Bw Rheine gehörte Lüdecke zum Fahrpersonal von 41 018 der Dampflok-Gesellschaft München e. V., 1991 folgte die Prüfung zum Dampflokomotivführer.

Frank Lüdecke lebt im Remstal bei Waiblingen.

ISBN 978-3-8446-6057-9

www.eisenbahn-kurier.de

Bearbeitung/Gestaltung: Silvia Teutul
Mitarbeit: Jörg Sauter, Rainer Humbach

Bildbearbeitung: Jens Gutjahr, Sabine Ressel, Sandra Schnellbach, Rico Schreiber

Unser Gesamtverzeichnis erhalten Sie kostenlos unter Tel. 0761-70 310 0 oder unter service@eisenbahn-kurier.de

EK-Verlag – ein Verlag der VMM Verlag + Medien Management Gruppe GmbH • Lörracher Straße 16 • 79115 Freiburg

Inhalt

Vorwort 5

Entstehungsgeschichte 6
Die Baureihe 23 (alt) 6
Das Neubauprogramm 8
Neue Baugrundsätze nach Friedrich Witte 16

Technische Beschreibung 18
Der Kessel 18
Die Kesselausrüstung 22
Der Rahmen 27
Das Laufwerk 28
Die Zylinder 30
Das Triebwerk 31
Die Steuerung 32
Die Bremse 34
Die Dampfheizung 34
Die Schmierung 34
Die Beleuchtungsanlage 35
Das Führerhaus 36
Der Tender 38

Die am Bau der 23 (alt und neu) beteiligten Lokomotivfabriken 40
Maschinenfabrik Esslingen AG 40
Henschel & Sohn GmbH, Kassel 41
Arnold Jung Lokomotivfabrik GmbH 45
Friedrich Krupp Lokomotivfabrik, Essen 50
F. Schichau, Maschinen- und Lokomotivfabrik, Schiffswerft und Eisengießerei GmbH 52

Personalia 54

Versuche 55

Bauart 63
Bauartunterschiede und Bauartänderungen 63
Änderungen der Bauart/Sonderarbeiten 64

Betriebsmaschinendienst 82

Betriebliche Bewährung und Leistungsfähigkeit 94
Vergleich mit anderen Baureihen 94
Kohlenverbrauch 100
Behandlung und Bedienung der Neubaukessel 106

Einsatz bei den Bahnbetriebswerken 108
BD Augsburg 108
Bw Kempten 108
BD Essen 113
Bw Paderborn 113
BD Frankfurt am Main 116
Bw Gießen 116
BD Hamburg 124
Bw Hamburg-Rothenburgsort 124
BD Hannover 124
Bw Bielefeld 124
Bw Braunschweig Vbf 130
Bw Bremen Hbf 130
Bw Hameln 130
Bw Löhne 133
Bw Minden 133
BD Karlsruhe 143
Bw Mannheim 143
BD Köln 143
Bw Krefeld 143
Bw Mönchengladbach 150
BD Mainz 158
Bw Bingerbrück 158
Bw Kaiserslautern 162
Bw Koblenz-Mosel 170
Bw Mainz Hbf 175
Bw Oberlahnstein 185
BD Münster 186
Bw Emden 186
Bw Oldenburg Hbf 200
Bw Oldenburg Rbf 204
Bw Osnabrück Rbf 206
BD Saarbrücken 213
Bw Dillingen (Saar) 213
Bw Saarbrücken 213
Bw Trier Hbf 237
BD Stuttgart 240
Bw Crailsheim 240
Bw Rottweil 268
BD Wuppertal 273
Bw Bestwig 273
Bw Hagen-Eckesey 285
Bw Siegen 288

... nach dem Plandienst: Museumslokomotiven 301
23 019 304
23 023 304
23 029 306
23 042 307
23 058 308
23 071 313
23 076 314
23 105 315

Anhang 322
Lebensläufe aller 23 322
Die größten 23-Schrottplätze mit Zerlegedaten 336
Verzeichnis und Verbleib aller DB-23 340
Danksagung 342
Literatur- und Quellenverzeichnis 344

△ **Bild 1** • Die Frontpartie einer Oberflächenvorwärmer-23 in Gestalt von **023 023** vom Bw Crailsheim, aufgenommen am 10. Dezember 1972 in Lauda. Im Gegensatz zu den Loks mit Heinl-Mischvorwärmer gewährte diese Bauform freien Durchblick unter der Rauchkammer bis zum Rauchkammerträger. Aufn.: Albert Schöppner, Archiv Jörg Sauter

Vorwort

Liebe Leserinnen, liebe Leser,

unter den ab 1950 in Betrieb gestellten Neubau-Dampflokomotiven der Deutschen Bundesbahn nimmt die Baureihe 23 in vielfältiger Weise eine Sonderstellung ein. Die zeitgenössische Beurteilung, aber auch manche Stimme in der Gegenwart sparen nicht mit Kritik an der 23: Sie sei zu spät gekommen und werde nicht mehr gebraucht, ihre Verbrauchswerte und Leistungen seien kein Fortschritt gewesen. Die Realität sah freilich anders aus: Als reine Personenzuglokomotive konstruiert, musste die 23 bis zum Ende der fünfziger Jahre bei mehreren Bahnbetriebswerken als „Behelfs-Schnellzuglok" den empfindlichen Mangel an Schnellzuglok-Baureihen ausgleichen. In diesen herausfordernden Umlaufplänen drangen die 23 in monatliche Kilometerleistungen vor, die bislang den großrädrigen 01 und 03 vorbehalten waren! Ihre Verbrauchswerte waren in diesen Jahren ausgesprochen günstig, ihre Zugkraft beim Personal geschätzt. Historische Bedeutung gewinnt die Baureihe auch dadurch, dass die letzte an die DB abgelieferte Dampflokomotive eine 23 war: 23 105. Die Fähigkeiten der 23 unterstreicht die Tatsache, dass sie unter allen Neubau-Dampflokomotiven der DB am längsten im Einsatz war: 25 Jahre von 1950 bis 1975. Und, nicht zu vergessen: Auch heute noch, 73 Jahre nach ihrem Erscheinen, können wir fünf 23er bei verschiedenen Museumsbahn-Vereinen im Betrieb erleben – ein trefflicher Beweis für die Solidität der Baureihe.

Bei der Beschäftigung mit der 23 tauchen wir ein in eine Welt der Eisenbahn, die wie eine ferne Utopie erscheint: *„Wir fahren immer"* versprachen Werbeplakate der DB in den sechziger Jahren landauf, landab. Und so war es auch: Weder Hitze noch Kälte, weder Laub noch Eis und Schnee auf den Schienen oder Stürme konnten den Fahrplan aus den Fugen bringen, Lokführer fehlten niemals, defekte Fahrzeuge waren eher selten, auf den Bahnhöfen – die diesen Namen verdienten – waren Eisenbahner am Fahrkartenschalter und als Fahrdienstleiter für den Dienst am Kunden da. Die Pünktlichkeit lag bei 95 % – die Züge waren „pünktlich wie die Eisenbahn"! Und heute? Das System Eisenbahn der „Autorepublik Deutschland" steht nach Jahrzehnten unter der Ägide von SPD- und CDU/CSU-Verkehrsministern vor dem Kollaps. Es ist drei vor zwölf für eine entschlossene Wende der Verkehrspolitik hin zu einer leistungsfähigen Eisenbahn, wie sie zu Zeiten der 23 selbstverständlich war!

Die Arbeit an diesem Buch fand zu einem guten Teil unter dem Eindruck des russischen Angriffskrieges gegen die Ukraine statt. Die liebgewonnene Gewissheit Deutschlands, der große Nachbar Russland ließe sich „durch Handel zum Wandel" bewegen, wich der furchtbaren Erkenntnis, dass wir es mit einem aggressiven Regime von Kriegsverbrechern zu tun haben, das die Freiheit Europas bedroht. Passt vor diesem Hintergrund eine ausführliche Abhandlung über die Baureihe 23 in die wohl dramatischste Phase der deutschen Nachkriegszeit? Mit dem Kauf dieses Buches haben Sie bereits eine klare Antwort gegeben! Die Beschäftigung mit unserem wunderbaren Hobby Eisenbahn führt uns in die Welt der Träume und gibt uns Kraft für die Herausforderungen des realen Lebens. In diesem Sinne, liebe Leserin, lieber Leser, lade ich Sie ein, mir zu folgen in die große Zeit der 23 und der deutschen Eisenbahn!

Korb, im Februar 2023 Frank Lüdecke

△ **Bild 2** • Früh aufstehen musste, wer den N 3864 (Osterburken 5:51 Uhr – Würzburg 7:58 Uhr) mit seinen attraktiven Vorkriegswagen in der Kurve hinter Gerlachsheim ablichten wollte. Am 16. Juni 1973 war die Zuglok die Crailsheimer **023 027**. Aufnahme: Albert Schöppner, Archiv Jörg Sauter

Entstehungsgeschichte

Die Baureihe 23 (alt)

Bereits 1941 stellte die Deutsche Reichsbahn zwei Lokomotiven der Baureihe 23 in Dienst, die als 23 001 und 23 002 unter den Fabriknummern 3443 und 3444 von Schichau in Elbing gebaut wurden. Die Entwurfsarbeiten reichten bis in das Jahr 1937 zurück. Friedrich Witte, auch damals Mitglied des Fachausschusses Lokomotiven, drängte auf die Verwendung einer Verbrennungskammer, die bei anderen Bahnverwaltungen bereits zu einer substanziellen Leistungssteigerung der Kessel geführt hatte. Er konnte sich jedoch nicht durchsetzen. Stattdessen sollte dem Vereinheitlichungsprinzip entsprechend der Kessel der Baureihe 50 auch in der 23 Grundlage der Entwicklung sein. Dies entsprach dem bei der Reichsbahn gepflegten Gedanken des „natürlichen Leistungsprogramms“, wonach die maximale Heizfläche auf dem durch das Betriebsprogramm geforderten Fahrgestell zu installieren sei – das bekannte Wagner'sche Prinzip des „Langrohrkessels“. So entstand wieder einmal eine höchst konventionelle, man könnte auch sagen mittelmäßige Lokomotive, deren Kesselleistung weit unter vergleichbaren Entwürfen anderer europäischer Bahnverwaltungen (SNCF) blieb. Die Kritiker, die der Reichsbahn notorische Zukunftsscheu nachsagten, durften sich bestätigt fühlen.

Die alte 23 geriet mit fast 23 m Gesamtlänge sehr groß, einem Wagner'schen Langrohrkessel mit 5.200 mm Rohrlänge, einer Verdampfungsheizfläche von 177,83 m^2, einem großen Rost von 3,9 m^2 und einem Verhältnis von Rohrheizfläche zu Feuerbüchsheizfläche von 10 : 14. Der Kessel ließ keine höhere Verdampfungsleistung als die festgelegten 57 kg/m^2h zu. Überlastbar war die Lok nicht. Obwohl inzwischen klare Erkenntnisse vorlagen, dass der hochwertigen Strahlungsheizfläche gegenüber einer großen Rohrlänge der Vorzug zu geben war, konnte die DR sich nicht dazu durchringen, aus der 23 eine moderne Lokomotive nach „state of the art“ zu machen. Wagners Einfluss war nach wie vor groß.

Beide Maschinen machten ausreichend Dampf, die Laufruhe war gut. Doch bereits bei Ablieferung der beiden Probeloks war klar, dass die für 1942/43 vorgesehene Auslieferung von 800 bestellten Loks storniert werden würde: Hitler hatte mit seiner Wehrmacht am 22. Juni 1941 die Sowjetunion überfallen. Die nächsten Jahre sollten bestimmt sein von der NS-Parole „Erst siegen, dann reisen!“ Jetzt waren Güterzuglokomotiven in großer Zahl gefragt, die ab 1942 in bislang nicht gekannten Mengen ausgeliefert wurden (Kriegslokomotiv-Baureihen 42 und 52).

△ **Bild 3** • Bei der Ablieferung der neuen **23 001** am 29. November 1950 bei Henschel haben sich zahlreiche Herren eingefunden, die dem besonderen Ereignis beiwohnen wollen. Der zweite von rechts ist Friedrich Witte, der dritte von links Friedrich Flemming. Die Lok trägt am Führerhaus ein Bw-Schild „Bremen Hbf“, tatsächlich kam sie nach Kempten.

Aufnahme: Sammlung Andreas Giller

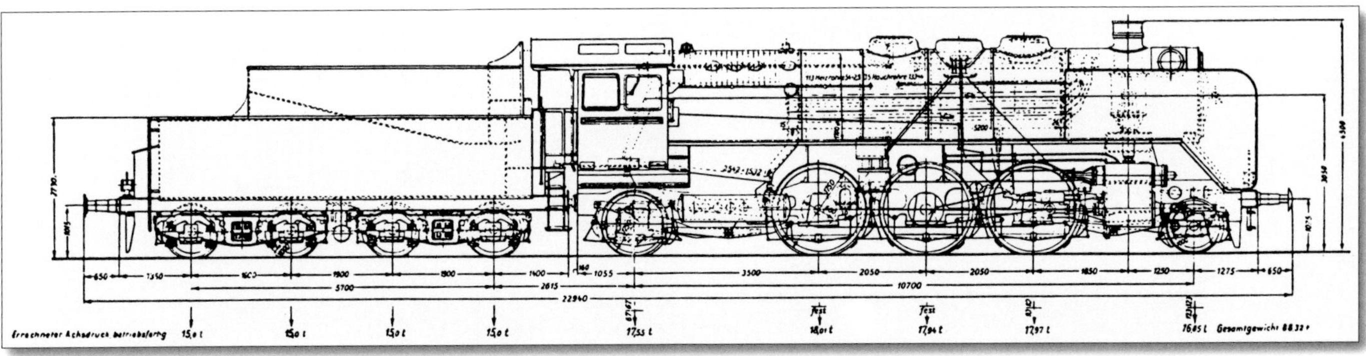

△ **Bild 4** • Der Schichau-Entwurf der Baureihe 23 alt ist ein „Reichsbahn-Klassiker“: Wagner’scher Langrohrkessel, Verzicht auf eine Verbrennungskammer, Tender der BR 50.

△
Bilder 5 und 6 ▷
Die Baureihe 23 der Deutschen Reichsbahn war als leichte Personenzug-Dampflok konzipiert und als Ersatz für die preußische P 8 vorgesehen. Im Interesse weitreichender Austauschmöglichkeiten im Werkstättendienst erhielt die Lok den gleichen Kessel wie die parallel entwickelte Baureihe 50, und wie diese auch den neu entwickelten Tender 2’2’T26 mit einer Vorderwand, die dem Personal bei Rückwärtsfahrt Schutz bot. Den Kriegsereignissen geschuldet blieb es bei zwei Baumuster-Lokomotiven. Die fabrikneue **23 001** wurde am 23. September 1941 bei der LVA Grunewald abgenommen, wo auch diese Aufnahmen entstanden. Die Lok trägt bereits abgedunkelte Lampen.

Aufnahmen (2): Hermann Maey/RVM-Filmstelle, Sammlung Hans-Jürgen Wenzel

△ **Bild 7** • Der Marine- und Eisenbahnmaler Walter Zeeden schuf 1951 eine Zeichnung der von Schaulustigen umstellten 23 007. Dank der künstlerischen Freiheit des Malers steht hier eine Bremer Lok im Münchener Hauptbahnhof. ILLUSTRATION: WALTER ZEEDEN, SAMMLUNG FRANK LÜDECKE

Das Neubauprogramm

Zur Zeit der Entwicklung der neuen Baureihe 23 war Deutschland das genaue Gegenteil einer souveränen Nation. Der Holocaust und der völlige moralische Zusammenbruch lagen nur wenige Jahre in der Vergangenheit. Die militärische Niederlage war total, die Zerstörung beispiellos. Deutschlands Ansehen, fast schon seine Legitimität als Nation, war vom NS-Regime ausgelöscht worden und führte zur fortschreitenden Auflösung der deutschen Zivilgesellschaft. Das Reichsgebiet westlich der Oder-Neiße-Grenze wurde von den alliierten Siegermächten in vier Besatzungszonen aufgeteilt: Der Osten fiel an die Sowjetunion, die westlichen Gebiete wurden von den USA, Großbritannien und Frankreich verwaltet. Vor dem Hintergrund des aufziehenden Antagonismus zwischen dem von der Sowjetunion beherrschten kommunistischen Ostblock und dem kapitalistisch orientierten Westen unter der Führung der USA senkte sich ein „Eiserner Vorhang" (Winston Churchill) sowohl zwischen Ost- und Westeuropa als auch zwischen den beiden Teilen von Deutschland.

Die von den Westalliierten beabsichtigte Entnazifizierung endete nach kurzer Zeit und wich dem Bestreben, Staat und Gesellschaft mit den vorhandenen Eliten wieder aufzubauen. West-Deutschland wurde als Bollwerk gegen den kommunistischen Ostblock gebraucht. Das Ergebnis war, dass aus der NS-Zeit belastete Funktionsträger in Justiz, Wirtschaft, Verwaltung und Politik rasch wieder Karriere machten. Auch im Kreis der Persönlichkeiten, die an der Entwicklung der neuen Einheitsloks beteiligt waren, befanden sich Männer, die im NS-Reich dafür gesorgt hatten, dass die Reichsbahn die nationalsozialistischen Ziele erfüllte und die Räder rollten.

Der bei Kriegsende Mitte 1945 im Bereich des britischen und amerikanischen Besatzungsgebietes vorhandene Dampflokpark entsprach, bedingt durch die auf die Kriegsproduktion ausgerichtete Beschaffungspolitik der Jahre 1939 bis 1945, in seiner gattungsmäßigen Struktur nicht den Anforderungen eines friedensmäßigen Regelbetriebes. Er verteilte sich zudem noch auf die große Zahl von 149 verschiedenen Lokomotivtypen. Speziell die während des Zweiten Weltkrieges einseitige Konzentration der Beschaffung auf Güterzuglokomotiven wirkte sich ungünstig auf die Zusammensetzung des Dampflokbestandes aus, wie die nachfolgende Tabelle zeigt:

Gattungsgruppe	Anteil der Vollspur-Dampfloks [%] DR-Gebiet 1936	Trizone Gesamtbestand Ende 1950
S-Lokomotiven	5,1	3,5
P-Lokomotiven	16,9	10,3
Pt-Lokomotiven	12,7	10,0
G-Lokomotiven	39,3	56,3
Gt-, L-, Zahnradloks	26,0	19,9

In der Folge mussten viele Leistungen mit zu schweren Lokomotiven gefahren werden, was sich nachteilig auf die Wirtschaftlichkeit auswirkte. Als zusätzlicher erschwerender Faktor kam hinzu, dass zwar ein großer Teil der Güterzuglokomotiven, insbesondere die sogenannten Kriegslokomotiven, nicht älter als fünf Jahre war, aber die für den wieder anwachsenden Reisezugverkehr dringend benötigten Personenzugloks (Baureihe 38^{10}) ein Durchschnittsalter von 30,5 bis 34,7 Jahren erreicht hatten. Damit trat die Notwendigkeit der Ersatzbeschaffung für die in die Jahre gekommene Baureihe 38^{10} (preußische P 8) immer stärker in den Vordergrund.

Der Betrieb der noch existierenden Deutschen Reichsbahn wurde nicht nur durch den beschädigten und überalterten Lokpark beeinträchtigt, sondern auch durch den kältesten Winter des 20. Jahrhunderts, auch als „Hungerwinter 1946/47" bezeichnet. Durch den Krieg und die Folgen des Krieges, wie auch durch die Mangelernährung in der Nachkriegszeit, waren die Menschen geschwächt. In den ausgebombten Städten kamen eine katastrophale Wohnraumsituation und Brennstoffmangel hinzu. In Deutschland starben nach Schätzungen von Historikern in diesem Winter mehrere hunderttausend Menschen an Hunger, Kälte und fehlender medizinischer Versorgung.

Die deutsche Kultur, noch zu Zeiten der Weimarer Republik ein Quell schöpferischer Energie, war in der NS-Zeit nahezu vollständig ausgelöscht worden. Die großen Persönlichkeiten der Literatur, des Theaters, der Musik, der Malerei waren entweder umgebracht worden, hatten Selbstmord begangen oder befanden sich im Exil. Der damalige Kölner Oberbürgermeister Konrad Adenauer bemerkte 1947 in einem Briefwechsel:

„Es kann Ihnen nicht entgangen sein, dass nach den Nazis die deutsche Kultur genauso am Boden liegt wie die Ruinen des Rheinlandes und des Ruhrgebietes.“

Anders war die Situation auf dem Gebiet der Ingenieurwissenschaften und der Eisenbahn: Die führenden Köpfe gingen bis auf wenige Ausnahmen, die von den Besatzungsmächten für ihr Raketenprogramm „requiriert“ wurden, wie z. B. Wernher von Braun, weiterhin ihren gewohnten Tätigkeiten nach.

Vor diesem Hintergrund wurde bereits am 17. September 1947 mit Verfügung 2HB 8 Aaa 1 der damaligen Hauptverwaltung Bielefeld die Wiederbelebung des „Fachausschusses Lokomotiven“ angeordnet, der letztmals 1939 Empfehlungen zu neu geplanten Loks abgegeben hatte.

Der Ausschuss trat am 11. Mai 1948 in Göttingen zu seiner ersten Sitzung zusammen. Vorsitzender war Bauartdezernent Friedrich Witte vom Zentralamt Göttingen, der eine entscheidende Rolle bei der Entwicklung der Neubau-Dampfloks spielen sollte. Abteilungspräsident Flemming von der neuen Hauptverwaltung Verkehr in Offenbach erläuterte die Richtlinien, auf die der Fachausschuss bei Dampfloks zu achten habe:

a. einfache Bauart und leichte Bedienung
b. geringe Schadanfälligkeit besonders des Kessels
c. niedriger spezifischer Brennstoffverbrauch
d. billige Unterhaltung und kurze Ausbesserungszeiten
e. geringe Pflegezeiten und hohe Nutzleistung je Bw-Loktag
f. sparsame Verwendung von Mangelstoffen

Inzwischen flossen Deutschland die ersten Tranchen des Marshall-Plans zu, was Flemming zu der Ergänzung ermutigte:

„Im Hinblick auf das neue Typenprogramm, das demnächst zur Beratung kommen wird, wird noch auf die erforderliche weitere Steigerung der spezifischen Leistung des Lok-Kessels und den notwendigen Ersatz verschiedener Lok-Typen hingewiesen.“

Gleichwohl wurde im weiteren Verlauf der Sitzungen des Fachausschusses die Frage kontrovers diskutiert, ob im Hinblick auf den zu erwartenden Strukturwandel hin zur Diesel- und Elektrotraktion überhaupt noch Dampflokomotiven beschafft werden sollten. Schließlich setzten sich vier Argumente für die Beschaffung von neuen Dampflokomotiven durch:

1. Die für dichtbelegte Hauptstrecken aus Gründen der Wirtschaftlichkeit und Streckenleistungsfähigkeit dringend erwünschte Elektrifizierung ging wegen des hohen Kapitalbedarfs sehr langsam voran. Im Bereich der Westzonen waren seit Kriegsende bis Mai 1950 nur knapp 115 km elektrifiziert worden: Stuttgart-Untertürkheim – Abzweig Kienbach und Stuttgart-Bad Cannstatt – Waiblingen (2.10.1949), Nürnberg-Dutzendteich – Regensburg und Nürnberg-Märzfeld – Fischbach b. Nürnberg (15.5.1950).
2. Die Treibstoffkosten von im Streckendienst eingesetzten Groß-Diesellokomotiven waren nach aus dem Ausland verfügbaren Informationen höher als die Brennstoffkosten der Dampflokomotiven. Da in Deutschland noch keine Groß-Diesellokomotiven vorhanden waren, lagen zu Beschaffungs- und Unterhaltungskosten noch keine eigenen Erfahrungen vor. Ob die Mehraufwendungen für Treibstoff- und Kapitaldienst durch Personaleinsparung, niedrigere Behandlungskosten und bessere Ausnutzung aufgewogen werden konnten, sollte durch praktische Versuche mit zunächst drei US-Diesellokomotiven für den Schnellzugdienst geklärt werden, da die DB noch keine eigenen Groß-Dieselloks für den Streckendienst hatte.
3. Im Reisezugdienst (Nahverkehr, Nebenbahnen, Städteschnellverkehr) – soweit in diesen Fällen kürzere Zugeinheiten gefahren wurden – und im Fernschnellverkehr (V_{max} = 160 km/h) wurde der Triebwagen dem Dampfzug als überlegen angesehen. Daher würde sich ein bestimmter Teil der Ersatzbeschaffungen erübrigen.
4. Zu Punkt 2. und 3. sei zu berücksichtigen, dass die Frage der jederzeit sicheren Versorgung mit Dieselkraftstoff zu einem für die DB tragbaren, festen Preis noch völlig ungeklärt war. Das Gleiche galt für den Devisenbedarf zur Einfuhr von Dieselkraftstoff.

Das wirtschaftliche und politische Umfeld

An dieser Stelle gilt es, die politischen und wirtschaftlichen Rahmenbedingungen in den Blick zu nehmen, welche die Arbeit der Männer des Fachausschusses bestimmten. Mit der Währungsreform im Juni 1948 in den Westzonen und der Ablösung der Reichsmark durch die Einführung der D-Mark als alleiniges Zahlungsmittel erhielt jeder Einzelstehende bzw. Haushaltsvorstand im ersten Schritt ein „Kopfgeld“ von 40 DM. Gleichzeitig wurden die Preisbindung und Bewirtschaftung aufgehoben. Damit setzte der Wirtschaftsdirektor der Westzonen und spätere Bundeskanzler Ludwig Erhard (* 4. Februar 1897 in Fürth, † 5. Mai 1977 in Bonn) eine vor allem psychologisch bedeutsame wirtschaftliche Zäsur. Gleichsam über Nacht füllten sich die Schaufenster mit Waren, an die zuvor nicht zu denken war. Die Währungsreform war das im positiven Sinne markanteste kollektive Erlebnis in der westdeutschen Nachkriegszeit nach 1945. Begleitet von einer allmählich einsetzenden wirtschaftlichen Erholung von den Kriegsfolgen wurde am 23. Mai 1949 in den drei westlichen Besatzungszonen die Bundesrepublik Deutschland gegründet und das Grundgesetz als provisorische Verfassung in Kraft gesetzt, dessen Präambel für eine Übergangszeit ein Wiedervereinigungsgebot enthielt. Die erste freie Wahl auf deutschem Boden seit der Reichstagswahl vom 6. November 1932, die Bundestagswahl 1949, fand am 14. August 1949 statt. Bei einer Wahlbeteiligung von 78,5 % verteilten sich die Stimmanteile zu 25,2 % auf die CDU, CSU 5,8 %, SPD 29,2 %, FDP (FDP/DVP/BDV) 11,9 %, KPD 5,7 %, Bayernpartei 4,2 % und Deutsche Partei (DP) 4,0 %. Gegen den erklärten Willen großer Teile der CDU, die eine Koalition mit der SPD anstrebten, setzte Konrad Adenauer ein Bündnis mit der FDP durch, in das zur Erreichung der absoluten Mehrheit auch die rechtsgerichtete Deutsche Partei (DP) aufgenommen wurde. Am 15. September 1949 wurde Konrad Adenauer mit 202 Stimmen zum ersten Bundeskanzler der Bundesrepublik Deutschland gewählt. Er erhielt exakt die zur Erreichung der absoluten Mehrheit erforderliche Stimmenzahl. Seine eigene Stimme gab den Ausschlag!

Diese ersten zaghaften Schritte in Richtung einer Demokratie können nicht darüber hinwegtäuschen, dass Deutschland zum Zeitpunkt der Entstehung der 23 vier Jahre nach dem Ende des NS-Regimes eine höchst fragile Demokratie war. Laut Meinungsumfragen hielt jeder zweite Deutsche den Nationalsozialismus immer noch für eine gute Idee, die nur schlecht ausgeführt worden sei. Auf die Frage, welche Deutschlands beste Zeit gewesen sei, nannten 1951 vier Fünftel der Befragten entweder die Ära vor 1914, als der Kaiser noch herrschte, oder die Vorkriegsjahre des „Dritten Reichs". Ein Drittel der 1951 Befragten stand den Mitgliedern des Widerstands, der 1944 versucht hatte, Hitler zu töten, kritisch gegenüber. Im folgenden Jahr hatte immer noch ein Viertel der Bevölkerung eine „gute Meinung" von Hitler.

Am 7. September 1949 erfolgte die Umbenennung der „Deutschen Reichsbahn im Vereinigten Wirtschaftsgebiet" (Bizone) in „Deutsche Bundesbahn". Die Wirtschaftskraft der drei westlichen Besatzungszonen war nach wie vor von den Verwüstungen des Zweiten Weltkrieges und dem völligen Zusammenbruch des Deutschen Reiches geprägt. Das Bruttoinlandsprodukt (BIP) der Bundesrepublik betrug 1950 umgerechnet 49,69 Mrd. €. 1989, dem letzten Jahr vor der Wiedervereinigung erreichte es 1.200,66 Mrd. €. Nachdem das reale BIP pro Kopf der Bevölkerung 1943 umgerechnet bei 1.383 € gelegen hatte, sank es 1946 auf 491 € und erholte sich bis 1949 nur langsam auf 784 €. Die im Zweiten Weltkrieg eingeführten Lebensmittelmarken waren auch nach Kriegsende Voraussetzung für den Bezug von Nahrungsmitteln, die entsprechend der Schwere der Arbeit in Kategorien von I bis V eingestuft wurden. Ende 1946 entsprach die vorgesehene Tagesration für erwachsene sogenannte „Normalverbraucher" 1.550 Kilokalorien. In den Jahren 1948 und 1949 wurden die Mengen schrittweise erhöht. Erst zum 1. Mai 1950 wurden die Lebensmittelmarken in der Bundesrepublik abgeschafft. Man darf davon ausgehen, dass die Männer des Fachausschusses weder in überheizten Räumen arbeiteten, noch sich launig über die nächste anstehende gewichtsreduzierende Diät austauschten.

Die Entstehung des Typenprogramms

Die Frage, ob Einheitslokomotiven der bisherigen Bauart weiter beschafft oder neue Lokomotiven entwickelt werden sollten, wurde zugunsten der letzteren Lösung entschieden. Die vor rund 25 Jahren entwickelten Einheits-Dampflokomotiven hatten sich zwar hinsichtlich ihrer Wirtschaftlichkeit gut bewährt, waren aber in ihrer spezifischen Kesselleistung begrenzt, bei stärkerer Kesselbeanspruchung zudem erschöpfungs- und schadanfällig sowie, bedingt durch eine suboptimal abgestimmte Saugzuganlage, empfindlich in der Dampferzeugung. Ferner entsprachen sie hinsichtlich der Fertigungsverfahren und in der Abstimmung der einzelnen Heizflächenanteile nicht den neuesten technischen Erkenntnissen.

Das nach mehreren Sitzungen des Fachausschusses entwickelte Typenprogramm, von Flemming als „Maximal-Programm" bezeichnet, enthielt 14 Baureihen, die sich hinsichtlich Achsanordnung und Größe eng an den vorhandenen Einheitsloks orientierten. Es war von vorneherein beabsichtigt, mit einer geringeren Zahl von Typen auszukommen, d. h. ohne die eingeklammerten Baureihen. Ersetzt werden sollten: Baureihe 63 neu durch Baureihe 65, Baureihen 81 und 89 neu durch Dieselloks, Baureihe 50 neu durch Baureihen 40 und 46 neu. Ob Bedarf für die Baureihe 48 entstehen würde, war bereits umstritten: In diesem Entwurf war die größte Leistung installiert, die sich im Rahmen der Fahrzeugbegrenzung II, des zulässigen größten Achsdruckes und des für die 23-m-Drehscheibe zulässigen Achsstandes unterbringen ließ. Nicht überraschend fiel die Baureihe 48 schon bald aus der Planung.

Die tatsächliche Umsetzung des Typenprogramms ab 1950 unterschied sich teilweise erheblich von der vorläufigen Planung: Die Baureihe 10 wurde als schwere dreizylindrige „Pacific" mit einer Höchstgeschwindigkeit von 140 km/h ausgeführt. Die neuen Baureihen 40, 46, 47, 48, 50, 63, 81, 83 und 89 entfielen ersatzlos.

Wir sind in der glücklichen Lage, Einblick nehmen zu können in eine richtungweisende Sitzung des Fachausschusses Lokomotiven am 18. und 19. Oktober 1949 in Wertheim. Wolfgang Feuerhelm stellte uns freundlicherweise die Niederschrift zur Verfügung.

Anwesend waren die Herren:

- Reichsbahndirektor Witte (Vorsitzender), Eisenbahnzentralamt Göttingen
- Abteilungspräsident Alsfaßer, Eisenbahndirektion Wuppertal
- Reichsbahndirektor Rabus, Eisenbahndirektion München
- Oberreichsbahnrat Dr. Ing. Garbers, Eisenbahndirektion Hamburg
- Oberreichsbahnrat Dr. Ing. habil Schöning, Eisenbahnmaschinenamt Minden
- Reichsbahnrat Dr. Ing. Müller, Eisenbahnzentralamt Göttingen
- Oberlokführer Schürmann, Bahnbetriebswerk Osnabrück Hbf
- Dr. Ing. Kröber (Schriftführer), Eisenbahnzentralamt Göttingen

Außerdem die Herren:

- Ministerialdirigent i. R. Dr. Ing. eh Wagner, Velburg/Opf
- Prof. Mölbert, Technische Hochschule Hannover

Vorläufiges Typenprogramm für die Einheitslokomotiven der Deutschen Bundesbahn (1949)

Neue BR	Ersatz für BR	Achsanordnung und Zylinderzahl	Kesselleistung [t Dampf/h]	Größter Achsdruck [t]	Treibraddurchmesser [mm]	Vmax [km/h]
10	01/03	1'C 1'h2	14,5	22	2.000	130
23	38^{10}	1'C 1'h2	10	17/19	1.750	110
40	24/54	1'D h2	9	16	1.400	80
46	41	1'D 1'h2	13	20	1.600	90
47	44	1'E h3	14,5	20	1.400	80
(48)	45	1'E 1'h3	20	23	1.600	100
(50)	50	1'E h2	10	15	1.400	80
(63)	78	2'C 2'h2	10	18	1.750	100
65	93^5	1'D 2'h2	9	17	1.500	85
66	64	1'C 1'h2	6,5	15	1.500	90
(81)	81	D h2	5,5	17	1.100	45
82	94^5/87	E h2	8	18	1.400	70
83	86	1'D 1'h2	7	15	1.400	80
(89)	89	C h2	3,5	15	1.100	45

- Ministerialrat Flemming, Hauptverwaltung der Bundesbahn Offenbach

Die Runde, auch heute noch bestechend angesichts ihrer Brillanz auf dem damaligen Stand der Technik, diskutierte ausführlich die bereits vorliegenden Entwürfe zur Baureihe 23 der Firmen Henschel, Krupp, Jung und Krauss-Maffei. Abteilungspräsident Alsfaßer skizzierte in dieser Sitzung das Aufgabengebiet und die Forderungen des Betriebes an die neue Baureihe: *„Die Lok der Baureihe 23 soll die P 8 ersetzen. Sie wird also hauptsächlich Personenzugdienst im Bezirksreiseverkehr durchführen. Die mit der P 8 in ihrem Verwendungsgebiet gemachten Erfahrungen müssen für die neue Lok verwertet werden. Hierzu gehört die Erhöhung der Lokleistung für den Dienst im Hügelland. Die neue Lok soll der voraussichtlichen Entwicklung des Reiseverkehrs in den kommenden Jahren Rechnung tragen. Es ist zu erwarten, dass zukünftig in größerer Zahl als bisher schnellere, aber leichtere Züge zu fahren sind. Die Reisegeschwindigkeit wird unter anderem auch durch gutes Anfahren und schnelleres Abbremsen zu verbessern sein. Lokeinsatzmäßig wird die Lok weiterhin zur Erreichung günstiger km-Leistungen und Stoffverbräuche durch geeignete Kupplung auch für leichte D-Züge – Flügelzüge- und Eilzüge verwendbar sein müssen. Sie soll schließlich in der Ebene einen Teil des Verwendungsgebietes der bisherigen Lok 03 zu übernehmen.“*

Hier klingt bereits an, dass die 23 auch für Schnellzugleistungen geeignet sein sollte! Weiter Alsfaßer: *„Zur besseren Beförderung der Personenzüge im Hügelland soll die höchste Dauerleistung bei gleichzeitiger Erhöhung des Reibungsgewichtes der Lok mindestens 15 % höher bemessen werden als die Leistung der P 8. Die Lok 23 wäre also für Ni = 1.400 – 1.500 PS auszulegen. Eine weitere Erhöhung der Dauerleistung würde die Lok bereits ins Aufgabengebiet der P 10 führen, die hier mit ihrem höheren Reibungsgewicht und als Drillingslok geeigneter sein würde. Die günstigste Geschwindigkeit der Lok muss im Bereich der meistgebrauchten Fahrgeschwindigkeiten liegen, um den Kohlenverbrauch so niedrig wie möglich zu halten. Der Schwerpunkt des Verwendungsgebietes der neuen Lok 23 wird der bezirkliche Personenzugdienst sein. Hier liegt die Fahrgeschwindigkeit in der Ebene heute bei 80 km/h. Diese Geschwindigkeit wird sich in späteren Jahren erhöhen. Mit einer Festsetzung der günstigsten mittleren Geschwindigkeit der Lok von 80–85 km/h dürfte der zukünftigen Entwicklung Rechnung getragen sein. Es wurde hierbei unterstellt, dass die Geschwindigkeiten der Lok über 100 km/h nur in seltenen Fällen gebraucht werden. Um bei der vorgeschriebenen Achsanordnung den Forderungen an die Kurvenläufigkeit zu entsprechen, muss die Lok möglichst gedrungen gebaut werden. Die 20-m-Drehscheibe muss für die Lok ausreichen.“*

Auch hier fällt auf, dass Alsfaßer einerseits die Bestimmung als Personenzuglok hervorhebt, andererseits die Übernahme eines Teils des Verwendungsgebietes der Baureihe 03 reklamiert. In den weiteren Kapiteln dieses Buches wird gezeigt, dass die Baureihe 23 in manchen Bahnbetriebswerken tatsächlich ausschließlich als Schnellzuglok eingesetzt wurde.

Diskussion der vier verschiedenen Entwürfe für die Baureihe 23 neu

Entwurf Krupp

Krupp bot wahlweise zwei Ausführungen für die Baureihe 23 an: Das Projekt Lp 17520 (siehe Bild 8) mit Barrenrahmen und genietetem Kessel und das Projekt Lp 17521, ebenfalls mit Barrenrahmen, aber mit einem vollständig geschweißten Kessel. Der Entwurf Lp 17520 mit genietetem Kessel wurde vom Fachausschuss von vornherein abgelehnt.

Beiden Entwürfen ist gemeinsam, dass ihr äußeres Erscheinungsbild ausgesprochen modern wirkt, die Konstruktion insgesamt aber recht konventionell ist. Heißdampfregler und Hilfsabsperrventil sind zwar vorgesehen, die Verbrennungskammer ist aber sehr klein ausgefallen, man könnte auch sagen, sie ist nur angedeutet. Auf einen konischen Kesselschuss wird verzichtet. Die Rohrlänge von 4.800 mm ist immer noch recht groß. Ein Krupp-Mischvorwärmer, äußerlich dem Oberflächenvorwärmer ähnelnd, ist vorgesehen. Der entsprechende Warmwasserspeicher ist auf dem Rahmen vor der ersten Kupelachse angeordnet.

Der Rost folgt in seinen Abmessungen mit einer großen Länge von 2.542 mm,

▽ **Bild 8** • Entwurf Lp 17520 von Krupp. Abbildung: Sammlung EK-Verlag

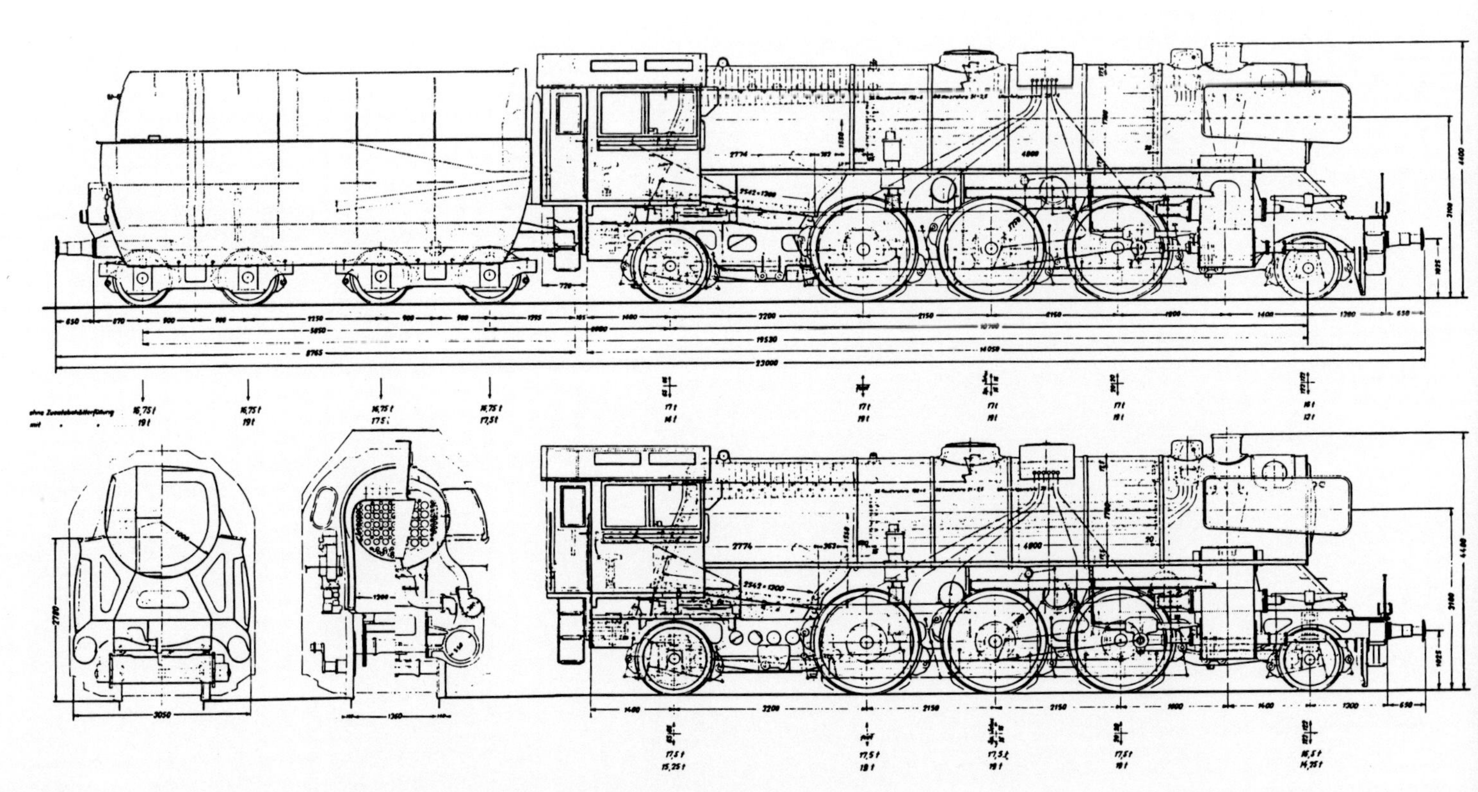

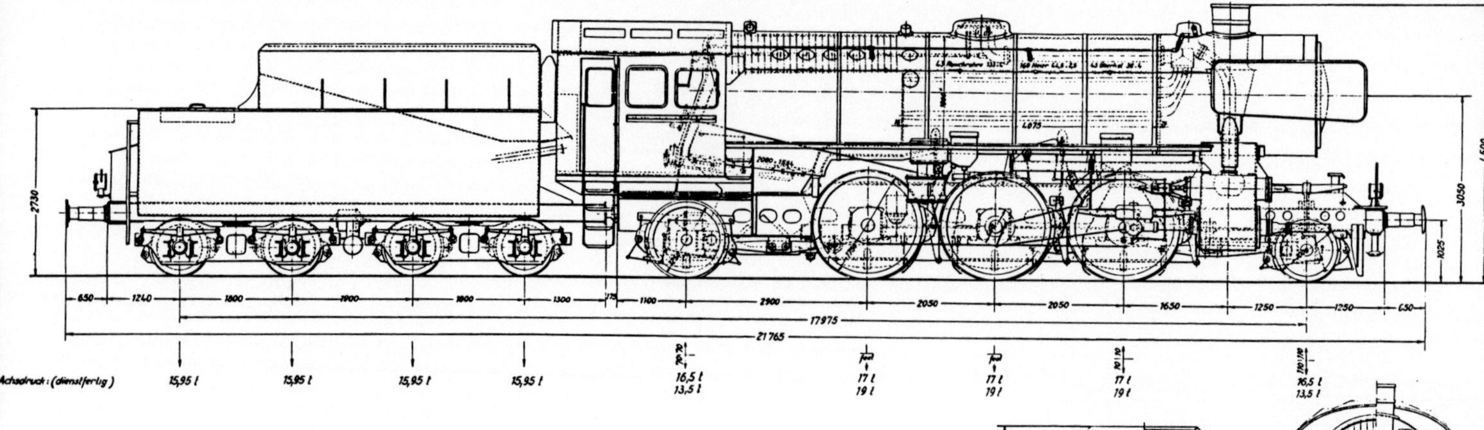

△ **Bild 9** • Entwurf 2561a von Jung.

aber einer Breite von nur 1.300 mm sozusagen preußischen Traditionen.

Der Tender entspricht in seiner Grundkonzeption dem Wannentender der Kriegslok. Dank eines Zusatzbehälters zeigt er eine ungewohnte Linie, hat dafür aber ein Fassungsvermögen von 40 m³ Wasser. Beide Entwürfe übertreffen mit 23.000 mm sogar noch die Baureihe 23 alt und widersprechen damit der Forderung des Fachausschusses nach gedrungener Bauart.

Entwurf Jung

Äußerlich konventionell, aber in seiner konstruktiven Durchbildung modern und zweckmäßig ging der Jung-Entwurf 2561a ins Rennen: Die bemerkenswert große Verbrennungskammer fällt sofort ins Auge. Der Kessel hat den größten Durchmesser aller Entwürfe: 1.800 mm im zylindrischen und 1.950 mm im konischen Teil. Der Schornstein ist nach Reichsbahn-Vorbild sehr weit gehalten. Auch dieser Entwurf zeigt einen Heißdampfregler. Vorgesehen ist ein Mischvorwärmer der Bauart Knorr. Wie bei allen Entwürfen ist das Führerhaus geschlossen. Auffällig ist, dass die Treibräder nur einseitig abgebremst werden. Die Vorderpartie der Lok ist in ihrer offenen Gestaltung an die Kriegslok angelehnt.

Der Tender ähnelt dem 2'2'T 26 der alten Baureihe 50, ist aber selbsttragend. Mit einer Gesamtlänge von 21.765 mm entspricht der Entwurf der Forderung des Fachausschusses nach gedrungener Bauart recht gut.

Entwurf Krauss-Maffei

Der Krauss-Maffei-Entwurf A 1783 lässt in seiner äußeren Gestaltung das Herz jedes Liebhabers bayerischer Dampflok-Baukunst höher schlagen: Erstmals tritt der typische Kranzschornstein in Erscheinung. Die Fenster des geschlossenen Führerhauses sind, ganz im Stil der S 3/6, abgerundet. Etwas getrübt wird der optische Eindruck durch den oberen Teil der Rauchkammer, der zur Aufnahme des Mischkastens höher ausgeführt ist.

Im Gegensatz zum positiven Eindruck der Linienführung ist die konstruktive Durchbildung äußerst konservativ ausgefallen: Das Lauf- und Triebwerk ist mit der Baureihe 23 alt identisch. Die Rohrlänge erscheint recht groß, die Heizfläche ist reichlich bemessen, die Verbrennungskammer nur sehr klein.

Der Kessel ist mit Heißdampfregler und Mischvorwärmer ausgerüstet. Der Rost fällt mit 2.270 mm × 1.450 mm eher lang und schmal aus. Erstmals ist das Steuerungshandrad in einem Pult angeordnet,

▽ **Bild 10** • Entwurf A 1783 von Krauss-Maffei.

ABBILDUNGEN (2): SAMMLUNG EK-VERLAG

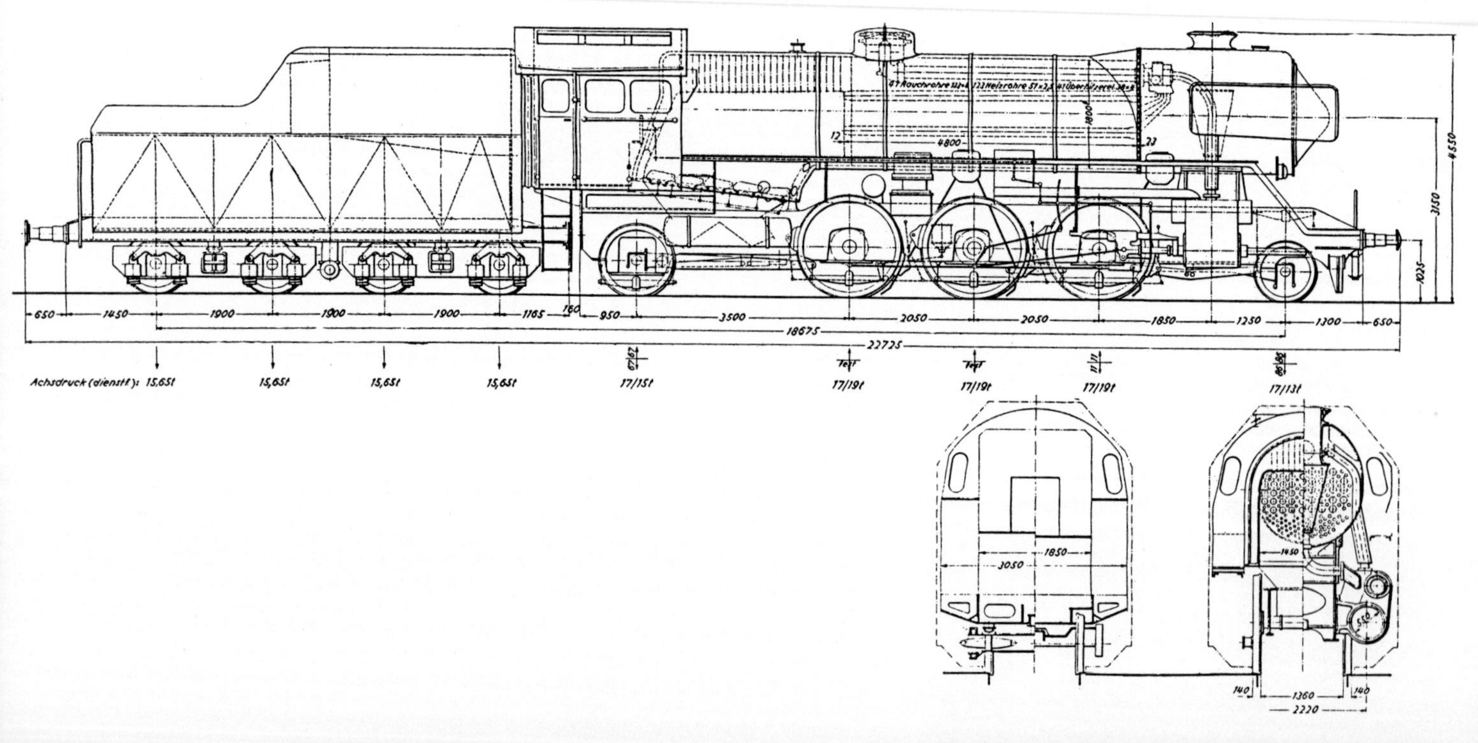

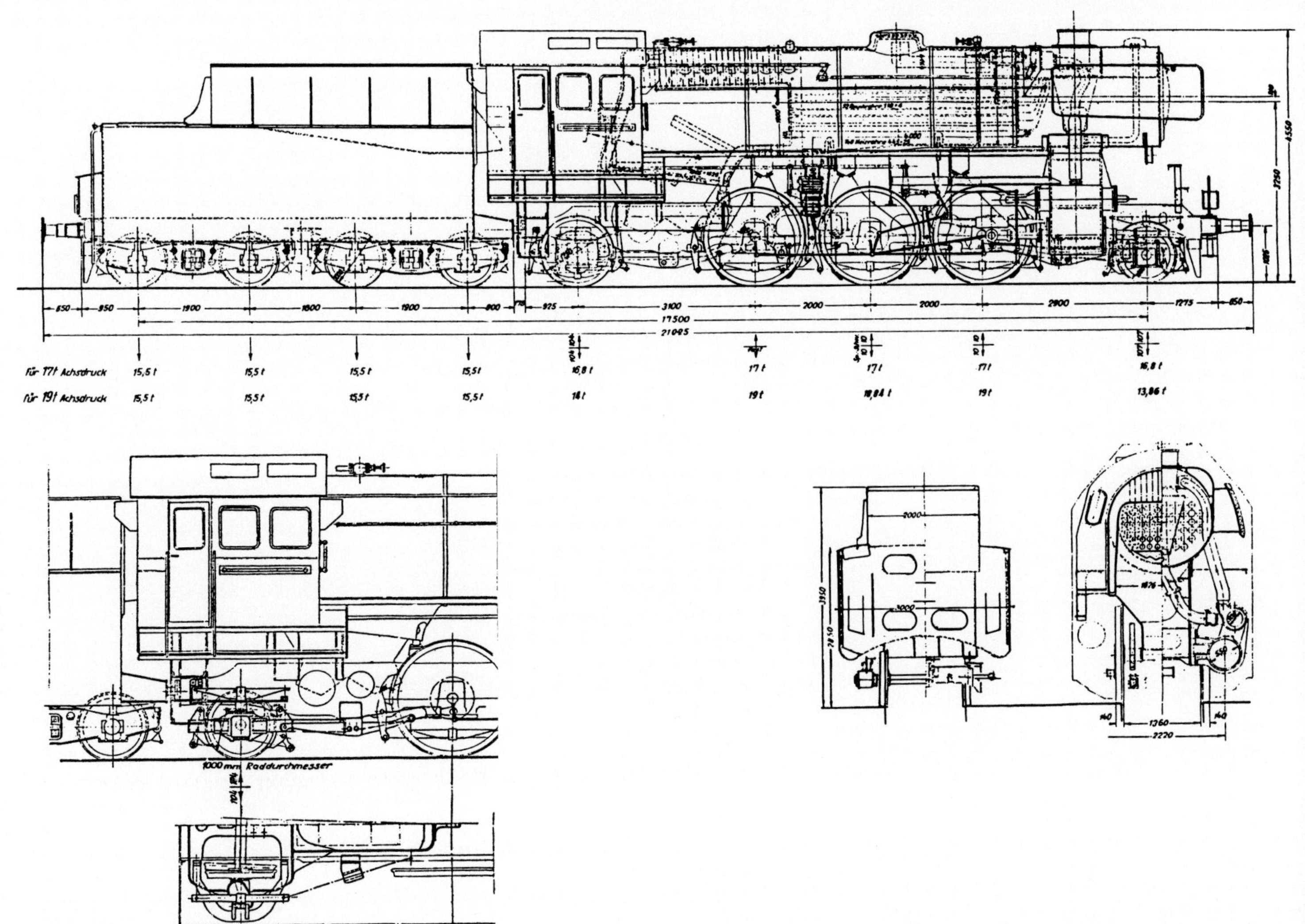

△ **Bild 11** • Entwurf PI 1473 von Henschel.

Abbildung: Sammlung EK-Verlag

wie es später bei der Baureihe 23 ausgeführt wurde. Der Tender ist als selbsttragende Kastenkonstruktion ausgebildet.

Entwurf Henschel

Der Henschel-Entwurf PI 1473 zeigt bereits die wesentlichen Elemente der späteren Baureihe 23. Der Kessel weist – bis auf geringfügige Modifikationen – die Hauptabmessungen der Baureihe 23 neu auf. Der Rost ist mit 1.905 mm × 1.626 mm annähernd quadratisch. Die Verbrennungskammer ist groß durchgebildet. Gemessen an den Verdampfungseigenschaften des Verbrennungskammerkessels sitzt der Dom noch zu weit vorne. Der Kessel ist mit Heißdampfregler und Mischvorwärmer Henschel MVR ausgerüstet, der sich bei den Versuchsloks 52 142 ff. bewährt hat.

Das geschlossene Führerhaus mit Pult für die Steuerung ist noch etwas geräumiger als die spätere Ausführung.

Der Entwurf PI 1473 wurde mit Barrenrahmen angeboten. Ein nachträglicher Entwurf (PI 1474) hatte den Blechrahmen. Die Vorderpartie entspricht in ihrer offenen Durchbildung der Kriegslok. Die Gesamtlänge von 21.025 mm ist die geringste aller Entwürfe und genügt damit der Forderung des Fachausschusses nach kompakter Bauart am besten. Die für die Baureihe 23 typische hohe Schwerpunktlage (Kesselmitte 3.350/3.250 mm über SO) ist in dem Entwurf bereits vorgesehen. Beim Tender wurde die selbsttragende, nach innen wannenförmige Konstruktion der Kriegslokomotive („Wannentender") übernommen.

Noch ist der Kohlenkasten niedriger, der Wasserkasten höher als bei der späteren Ausführung.

Folgen wir weiter der Niederschrift des Fachausschusses vom 18. und 19. Oktober 1949. Alsfaßer führt aus, dass der Entwurf der Firma Krupp mit einem genieteten (!) Kessel nicht weiter verfolgt wird, da die Hauptverwaltung dem vollständig geschweißten Kessel den Vorzug gibt. In der Anlage der Niederschrift wurden die Kennzahlen der vier verschiedenen Entwürfe der P 8 gegenübergestellt, siehe die Tabellen „Hauptabmessungen der Lok Bauartreihe 23" auf den Seiten 14 und 15.

In einer weiteren Darstellung wurden die Hauptdaten der vier Entwürfe der alten Baureihe 23 der Deutschen Reichsbahn von 1940 gegenübergestellt, siehe die Tabellen „Tafel 1, 2 und 3" auf den Seiten 15 und 16.

Die begutachtenden Herren erörtern in aller Ausführlichkeit auf 32 Seiten das Für und Wider der vier Entwürfe, wobei teilweise deutliche Präferenzen für die Entwürfe von Jung und Krupp erkennbar werden. RD Rabus beendet die Diskussion mit der folgenden apodiktischen Klarstellung: *„Von den 4 Lokomotivfabriken, die Entwürfe zur Entwicklung der Lokreihe 23 (neu) eingereicht haben, erhielt die Lokfabrik Henschel den Auftrag zur konstruktiven Durchbildung dieser Lokreihe."* Einige, aber durchaus nicht alle Teilnehmer dürften angesichts dieses „fait accompli" überrascht gewesen sein. Die akribisch diskutierten Vor- und Nachteile der vier Entwürfe waren demnach eher akademischer denn praktischer Art. Rabus nahm offensichtlich Bezug auf ein bereits am 10. September 1949 an Henschel gerichtetes Schreiben des Eisenbahnzentralamtes Göttingen, mit dem der Auftrag „auf Durchbildung der Lok Reihe 23" erteilt wurde. Dieses Dokument, wiewohl nicht von Witte persönlich unterzeichnet, trägt unverkennbar seine Handschrift und skizziert bereits seine neuen Baugrundsätze.

Hauptabmessungen der Lok Bauartreihe 23						Anlage zum Bericht Apr Alsfaßer
	Dimensionen	Henschel	Jung	Krauss-Maffei	Krupp Angebot 17521	P 8
A) Grunddaten						
Höchstleistung am Zughaken	PS_e	1.310	1.180	1.400	1.150	
Höchste Dauerleistung	PS_i	1.665	1.450	1.720	1.436	1.180
Zugkraft (0,75 × p)	kg	13.650	14.690	13.700	13.700	10.200
Höchstgeschwindigkeit (vorwärts/rückwärts)	km/Std	110/80	110/80	110/80	110/80	100
Günstigste Geschwindigkeit	km/Std	97,8	70	105	85	
Höchster Achsdruck	t	17/19	17/19	17/19	17/19	17
Kleinster befahrbarer Krümmungshalbmesser	m	140	140	140	140	140
Länge über Puffer – Lok und Tender	mm	21.025	21.765	22.725	23.000	19.952[1]
Umgrenzung nach BO. Anlage		F	E	F	E[2]	
Reibungsgewicht	t	51.000/ 56.840	51.000/ 57.000	51.000/ 57.000	(52.500)[3] 51.000/57.000	61.600
Dienstgewicht	t	84.700[4]	84.000	85.000	(86.500)[4] 84.000	78.200
Leergewicht	t	77.000	75.000	76.500	(77.500)[4] 74.800	70.700
Lfd M-Gewicht für Lok mit Dienstgewicht	t/m	6,32	6,43	6,2	(6,15)[4] 5,98	6,88
B) Kessel						
1) Grunddaten						
Dampfüberdruck	kg/cm²	16	16	16	16	12
Wasserinhalt bis 125 mm ü Fb	m³	6,4	7,9	8,45	8,15[5]	6,5[5]
Dampfraum ab 125 mm ü Fb	m³	3,13	3,18	4,0	2,71[5]	3,1[5]
Verdampfungsoberfläche	m²	10,45	10,95	12	11,15	9,57
Mitte über SO	mm	3.250	3.050	3.150	3.100	2.750
2) Rost						
Rostfläche	m²	3,1	3,1	3,3	3,3	2,64
Rostlänge	mm	1.905	2.000	2.275	2.542	2.620
Rostbreite	mm	1.626	1.554	1.450	1.300	1.010
Rostbeanspruchung	kg/m²h	450	445	485[6]	410	
3) Langkessel						
Größter Innendurchmesser	mm	1.900/1.700[7]	1.800	1.800	1.700	1.600
Entfernung zwischen den Rohrwänden	mm	4.000	4.075	4.800	4.800	4.700
Anzahl und Ø der Heizrohre	mm	140/44,5 × 2,5	160/44,5 × 2,5	123/51 × 2,5	88/51 × 2,5	110/51 × 2,5
Anzahl und Ø der Rauchrohre	mm	52/118 × 4	43/133 × 4	41/133 × 4	35/133 × 4	26/133 × 4
Kennziffer der Heizrohre	cm²/cm²	1/405	1/412	1/415	1/417	
Kennziffer der Rauchrohre	cm²/cm²	1/397	1/417	1/490	1/445	
4) Heizflächen						
Feuerbuchse	m²	17,5	17,1	17,5	17,16	14,58
Rauchrohre	m²	72	68,6	77,2	65	48,6
Heizrohre	m²	69,2	80,8	85,3	61,04	81,73
Verdampfungsheizfläche	m²	158,7	166,5	180	143,2	143,5
Überhitzer	m²	71,2	70	75	67,76	58,9
5) Werte zur Heizflächenbestimmung und Dampferzeugung Verdampfungsheizfläche						
Rostfläche	%	51,3	53,8	54,5	43,6	55
Rohrheizfläche : Feuerbuchsheizfläche	%	8,07	8,73	9,3	7,35	8,9
Feuerbuchsheizfläche : Rostheizfläche	%	5,7	5,6	5,3	5,3	5,5
Überhitzerheizfläche : Verdampfungsheizfläche	–	1 : 2,23	1 : 2,23	1 : 2,38	1 : 2,04	1 : 2,1
Gewählte Heizflächenbelastung	kg/m²h	66	60,6	63,5	70	60
dabei erzielte größte Verdampfung	kg	10.500	10.100	11.430	10.000	8.712
Günstigster Dampfverbrauch	kg/PSi h	6,3	6,9	6,4	6,7	
Heißdampftemperatur	°C	391	391	392	396	
Kesselwirkungsgrad	%	72	71,8		71	
C) Laufwerk						
Treib- und Kuppelraddurchmesser	mm	1.750	1.750	1.750	1.750	1.750
Laufraddurchmesser	mm	1.000/1.250	1.000/1.250	1.000/1.250	1.000/1.250	1.000[8]
Fester Achsstand	mm	2.000	2.050	2.050	2.150	4.580
Ganzer Achsstand Lok	mm	10.000	9.900	10.700	10.700	8.350
desgl. Lok und Tender	mm	17.500	17.975	18.675	19.530	17.820[1]
Drehzahl bei V_{max}	Umdreh/min	334	333	333	334	334

Fortsetzung Hauptabmessungen der Lok Bauartreihe 23					**Anlage zum Bericht Apr Alsfaßer**	
	Dimensionen	**Henschel**	**Jung**	**Krauss-Maffei**	**Krupp** Angebot 17521	**P 8**
D) Triebwerk						
Zylinderdurchmesser	mm	550	570	550	550	575
Kolbenhub	mm	660	660	660	660	630
Mittlere Kolbengeschwindigkeit	m/sek	7,35	7,33	7,3	7,34	7,34
Kurbelhalbmesser : Treibstangenlänge	–	1 : 6,67	1 : 6,3	1 : 6,1	1 : 6,2	1 : 8,3
E) Tender 2'2'T 30						
Wasservorrat	m^3	30	30	32,5	34/40[9]	Fachwerk 31,5
Kohlenvorrat	t	10	8	8,5	9	7,5
Raddurchmesser	mm	1.000	1.000	1.000	940	
Achsstand des Drehgestells	mm	1.900	1.800	1.900	1.800	1.800
Drehzapfenabstand	mm	3.700	3.700	3.800	4.050	3.800
Gesamtachsstand	mm	5.600	5.500	5.700	5.850	5.600
Lfd m-Gewicht für Tender mit vollen Vorräten	t/m	7,93	7,35	6,88	7,65/8,33[9]	7,5
Leergewicht	kg	23.400	25.500	21.500	24.000	26.400
Dienstgewicht	kg	63.400	63.800	62.600	67/73.000[9]	64.900
Leergewicht : Dienstgewicht	%	0,369	0,4	0,344	0,36/0,33[9]	0,41
Leergewicht : Vorräte	%	0,585	0,671	0,525	0,56/0,49[9]	0,68

Anmerkungen: 1 – mit Tender 4 T 31,5; 2 –Schornstein ragt heraus; 3 – Barrenrahmen und genieteter Kessel. Angebot 17520; 4 – Barrenrahmen wie vorst.; 5 – bis 150 mm ü Fb; 6 – errechnet mit 6.500 cal/Psi; 7 – Außendurchmesser vorderer/hinterer Schuß; 8 – Drehgestell; 9 – mit Zusatzbehälterfüllung

Tafel 1: Baureihe 23						**Anlage zum Bericht RR Dr-Ing Müller**	
Rechnungsgröße	**Bez.**	**Dim**	**Bisherige R 23**	**Entwurf Henschel**	**Entwurf Jung**	**Entwurf Krauss-Maffei**	**Entwurf Krupp**
Rostfläche	R	m^2	3,9	3,1	3,1	3,3	3,3
Feuerbüchsheizfläche	H_b	m^2	15,9	17,5	17,1	17,5	17,16
Rohrheizfläche	H_R	m^2	161,7	141,2	149,4	162,5	126,04
Ges. Verdampfungsheizfläche	H_V	m^2	177,6	158,7	166,5	180,0	143,2
Überhitzerheizfläche	$H_Ü$	m^2	64,1	71,2	70,0	75,0	67,76
Feuerbüchsinhalt	J	m^3	7,00	6,90	6,50	6,92	6,60
$H_b : R$	–	–	4,08	5,65	5,52	5,32	5,20
$H_V : R$	–	–	45,5	51,3	53,8	54,5	43,6
$H_R : H_b$	–	–	10,2	8,07	8,73	9,3	7,35
$H_Ü : H_V$	–	–	0,361	0,448	0,420	0,416	0,472
J : R	–	–	1,80	2,22	2,10	2,10	2,60
Wasserraum	J'	m^3	8,02	6,4	7,9	8,45	7,98
Dampfraum	J''	m^3	2,73	3,13	3,18	4,00	2,66
Verdampfungsoberfläche	O	m^2	10,56	10,45	10,95	12,00	11,00
Stündliche Dampferzeugung	D	kg/h	10.000	10.000	10.000	10.000	10.000
Kesselwirkungsgrad	n_K	–	0,735	0,72	0,718	0,73	0,71
Kesseldruck	t_K	atü	16	16	16	16	16
Wärmeinhalt: Heißdampf	i''	WE/kg	760	773	773	773	773
Naßdampf	i'	WE/kg	667	667	667	667	667

Tafel 2: Neubau R 23							**Anlage zum Bericht RR Dr-Ing Müller**	
Rechnungsgröße	**Bez.**	**Dim**	**Bisherige R 23**	**Entwurf Henschel**	**Entwurf Jung**	**Entwurf Krauss-Maffei**	**Entwurf Krupp genietet**	**Entwurf Krupp geschweisst**
Zylinderdurchmesser	d	mm	550	550	570	550	550	550
Hub	s	mm	660	660	660	660	660	660
Schieberdurchmesser	d_s	mm	300	300	300	300	300	300
Treibraddurchmesser	D_{Tr}	mm	1.750	1.750	1.750	1.750	1.750	1.750
Reibungsgewicht	G_r	t	53,92	51/56,8	51/57	51/57	52,5/57	51/57
Zugkraftmodul	Z_m	kg	18.250	18.150	19.650	18.100	18.300	18.300
$Z_m : G_r$	μ_m	kg/t	339	356/320	385/345	355/318	348/321	359/321
$0{,}7 \times Z_m : G_r$	μ	kg/t	237	249/224	270/241	248/222	244/225	251/225
Gesamter Achsstand	A_g	mm	10.700	10.000	9.900	10.700	10.700	10.700
fester Achsstand	A_f	mm	2.050	2.000	2.050	2.150	2.150	2.150
Kleinster kurvenhalbmesser	R_{min}	m	140	140	140	140	140	140
Höchstgeschwindigkeit	V_{gr}	km/h	110	110	110	110	110	110

Tafel 3: Neubau R 23 — Anlage zum Bericht RR Dr-Ing Müller

Rechnungsgröße	Bez./Dim	Bisherige R 23	Entwurf Henschel	Entwurf Jung	Entwurf Krauss-Maffei	Entwurf Krupp genietet	Entwurf Krupp geschweißt
1) Durchgangsbelastung der Verdampfungsoberfläche	Dh/0 (kg/m²h)	906	919	972	1.031	821	
Größte Verdampfung	D (t/h)	8,68	8,52	10,25	8,5	8,5	
Kesselkennziffer 9 Rr/PRr + Fü	K1 (cm²/cm²)	397	421	420	415	416	
Kesselkennziffer 9 Hr/F Hr	K2 (cm²/cm²)	405	411	368	455	408	
2) <u>Rost</u>							
Rostfläche	R (m²)	2,67	2,64	3,0	2,32	3,1	2,56
Rostlänge	R1 (mm)	1.920	2.230	–	2.160	2.248	2.610
Rostbreite	Rb (mm)	1.392	1.185	–	1.078	1.380	980
Rostbeanspruchung	B/R (kg/m²h)	450	442	–	480	375	
3) <u>Langkessel</u>							
Anzahl und Durchmesser der Heizrohre	dHr (mm)	121/ 44,5 × 2,5	144/ 44,5 × 2,5	123/ 51 × 2,5	110/ 44,5 × 2,5	88/ 54 × 2,5	111/ 44,5 × 2,5
Anzahl und Durchmesser der Rauchrohre	dRr (mm)	46/ 116 × 4	35/ 133 × 4	41/ 133 × 4	26/ 133 × 4	35/ 133 × 4	26/ 133 × 4
Größter Innendurchmesser des Langkessels	d_K (mm)	1.800/ 1.600*	1.700	1.800	1.500	1.600	1.500
Entfernung zwischen den Rohrwänden	L_R (mm)	4.000**	4.050	4.200**	4.500	5.000	4.700
4) <u>Heizflächen</u>							
Gesamtfläche	H (m²)	201,5	201,0	223	164,25	211,5	177,28
Heizfläche der Feuerbüchse	Hb (m²)	15,0	14,7	16,0	10,75	15,1	13,89
Heizfläche der Rohre	H_R (m²)	123,6	127,8	142,0	106,6	136,4	113,11
Heizfläche der Rauchrohre	H_{Rr} (m²)	63,5	55,5	67,5	45,2	68,7	
Heizfläche der Heizrohre	H_{Hr} (m²)	60,1	72,3	74,5	61,4	67,7	
Verdampfungsheizfläche	H_V (m²)	138,6	142,5	158	117,35	151,5	127

* Außendurchmesser vorderer/hinterer Schuß; ** Verbrennungskammer

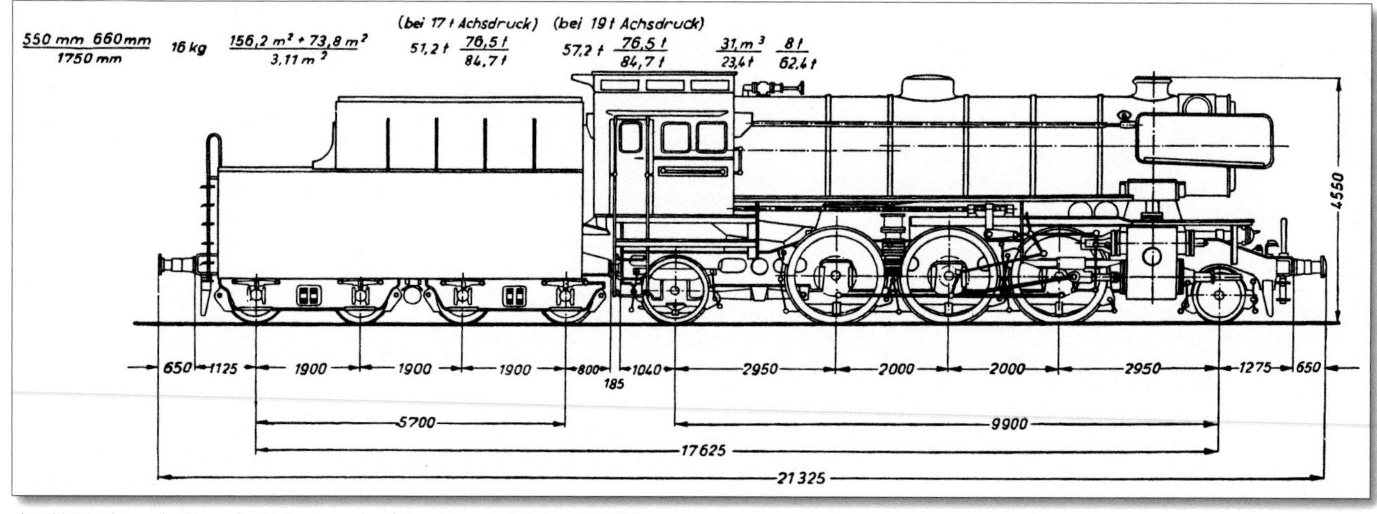

△ **Bild 12** • Skizze der Baureihe 23, basierend auf dem Henschel-Entwurf Pl 1473

Abbildung: Sammlung EK-Verlag

Neue Baugrundsätze nach Friedrich Witte

Den neuen Baugrundsätzen lag das Bestreben nach einem möglichst einfachen Aufbau zugrunde. Dieser erhielt den Vorzug vor Überlegungen zur Erzielung einer möglichst hohen wärmewirtschaftlichen Einsparung mit der Begründung, dass die Brennstoffkosten zwar eine große, aber keine ausschlaggebende Rolle spielen, wenn die Senkung des Brennstoffkostenanteils durch zu hohe Kapital- und Unterhaltungskosten sowie durch mangelnde Betriebsbereitschaft erkauft werden müsste. Als Referenz wurden andere Bahnverwaltungen genannt: Die SNCF, bislang überzeugte Vertreterin der Vierzylinder-Verbundlokomotive, sei auf Grund der guten Erfahrungen mit der Reihe 141 R (1'D 1'h2) nach dem Krieg sehr von der Zweckmäßigkeit der Zweizylinderlokomotiven mit einfacher Dampfdehnung überzeugt. Auch die britischen Eisenbahnen würden bei der Entwicklung ihrer neuen Einheitslokomotiven besonders die außergewöhnlich einfache Konstruktion und den Übergang zur Zweizylinderlok hervorheben. Die Union Pacific Railroad habe beim Bau ihrer neuen Gasturbinenlokomotiven auf die Vorwärmung der Verbrennungsluft durch die Abgase verzichtet, obwohl damit ein Wärmeverlust verbunden sei.

Somit war für die Entwicklungsarbeit der Deutschen Bundesbahn allein die Gesamtwirtschaftlichkeit maßgebend. Hierzu wurden folgende Forderungen skizziert:

a. Niedrige Beschaffungskosten
b. Niedrige Unterhaltungskosten
c. Geringe Schadanfälligkeit, d.h. schadensfreier Durchlauf der Lokomotive zwischen den planmäßigen Fristarbeiten unter Verlängerung der hierfür üblichen Fristen. Der Anfall an außerplan-

mäßigen kleinen Ausbesserungen soll so gering sein, dass sie während der planmäßigen Pausen ausgeführt werden können, den Lokomotiveinsatz also nicht beeinträchtigen.
d. Geringer Zeitaufwand für die Betriebsunterhaltung, Betriebspflege und Betriebsbehandlung, d. h. möglichst lange Betriebsbereitschaftszeit je Betriebstag (Ziel etwa 20 h).
e. Große spezifische Kesselleistung und damit weiter Leistungsbereich des Kessels ohne Erhöhung der Schadanfälligkeit.
f. Große Verdampfungswilligkeit des Kessels, möglichst unabhängig von der Beschaffenheit der Kohle und der Geschicklichkeit des Heizers.
g. Niedriger Kohlenverbrauch im Betrieb, d. h. sowohl im Nutzdienst als auch während der Pausen.
h. Weitgehende Erleichterung des Dienstes für das Lokomotivpersonal
i. Gutes äußeres Aussehen.

Diese Forderungen versuchte Witte im Wesentlichen durch die Anwendung von Schweißkonstruktionen und die Wahl geeigneter Heizflächen- und Rostflächenverhältnisse nach neuesten Erkenntnissen zu erreichen. Die guten Erfahrungen mit den Dampfloks der SNCF spielten dabei eine wichtige Rolle. So ergaben sich bei den neuen Lokomotiven folgende Verhältnisse der Hauptabmessungen des Kessels (zum Vergleich sind die entsprechenden Werte vorhandener Lokbauarten aufgeführt):

BR	23	65	82	241 P	38^{10}
H r : H b	8,15	8,5	8,7	7,3	8,87
H v : R	50,3	52,7	52,1	48,5	54,5
H b : R	5,5	5,56	5,36	5,8	5,52
H v : H ü	2,12	2,24	2,36	2,27	2,44
H v : G Ld	1,85	1,30	1,33	1,85	1,84

Es bedeuten. H r – Heizfläche der Rohre; H b – Heizfläche der Feuerbüchse; H v – Verdampfungsheizfläche; H ü – Heizfläche Überhitzer; R – Rostfläche; G Ld – Lokomotiv-Dienstgewicht (ohne Tender)

Die 241 P der SNCF beeindruckt durch ihre im Vergleich zu den deutschen Loks große Rostfläche.

Diese Tabelle macht deutlich:
a. dass die Strahlungs- und Berührungsheizfläche der Feuerbüchse im Verhältnis zur Rohrheizfläche und zur Rostfläche bei den Baureihen 23 und 65 durch den Einbau einer Verbrennungskammer groß gewählt wurde. Das Ziel war größere anteilige Verdampfungsleistung der Feuerbüchs-Heizfläche, niedrigere Temperaturen an der Rohrwand und geringere Schadanfälligkeit des Kessels.
b. Die Überhitzerheizfläche war im Verhältnis zur Verdampfungsheizfläche größer bemessen als bei den alten Einheitslokomotiven.
c. Die Rostfläche wurde im Verhältnis zur Verdampfungsheizfläche nicht so groß ausgeführt wie bei den Kriegslokomotiven (um den Brennstoffverbrauch im Stillstand der Lokomotive niedrig zu halten), um den Kesselwirkungsgrad nicht durch zu große Rostbelastung zu verschlechtern.
d. Das Dienstgewicht je m^2 Verdampfungsheizfläche fiel bei den neuen Einheitslokomotiven größer aus als bei den alten Einheitslokomotiven, da die Verdampfungsheizfläche hochwertiger war.

Die von Friedrich Witte entwickelten neuen Baugrundsätze für die Neubau-Dampflokomotiven orientierten sich an dem oben geschilderten Anforderungskatalog und den Erfahrungen bei ausländischen Bahnverwaltungen. Wichtigster Baugrundsatz war dabei, den schwankenden Leistungsanforderungen an die Lokomotiven durch entsprechende Elastizität des Kessels und sorgfältige Bemessung der Rostgröße Rechnung zu tragen. Im Gegensatz zu den früheren Einheitslokomotiven wurde dabei bei den neuen Typen einerseits die hochwertige Strahlungsheizfläche in der Feuerbüchse erhöht, ohne andererseits die Rostfläche unnötig und unerwünscht zu vergrößern. Dies führte zu einer bisher in Deutschland noch nicht angewandten Verlängerung der Feuerbüchse in den Kessel hinein, zu der sogenannten „Verbrennungskammer“. Damit war man in der Lage, aus einem solchen Kessel ohne Schaden eine wesentlich höhere spezifische Verdampfungsleistung herauszuholen. Als Folge davon konnte an Gesamtheizfläche und damit an Gewicht gespart werden, denn der Steigerung der Leistungsausbeute je kg Konstruktion maß Witte oberste Priorität bei, um den Energieverbrauch zur Beförderung der Lokomotive selbst klein zu halten.

Ein weiterer Schwerpunkt der Entwicklung lag auf fertigungstechnischem Gebiet und damit auf dem der Unterhaltung. Hier wurden, unter Aufgabe inzwischen überholter Baugrundsätze der Einheitslokomotiven, einschneidende konstruktive Maßnahmen getroffen. Die gewünschte Ersparnis an totem Konstruktionsgewicht konnte nur die ausschließliche Schweißkonstruktion und – zwangsläufig damit verbunden – der Blechrahmen bringen. Durch langwierige schweißtechnische Vorarbeiten der Eisenbahn-Ausbesserungswerke sowie die Fortschritte, welche die Lokomotivindustrie in der Schweißung komplizierter Kesselnähte und Rahmenteile inzwischen gemacht hatte, konnte bei den neuen Typen zur ausschließlichen Schweißung von Kessel, Rahmen, Führerhaus, Vorratsbehältern und Tender übergegangen und damit erheblich an Gewicht gespart werden.

Der Schonung des Oberbaus und des Laufwerks wurde durch die Ausbildung neuartiger Lenkgestelle, die Verwendung hochwertigen Radreifenmaterials, die Vermeidung der Sandung führender Radsätze, Zentralschmierung der Treibachslagerführungen sowie die Lenkgestelle und Nässung oder Schmierung der Spurkränze führender Radsätze Rechnung getragen.

Zur wärmewirtschaftlichen Verbesserung wurden die neuen Lokomotivtypen mit Heißdampfventilreglern ausgerüstet, sodass beim Öffnen des Reglers sofort überhitzter Dampf zur Verfügung stand. Darüber hinaus wurden alle Hilfsmaschinen ebenfalls mit Heißdampf betrieben.

Besondere Sorgfalt wurde auf die Ausgestaltung der Führerstände gelegt. Sie erfüllten die Bedienungsanforderungen und persönlichen Bedürfnisse des Personals, besaßen z. B. gepolsterte federnde Sitze mit abnehmbarer, ebenfalls gefederter Rückenstütze, Fußbodenheizung und Regenschutz über den Seitenfenstern. Reglerhebel, Bremsventilhebel und Anzeigeinstrumente wurden in einem Armaturenpult vor dem Steuerungshandrad so zusammengefasst, dass die Lok im Sitzen bedient werden konnte. Die Führerhäuser selbst waren allseitig geschlossen, hoch, geräumig und reichlich belüftet.

Auch der Verbesserung der optischen Wirkung der Neubaulokomotiven schenkten die Konstrukteure ihre besondere Aufmerksamkeit. Der Schornstein wurde nach dem klassischen bayerischen Vorbild gestaltet. Die schmalen Blechbänder um die Verkleidung des Langkessels waren aus nichtrostendem Stahl hergestellt. Der Langkessel war weitgehend freigehalten von Rohrleitungen, Gestängen und Aufbauten. Die Sandkästen waren aufgeteilt am Rahmen angebracht, wodurch die Sandfallrohre wesentlich verkürzt wurden.

Wenn auch die Entwicklung der Baureihe 23 und der anderen Neubaulokomotiven vom Aufkommen der elektrischen und Dieseltraktion bereits überschattet war, so bleibt doch die Feststellung, dass dank der Witte'schen Baugrundsätze moderne Dampflokomotiven entstanden, die auch mit anderen europäischen Dampflokomotiven Schritt halten konnten. Sie kamen spät. Aber letztlich nicht zu spät: Gerade die Baureihe 23 bewies angesichts ihrer typfremden Verwendung als Schnellzuglokomotive in den fünfziger Jahren das hohe betriebliche Bedürfnis nach dieser Lokomotive!

Technische Beschreibung

Der Kessel

Der Kessel ist in seinem Aufbau durch zwei besondere Merkmale gekennzeichnet. Erstens ist er in sämtlichen Verbindungen geschweißt (St 34). Dabei sind die Schweißverbindungen so entwickelt, dass Kehlschweißungen weitgehend zugunsten von Stumpfschweißnähten vermieden sind, außerdem aber an den Übergängen möglichst gleiche Querschnitte der zu verbindenden Teile eingehalten werden. Zweitens sind die Heizflächenanteile so abgestimmt, dass sich ein Verhältnis Feuerbüchsheizfläche zu Rostfläche von 5,5 ergibt, d. h. der Kessel verfügt über einen hohen Anteil hochwertiger Strahlungsheizfläche. Sie wird durch eine an die Feuerbüchse anschließende Verbrennungskammer erreicht.

In dieser Beziehung unterscheidet sich der Kessel grundsätzlich von den bisherigen Einheitslokomotiven ab dem Jahr 1925. Er ist damit höher belastbar und wiegt durch die gleichzeitige Anwendung der Schweißung, auf die erzeugte Dampfmenge bezogen, wesentlich weniger, und zwar ca. 7 %.

Weitere typische Konstruktionsmerkmale des Kessels sind:

- Die Verbrennungskammer.
- Der auf 140 mm verbreiterte Wasserraum im Stehkessel.
- Gewindelos mit Spiel eingeschweißte Decken- und Seitenstehbolzen.
- Gelenkstehbolzen mit Ausgleichring.
- Bodenringqueranker.
- Gekümpeltes Feuerloch.
- Gepresster U-förmiger Bodenring.
- Befestigung des Aschkastens am Rahmen statt am Kessel, Luftzuführung am Umfang des Bodenringes durch reichlich bemessene Luftklappen.

△ **Bild 13 •** Der Kessel von der Führerhausseite gesehen. Oberhalb des Feuerlochs befinden sich zwei Anschlüsse für die Wasserstände, das Hilfsabsperrventil und zwei Absperrhebel. Der Dom ist aufgenietet, die eingeschweißten Stehbolzen sind gut zu erkennen. AUFNAHMEN (3): HENSCHEL MUSEUM UND SAMMLUNG E.V.

Langkessel

Der Kesseldruck beträgt 16 kg/cm². Die Kesselmitte liegt hinten 3.250 mm und die Rauchkammermitte 3.325 mm über SO. Der Langkessel mit 4.000 mm langen Rohren hat im vorderen zylindrischen Teil 1.750 mm Außendurchmesser, im Bereich der Verbrennungskammer durch konische Erweiterung nach unten 1.900 mm. Er ist aus zwei Schüssen, einem zylindrischen von 17 mm und einem konischen von 18,5 mm Wandstärke, zusammengesetzt. Längs- und Rundnähte sind stumpfgeschweißt. Bei den Lokomotiven bis Betriebsnummer 23 023 ist der hintere Schuss im Scheitel durch ein besonders eingeschweißtes Deckenstück auf 22 mm verstärkt. Aus diesem Blech ist vor dem Zusammenschweißen der Domhals ausgepresst. Der Domausschnitt ist durch einen untergenieteten Blechring versteift. Dom-

△ ◁ **Bilder 14 und 15 •** Ein entscheidender Impuls für die Verbesserung der Kesselleistung war der Einbau einer Verbrennungskammer. Die Bilder machen deutlich, wie weit sie in den Langkessel hineinreichte.

△ **Bild 16** • Im 01-Baureihenbuch irrtümlich als 01-Hochleistungskessel bezeichnet zeigt die Aufnahme tatsächlich einen Mischvorwärmer-Kessel der Baureihe 23. Es handelt sich um die Serie der Maschinenfabrik Jung mit den Fabriknummern 13101 bis 13113 (23 093 bis 105). AUFNAHME: JUNG, SAMMLUNG HANS-JÜRGEN WENZEL

mantel und Domboden sind stumpf aneinandergeschweißt. Bei den Lokomotiven ab Betriebsnummer 23 024 ist der Dom auf dem Langkessel angenietet. Der Langkessel enthält 54 Rauchrohre 118 mm × 4 mm und 130 Heizrohre 44,5 mm × 2,5 mm.

Die Rauchkammerrohrwand ist als ebene Platte in einen T-Eisenring stumpf eingeschweißt, der mit dem Kesselschuss einerseits und über einen Winkelring mit dem Rauchkammermantel andererseits verschweißt ist. So werden die eigentlichen Schweißverbindungen von unmittelbarer Biegungsbeanspruchung entlastet. Die ebenen Flächen der Rohrwand sind gegen den Langkessel durch aufgeschweißte Rippen ausgesteift. Zur Vermeidung der Kerbwirkung und zur Erleichterung ohne Beanspruchung der Kesselschüsse sind bei diesen Versteifungen und allen mit Kehlschweißung befestigten Untersätzen und Haltern ausgeschärfte und ausgerundete Laschen am Kesselmantel angeschweißt, gegen welche die Halter und Rippen stumpf gegenstoßen.

Dom

Es ist nur ein Dampfentnahmedom vorhanden, der 688 mm Außendurchmesser hat. Dampfentnahmerohr und Absperrventil sind so weit einseitig angeordnet, dass das Kesselinnere nach Ausbau des Wasserabscheiders befahrbar ist.

Der Domdeckel wird durch einen Winkelring auf seinen Sitz gepresst. Damit kann der Deckel ohne Ausbau von Stiftschrauben aufgeschliffen und die Dichtfläche nachgearbeitet werden.

Stehkessel

Der Stehkessel besteht im Mantelteil aus drei mit Längsnähten zusammengeschweißten Stücken, den beiden Seitenwandteilen von 17 mm Stärke und der runden Decke, die zur Aufnahme der Belastung aus den Deckenstehbolzen auf 20 mm verstärkt ist. An den Übergängen ist das jeweils stärkere Blech zugeschärft. Stehkesselvorder- und rückwand sind 18

Bild 17 ▷ Der Kessel von 23 001 mit Dom und Rauchkammer, in der sich die Nische für den Oberflächenvorwärmer befindet. Der Dom sollte später im Betrieb einige Probleme bereiten.

AUFNAHME: HENSCHEL MUSEUM UND SAMMLUNG E.V.

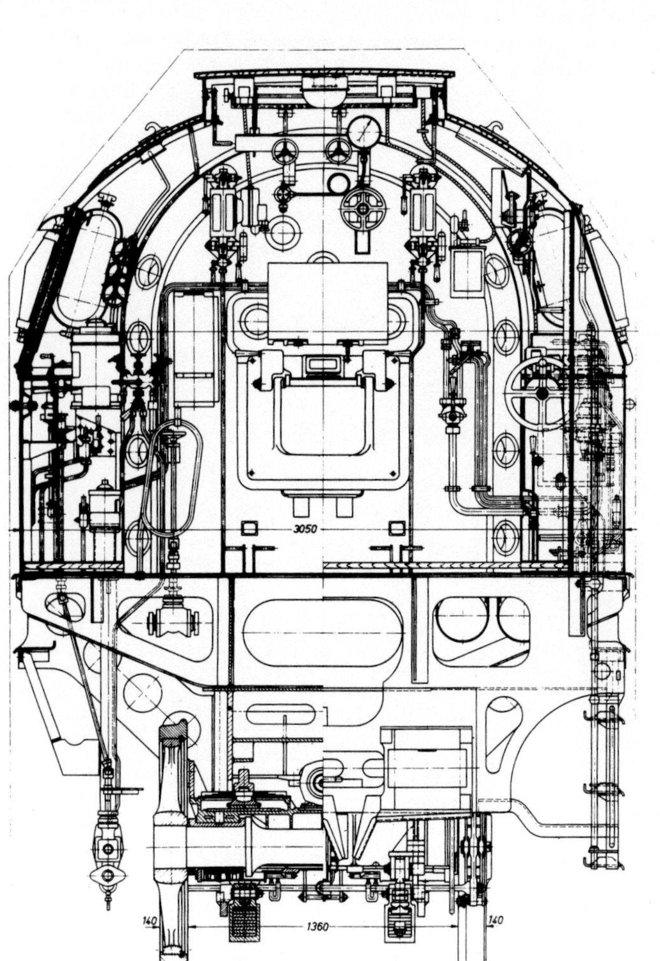

3050
140
1360
140

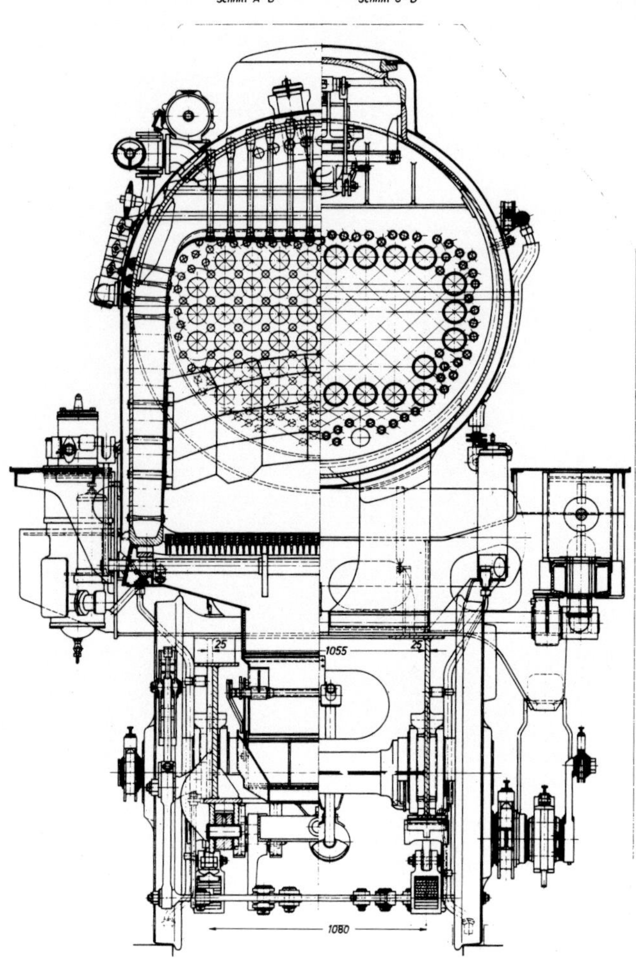

Schnitt A-B
Schnitt C-D
25
1055
25
1080

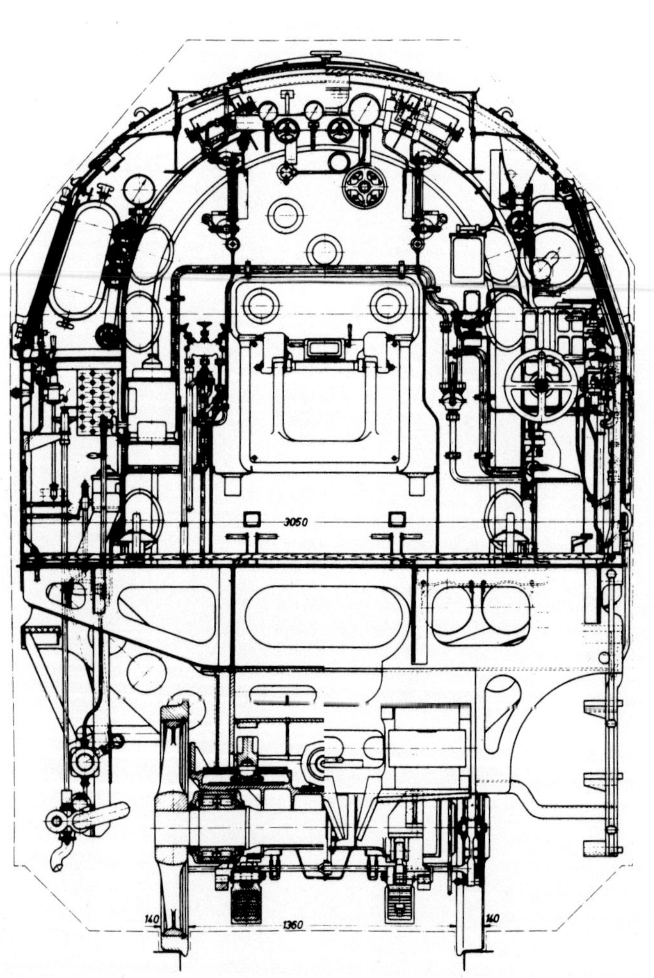

3050
140
1360
140

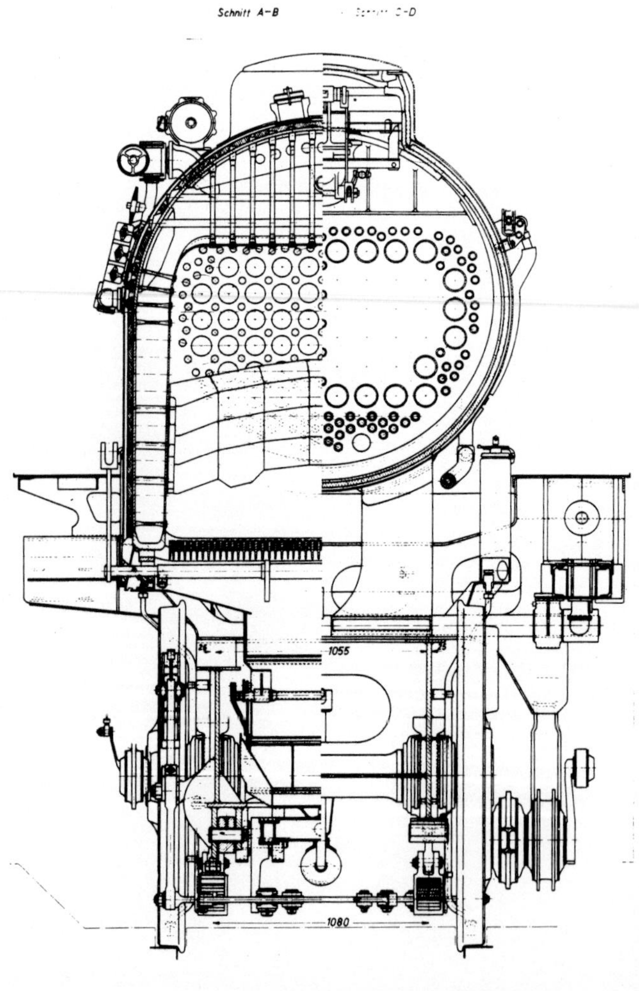

Schnitt A-B
1055
1080

bzw. 17 mm stark. Zur Vorverlegung des Schwerpunktes sind beide schräg nach vorne geneigt.

Zwölf Queranker, in zwei Reihen über der Feuerbüchsdecke angeordnet, verhindern ein seitliches Ausweichen der Stehkesseldecke. Außerdem sind beiderseits je zwei T-Versteifungen innen zwischen oberer Stehbolzenreihe und unterer Querankerreihe aufgeschweißt. Zwei Rückwandankerbleche in Höhe der beiden unteren Querankerreihen leiten bei gleichzeitiger Queraussteifung die Belastung der ebenen Rückwandfläche in die Seitenwände. Ein Bodenringqueranker verhindert das seitliche Auswölben des Stehkessels.

Feuerbüchse

Der höchste Punkt der Feuerbüchse, der Umbug der Rohrwand, liegt 390 mm über Stehkesselmitte. Der niedrigste Wasserstand liegt 515 mm über Kesselmitte, 125 mm über dem höchsten Punkt der Feuerbüchse, und 435 mm unter dem Scheitel der Stehkesseldecke. Die Feuerbüchse wird mit Verbrennungskammer und angeschweißtem Bodenring von unten eingebaut. Um einen einwandfreien Sitz des Feuerlochrings zu erreichen, wird dieser nach dem Einbau der Feuerbüchse mit der Feuerlochkrempe einerseits und mit der Stehkesselrückwand andererseits verschweißt. Danach werden die Rückwandkrempe des Stehkessels und der äußere Bodenringansatz mit dem Stehkesselmantel verschweißt. Die Seitenwände stehen senkrecht. Der erstmalig bei den Neubaulokomotiven angewandte, sehr große Wandabstand von 140 mm fördert die gute Abführung der Dampfblasen. Durch die konische Erweiterung des Langkessels im hinteren Schuss wird auch im Bereich der Verbrennungskammer reichlich Querschnitt für den Zustrom des Wassers zur Feuerbüchse erreicht. Die große Stehbolzenlänge kommt der Lebensdauer zugute, weil die Bolzen bei der gegenseitigen Verschiebung der Einspannstellen im Betrieb geringer beansprucht werden.

Die Feuerbüchse ist aus IZ II-Stahl geschweißt. Vorder- und Rückwand sind 12 mm, Decke und Seitenwände 10 mm und die Rohrwand 15 mm stark gehalten. Die Rohre werden nach dem Einwalzen durch eine dünne Schweißraupe zusätzlich gegen die Rohrwand abgedichtet. Der Bodenring ist aus 35 mm starken Blechstreifen U-förmig mit schräg nach außenstehenden Schenkeln gepresst. Die Außenschrägen werden abgearbeitet, so dass der für die Schweißung erforderliche Übergang in die Stärke von Feuerbüchs- und Mantelblechen erreicht wird. Der Bodenring ist aus einzelnen Teilen zusammengeschweißt. Bei den Lokomotiven ab Betriebsnummer 23 026 sind die Böden der Bodenringecken verstärkt, um dem an diesen Stellen besonders starken Korrosionsangriff entgegenzuwirken. Am Bodenring sind angeschweißt:

1. Der Anschluss für das Abschlammventil,
2. die Anschlüsse beiderseits für Aufheizventile (vorerst blind abgeflanscht),
3. der Bodenringqueranker,
4. die Halter für den Kipprost,
5. die Rostbalkenträger,
6. die vorderen Stehkesselgleitstützen,
7. der hintenliegende Steg für das Stehkesselpendelblech zur Abstützung am Rahmen,
8. die vorderen Kesselauflager.

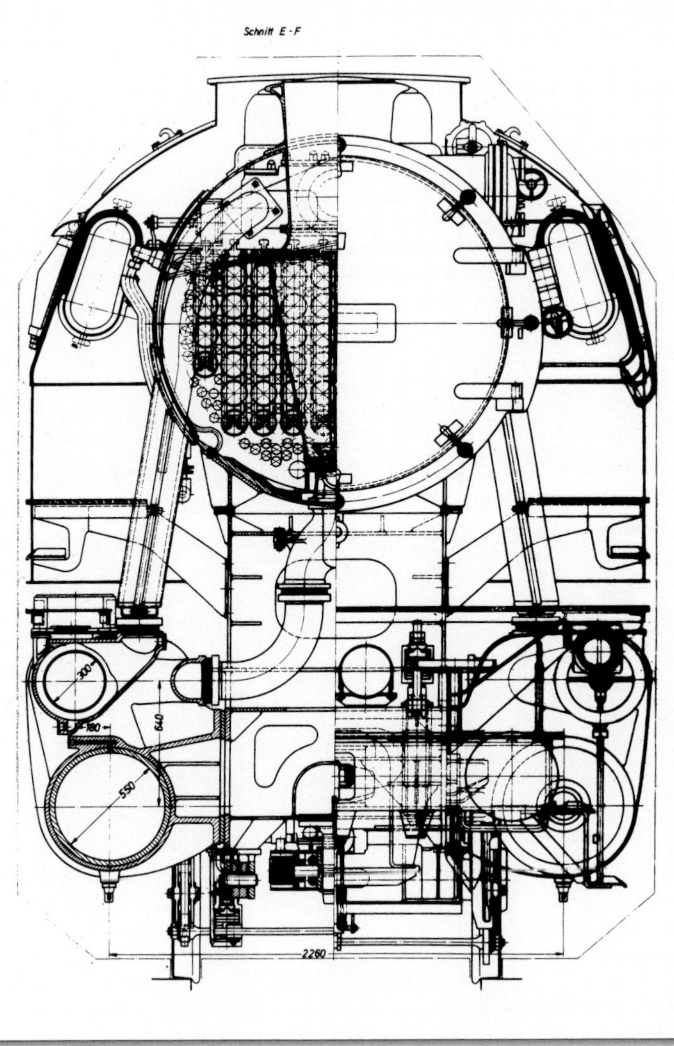

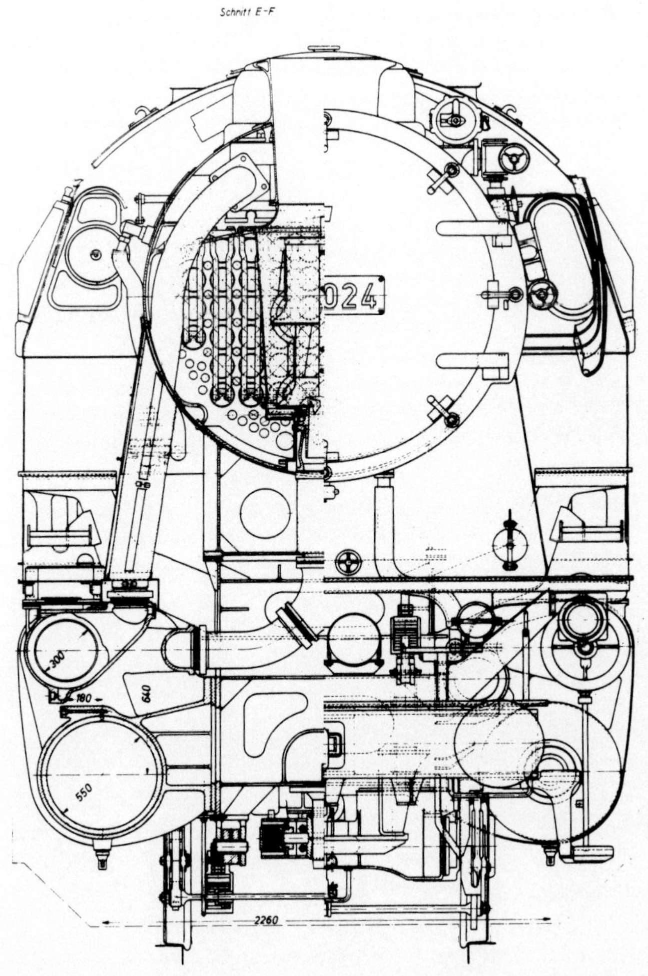

△ **Bild 18 •** Drei Querschnitte 23 001 bis 023. Die Querschnitte links und in der Mitte sind vom Führerhaus aus betrachtet, der Querschnitt rechts von der Rauchkammer aus. ABBILDUNGEN (2): SAMMLUNG MICHAEL BERGMANN

◁ **Bild 19 •** Drei Querschnitte der beiden Versuchsträger 23 024 und 025. Die Querschnitte links und in der Mitte sind vom Führerhaus aus betrachtet, der Querschnitt rechts von der Rauchkammer aus.

Die Feuerbüchsdecke wird durch 26 mm starke Deckenstehbolzen getragen. Die Bolzen sind in der Stehkessel- und Feuerbüchsdecke gewindelos mit Spiel eingeschweißt. Die Seitenstehbolzen und die Gelenkstehbolzen mit Ausgleichring in den Hauptbewegungszonen, insbesondere im Bereich der Verbrennungskammer, sind in gleicher Weise eingeschweißt.

Rost

Der Rost ist gegen die Waagrechte im Verhältnis 1 : 7,7 geneigt. Bei einer Breite von 1.562 mm und einer Tiefe von 1.992 mm beträgt seine Fläche 3,11 m^2. Es sind drei Rostfelder vorhanden mit 550 mm vorn und 900 mm hinten sowie 450 mm Länge des Kipprostfeldes, das nach vorne unten aufschlägt.

Aschkasten

Der Aschkasten Bauart Stühren ist unabhängig vom Kessel im Rahmen gelagert. Er liegt hinter der dritten Kuppelachse und besitzt eine Tasche, die durch die gespreizte Deichsel des Lenkgestells hindurch entleert wird, und ruht mit Flanschen in einem Ausschnitt des Längsversteifungsbleches auf Oberkante Rahmen. Er stößt stumpf gegen den Bodenring, soweit nicht im Bereich der Bodenring-Luftklappen ein größerer Spalt freigelassen ist. Der Kessel kann sich nach hinten gegenüber dem Aschkasten frei ausdehnen. Die Verbrennungsluft tritt durch Klappen an Stirn- und Rückseite sowie Seitenklappen unter dem Bodenring unter den Rost. Die Klappen können vom Führerstand aus bedient werden. Die an den Längsseiten des Aschkastens entlangführenden Spritzrohre sind so hoch gelegt, dass die Asche sich nicht festsetzen kann. Der an der Tasche hintenliegende Bodenschieber wird an Lenkern so geführt, dass er sich unter dem Eigengewicht schließt und sich beim Öffnen vom Sitz abhebt. Beim Entschlacken wird der Schieber durch Hochziehen vor Glut und Asche geschützt.

Feuerschirm

Die Feuerbüchse besitzt einen Feuerschirm der Regelbauart aus kleinen Steinen, die durch die Feuertür eingebracht werden können. Der Schirm ist an den Feuerbüchsseitenwänden auf gusseisernen Tragleisten abgestützt, die mit je drei Bolzen gehalten werden. Diese Bolzen sind durch Hohlstehbolzen gesteckt und können leicht ausgewechselt werden.

Rauchkammer

Der Rauchkammermantel von 12 mm Stärke ist stumpf an einen Winkelring am Langkessel angeschweißt. Der Außendurchmesser der Rauchkammer beträgt 1.850 mm, der Abstand zwischen Rauchkammerrohrwand und Rauchkammerstirnwand 2.475 mm.

Im vorderen Teil liegt im Scheitel eine Quernische für den Oberflächenvorwärmer. Hinter dem Schornstein befindet sich ein durch eine abnehmbare Haube abgedeckter Ausschnitt, durch den die Heißdampfreglerventile zugänglich sind.

△ **Bild 20** • Einschweißen der Stehbolzen in der Stehkesseldecke. Der Kessel liegt auf der Seite, bei einer im Bau befindlichen Lok mit frei zugänglichem Feuerraum eine schöne Arbeit, später im Betrieb eher unangenehm.
Aufnahme: Henschel Museum und Sammlung e.V.

Die Rauchkammer ist nach vorn durch eine gekümpelte Tür mit Vorreibern verschlossen. Im unteren Teil der Tür ist innen ein Schutzblech gegen den Angriff der Flugasche vorhanden.

Die Rauchkammer trägt beiderseits angeschraubte Konsolen mit breiten Stützflächen, über die der Kessel unter Zwischenlage von Passblechen mit dem Rahmen verbunden wird.

Die Kesselausrüstung

Feuertür

Der Kessel hat eine Feuertür aus Blech, die nach dem Feuerraum hin aufschlägt; sie wird durch ein innen angebrachtes Blech gegen Abbrand geschützt, ist also doppelwandig. Sie wird mittels eines Gewichtshebels bewegt und im geschlossenen und (zur Bearbeitung des Feuers) im geöffneten Zustand sowie in mehreren Zwischenstellungen durch Rasten festgehalten. Durch Öffnungen im äußeren Blech tritt Luft ein, die Tür und Schutzblech kühlt.

Saugzuganlage

Die Hauptabmessungen der Saugzuganlage sind so gewählt, dass mit niedriger Feuerschicht bei geringem Gegendruck wirtschaftlich gefahren werden kann. Die Saugzuganlage in der Rauchkammer besteht aus Schornstein und Blasrohr; beide liegen tief, sodass das Dampf-Rauch-Gemisch auf genügende Länge geführt wird. Der Schornstein ist weit gehalten, damit das Gemisch eine geringe Geschwindigkeit hat. Dementsprechend ist auch das Blasrohr weit gehalten, sodass der Gegendruck in den Zylindern niedrig bleibt. Unmittelbar an der Zusammenführung der von den beiden Zylindern kommenden Abdampfrohre, also tief unterhalb des Blasrohrs, wird Abdampf für den Mischvorwärmer entnommen. Auf der Rückseite des Schornsteins ist ein Kanal für den Abdampf der Lichtmaschine eingegossen. Der Abdampf von Speise- und Luftpumpe wird in der Vorwärmeranlage ausgenutzt.

Zur Verbesserung der Saugzuganlage wurde die Lok 23 024 ab Werk mit einem **Düsenblasrohrsatz Bauart Kylchap** ausgerüstet. Der Name ist eine Kombination aus den Namen des genialen französischen Dampflokkonstrukteurs André Chapelon (26. Oktober 1892 – 22. Juli 1978) und des finnischen Ingenieurs Kyösti Kylälä. Bei dieser Anlage wird der Dampfstrahl aus dem Blasrohr durch Keile am Umfang der Mündung in vier Strahlen aufgeteilt. Die

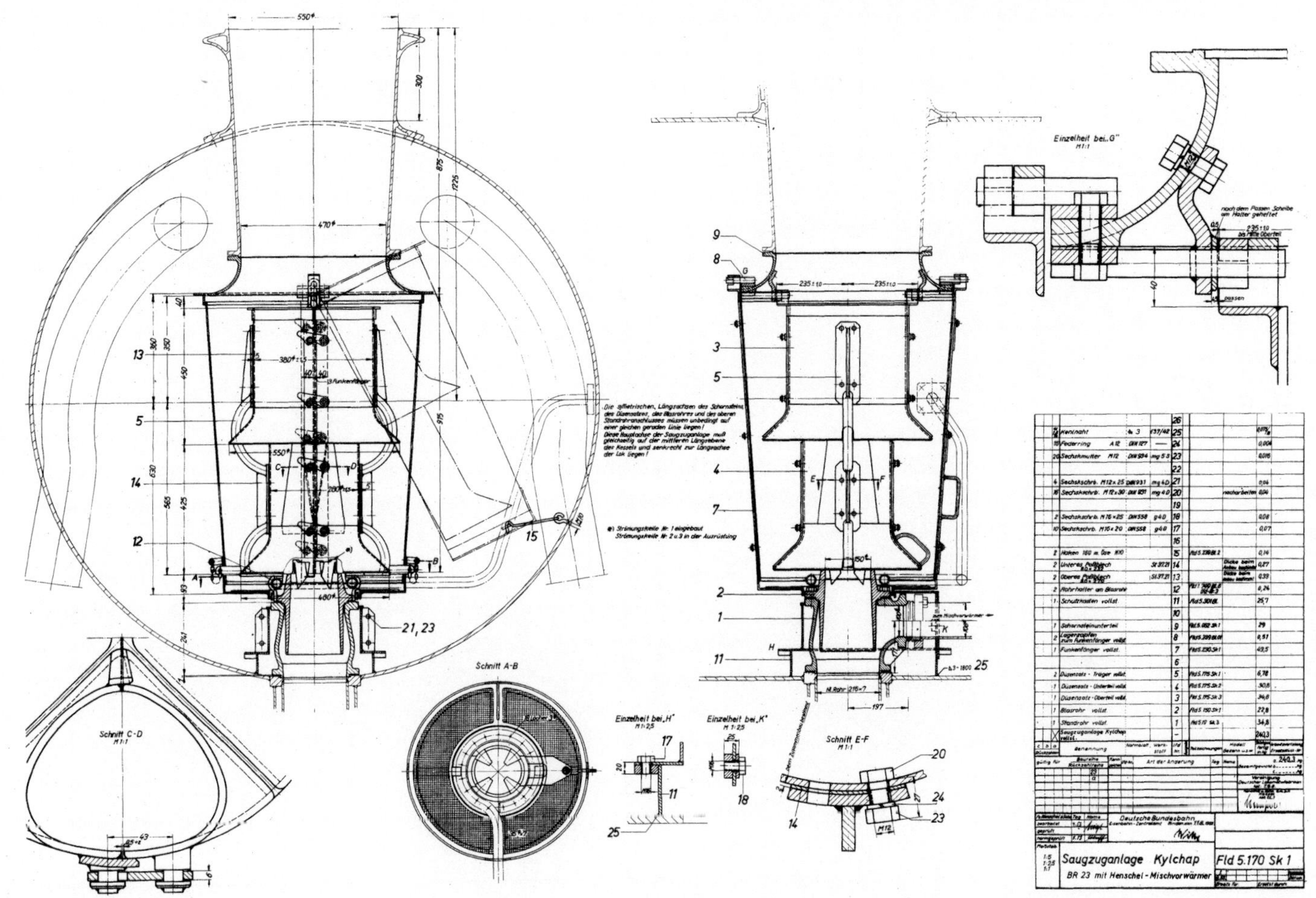

△ **Bild 21** • Saugzuganlage Kylchap bei 23 024. ABBILDUNG: SAMMLUNG MICHAEL BERGMANN

Dampfstrahlen beaufschlagen vier Zwischendüsen und vereinigen sich wiederum in einem zylindrischen Zwischenstück unter dem Schornstein. So entstehen drei Einsaugquerschnitte für die Rauchgase. Die bei der bisherigen Ausführung am Eintritt des Dampfstrahls in den Schornsteinhals vorhandene Saugwirkung wird an den beiden Zwischendüsen, die einen ähnlichen Hals wie der Schornstein haben, wiederholt entwickelt, sodass mit dieser Anlage bei gleichem Gegendruck im Blasrohr ein höherer Unterdruck in der Rauchkammer erzielt wird. Je nach Bedarf kann man den gleichen Unterdruck, wenn er bei der bisherigen Ausführung genügen sollte, auch mit einem niedrigeren Gegendruck erreichen. Die Zwischendüsen sind, genau wie der Funkenfänger, so in der Länge geteilt, dass sie seitlich aufgeklappt werden können, damit die Rauchkammerrohrwand zugänglich bleibt.

Funkenfänger

Der Funkenfänger, bestehend aus einem Drahtsieb mit engen Maschen, umfasst den Blasrohrkopf und ist am Schornstein leicht pendelnd aufgehängt, damit er sich während der Fahrt durch die Erschütterungen ständig selbst reinigt; er ist zweiteilig und nach den Seiten aufklappbar.

Mehrfachventil-Heißdampfregler

Hinter dem Schornstein sitzt in der Rauchkammer der Dampfsammelkasten der Überhitzeranlage, er war mit dem ursprünglich vorhandenen Mehrfachventil-Heißdampfregler (MV-Regler) in einem Stück zusammengefasst. Dieser Regler war dem Überhitzer nachgeschaltet. Seine Regelorgane, ein Entlastungsventil und vier große Durchgangsstellerventile (Hauptventile) konnten nacheinander geöffnet werden, und zwar mit Nocken auf einer querliegenden Reglerwelle. Die Spindeln der Hauptventile waren unten mit Entlastungskolben versehen; sie standen nach dem Öffnen des Entlastungsventils unter Dampfdruck (von unten beaufschlagt), sodass sich die Ventile leicht öffnen ließen. Die Reglerwelle war auf der rechten Lokseite durch eine Stopfbuchse aus dem Dampfsammelkasten und mit einer Durchführung aus der Rauchkammer herausgeführt. Das Reglergestänge war auf der rechten Lokseite zum Führerhaus geführt, der Reglerhandhebel in einem Block an der Führerhauswand gelagert; er wurde sinnfällig betätigt, d. h. durch Bewegung nach vorne geöffnet, und z. T. in jeder Stellung durch Raste festgehalten. Aus der Heißdampfkammer wurde durch einen auf der linken Seite vor den Hauptventilen sitzenden Anschluss der Dampf für den auf der linken Rauchkammerseite angebrachten Dampfentnahmestutzen entnommen, an den die vorneliegenden Verbrauchsstellen angeschlossen sind. Der Luftpumpe wurde der Heißdampf aus einem Anschluss auf der rechten Seite des MV-Reglers zugeführt.

Absperrventil

Ein Dampfentnahmerohr im Kesselscheitel führte vom Dampfdom zum Dampfsammelkasten. Im Dom war ein Absperrventil, das über ein Gestänge vom Führerhaus aus betätigt werden konnte; es sollte nur bei abgestellter Lokomotive und bei Arbeiten am MV-Regler benutzt werden. Dem Vorteil, gleich nach Öffnen des Reglers Heißdampf zur Verfügung zu haben und in die Zylinder kein Niederschlagswasser zu bekommen, ferner die Hilfsmaschinen mit Heißdampf wirtschaftlicher betreiben zu können, standen im Betrieb Nachteile gegenüber, so vor allem die an den Reglerventilen durch Ansatz von Kesselstein aus übergerissenem Wasser aufgetretenen Störungen (siehe Bw Crailsheim).

Daher wurden alle über 1969 hinaus in Betrieb stehenden Lokomotiven zwischen 1967 und 1972 auf Nassdampfregler umgebaut.

Nassdampfregler

Der MV-Regler wurde durch das Ausbauen der Ventile und der Reglerwelle samt zugehöriger Stopfbuchse zu einem normalen Dampfsammelkasten. Im Dampfdom wurde das Absperrventil ausgebaut und durch einen Ventilregler der Einheitsbauart aus der Baureihe 50 ersetzt, der nunmehr in der früher üblichen Weise dem Überhitzer vorgeschaltet ist. Zu dem Dampfentnahmestutzen an der linken Rauchkammerseite wurde eine neue Frischdampfleitung von einem am Dampfdom neu angebauten Entnahmeventil gelegt. Für die Luftpumpe wurde auf der rechten Lokseite ein Frischdampfrohr an den auf dem Stehkessel vor dem Führerhaus sitzenden Entnahmestutzen angeschlossen.

Überhitzer

Der Überhitzer mit 73,8 m² Heizfläche ist in der bekannten Bauart Schmidt für Großrohrüberhitzer ausgeführt. Seine Elemente (Einheiten) mit der Abmessung 30 mm × 3,5 mm tauchen zweimal in je ein Rauchrohr ein; der Dampf wechselt also dreimal seine Richtung.

Speiseeinrichtungen

Der Kessel hat zwei voneinander unabhängige Speiseeinrichtungen: eine Dampfstrahlpumpe und eine Speisewasserkolbenpumpe. Während die preußischen Loks und die früheren Einheitslokomotiven eine im Führerhaus untergebrachte saugende Strahlpumpe haben, sind die Loks der Baureihe 23 (wie alle Neubaulokomotiven 1950) mit einer liegenden **nichtsaugenden Strahlpumpe Bauart Friedmann ASZ 9** mit 210 l/min Förderleistung ausgerüstet. Der saugenden Strahlpumpe fließt das Wasser nicht von selbst zu; sie hat daher ein besonders ausgebildetes Dampfreglerventil, durch das erst ein Unterdruck in ihrer Wasserkammer erzeugt werden muss. Dadurch ist sie empfindlich gegen Bedienungsfehler, saugt wärmeres Wasser schlecht und solches über 40 °C überhaupt nicht. Die nichtsaugende Strahlpumpe ist links unterhalb des Führerhauses angeordnet. Das Wasser läuft ihr aus dem höher gelegenen Tender zu, braucht also nicht erst angesaugt zu werden. Die Pumpe speist daher sofort bei Ingangsetzen, fördert auch, wenn das Wasser im Tender wärmer geworden ist. Bei warmem Wasser entsteht in der Schlabberkammer gegenüber der Außenluft ein höherer Druck, der das Schlabberventil aufstößt, sodass Dampf und Wasser ins Freie treten. Schließt man in solchem Fall das Schlabberventil, so fördert die Pumpe weiter. Das Gestänge zur Betätigung des Schlabberventils und der Wasserregelhahn sind im Führerhaus auf der Heizerseite angeordnet, desgleichen das Handrad des Regelventils in der Leitung, die vom Entnahmestutzen auf dem Scheitel des Stehkessels zur Strahlpumpe führt.

Zur Kesselspeisung dient außerdem die linksseitig angeordnete **Kolbenspeisepumpe KT 1** mit einer Förderleistung von 250 l/min mit einem Abdampfvorwärmer der Regelbauart (Oberflächenvorwärmer) von 10,45 m² Heizfläche.

Die Lokomotiven 23 024 und 23 025 erhielten als Erprobungsmuster für einen späteren Serienbau statt der normalen Oberflächen-Vorwärmeranlage die neue **Mischvorwärmeranlage Bauart Henschel MVC**, deren hauptsächliche Bestandteile unterhalb der Rauchkammer angeordnet sind. Ihre wesentlichen Merkmale sind die einstufige drucklose Vorwärmung, der große Warmwasserspeicher

△ **Bild 22** • Im Führerstand von **23 001**: Der Mehrfachventil-Heißdampfregler befindet sich für den sitzenden Lokführer in Griffweite. Der Geschwindigkeitsmesser ist oberhalb des Steuerpultes noch separat angeordnet.
AUFNAHME: HENSCHEL MUSEUM UND SAMMLUNG E. V.

△ **Bild 23** • Der spartanisch reduzierte Sitz des Lokführers illustriert die Tatsache, dass es ab 1967 in den Führerständen der 23 deutlich weniger komfortabel zuging, denn der inzwischen eingebaute Nassdampfregler (links) konnte für normal gebaute Menschen nicht mehr im Sitzen bedient werden (Führerstand von **023 058** am 25. September 1975). AUFNAHME: ALBERT SCHÖPPNER, ARCHIV JÖRG SAUTER

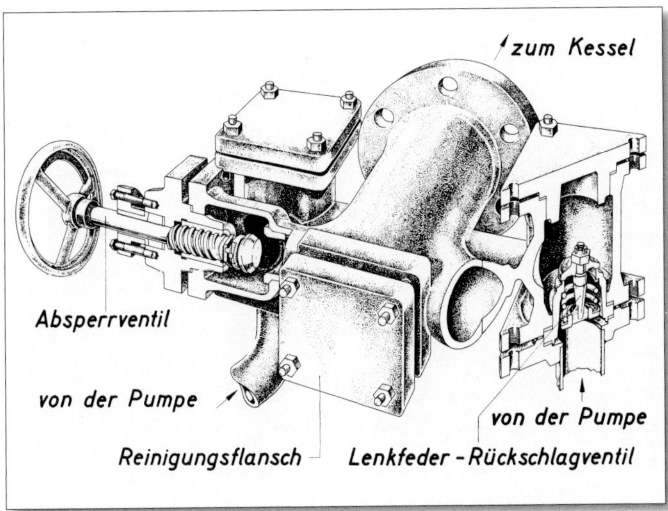

△ **Bild 24** • Das Kesselspeiseventil. ABBILDUNG: SAMMLUNG MICHAEL BERGMANN

△ **Bild 25** • Alle Neubaulokomotiven 1950 sind mit einer liegenden nichtsaugenden Strahlpumpe Bauart Friedmann ASZ 9 mit 210 l/min Förderleistung ausgerüstet. AUFNAHME: HENSCHEL MUSEUM UND SAMMLUNG E.V.

und die Förderung des Speisewassers durch einen Strahlheber und eine Turbopumpe.

Die Speisewasser-Kolbenpumpe KT 1 ist auch Bestandteil der **Mischvorwärmeranlage MV 57**, mit der alle Loks ab Betriebsnummer 23 097 von vornherein ausgerüstet wurden. Diese Vorwärmeanlage ist durch Vereinfachung aus der **Mischvorwärmeranlage Bauart Heinl** entstanden, die ursprünglich in alle Loks mit den Betriebsnummern 23 053 bis 096 eingebaut, aber zwischen 1960 und 1963 in die Bauart MV 57 abgeändert wurde.

Die Heinl-Anlage arbeitet folgendermaßen: Es sind zwei Fördereinrichtungen vorhanden, erstens ein mit Dampfstrahl betriebener Wasserheber und zweitens eine Vorwärmpumpe, in der Antriebsmaschine, Warmwasserstufe, Heißwasserstufe, Hochdruckvorwärmer und Druckwindkessel vereinigt sind. Mit dem Anlassschieber werden Wasserheber und Vorwärmerpumpe gleichzeitig in Gang gesetzt. Der Heber fördert dann das aus dem Tender kommende Wasser über einen Speicher, fein verteilt durch ein Spritzrohr, in die Mischkammer des Niederdruckvorwärmers, wo es sich mit dem vom Blasrohr kommenden Abdampf vermischt und bis nahe an die Siedegrenze erhitzt wird. Die Warmwasserstufe der Pumpe fördert das warme Wasser aus dem Niederdruckvorwärmer in den Hochdruckvorwärmer, in dem es durch den Pumpenabdampf um weitere 10 °C bis 20 °C angewärmt wird.

Durch die Heißwasserstufe wird es schließlich über den Druckwindkessel in den Dampfkessel gepumpt. Der Wasserheber fördert stets mehr Wasser als dem Niederdruckvorwärmer von der Warmwasserstufe entnommen wird. Das zu viel geförderte Wasser fließt über den oberen Rand der Saugkammer in die Überlaufkammer und von dort durch eine Rücklaufleitung wieder einem vor dem Wasserheber angeordneten Mischgefäß zu, wo es, mit kaltem Tenderwasser gemischt, erneut gefördert wird. Der zwischen Wasserheber und Niederdruckvorwärmer sitzende Speicher füllt sich allmählich mit warmem Wasser auf, sodass auch bei geschlossenem Regler noch eine Zeitlang vorgewärmtes Wasser gespeist werden kann. Bei dem vereinfachten MV 57 sind der Wasserheber, Speicher und der Hochdruckvorwärmer fortgefallen. Das vom Tender kommende Wasser, einschließlich Rücklaufwasser, wird aus dem Mischgefäß, das auf der linken Lokseite unten vor dem Führerhaus sitzt, von der Warmwasserstufe der Pumpe, die durch Fortfall des Hochdruckvorwärmers freigeworden ist, in die Mischkammer des in der Rauchkammer untergebrachten Vorwärmerbehälters gefördert, der jetzt nicht mehr mit „Niederdruckvorwärmer“, sondern mit Mischkasten bezeichnet wird. In diesen werden außer dem Abdampf der Lokomotivmaschine und der Luftpumpe auch der Abdampf der Kesselspeisewasser-Kolbenpumpe geleitet, die jetzt eine Tolkien-Steuerung bekommen hat.

Wie allgemein bei den Speisewasser-Kolbenpumpen üblich, steht mit der Steuerkammer ein auf der Heizerseite angeordneter Hubanzeiger (Druckmesser) in Verbindung, mit dem das Arbeiten der Pumpe überwacht werden kann.

Die Druckleitungen der beiden Speiseeinrichtungen führen zu den linksseitig am Langkessel sitzenden Kesselspeiseventilen, die

△ **Bild 26** • Die linksseitig angeordnete Kolbenspeisepumpe KT 1 mit einer Förderleistung von 250 l/min ist Bestandteil der Mischvorwärmeranlage MV 57, im Bild an **023 058** am 7. April 1975. AUFNAHME: FRANK LÜDECKE

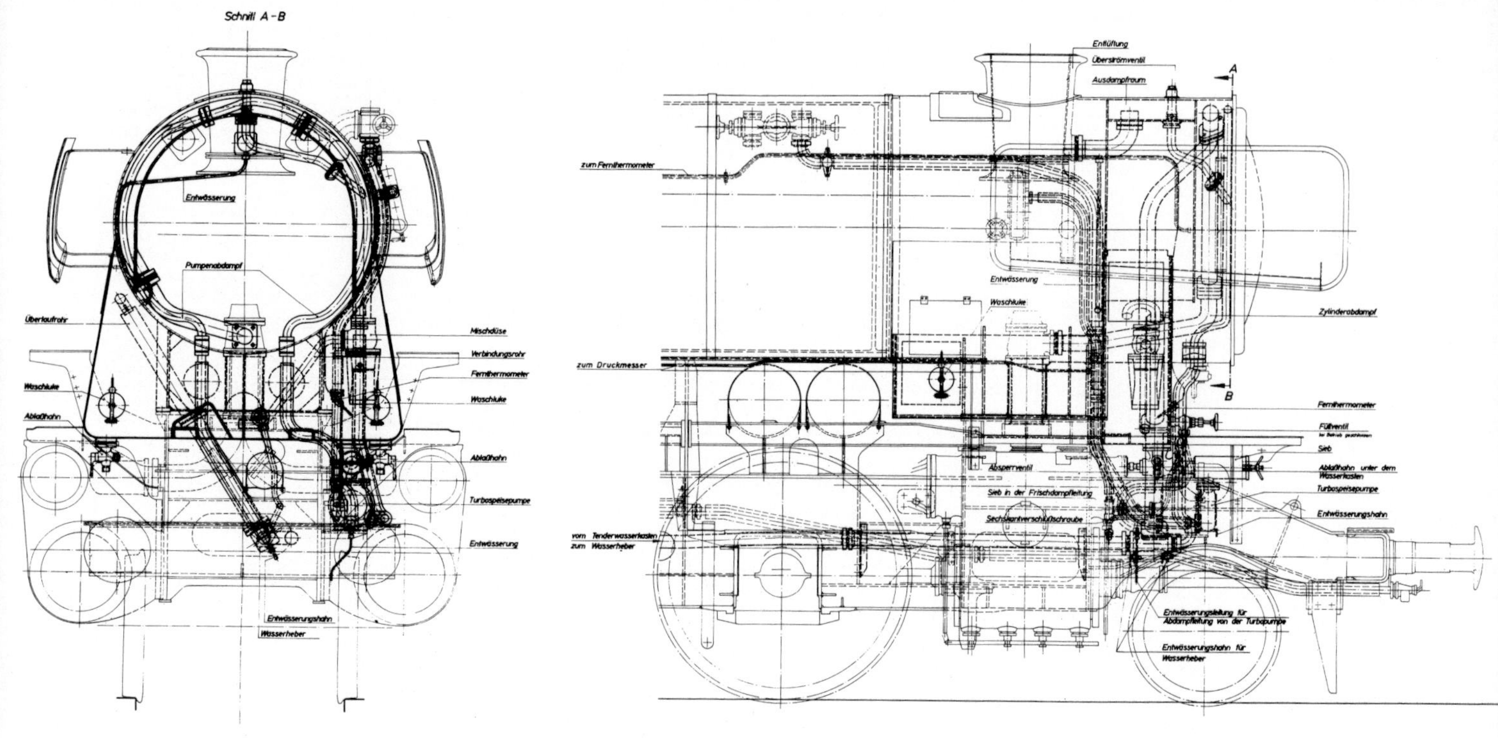

△ **Bild 27** • Rohrplan der Mischvorwärmeranlage Henschel MVC.

Abbildung: Sammlung Michael Bergmann

zu einem Gussstück zusammengefasst sind. Im Kessel wird das Wasser über einen Krümmer soweit heruntergeführt, dass dieser erst bei Unterschreiten des niedrigsten Wasserstandes auftaucht. Bei undichten Kesselspeiseventilen kann nur Dampf austreten, der Kessel also nicht in gefährlicher Weise leerlaufen. In die beiden Druckleitungen sind Feuerlöschstutzen eingeschweißt.

Dampfentnahmestutzen

Der vor dem Führerhaus sitzende Dampfentnahmestutzen für die hinteren Verbrauchsstellen entnimmt den Dampf dem Dampfdom über eine im Kesselinneren gelegte Leitung; er ist als Ganzes absperrbar und hat vier Einzelventile, die mit im Führerhaus oben angeordneten Handrädern bedient werden. Die Handräder zum hinteren Stutzen gehören von links nach rechts zur:

1. Dampfstrahlpumpe
2. Zugheizung
3. Dampfbläser
4. Luftpumpe
   (auf der Führerseite in Augenhöhe)

Der bereits bei der Beschreibung des MV-Reglers erwähnte vordere Dampfentnahmestutzen auf der linken Rauchkammerseite ist als Ganzes absperrbar und hat drei Einzelventile.

Die zugehörigen Handräder sind auf der Heizerseite im Führerhaus von oben nach unten angeordnet:

1. Hilfsbläser
2. Kolbenspeisepumpe
3. Lichtmaschine

△ **Bild 28** • Der Blick von oben auf eine 23 und ihren Schornstein mit innenliegender Entlüftungsröhre für den Mischvorwärmer. Die im Gegensatz zur runden Ausführung bei den Oberflächenvorwärmer-23 ovale Form bei den Mischvorwärmer-23 wirkte sich positiv auf das elegante Erscheinungsbild der späteren Bauserien aus.

Aufnahme: H. J. Obermayer, Sammlung Gerhard Rieger

Dampfbläser

Mit dem oberhalb der Feuertür angeordneten Dampfbläser können mit kräftigem Stahl aus mehreren Düsen die Verbrennungskammer von Ruß und Asche gesäubert und die Rohre nach der Rauchkammer durchgeblasen werden.

Wasserstandsanzeiger

Zur Überwachung des Wasserstands ist auf der Führer- und Heizerseite je ein Wasserstandsanzeiger der üblichen Bauart mit Wasserstandsgläsern angebaut, in dessen Absperrhähnen je ein Kugelverschluss eingebaut ist (Selbstschluss bei Bruch eines Wasserstandsglases). Vor jedem Wasserstand sitzt ein Schutzkasten aus dickem Glas, damit bei Bruch eines Wasserstandsglases das Personal nicht durch Splitter verletzt wird.

Dampfpfeife

Die Dampfpfeife ist rechts unmittelbar vor dem Führerhaus am Dampfentnahmestutzen so angeordnet, dass sich ein kurzer Zug ergibt. Durch einen vorgeschalteten Hahn kann die Pfeife abgestellt werden, ohne den Dampfentnahmestutzen schließen zu müssen.

Bei den Lokomotiven ab Betriebsnummer 23 024 sitzt die Dampfpfeife rechts in der Nähe der Rauchkammer auf dem Kessel, in dessen Wand hier ein Untersatz eingeschweißt ist; ihre liegende Ventilspindel wird mit Handzug vom Führerhaus aus bedient. Auf diese Weise wird eine Dampfleitung vermieden, in der sich Niederschlagswasser ansammeln kann; die Pfeife spricht daher bei Betätigung sofort an.

Sicherheitsventile

Zwei Hochhubsicherheitsventile Bauart Henschel-Ackermann mit 60 mm lichtem Durchgang und langer, im Dampfraum liegender Feder sind vor dem Deckenstehbolzenfeld oberhalb der Feuerbüchsrohrwand nebeneinander nahe dem Kesselscheitel angeordnet.

Druckluftläutewerk

Ein Druckluftläutewerk Bauart Knorr sitzt vorn rechts auf der Rauchkammer; es wurde später bei einigen Lokomotiven eingebaut, damit sie auch auf Strecken mit unbeschrankten Bahnübergängen verkehren konnten.

Zum Reinigen des Kessels sind 32 Luken vorhanden, und zwar:

Kleine (65/50 mm)
- 9 Luken in der Stehkesselrückwand
- 4 Luken in der Stehkesselvorderwand
- 4 Luken in den Seitenwänden
- 2 Luken in der Rauchkammerrohrwand

Große (110/65 mm)
- 10 Luken im oberen Teil des Stehkesselmantels
- 3 Luken am Bauch der Kesselschüsse.

Am tiefsten Punkt des Kessels vorn über dem Bodenring ist ein **Abschlammventil Bauart Gestra** mit Druckluftbetätigung von der Heizerseite aus angeordnet. Über ein Dreiwegeventil an der Stehkesselrückwand werden Rauchkammerspritze, Tenderbrause und Kohlenspritze angestellt. Das Ventil ist an die Druckleitungen beider Speisepumpen angeschlossen. Die Aschkastenspritze wird von einem auf der linken Seite des Führerhauses senkrecht angeordneten Drehzug aus bedient. Bei den Lokomotiven ab Betriebsnummer 23 024 ist die Aschkastenspritze am Dreiwegeventil angeschlossen.

Der **Hilfsbläser** besteht aus einem um den Blasrohrkopf gelegten Ringrohr mit Löchern und ist an den vorderen Dampfentnahmestutzen angeschlossen.

Die Temperatur des Heißdampfs im rechten Schieberkasten wird durch ein elektrisches **Fernthermometer Bauart Siemens** mit Anzeigegerät im Führerhaus gemessen. Das Thermometer taucht, geschützt durch ein Tauchrohr, in den Schieberraum ein.

Bei den Lokomotiven ab Betriebsnummer 23 024 wurde erstmalig der Kessel einschließlich der wichtigsten dampfführenden Rohre mit Blauasbest-Matratzen isoliert. Die Matratzen sind so ausgebildet, dass sie leicht an- und ausgebaut werden können. Diese Isolierung soll zusätzlich Wärmeverluste – vor allem bei abgestellter Lokomotive – verhindern und die Temperatur auf dem Führerstand herabsetzen.

Der Rahmen

Der Rahmen ist mit sämtlichen Quer- und Längsverbindungen, einschließlich Rahmenverbindung zwischen den Zylindern und Pumpenträgern, in einem Stück geschweißt. Die Rahmenwangen sind durch oben und unten gegengeschweißte Gurte verstärkt. Die Füße für Achsgabelstegbefestigung und Achslagerführungen sind als Schmiedestücke mit Rückensteg, dem Ausschnitt entsprechend, gebogen und eingeschweißt, sodass der Untergurt durch die Ausschnitte ununterbrochen durchläuft. Die Loks Betriebsnummer 23 044 bis 23 052 besitzen Achslagerführungen aus Stahlguss.

Etwa in Höhe der Achslagermitte läuft ein waagrechtes 14 mm starkes Längsversteifungsblech von vorn bis hinten durch, sodass ein verwindungssteifer Kasten gebildet wird. Zur Austauschbarkeit der Zylinder sind bearbeitete Unterlagen am Rahmen angeschraubt. Außen am Rahmen werden die Zylinder über Keilleisten abgefangen.

Zwischen 1. und 2. Kuppelachse ist der Gleitbahnträger aufgesetzt, zwischen 2. und 3. Achse ein Querträger, der durch Längsträger mit dem Gleitbahnträger verbunden ist. Diese Längsverbindungen tra-

Bild 29 ▷ Der Rahmen mit dem Zylinderblock und dem Rauchkammerträger.

Aufnahme: Henschel Museum und Sammlung e.V.

gen oben die Steuerschraube, unten die abnehmbaren Steuerwellen- und Schwingenlager. Verschleißstellen, die zum exakten Arbeiten von Steuerung, Trieb- und Laufwerken aufgearbeitet werden müssen, sind mit dem Rahmen verschraubt. Lagerböcke für Ausgleichhebel, bei denen der Verschleiß durch Auswechseln von Buchsen in den Gabeln ausgeglichen werden kann, sind dagegen mit dem Rahmen verschweißt. Um die Stellkeile beim Aufarbeiten, d. h. beim Schleifen, im Rahmen halten zu können, ohne die Achsgabelstege einsetzen zu müssen, sind hinter den Ausschnitten Löcher im Rahmen vorgesehen, in denen Klammern zum Halten der Keile angebracht werden können. Die Stellkeile für die Achslager sind hinten angeordnet, sodass sie bei Vorwärtsfahrt entlastet sind. Die Achslagerführungsplatten sind angeschweißt.

Die **Pufferträger** vorn und hinten sind auswechselbar. Sie sind beiderseits mit Ausschnitten zum Einhängen von Spillhaken beim Kaltverfahren versehen. Unterhalb der Pufferträger sind Konsolen zum Ansetzen des Aufgleisgerätes angebracht, sodass die Rohrleitungen hierzu nicht abgebaut werden müssen und geschützt sind.

Die nächste Querverbindung ist der **Rauchkammerträger**; er sitzt zwischen den Zylindern und ist als geschweißter Kasten ausgebildet, der hoch über den Rahmen ragt und einen Teil des Kesselgewichts aufnimmt. Während der Kessel vorne mit dem Rauchkammerträger fest verschraubt ist, sind seine übrigen Verbindungen mit dem Rahmen so ausgebildet, dass er unbehindert der Wärmedehnung folgen kann. So sind die beiden Stehkesselgleitstützen hinter der 3. Kuppelachse mit dem Rahmen nur durch Klammern verbunden, die ein Abheben verhindern. Außerdem ist der Rahmen vor der Treibachse und unter der Stehkesselrückwand durch Pendelbleche mit dem Rahmen verbunden. Die Achsgabelstege sind von unten gegen den Untergurt gegengesetzt und umklammern beiderseits die Rahmenansätze. Die Stege sind mit Passschrauben befestigt und umfassen das Federgehänge, brauchen jedoch zum Auswechseln von Federn nicht ausgebaut zu werden.

Die Rahmenwangen sind 25 mm stark, ihr lichter Abstand beträgt 1.055 mm, die Rahmenoberkante liegt 700 mm über Achsmitte, die Rahmenblechhöhe beträgt 901 mm. Ihre Gesamtkontur ist so gehalten, dass nur geringer Verschnitt entsteht. Der vollständig geschweißte Rahmen ist dem Stahlgussrahmen vergleichbar, der in einem Stück gegossen wird. Er ist diesem jedoch gewichtsmäßig und in der Ausnutzung des Baustoffes überlegen, sodass damit gegenüber dem Barrenrahmen ohne Beeinträchtigung des Austauschbaues ein Höchstmaß an Baustoffersparnis erreicht wird.

Das Laufwerk

Entsprechend dem überwiegenden Einsatz der Lokomotive im Personenzugdienst haben die gekuppelten Radsätze einen Durchmesser von 1.750 mm erhalten.

Das **Krauss-Helmholtz-Lenkgestell**, in dem die erste Laufachse und die erste Kuppelachse zusammengefasst sind, entspricht im Großen und Ganzen der schon seit 1925 bei den Einheitslokomotiven verwendeten Bauart. Die Deichsel des Lenkgestells hat gegenüber dem im Rahmen gelagerten Drehzapfen ein seitliches Spiel von 60,5 mm. Die Laufachse, deren Räder einen Durchmesser von 1.000 mm haben, gestattet einen Seitenausschlag von 110 mm, die Kuppelachse eine Seitenverschiebung von 10 mm. Die Deichsel ist an dem auf der Kuppelachse sitzenden Deichsellagergehäuse mit einem Kreuzgelenk aufgehängt. Während bei den Lokomotiven der ersten Lieferung dieses Gehäuse noch mit der Deichsel verschraubt ist, ist es bei den Lokomotiven ab Betriebsnummer 23 026 angeschweißt. Die Lokomotiven bis Betriebsnummer 23 025 besitzen nur Rückstellfedern am Drehzapfen des Krauss-Gestells. Bei den Lokomotiven ab Betriebsnummer 23 026 wurde eine zusätzliche Rückstellfeder hinter der Laufachse vorgesehen, um der Neigung zum einseitigen Anlauf entgegenzuwirken.

Das **nachlaufende Lenkgestell**, dessen Laufradsatz Räder mit 1.250 mm Durchmesser hat, ist eine Neuentwicklung. Es hat eine Rückstelleinrichtung, die über einen Gegenlenker wirkt. Gegenüber den zwei Rückstelleinrichtungen des Krauss-Gestells tritt eine erhebliche Vereinfachung ein. Der Gegenlenker ist einerseits an einem Drehzapfen am Lenkgestell, andererseits an einem Drehzapfen im Lokomotivrahmen angelenkt. An den Gegenlenker legen sich mit ihren Federbunden zwei durch Federspannschrauben verbundene und mit Vorspannung eingesetzte Blattfedern beiderseits an. Die Federbunde liegen gleitend auf einer Querverbindung des Lenkgestells auf und haben angeschweißte Ansätze, die eine Bewegung gegenüber der Deichsel nur in einer Richtung zulassen. Schlägt der Laufradsatz nach einer Seite aus, wobei das Deichselstützlager am Rahmen einen Drehpunkt bildet, so nimmt der im Lenkgestell sitzende Drehzapfen den Gegenlenker mit, doch schwenkt dieser um den Drehzapfen im Lokomotivrahmen, führt also eine Drehbewegung im entgegengesetzten Sinne aus. Es kann sich aber nur einer der Federbunde in Richtung des Gelenkausschlags verschieben, da sich der andere mit seinem Ansatz gegen den festen Anschlag im Deichselrahmen legt. Es erhalten daher beide Federn über die Federspannschrauben die gleiche Zusatzspannung und wirken gemeinsam als Rückstellkraft auf den Gegenlenker ein.

Die gute Wirkung der Laufgestelle auf ruhigen Lauf der Lokomotive in Gleisbogen sowie bei hoher Geschwindigkeit im geraden Gleis wird nur erreicht, wenn die Laufachslager zur Übertragung der seitlichen Führungskräfte ständig fest anliegen, d. h. der Verschleiß beschränkt und entstehendes Spiel frühzeitig ausgeglichen wird. Gelenke und Lagerstellen der Lenkgestelle sind deshalb an die Zentralschmierung vom Führerhaus aus angeschlossen.

Treibachse und hintere Kuppelachse sind im Rahmen fest gelagert. Der feste Radstand ist demnach durch diese Achsen mit 2.000 mm bestimmt. Die nachlaufende Schleppachse wird an einer Deichsel geführt und schlägt beiderseits 81 mm aus.

Die Lokomotiven stützt sich auf dem Laufwerk in vier Punkten ab. Die ersten beiden Punkte werden durch die Lastausgleiche der drei vorderen Radsätze gebildet, denn deren Tragfedern und Ausgleichhebel sind für jede Seite getrennt zu einem Ausgleichssystem vereinigt. Dasselbe trifft auch für die beiden letzten Achsen zu, die demnach die zwei weiteren Abstützungspunkte bilden. Die Federn liegen, abgesehen von denen der vorderen Laufachse, unter den Achslagern, an deren Gehäuse sie mit ihren Federbunden über Gehänge pendelnd aufgehängt sind. Die Federn sind aus Stahl mit einer Festigkeit von 85 kg/mm^2 in ungehärtetem und 140 kg/mm^2 in gehärtetem Zustand; sie haben neun Lagen Federblätter mit dem Querschnitt 16 × 120 mm bei 1.200 mm Stützweite der Federspannschrauben, von denen die Last über Sattelscheiben und Druckplatten übertragen wird. Die Mitten der Federn liegen, ebenso wie der Ausgleichshebel, von der Längsmitte der Lokomotive in einem Abstand von 540 mm. Laufwerk, Federung und Ausgleich gestatten ein Befahren von Ablaufbergen mit 300 m Ausrundungshalbmessern. Zur Herabsetzung des Verschleißes werden bei den Lokomotiven ab Betriebsnummer 23 024 im gesamten Lastausgleich gehärtete Buchsen und Bolzen verwendet.

Alle **Radsätze** haben Speichenräder aus Stahlguss, die auf die Achsen aufgepresst und mit Keilen gesichert sind. Die auf die

△ **Bild 30** • Die Radsatzgruppe mit Nachlaufachse von **23 001** während des Baus bei Henschel. Rechts steht eine 23 im bereits fortgeschrittenen Montagezustand.
AUFNAHMEN (3): HENSCHEL MUSEUM UND SAMMLUNG E.V.

△ **Bild 31** • Die Radsatzgruppe mit Lenkgestell von **23 001**. Die Vorlaufachse der neuen 23 war mit der ersten Kuppelachse zu einem Krauss-Helmholtz-Gestell zusammengefasst. Da der Geradeauslauf zu wünschen übrig ließ, wurde die Konstruktion mehrfach geändert.

Radkörper mit Schrumpfmaß warm aufgezogenen Radreifen sind aus Stahl mit 85 bis 90 kg/mm^2 Festigkeit. Die Achsschenkel der gekuppelten Achsen haben Schenkel mit 240 mm, die der Laufachsen mit 190 mm Durchmesser.

Treib- und Kuppelachslager sind im grundsätzlichen Aufbau gleichgehalten. Durch Verwendung runder Lagerschalen wird einerseits eine einfache Bearbeitung von Schale und Gehäuseinnenkontur erreicht, weiterhin aber auch der höchstbeanspruchte Oberteil des Gehäuses sehr kräftig. Sämtliche Lager haben Dünnausguss WM 80. Die Lagerschale wird gegen Verdrehen durch einen Dübel gesichert. Die Lager haben nur Unterschmierung. Die Achslagerunterkästen sind tief heruntergezogen, sodass ein reichlicher Ölvorrat entsteht. Der Unterkasten wird durch einen Filzring gegen den Schenkel abgedichtet. Auf diese Weise wird eine Zeitschmierung erreicht, die geringe Ölverluste sichert, Schmutz fernhält und nur in größeren Zeitabständen ein Nachfüllen verlangt. Die Füllstutzen der Unterkästen laufen schräg aus, sodass die tiefste Auflaufkante gleichzeitig die höchste Ölfüllung festlegt. Damit sollen Ölverluste durch Überfüllung vermieden werden. Durch Führungszapfen im Gehäuse wird der Unterkasten gegen seitliches Verschieben gehalten. Von unten wird der Kasten über einen geteilten Drucksteg mit zwei Druckschrauben gegen die Lagerschale

△ **Bild 32** • Das Triebwerk von **023 058** mit Gleitbahn, Kreuzkopf und Voreilhebel sowie Treib- und Kuppelstangen, letztere mit Wälzlagern, aufgenommen am 7. April 1975.
AUFNAHME: FRANK LÜDECKE

Bild 33 • Treibstange mit Gleitlager. ▷

gehalten. Die Unterkästen können herausgenommen werden, ohne das Federgehänge ausbinden zu müssen. Das Federgehänge legt sich auf Druckschalen, die den Verschleiß aufnehmen. Die ganze Konstruktion ist so abgestimmt, dass der Verschleiß am schweren Gehäuse hintangehalten und an den Einzelteilen ausgeglichen wird. Die Achslagergleitplatten legen sich zur Entlastung der Halteschrauben mit Knaggen um das Gehäuse.

Das Treibachslager bestimmt mit seinem Verschleiß, besonders an den Achslagerführungen, die Haltbarkeit der übrigen Lager. Um diesen Verschleiß zu bekämpfen, sind die Führungen des Treibachslagers an die Zentralschmierung angeschlossen. Darüber hinaus haben die Lokomotiven ab Betriebsnummer 23 024 Achslagergleitplatten mit aufgeschweißten Mangan-Hartstahlplatten erhalten.

Die Treibachslager haben Durchmesser von 230 mm bei einer Schenkellänge von 300 mm, die Kuppelachslager vorn 230 mm × 527,5 mm, hinten 230 mm × 305 mm.

Alle Achslager haben hintenliegende Stellkeile, die Stellkeilschrauben stützen sich auf die Achsgabelstege. Sie sind durch den Steg hindurchgeführt und von unten für das Nachstellen gut zugänglich.

Die Achslager sind als zweisystemige Zylinderrollenlager ausgeführt, ähnlich der Ausführung bei der Lok 23 024. Bei der ersten Kuppelachse, die eine Seitenverschiebung von 10 mm hat, verschieben sich die im Lagerinnenring geführten Rollen des Achslagers seitlich auf dem Außenring. Die Achslagergehäuse sind zweiteilig mit Gehäuseoberteil und -unterteil ausgeführt: die Teile werden durch je vier Dehnschrauben miteinander verbunden. Die Achslagergleitplatten sind ebenso wie die Achslagerführungen mit aufgeschweißten Mangan-Hartstahlblechen armiert. Alle Achslager haben Stellkeile, mit denen der Verschleiß der Achslagergleitplatten ausgeglichen werden kann; sie sind hinten angeordnet, weil sie dort bei Vorwärtsfahrt nicht so stark beansprucht werden. Die Stellmuttern für die Stellkeilschrauben stützen sich auf die Achsgabelstege, die an die Fußstücke der Achslagerführungen angeschraubt sind.

Die Zylinder

Die beiden außenliegenden Zylinder arbeiten mit einfacher Dampfdehnung. Die Kolben treiben den dritten Radsatz an. Die Zylinder sind mit Passschrauben auf einem Untersatz mit dem Rahmen verschraubt und rechts und links austauschbar. Die Auflagefläche ist von Ansätzen freigehalten und kann durchgehend planbearbeitet werden. Entlastet wird die Verbindung durch außen am Rahmen angeschweißte Leisten. Keile vorne und hinten zwischen Leisten und senkrechten Zylinderflanschen sichern den Kraftschluss und erleichtern das genaue Ausrichten des Zylinders.

△ **Bild 34** • Zylinder- und Kolbenblock.

AUFNAHME: HENSCHEL MUSEUM UND SAMMLUNG E.V.

Die Zylindergehäuse, die bei den Lokomotiven Baureihe 23 und 65 gleichgehalten sind, bestehen aus Stahlguss und haben eingepresste gusseiserne Laufbuchsen für Schieber und Kolben. Die Ausströmkästen sind angegossen.

Die Zylinderbohrung beträgt 550 mm, der Kolbenhub 660 mm. Die schädlichen Räume betragen vorn 12,41 % und hinten 11,69 %, die Abstände zwischen Kolben und Deckel im Neuzustand vorn 16 mm und hinten 12 mm.

An den tiefsten Stellen werden die Zylinder durch Ventile mit Zug zum Führerstand entwässert. Die Ausströmräume entwässern über Drosselbohrungen und nach unten geführte Leitungen.

Der Frischdampf strömt den Mitten der Schieberkästen zu. Die Schieber haben den Einheitsdurchmesser von 300 mm, Inneneinströmung und durch große Kanalquerschnitte kleine Einlassdrosselung. Die Ausströmrohre führen den Abdampf über seitliche Umführungskanäle von vorn und hinten dem auf Längsmitte sitzenden Anschlussflansch des Ausströmrohres zu. Der hintere Schieberkastendeckel trägt die Führung für den Schieberstangenkreuzkopf. Die hinteren Buchsen lassen sich zum Ausgleich von Verschleiß um 180° drehen. Vorn werden die Stangen in geschlossenen Büchsen im Deckel geführt. Neben dem Flansch zum Anschluss der Frischdampfleitung liegen die Anschlüsse für Schieberkastendruck- und Temperaturmesser.

Die Zylinder haben für Leerfahrt **Druckausgleichkolbenschieber Bauart Müller** ohne Federn, außerdem **Luftsaugeventile**. Die Schieberkörper aus Sphäroguss mit ihren steuernden Kanten sind fest auf den Schieberstangen. Auf den Schieberstangen gleitet auf besonderen Laufbüchsen ein Ventilkörper, der einen Ringkanal im Schieberkörper abdeckt. Das Ventil schließt sich unter Frischdampfdruck, öffnet sich unter Gegendruck und verbindet dann die beiden Zylinderseiten über den Einströmraum hinweg. Um bei höheren Leergeschwindigkeiten ein für Schmierung und Stopfbuchsen zu hohes Ansteigen der Temperatur im Zylinder zu vermeiden, ist ein vom Führerstand aus druckluftgesteuertes Luftsaugeventil vorhanden. Die Zylinder haben vorn und hinten Zylindersicherheitsventile normaler Bauart.

Die **Dampfkolben** sind aus Stahl geschmiedet, auf die Kolbenstangen aufgepresst und durch Muttern gehalten. Die abdichtenden fünf gusseisernen schmalen Kolbenringe haben 16 mm × 8 mm Querschnitt. Die geraden Stoßfugen mit Sicherungsblechen der Regelausführung sind gegeneinander versetzt.

Die Kolbenstange ist mit einem Kegel 1 : 15 in den Kreuzkopfkörper eingepresst und mit einem Keil befestigt. Die Stangen sind vorne und hinten mit 100 mm Durchmesser durchgeführt. Großer Durchmesser und große Länge der Tragbüchsen sichern mäßigen Verschleiß. Die mit WM 80 ausgegossenen vorderen Tragbüchsen sind in den Haltern fest gelagert. Die Stopfbuchsen sind vorne und hinten gleich. Sie bestehen aus zusammengeschraubten Halbschalengehäusen mit drei Kammern. Die Gehäuse werden dampfdicht auf den Zylinderdeckel aufgeschliffen. Die drei Kammern nehmen die genormten Dicht- und Deckringe auf. Die Zylinder, Dampfeinströmrohre und Flanschen sind mit Asbestmatten isoliert.

Das Triebwerk

Treibradsatz ist die dritte Achse, die im Rahmen fest gelagert ist. Die Treibstange ist mit einem Buchsenlager im Kreuzkopf geführt. Das hintere Treibstangenlager ist über einen hinten liegenden Keil nachstellbar. Da die Achslagerstellkeile ebenfalls hinten liegen, wird auf diese Weise bei fortschreitendem Verschleiß der Achslagerführungen die Vorverlagerung der Radsätze, bezogen auf die Lage von Kreuzkopf und Kolben, zum Teil ausgeglichen.

Sämtliche Kuppelstangenlager der Lokomotiven mit den Betriebsnummern 23 001 bis 23 023 und 23 026 bis 23 052 sind **Buchsenlager**, die Zapfen des seitenverschieblichen Radsatzes sind durchschiebbar, sodass das Kuppelgestänge durch Treibzapfen und hinteren Kuppelzapfen geführt wird und in sich gestreckt bleibt. Die mit WM 80-Dünnausguss versehenen Buchsenlager haben Nuten mit Schmierfilzen außerhalb der Druckzonen, die das Öl an der Schmierfläche halten und besonders beim Anfahren und bei niedrigen Geschwindigkeiten, bei denen die Nadel noch wenig Öl fördert, die Gleitflächen schmieren.

Die Hauptabmessungen der Triebwerkslager betragen:

	Durchmesser	Länge
Vorderes Treibstangenlager	125 mm	93 mm
Hinteres Treibstangenlager	170 mm	179 mm
1. Kuppelzapfenlager	110 mm	99 mm
2. Kuppelzapfenlager	210 mm	129 mm
3. Kuppelzapfenlager	110 mm	99 mm

Die Treibstange hat zwischen den Lagermitten eine Länge von 2.250 mm. Sämtliche Stangen des Triebwerks sind aus St 52 geschmiedet und haben im Schaft einen I-förmigen Querschnitt, der im Bereich der Stangenköpfe in einen U-Querschnitt übergeht. Die Stangenköpfe sind geschlossen.

In Fortführung der seit den dreißiger Jahren laufenden Versuche, schrittweise das Gleitlager durch das Rollenlager zu ersetzen, wurden sämtliche Achs- und Stangenlager der Lokomotiven mit den Betriebsnummern 23 024 und 23 025, später auch der Lokomotiven 23 053 bis 23 105 mit **Rollenlagern**, auch **Wälzlager** genannt, der Firma SKF Schweinfurt ausgestattet, die mit den Lagern der FAG Schweinfurt austauschbar sind.

Da Rollenlager empfindlicher gegen Stichmaßfehler sind als Gleitlager und deshalb der Verschleiß an allen Führungen im Rahmen und an den Achslagern möglichst klein gehalten werden muss, sind die Achslagerführungen mit aufgeschweißten Mangan-Hartstahlblechen armiert. Die Achslagerstellkeile sind zunächst beibehalten worden, bis Erfahrungen über das Verhalten dieser neuen Führungen vorliegen.

Die einzelnen Achslager sind als jeweils zweisystemige Zylinderrollenlager ausgeführt. Bei der ersten seitlich verschiebbaren Kuppelachse wandert die Achse quer zu den Rollen. Damit können Achslagergehäuse und Federgehänge im Rahmen wie bisher geführt werden. Die Deichsel des Krauss-Gestells ist an der Kuppelachse über zwei Kugellager angelenkt.

Durch Abschrägung der seitlichen Führungsflächen an den Achslagergehäusen wird dem Schrägstellen der Achswellen gegenüber dem Rahmen beim Lauf über Gleisunebenheiten Rechnung getragen.

Das hintere Treibstangenlager, die Kuppelstangenlager am ersten und dritten Kuppelradsatz sowie das Schwingenstangenlager sind wegen der im Betrieb auftretenden Schrägstellung der Radsätze gegenüber dem Rahmen als Pendelrollenlager (sphärische Lager) ausgeführt. Das Hauptkuppelstangenlager ist als Zylinderrollenlager ausgebildet. Die Lager am Treibzapfen haben einen Innendurchmesser von 200 mm, am Kuppelzapfen von 100 mm. Die Kuppelstange zwischen dem ersten und dem zweiten Radsatz ist mit der Hauptkuppelstange über einen Gelenkbolzen mit Kreuzgelenklager verbun-

△ **Bild 35** • Ein bedeutender technischer Fortschritt war die Einführung von Wälz- anstelle von Gleitlagern beim Laufwerk. Die Lager sind staubdicht abgeschlossen, das Nachschmieren in kurzen Abständen entfällt. Zuerst wurden die beiden Versuchsträger 23 024 und 025 damit ausgerüstet, später folgten die Lokomotiven ab 23 053 serienmäßig. Das Bild zeigt das Treibstangen-Wälzlager der fabrikneuen 23 024, die auf der vom 20. Juni bis zum 11. Oktober 1953 in München stattfindenden Verkehrsausstellung präsentiert wurde.

Aufnahme: Manfred van Kampen, Eisenbahnstiftung

△ **Bild 36** • Achslagerkasten.

Aufnahme: Henschel Museum und Sammlung e.V.

den und kann somit der Seitenverschieblichkeit der ersten Kuppelachse folgen.

Der Laufwiderstand ist bei den Rollenlagern wesentlich geringer als bei Gleitlagern. Außerdem entfällt hier das Abölen und Nachprüfen der Schmiervorrichtungen in kurzen Abständen. Nur etwa alle vier Wochen muss der Fettinhalt der Lager mit einer Handpresse nachgefüllt werden.

Die unbestrittenen Vorteile der Rollenlager mussten mit sorgfältiger und aufwändiger Wartung erkauft werden. Das Betriebsbuch von 23 024, welches sich im Archiv beim Verkehrsmuseum Nürnberg befindet, enthält ein interessantes Dokument, das dieses Thema in aller Deutlichkeit beleuchtet. Bundesbahn-Direktor Dormann zitierte in einem Schreiben an das Bw Mainz vom 24.06.55 unter dem Betreff: *„Werkstätten und Betrieb – Rollenlager der Lok 23 024 und 23 025"*, eine Mitteilung des AW Trier, wonach bei 23 024 anlässlich einer L 0 am 15. Oktober 1954 (Übergabe an den Betrieb am 8. Dezember 1954) das linke innere und das linke äußere Wälzlager der Treibachse erneuert wurde. Das rechte Außenlager der Treibachse erhielt einen neuen Außenring. Wir erinnern uns:

23 024 befand sich fabrikneu vom 24. Oktober 1953 bis 4. April 1954 beim LVA Minden, wo sie nicht wirklich ins Laufen kam. Bevor sie beim Bw Mainz in den Regelbetrieb zurückkehrte, mussten während einer L 0 im AW Trier am 5. April 1954 die Wälzlager der Hauptkuppelstangen gewechselt werden. Bis zur erneuten Reparatur der Wälzlager hatte die Lok gerade einmal 58.893 km zurückgelegt!

Nicht besser fiel der Zustand der Wälzlager bei 23 025 aus, die seit Anlieferung ein Jahr zuvor immerhin 115.016 km zurückgelegt hatte: Dormanns Schriftsatz zufolge wurde bei einer L 0 im AW Trier (13. Oktober 1954 bis 17. Februar 1955) der Treibradsatz wegen Totalschadens der beiden linken Wälzlager bei der Fa. Ruhrstahl AG mit einer neuen Achswelle wieder aufgebaut und beide linken Wälzlager (von Fa. Kugelfischer) ersetzt. Außerdem musste das innere linke Lager der hinteren Kuppelachse erneuert und die Treib- und Kuppelstangen mit neuen Wälzlagern versehen werden. Bei solchen Schäden dürfte der Laufwiderstand eher hoch gewesen sein! Die ursprünglich erhoffte Reduzierung des Wartungsaufwandes der Rollenlager bzw. Wälzlager stellte sich in der Praxis nur unvollständig ein.

Mit Schreiben vom 28. April 1961 ordnete das BZA Minden an:

„Um die geschilderten Schäden künftig zu vermeiden, ist es erforderlich, die Stangenwälzlager häufiger nachzuschmieren, und zwar nach 15.000 km statt bisher nach 30.000 km. Die nachzuschmierenden Fettmengen müssen gegenüber der bisherigen Dosis verringert werden, da zu viel eingebrachtes Fett zur Erwärmung des Lagers führt, durch die Labyrinth-Dichtungen abgeschleudert wird und die Lok unnötig verschmutzt."

Der **Kreuzkopf**, durch den die Kolbenstange mit der Treibstange verbunden ist, besteht aus Stahlguss; er umfasst die einschienige, I-förmig ausgebildete Gleitbahn völlig. Diese ist einerseits am Gleitbahnträger mit Passschrauben, andererseits am hinteren Zylinderdeckel durch ein Druckstück und zwei Schrauben befestigt, wobei die genaue Lage durch einen Passzapfen gesichert wird. Die Gleitflächen sind gehärtet und geschliffen. Der Kreuzkopf wird auf die Gleitbahn von unten geschoben; er ist deshalb oben offen und wird hier durch ein Zwischenstück mit Passschrauben geschlossen. Seine Gleitflächen sind mit Rotgussplatten versehen, die an den Enden das Zwischenstück umfassen, sodass die Schrauben, mit denen sie befestigt sind, entlastet werden. Treibstange und Kreuzkopf sind durch den Kreuzkopfbolzen verbunden, der, selbst mit konischen Ansätzen und Gewindeansatz versehen, in die konischen Augen des Kreuzkopfkörpers mit Mutter, Schraube und zylindrischem Konusspaltring gezogen wird. Das Lager der Treibstange im Kreuzkopf ist ein Rotgussbuchsenlager; es wird von einem am Kreuzkopf angeschraubten Nadelschmiergefäß von innen durch eine axiale Bohrung geschmiert, von der aus zwei kleine Kanäle zu den Hauptdruckzonen des Lagers führen. Von demselben Schmiergefäß wird auch die untere Gleitplatte geschmiert, während die obere Gleitplatte Öl von einem Nadelschmiergefäß im Zwischenstück erhält.

Um das Reibungsgewicht voll ausnutzen zu können, werden alle gekuppelten Radsätze gesandet. Die **Sandkästen** einheitlicher Ausführung sind hinter dem Umlauf angeordnet. An jedem Sandkasten sind je zwei Sandtreppen, bei denen je eine Pressluftdüse den Sand aufwirbelt und eine zweite ihn durch weite Rohre vor die Radreifen bläst. Durch die Anordnung der Sandkästen werden die Fallrohre kurz und einfach in der Führung.

Eine **Spurkranzschmierung** der Bauart De Limon vermindert den Verschleiß der Spurkränze auf kurvenreichen Strecken. In gleichen Wegabständen wird mit Spritzdüsen auf den Spurkranz des ersten und dritten Kuppelradsatzes – bei den Lokomotiven ab Betriebsnummer 23 026 auch auf den der vorderen Laufachse – Fett gespritzt, das wegen seiner Konsistenz an dem Spurkranz als Film haften bleibt, sodass eine Verbreitung des Schmierstoffes auf der Lauffläche vermieden wird. Der Antrieb der Fettschmierpumpe erfolgt über einen Schwinghebel von der Schwinge aus. Eine Einstellschraube ermöglicht die genaue Einstellung der aufgespritzten Fettmenge je nach dem Fettbedarf eines Spurkranzes und entsprechend den Streckenverhältnissen zwischen 0,5 und 1 kg auf 1.000 km.

Die Steuerung

Als äußere Steuerung wird die seit Jahrzehnten bewährte **Heusinger-Steuerung** verwendet. Die Steuerwelle liegt hinter der Schwinge und greift mit dem Aufwerfhebel in eine Schleife der Schieberschubstange. Über der Steuerwelle liegt die Steuerspindel. Die Steuermutter wird vom Steuerwellenhebel beiderseits umfasst und überträgt die Bewegung über Steine in Schleifenführungen. Die aus der Steuerung kommenden Kräfte werden damit auf kürzestem Wege abgefangen. Die von der Steuerspindel zum Steuerhandrad führende Welle überträgt nur noch die Drehbewegung. Steuerspindellagerung und Steinführung sind an die Zentralschmierung angeschlossen.

Die Steuerung ist für Inneneinströmung durchgebildet. Dementsprechend eilen die Gegenkurbeln nach, der Schwingenstein liegt in der Hauptfahrtrichtung im unteren Teil der Schwinge, und die Stange selbst ist entlastet. Das hintere Ende der Schieberschubstange wird am Aufwerfhebel mit einer Kuhn'schen Schleife geführt, weil die Lok auch für Rückwärtsfahrt verwendet werden soll. Die Schieberschubstangen greifen am Voreilhebel oberhalb der Schieberstange an und werden in einer Kreuzkopfgeradführung am hinteren Schieberkastendeckel getragen.

Die Steuerung ergibt im Mittel Füllungen von vorne 82 % bei Vorwärts- und Rückwärtsfahrt, hinten 77,5 % bei Vorwärts- und Rückwärtsfahrt. Die Steuerung wird sinnfällig betätigt, d. h. bei Vorwärtsfahrt läuft die Steuermutter nach vorn.

Die Steuerspindel führt bis in den Führerstand und endet in einer Steuersäule, die am Rahmen befestigt ist. Um Längenänderungen und kleine Maßabweichungen auszugleichen, sind elastische Kupplungen eingeschaltet. In der Steuersäule wird die Drehbewegung über Kette und Kettenräder mit Spannrolle übertragen. Durch eine Übersetzung wird die Stellkraft für den Führer herabgesetzt. Durch diese Anordnung wird der Kessel, der bisher den Steuerbock trug, entlastet und gut

△ **Bild 37** • Die Steuersäule mit Pult für die Anzeigeinstrumente.

Aufnahme: Henschel Museum und Sammlung e. V.

△ **Bild 38** • Der Führerstand von **23 046** am 6. Juli 1954 mit in das Anzeigenpult integriertem Geschwindigkeitsmesser (2. unten rechts), nun mit direkt an der Steuersäule angebrachter Instrumentenlampe. Die Instrumente von links nach rechts: oben Schieberkastendruckmesser, unten Pyrometer, durchgehend Steuerungsskala, oben Hauptluftbehälterleitung, unten Geschwindigkeitsmesser, oben Hauptluftbehälter, unten Treibradbremszylinder. Die Waschluken sind verkleidet, das Pult ist gut ablesbar steiler angeordnet. Über dem Steuerungshandrad befindet sich eine kleine Ablagefläche. Aufnahme: Manfred van Kampen, Eisenbahnstiftung

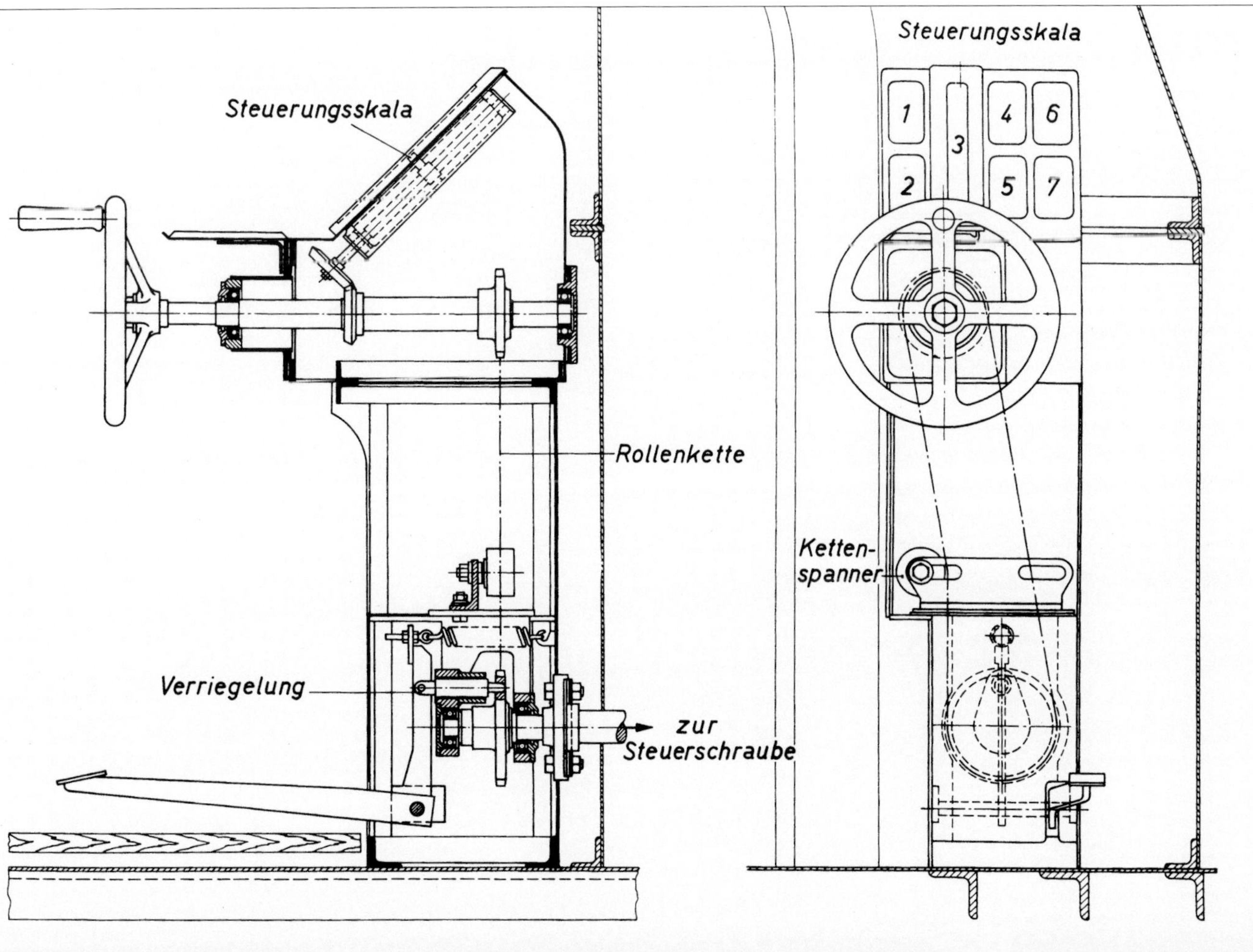

▽ **Bild 39** • Das wesentlich steiler ausgeführte Pult der Anzeigeninstrumente ab Lok 23 024..

Abbildung: Sammlung Michael Bergmann

zugänglich, während bisher die Stehbolzen im Bereich des Steuerbocks mehr oder weniger schwer zu erneuern waren. Außerdem beeinflusst die Kesseldehnung die Steuerung nicht mehr. Die Steuerung kann unabhängig vom Kessel fertigmontiert werden. In einem an der Steuersäule sitzenden Pult ist neben den für den Lokführer wichtigen Anzeigeninstrumenten für Kessel, Lokomotive, Geschwindigkeit und Bremse eine verkürzte Steuerskala angeordnet, die durch die Schräge des Pultes direkt in der Blickrichtung des Führers gut beleuchtet liegt. Die Lokomotiven ab Betriebsnummer 23 024 haben eine verbesserte Steuersäule mit Kugellagern.

Die Anzeigenvorrichtung kann als Ganzes aus dem Pult herausgenommen, also leicht getauscht werden. Die Loks ab Betriebsnummer 23 024 sind mit einer verbesserten Anzeigevorrichtung ausgerüstet.

Die Schwinge ist dreiteilig ausgebildet, ihr Mittelteil ist die Steinführung. Die beiderseits aufgesetzten Schilde tragen mit angeschmiedeten Zapfen die Schwinge.

Zwischen Schilden und Mittelteil greift die gabelförmige Schieberschubstange um den Stein. Die Bolzen sind im Stangenauge gegen Verdrehen gehalten. Die mit I-Querschnitt ausgeführte Stange umfasst mit ihrem vorderen Gabelende den Voreilhebel.

Die Schieberstange trägt am hinteren Ende über Gewinde mit zwei Stellmuttern den Schieberkreuzkopf mit seitlichen Zapfen, an denen der Voreilhebel angelenkt ist. Die Stellmuttern, mit denen der Schieber nach Stichmaß, das jeder Lokomotive beigegeben ist, genau einreguliert wird, sind am Außenrand zum Eingriff einer Bügelsicherung verzahnt. Die Verzahnung ist so fein gehalten, dass die Stellmuttern um kleinste Winkel verdreht werden können. Der Kreuzkopf wird mit auswechselbaren Schrauben in einer Parallelführung am Schieberkastendeckel geführt. Am Ende läuft die Stange in einer Parallelflächenführung gegen Verdrehen. Durch eine Körnerschraube an dieser Führung kann der Schieber beim Totlegen der Steuerung in der Mittelstellung festgelegt werden.

Die Schieberstangen werden über Tragbuchsen im vorderen Schieberkastendeckel und hinten durch den Kreuzkopf getragen. Sie sind aus dickwandigem Rohr hergestellt, am hinteren Ende zur Aufnahme des Kreuzkopfes eingezogen und im Bereich der Führungsflächen seitlich zusammengedrückt.

Die Lok ist mit federlosen Druckausgleichkolbenschiebern ausgerüstet, die fest auf der Stange sitzen. Je zwei Kolbenringe dichten die Ein- und Ausströmkanten gegen den Kanal ab. Die Ringe sind gerade gestoßen. Gegen Verdrehen und zur Vermeidung einer Überdeckung der Stöße werden sie durch Bleche am Stoß gehalten. Die Schieber sind auf ein lineares Voröffnen von 5 mm eingestellt. Die Einströmüberdeckung beträgt 38 mm, die Auslassüberdeckung 2 mm. Die Dampfkanäle sind 52 mm breit.

Die Lager der zur Steuerung gehörenden Stangen haben eingepresste Buchsen. Sämtliche Bolzen sind gehärtet und geschliffen.

Alle Bolzen und Gleitflächen werden von Schmiergefäßen aus mit Öl versorgt. Die wichtigsten Lager haben Nadelschmierung. Die Steuerspindellager und Steinführungen sind an die Zentralschmierung angeschlossen.

Die Bremse

Die Lokomotive ist mit der selbsttätig wirkenden **Einkammerdruckluftbremse Bauart Knorr** mit Zusatzbremse (5 bar), außerdem auf dem Tender mit einer Wurfhebelhandbremse ausgerüstet. Die Lokomotivbremse wirkt doppelseitig auf sämtliche Räder. Die mit unterteilten Sohlen versehenen Bremsklötze sind radial zueinander angeordnet, sodass sich die am Radumfang auftretenden Kräfte ausgleichen.

Die Bremsklotzhängeeisen für die seitenbeweglichen Kuppelradsätze sind an einem Kreuzgelenkstück aufgehängt, damit die Bremsklötze den Seitenverschiebungen dieser Radsätze folgen können.

Aus Gewichtsgründen ist das ganze Bremsgestänge aus Stahl mit hoher Festigkeit gefertigt. Je eine kurze Bremswelle und je ein Bremszylinder auf jeder Lokseite für das Gestänge der Kuppelradsätze liegen beiderseits der letzten Kuppelachse; ihre Lager sind am Rahmen angeschweißt. Spannschlösser in den Wellen zunächst liegenden Hauptzugstangen gestatten das Nachstellen des Gestänges. Das gleichmäßige Abheben der Gehänge beim Lösen wird durch nachstellbare Anschläge gesichert. Die Laufachsen vorn und hinten werden durch eigene Bremszylinder gebremst.

Bei den Lokomotiven ab 23 024 sind die Bremsgehängeträger und das Gestänge der Laufachsbremsen verstärkt, ab Betriebsnummer 23 026 sind die Träger als hohle Kragarme unmittelbar am Laufachsgehäuse angeschweißt.

Das Lokomotivdienstgewicht wird bei Betriebsbremsung durch die selbsttätige Bremse zu 69,5 %, durch die Zusatzbremse zu 146 % abgebremst.

Die zweistufige **Luftpumpe Bauart Tolkien** fördert die Druckluft über einen Kühler in zwei quer auf dem Hauptrahmen eingebaute Hauptluftbehälter von je 400 l Inhalt und 8 kg/cm² Höchstdruck.

Die Dampfheizung

Für die Beförderung von Reisezügen ist die Lokomotive mit einer Dampfheizung ausgerüstet. Der Dampf für die Zugheizung wird dem Dampfentnahmestutzen vor dem Führerhaus mit einer Leitung von 49 mm lichtem Durchmesser entnommen und zu einem Umschaltventil auf der linken Lokseite unter dem Umlauf geleitet, mit dem die Heizleitung wahlweise zu der Anschlussstelle nach hinten am Tender oder zum vorderen Pufferträger geschaltet werden kann. Die Leitungsrohre sind mit Wärmeschutzmatten umkleidet. Die Leitung mündet in einen Absperrhahn Bauart RIC, der am Pufferträger, gegen das Fahrzeug gesehen, links angebaut ist.

Mit dem Anstellventil wird der Heizdampf gedrosselt, der Höchstdruck von 4,5 kg/cm² ist durch ein Sicherheitsventil begrenzt. Zum Einregeln des Heizdampfdruckes ist im Führerhaus ein Druckmesser angebracht.

Die Schmierung

Eine **Hochdruckpumpe der Bauart Bosch** mit 14 Anschlüssen dient zur Schmierung der hauptsächlich unter Dampf stehenden Teile mit Heißdampföl.

Es sind je zwei Leitungen vorhanden für:

1. Schieber hinten
2. Schieber vorn
3. Schieberstange hinten
4. Schieberstange vorn
5. Kolbenstange hinten
6. Kolbenstange vorn
7. Zylinder.

Die Pumpe ist auf der linken Seite des Führerstandes angeordnet und gestattet so eine gute Überwachung durch den Heizer. Außerdem wird durch diese Lage das Heißdampföl im Behälter genügend vom Kessel beheizt.

Die Achslager haben Zeitschmierung vom Unterkasten aus.

Vor jeder unter Dampf stehenden Schmierstelle ist eine Membran-Ölsperre eingeschaltet, die das Leerlaufen der Leitung verhindert.

Für die Kolbenstangenführung sind Stutzen vorgesehen, an welche die Leitun-

△ **Bild 40** • Die zweistufige Luftpumpe Bauart Tolkien von **23 061**. AUFN.: MATTHIAS MAIER

△ **Bild 41** • Heizerstand einer 23 aus dem ersten Henschel-Baulos von 1951. Die drei Handräder von unten nach oben sind die Anstellventile für den Dampfbläser, die Kolbenpumpe und die Lichtmaschine. Rechts davon der durch ein Glasgehäuse gesicherte linke Wasserstand, links daneben der Hubanzeiger der Kolbenpumpe. AUFNAHME: HENSCHEL, SAMMLUNG INGO HÜTTER

gen über Kugelrückschlagventile angeschlossen sind.

Dochtschmierung findet nur bei den fest im Rahmen sitzenden oder wenig bewegten Schmiergefäßen des Triebwerks und der Steuerung Verwendung, alle übrigen Gefäße haben Nadelschmierung.

Die Luft- und Speisepumpe sind mit einer selbsttätigen Hochdruckschmierung versehen.

Zur Verminderung des Verschleißes und zur Erleichterung der Pflege, namentlich an den schwer zugänglichen Schmierstellen, ist die Lokomotive mit einer zweiten kleinen Schmierpumpe Bauart Bosch für eine beschränkte Zentralschmierung ausgerüstet. Sie wird mit Hand betätigt. Die von der Pumpe ausgehenden Leitungen werden im Schwerpunkt der Schmierstellen über Kolben-Verteiler, die bei jedem Pumpenhub in bestimmtem Takt nacheinander Öl in die verschiedenen Anschlüsse steuern, verzweigt.

Es werden zentral geschmiert:

- An der Deichsel vorn: Drehzapfenlager, Druckbolzen, Drehzapfen
- Am Deichsellager an der 1. Kuppelachse: Kreuzgelenk, Träger zum Kreuzgelenk, Treibachslager, Steuerbock, Steuerhebel, Steuermutter
- An der Deichsel hinten: Deichselzapfenlager, Rückstellhebel

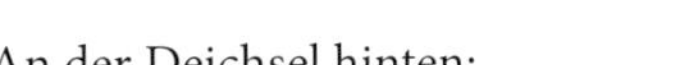

Die Beleuchtungsanlage

Die Lokomotive ist mit einer elektrischen Beleuchtungsanlage ausgestattet, die durch einen **Einheits-Turbogenerator (Lichtmaschine)** betrieben wird.

Der Maschinensatz besitzt einen Dampfeinlassregler, der die Spannung von 24 Volt innerhalb einer Betriebsdruckspanne von 5–16 kg/cm² Überdruck genau hält.

Der Stromerzeuger hat eine Leistung von 500 Watt, er kann aber kurzzeitig überlastet werden. Für die Beleuchtung werden etwa 440 Watt benötigt.

Die Lichtmaschine ist linksseitig hinter dem Schornstein auf der Rauchkammer angeordnet. Der Frischdampf für die Turbine wird dem Dampfentnahmestutzen an der Rauchkammer entnommen. Der Abdampf wird unmittelbar in den im Schornsteinmantel eingegossenen Ausströmkanal geleitet.

Angestellt wird die Turbine durch Handrad auf dem Führerstand. Das Dampfventil muss langsam, aber stets vollständig geöffnet werden, weil sonst der Regler der Lichtmaschine beschädigt wird.

Die vom Schaltkasten ausgehenden Leitungen umfassen folgende Stromkreise:

1. vordere Signallaternen,
2. Triebwerkslampen,
3. Führerhausdecken- und linke Wasserstandslampe,
4. rechte Wasserstandslampe, Steuerpult- und Fahrplanbuchleuchte,
5. Tenderbühnenleuchte,
6. hintere Signallaternen.

Die Leitungen sind in allen Stromkreisen zweipolig verlegt, sie liegen in einem Schutzrohr R 5/8". Beim Übergang vom Kessel zum Umlaufblech, vom Umlaufblech zum Führerhaus sowie in den Anschlusskabeln für die Laternen ist ein gedichteter Metallschlauch als Leitungsschutz verwendet.

Als Glühlampen werden für die Signallaternen 60-Watt-, im Übrigen 25-Watt-Lampen mit Swansockel (mit zwei Stiften) verwendet, für die Fahrplanbuch- und die Pultleuchte sind kleine 25-Watt-Glühlampen vorgesehen.

Die Signallaternen sind weit außen angeordnet und leicht schräg nach außen gegen die Gleisachse gerichtet, damit die Signalbaken gut angestrahlt werden.

Rotes Signallicht wird durch eine Kippblende gegeben. Die Halteringe der Glühlampen sind so ausgebildet, dass Notlichter eingesetzt werden können, auch hat die Führerhausdeckenleuchte zu diesem Zweck einen Klappbügel.

Die vorderen Signallaternen sind auf einem schwenkbaren Halter befestigt, sodass sie beim Ausbau der Kolbenschieber herumgeschwenkt werden können. Für die ausreichende Triebwerksbeleuchtung sind auf jeder Lokomotivseite zwei Lampen angebracht.

Die einzelnen Stromkreise werden vom Führerhaus aus geschaltet. Hier ist ein Schaltkasten angebracht, der für die Stromkreise zwei 15-A-Sicherungen und vier Serienschalter enthält.

Das Führerhaus

Das Führerhaus ist allseitig geschlossen. Auf jeder Seite sind ein großes Schiebefenster und ein festes Fenster vorhanden. Die Fenster in den Stirnwänden können geöffnet und durchgedreht werden. In beiden Fahrtrichtungen sind außerhalb des Führerhauses feste Windschutzscheiben, die sogenannten seitlichen Schutzfenster, angebracht, die es dem Lokpersonal ermöglichen, auch bei starkem Regen oder Schnee die Strecke in beiden Fahrtrichtungen zu beobachten. Die Fenster in der vorderen Stirnwand sind um ihre Längsachse drehbar. Außerdem sind in der Stirnwand oberhalb des Stehkessels zwei große Lüftungsklappen vorgesehen. In einem Dachaufbau sind um waagrechte Achsen drehbare Klappen angeordnet, die schräg nach oben innen aufschlagen, sodass der Regen zurückgehalten wird. Zur Bequemlichkeit der Lokmannschaft dienen ein Wärmebehälter für Speisen und bei langen Fahrten federnde gepolsterte Sitze mit federnder Rückenlehne, die abgenommen werden können. Für den Winter ist eine einfache Fußbodenheizung eingebaut, deren Wirkung bei den Lokomotiven ab Betriebsnummer 23 053 durch Verwendung von Rippenrohren verstärkt wurde. Außerdem sind federnde Fußroste

△ **Bild 42** • Ein typisches Merkmal der DB-Neubaudampfloks war die Zusammenfassung aller wichtigen Anzeigeninstrumente in einem Pult wie hier im Führerstand von 23 001. Bei den Lokomotiven bis 23 023 war der Geschwindigkeitsmesser noch in einem separaten Rundinstrument untergebracht. Oben ist die im Betrieb als unbrauchbar beurteilte Armaturenbeleuchtung zu erkennen, die den Lokführer beim Ablesen der Instrumente mehr geblendet als unterstützt hat. Außerdem zeigt das Bild den Seitenzug des Heißdampfreglers, das Steuerungshandrad, Führer- und Zusatzbremsventil, Anstellhandrad für die Luftpumpe, den Sandstreuer, den Hebel für die Zylinderventile und die Dampfpfeife. Alle Bedienelemente waren für sitzende Handhabung ausgelegt. Die Waschluken sind noch unverkleidet, die Wärmestrahlung im Sommer dürfte schweißtreibend gewesen sein. Rechts ragt die gerade Führerhaustür ins Bild. Auf den Führerständen der ersten Lieferserie ging es eng zu! AUFNAHME: HENSCHEL MUSEUM UND SAMMLUNG E.V.

△ **Bild 43** • Die rotierende Klarsichtscheibe aus dem Blickwinkel des Lokführers. AUFN.: SLG. STEFAN LAUSCHER

und ein Ablegetisch sowie in der Rückwand Kleiderbehälter eingebaut.

Die Lokomotiven mit den Betriebsnummern 23 024 und 23 025 haben ein verbessertes Führerhaus erhalten: Die gepolsterten Sitze sind zusammenlegbar und verfügen neben einer gepolsterten Rückenlehne auch über Armstützen, die in zusammengelegtem Zustand nur eine Tiefe von 150 mm beanspruchen und sich unterhalb des Fensters gegen die Führerhausseitenwand legen.

Zur besseren Entlüftung entfiel der ursprüngliche Lüftungsaufsatz ab Betriebsnummer 23 024 und wurde durch seitliche Lüftungsklappen und solche in der Vorder- und Rückwand ersetzt. Im Führerhausdach wurde ein festes Oberlichtfenster eingebaut. Der Führerhaus-Fußboden ist um 50 mm tiefer gelegt, um das Maß bis Fensteroberkante zu vergrößern. Die Türen in den Seitenwänden sind bei den Betriebs-

△ **Bild 44** • Neu war die Verwendung von Gummiwülsten zur Abdichtung des geschlossenen Führerhauses zum Tender. Im Bild die vom Tender getrennte **023 030** im Bw Crailsheim, aufgenommen am 5. November 1972.

Aufnahme: Albert Schöppner, Archiv Jörg Sauter

▽ **Bild 45** • Der sogenannte „Sozialführerstand" von 23 024 und 025: Die Sitze sind ergonomisch gestaltet, der Geschwindigkeitsmesser ist in das Anzeigenpult integriert, die vorderen Führerstandsfenster haben rotierende Klarsichtscheiben und es gibt einen Lichteinlass im Führerhausdach. Die Bosch-Schmierpumpe, bei der ersten Lieferserie noch sehr unhandlich links unten montiert, ist weiter nach oben gerückt. Die geknickten Führerhaustüren bescheren dem Personal einen deutlichen Raumgewinn.

Aufnahme: Werkfoto Jung, Sammlung Stefan Lauscher

nummern 23 001 bis 23 015 und 23 077 bis 23 105 ab Werk als Drehtüren ausgebildet. Die Betriebsnummern 23 016 bis 23 076 hatten ab Werk Schiebetüren, die sich jedoch nicht bewährt haben und später gegen Drehtüren ausgetauscht wurden.

Die Lokomotiven 23 024 und 23 025 wurden auf der Führerseite mit einer Klarsichtscheibe ausgerüstet. Die Scheibe war rund und lief, angetrieben durch einen besonderen Elektromotor, mit 2.500 Umdrehungen je Minute um. Durch die Reibung wurde an der Oberfläche der Glasscheibe die Luft mitgerissen, sodass anfliegende Wassertropfen, Öl und Schnee nicht auf das Glas gelangten, sondern radial abgetrieben wurden. Die Klarheit der Sicht blieb selbst bei ungünstigen Witterungsverhältnissen erhalten. Die bisherigen Wasserstandsanzeigevorrichtungen wurden bei beiden Lokomotiven durch zwei Reflexions-Wasserstandsanzeiger Bauart Vaihinger mit aufklappbaren Glashaltern und Schnellschluss-Absperrventilen ersetzt. Zur Einsparung von Aufarbeitungskosten wurde die gesamte Vorrichtung aus besonders verschleißfestem Material hergestellt.

△ **Bild 46** • Das Drehgestell für den Tender 2'2'T 31 mit FAG Rollenlagern DB.

Aufnahmen (3): Henschel Museum und Sammlung e.V.

Der Tender

Die Lok hat einen vollständig geschweißten Tender 2'2'T 31. Das Fassungsvermögen des Wasserraumes beträgt 31 m³, das des Kohlenraums 10 m³ entsprechend 8 t Kohle. Bei vollen Vorräten ist die Achsbelastung beim vorderen Drehgestell 15,6 t, beim hinteren Drehgestell 15,4 t. Das Gewicht des betriebsfertigen Tenders mit vollen Vorräten ist 62 t. Der Gesamtradstand beträgt 5.700 mm, der Radstand jedes Drehgestells 1.900 mm, der Drehzapfenabstand 3.800 mm. Die Räder haben einen Laufkreisdurchmesser von 1.000 mm. Der Behälteraufbau ist selbsttragend; es fehlt das früher übliche besondere Untergestell, und er ruht mit seinen Querverbindungen unmittelbar auf den Drehgestellen. Diese sind ebenfalls geschweißt und haben Rollenlager. Die Feder des Zugapparates zwischen Lok und Tender ist auf 18 t vorgespannt. Die Einlauföffnungen des Wasserbehälters können vom Führerstand aus geöffnet und geschlossen werden.

△ **Bild 47** • Beim Bodenblech, auf dieser Aufnahme von unten mit den Rahmenwangen betrachtet, wird die konstruktive Verwandtschaft des Tenders 2'2'T 31 mit dem Wannentender deutlich: Auf beiden Längsseiten ist das Bodenblech heruntergezogen, wodurch das Wasservolumen vergrößert wird.

△ **Bild 48** • Die Tendervorderseite von **23 001** mit Kohlenschacht, Kupplungseisen, Wasserschläuchen und Wasserstandsanzeiger. Der Tender wurde zum Führerstand durch einen Faltenbalg abgedichtet. Die ersten Lieferserien besaßen nur ein Hauptkuppeleisen.

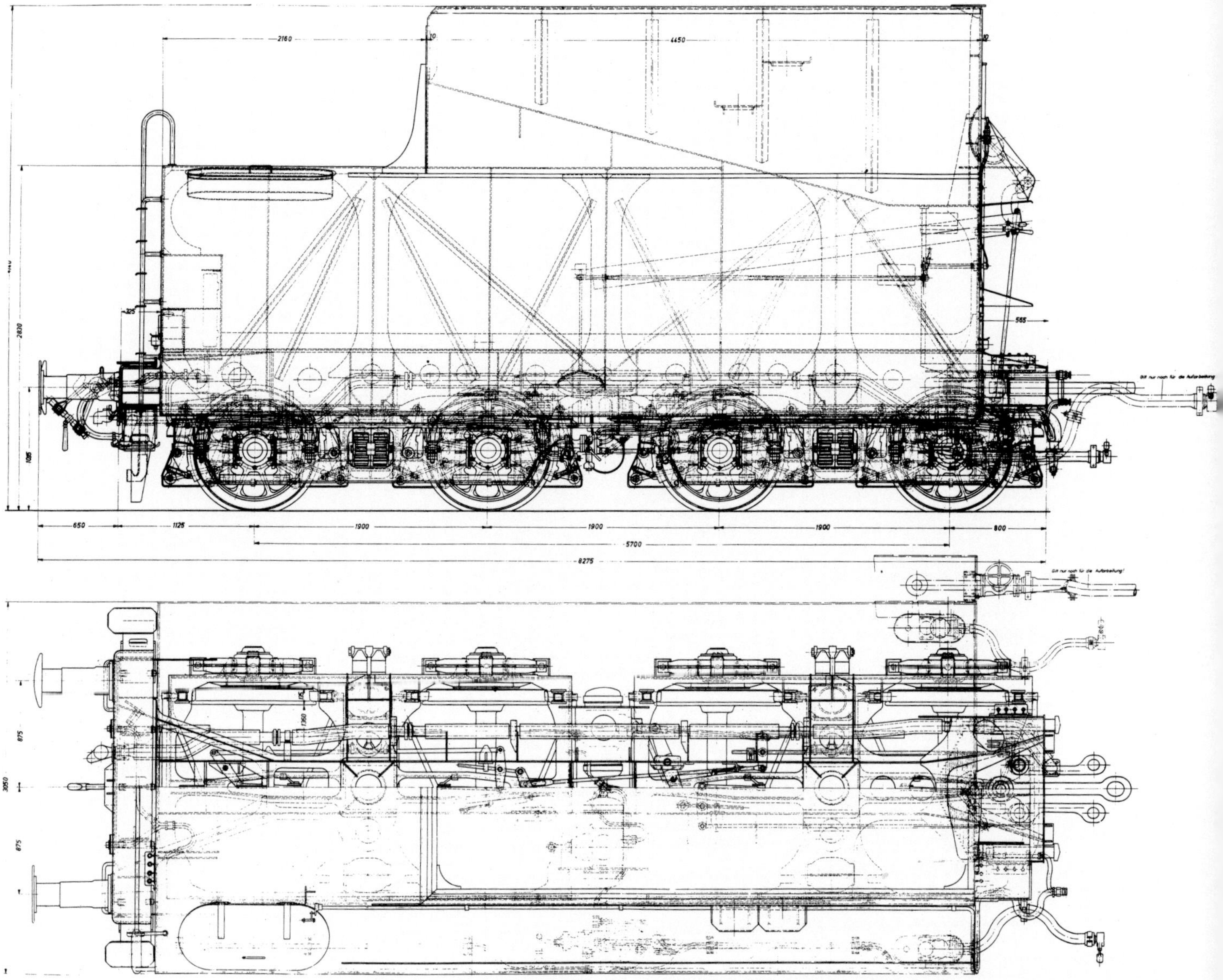

Bild 49 △
Längsansicht und Grundriss des Tenders 2'2' T 31.

Abbildung: Sammlung Michael Bergmann

Bild 50 ▷
Der Tenderkasten im Bau. Das gewölbte Bodenblech des Wasserkastens ist vor der Montage der Drehgestelle und der Anschlüsse zur Lok gut sichtbar.

Aufnahme: Henschel Museum und Sammlung e. V.

Die am Bau der 23 (alt und neu) beteiligten Lokomotivfabriken

Maschinenfabrik Esslingen AG

Die Maschinenfabrik Esslingen AG (auch ME AG) war ein Unternehmen zur Herstellung von Lokomotiven, Triebwagen, Straßenbahnen, Flugzeugschleppern, Standseilbahnen, Eisenbahnwagen, Rollböcken, bahntechnischen Ausrüstungen (Drehscheiben, Schiebebühnen), Brücken, Stahlhochbauten, Pumpen und Kesseln.

Emil Kessler gründete die Maschinenfabrik am 11. März 1846 in Stuttgart. Der Grundstein des neuen Werkes in Esslingen am Neckar wurde am 4. Mai 1846 gelegt. Ein Jahr später im Oktober 1847 wurde vertragsgemäß die erste Lokomotive an die Königlich Württembergischen Staats-Eisenbahnen (K.W.St.E.) abgeliefert. Die 1000. Lokomotive im Jahr 1870 erhielt zu Ehren des inzwischen verstorbenen Firmengründers den Namen KESSLER.

Ab 1920 wurden Fahrzeuge mit Verbrennungsmotor gebaut, Kleinlokomotiven (Köf) und Esslinger Triebwagen. Zu dieser Zeit waren über 6.000 Mitarbeiter bei der Maschinenfabrik beschäftigt. Auch die bis 2007 das Stuttgarter Stadtbild prägenden Straßenbahnwagen des Typs GT 4 verließen von 1956 bis 1965 in mehr als 350 Exemplaren das Werk am Neckar.

Von Kriegsende bis in die frühen fünfziger Jahre musste das Werk als Privat-Ausbesserungswerk (PAW) die Werkstätten der Reichsbahn bzw. der Deutschen Bundesbahn mit der Reparatur von Schadlokomotiven der Baureihen 39, 42, 44 und 50 entlasten. 1957 lieferte Esslingen vier Neubaulokomotiven der Baureihe 23 an die DB. Außerdem baute die Maschinenfabrik zehn der neuen DB-Hochleistungskessel für die Baureihe 01. Einen besonderen Ruf erwarb sich das Unternehmen mit dem Bau von Zahnradlokomotiven in verschiedenen Varianten. Unter anderem baute das Werk Zahnradlokomotiven der Systeme Riggenbach, Abt und Strub. Mit einer solchen Maschine schloss auch der Dampflokomotivbau in Esslingen ab: Am 21. Oktober 1966 verließ als letzte eine für Indonesien gebaute Zahnrad-Dampflokomotive das Werk. Insgesamt wurden ca. 6.000 Lokomotiven in Esslingen gefertigt.

Zuletzt war die ME eine Tochtergesellschaft der Gutehoffnungshütte. 1965 erwarb die Daimler-Benz AG zunächst 71 % des Unternehmens, um die Werksanlagen für ihre Produktion zu nutzen. Der Bau von Eisenbahnfahrzeugen wurde 1968 eingestellt. Bis 2003 war die ME eine reine Grundstücks- und Verpachtungsgesellschaft als Tochter der Daimler Verwaltungsgesellschaft für Grundbesitz und hatte ihren Sitz in Schönefeld.

Bedeutende Lokomotiv-Entwicklungen und -Lieferungen waren:

1917
1'F h4v-Güterzuglok, Klasse K, Württ. Staatsbahn, Baureihe 59

1921
2'C 1' h4v-Schnellzuglok, Klasse C, Württ. Staatsbahn, DRG-Baureihe 18[1]

1926
1'E h3-Güterzuglok 44 010, Deutsche Reichsbahn

1940
1'D 1' h2-Güterzuglok 41 325, Deutsche Reichsbahn

An der Produktion der Baureihe 23 war die Maschinenfabrik Esslingen nur mit vier Einheiten beteiligt:

23 077-080 Fabriknr. 5205 – 5208, Bj. 1957

Tatsächlich war die Maschinenfabrik Esslingen nicht nur mit dem Bau dieser vier

△ **Bild 51** • Nur vier 23 entstanden bei der Maschinenfabrik Esslingen (23 077 bis 080). Die erste Lok **23 077** steht am 14. September 1957 zur Ablieferung bereit. Wie alle Maschinen ab Ordnungsnummer 071 war auch 23 077 ab Werk mit Indusi auf der Lokführerseite ausgerüstet. Die spezielle Weitwinkel-Optik des Fotografen sorgt für eine etwas unrealistisch wirkende Längenausdehnung im Bereich der Windleitbleche. Aufnahme: Werkbild Maschinenfabrik Esslingen, Sammlung Ulrich Budde

Loks an der Fertigung der Baureihe 23 beteiligt. Noch vor dem Baulos 23 077 bis 080 wurden im Jahr 1955 die Rahmen und Tender für die Krupp-Loks 23 053 bis 064, allerdings ohne eigene Fabriknummern, in Esslingen hergestellt. Nach den Richtlinien von DRG und DB ist der Rahmen einer Lok das für die Loknummer maßgebliche Bauteil, sodass es sich bei den Krupp-Loks 23 053 bis 064 eigentlich um Esslingen-Maschinen handelt.

Henschel & Sohn GmbH, Kassel (ab 1957 Henschel-Werke)

Georg Christian Carl Henschel gründete 1810 in Kassel zusammen mit seinem Sohn, dem Glockengießer und Bildhauer Johann Werner Henschel, die Gießerei Henschel & Sohn. Diese begann 1816 mit der Produktion von Dampfmaschinen. Johann Werners älterer Bruder Carl Anton Henschel, ab 1817 Teilhaber in der Firma, ließ 1837 ein zweites Werk am Holländischen Platz, dem heutigen Standort der Universität Kassel, bauen.

Nach dem Tod des Gründers Georg Christian Carl im Jahr 1835 konzentrierte sich das Unternehmen unter der Leitung von Carl Antons Sohn, Oscar Henschel, auf den stark wachsenden Bedarf der Eisenbahnen. Am 29. Juli 1848 wurde die erste bei Henschel gebaute Dampflokomotive an die 1844 gegründete Friedrich-Wilhelms-Nordbahn ausgeliefert. Die Nordbahn präsentierte ihre bis zu 45 km/h schnelle Lokomotive mit dem Namen „Drachen“ am 18. August 1848 der staunenden Öffentlichkeit.

Bereits in der zweiten Hälfte des 19. Jahrhunderts stieg Henschel zu einem der bedeutendsten Lokomotivhersteller Deutschlands und Europas auf. 1928 übernahm Henschel die Lokomotivfertigung der R. Wolf AG, Magdeburg-Buckau, Abteilung Lokomotivfabrik Hagans in Erfurt. Während andere Konkurrenten wegen ausbleibender Aufträge der Deutschen Reichsbahn und wegen der Weltwirtschaftskrise 1929 in schwere Turbulenzen gerieten, konnte Henschel sogar weiter expandieren:

1930 wurde sowohl ein Teil der Fertigung der Linke-Hofmann-Busch-Werke AG in Breslau als auch die gesamte Hannoversche Maschinenbau AG, Hanomag, vorm. G. Egestorff in Hannover-Linden übernommen. Diese Werke hatten bis zur Übernahme ihrer Fertigungen zusammen etwa 16.500 Loks hergestellt. Nachdem Borsig 1931 in einer akuten Notlage mit dem Lokomotivbau von AEG fusioniert hatte, etablierte sich Henschel endgültig als größter und bedeutendster Lokomotivhersteller in Deutschland und Europa. Wie aber konnte Henschel gegen den Industrietrend seine Marktposition so stark ausbauen? Die Antwort ist einfach und ambivalent zugleich: Diversifikation. Henschels Produktpalette bestand nicht nur aus Lokomotiv-Monokultur wie bei manchen Konkurrenten, sondern auch aus Militärgerät. Und dafür besteht zu allen Zeiten eine stabile Nachfrage.

Sowohl im Ersten als auch im Zweiten Weltkrieg stellte Henschel Rüstungsgüter her. In der NS-Zeit wurden zahlreiche Zulieferbetriebe enteignet bzw. „arisiert“ und in den Konzern integriert. Zeitweise stützte sich der Produktionsbetrieb auf bis zu 6.000 Zwangsarbeiter, an deren furchtbares Schicksal das Mahnmal „Die Rampe“ auf dem Gelände der Universität Kassel erinnert, wo sich das Stammwerk befand. Als einer der bedeutendsten Rüstungsproduzenten war Henschel wiederholt das Ziel von alliierten Luftangriffen. Beim Luftangriff auf Kassel am 22. Oktober 1943 wurden die Werke schwer getroffen.

Als ehemals bedeutender Bestandteil des militärisch-industriellen Komplexes bekamen die fast vollständig zerstörten Werke erst 1946 von den Alliierten die

△ **Bild 52** • Am 29. November 1950 finden letzte Abschlussarbeiten bei Henschel in Kassel an der fabrikneuen **23 001** (noch ohne Beschilderung) statt. Dahinter steht die Neubaulok 82 032.

Aufnahme: DB/Helmut Först, Eisenbahnstiftung

△ **Bild 53** • Die Henschel-Lok **23 001** auf einem klassischen Werkfoto, bei dem der gesamte Vorder- und Hintergrund wegretuschiert wurde. Der glatte Kessel wird nur durch die Betätigungsstange des Heißdampfreglers unterbrochen. Die Dampfpfeife ist vor dem Führerhaus angeordnet. AUFNAHME: HENSCHEL, SAMMLUNG STEFAN LAUSCHER

▽ **Bild 54** • Die mit der Fabriknummer 28533 von Henschel am 4. September 1954 ausgelieferte **23 033** war für das Bw Paderborn bestimmt. Das Schild ist bereits angebracht. Die Griffstange der geknickten Schiebetür hebt sich farblich vom Schwarz ab. In der Seitenansicht kommt die Eleganz der 23 gut zur Geltung. So schön die Lok auch ist, die wichtigste Sicherungseinrichtung fehlt: Die Indusi! Es sollte bis 1957 dauern, bis die Nachrüstung erfolgte. AUFNAHME: WERKFOTO HENSCHEL, SAMMLUNG JÖRG SAUTER

△ **Bild 55 •** Im November 1950 steht **23 001** kurz vor der Auslieferung im Werkhof von Henschel. In der seitlichen Darstellung ist die Beschilderung „ED Augsburg, Bw Kempten" erkennbar. Die Pfeife ist vor dem Führerhaus angeordnet, das wiederum durch gerade Türen und den Dachaufbau für die Lüftung geprägt ist. Der Tender weist die Verstärkungsspanten der ersten Lieferungen auf. AUFNAHME: WERKFOTO HENSCHEL, SAMMLUNG STEFAN LAUSCHER

Genehmigung, kleinere Industrielokomotiven herzustellen sowie noch vorhandene bzw. beschädigte Lokomotiven auszubessern. In den Betriebsbüchern der bei Henschel ausgebesserten Lokomotiven finden sich die Bezeichnungen „Privat-Ausbesserungswerk (PAW)" oder „Eisenbahn-Ausbesserungswerk Kassel". Erst ab 1948 wurden wieder größere Lokomotiven, Lastwagen und Busse gebaut.

1961 ging zusätzlich ein Teil der Diesellokomotivfertigung der Maschinenfabrik Esslingen, 1969 die Diesellokomotivfertigung der Klöckner-Humboldt-Deutz AG im Henschel Lokomotivbau auf. 1973 wa-

△ **Bild 56** • Ein Motiv der Kemptener **23 005** an einem unbekannten Ort im Allgäu diente Henschel für die Gestaltung dieser Anzeige. Inzwischen wurde das Schutzblech unter der Rauchkammer montiert, das sich im späteren Betrieb wegen der damit verbundenen Unfallgefahr als ungeeignet erweisen sollte.

AUFNAHME: HENSCHEL, SAMMLUNG LAUSCHER

ren rund 2.000 Mitarbeiter bei Henschel beschäftigt. Nahezu 32.000 Lokomotiven für Eisenbahnen in aller Welt hatten bis dahin die Kasselaner Werkhallen verlassen. Dies verdeckte jedoch nur vorübergehend, dass Henschel sich seit Ende der sechziger Jahre im Niedergang befand. Der weltweite Vormarsch des Automobils und der dadurch ausgelöste Auftragsrückgang der Produktion von Eisenbahnfahrzeugen hatte seine Spuren in den Bilanzen der Henschel-Werke hinterlassen. Bereits 1964 hatten die Rheinstahl Stahlwerke die Aktien der Henschel-Werke übernommen, die ab 1965 Rheinstahl-Henschel hießen.

Die Rheinstahl AG selbst ging 1976 in der August Thyssen-Hütte auf. Fortan firmierte das Lokomotivwerk in Kassel als Thyssen Henschel. Der traditionsreiche Name Henschel auf den Lokomotiven blieb aber erhalten. Zusammen mit ABB entstand 1990 ABB Henschel mit Sitz in Mannheim. 1995 vereinbarten ABB und Daimler-Benz den weltweiten Zusammenschluss ihrer Verkehrstechnik-Sparten unter der Bezeichnung ABB Daimler Benz Transportation Adtranz.

Damit verschwand am 1. Januar 1996 der Name Henschel als Fahrzeugproduzent endgültig. 2001 wurde Adtranz an Bombardier Transportation verkauft. Am Standort Kassel beschäftigt das Unternehmen, das u. a. die Ellok-Baureihen 101, 145, 146, 185 und die ICE der ersten und zweiten Generation fertigte, noch 900 Mitarbeiter.

Beispielhaft einige Meilensteine in der Geschichte der Henschel-Werke:

1882
Erste deutsche Verbund-Güterzuglokomotive

1896
Leistungsfähigste deutsche Tenderlokomotiven ihrer Zeit: E-Tenderlokomotiven pr. T 15 (Bauart Hagans)

1898
Erste Heißdampf-Lokomotive der Welt: Personenzug-Lokomotive Gattung P 4^1 der Preußisch-Hessischen Staatseisenbahn-Verwaltung

1925
Entwicklung und Bau der ersten Einheitslokomotive der Deutschen Reichsbahn-Gesellschaft: 2'C 1'-Heißdampf-Vierzylinder-Verbund-Schnellzuglokomotive 02 001

1935
Entwicklung und Bau der 2'C 2'-Stromlinien-Schnellfahr-Tenderlokomotive Baureihe 61 der Deutschen Reichsbahn-Gesellschaft für den zwischen Berlin und Dresden mit 150 km/h planmäßiger Geschwindigkeit verkehrenden Henschel-Wegmann-Zug

1939
Ablieferung der elektrischen 6.500/8.000 PS Schnellfahrlokomotiven E 19 11 und E 19 12 der Deutschen Reichsbahn-Gesellschaft für eine Höchstgeschwindigkeit von 225 km/h

1950
Die beiden ersten Neubau-Dampflokomotiven der Deutschen Bundesbahn: 1' C 1'-Heißdampf-Personenzug-Lokomotive Baureihe 23 und E-Heißdampf-Tenderlokomotiven Baureihe 82

1952
Elektrische Bo'Bo'-Mehrzweck-Lokomotiven E 10 003 bis E 10 005 der Deutschen Bundesbahn

1953
Erste Henschel-Kondensations-Lokomotive, Klasse 25 der Südafrikanischen Eisenbahnen

1954
1'E-Güterzuglokomotiven mit Franco-Crosti-Vorwärmer, Baureihe 50^{40} der Deutschen Bundesbahn

1955
Letzte Dampflokomotiv-Neubauten für die Deutsche Bundesbahn: Zwei 1'C 2'-Heißdampf-Tenderlokomotiven Baureihe 66

1956
Erste elektrische Bo'Bo'-Lokomotiven Baureihe E 41 (141) der Deutschen Bundesbahn

1960
Zweifrequenz-Lokomotive E 320 11 der Deutschen Bundesbahn für $16\frac{2}{3}$ und 50 Hz Einphasen-Wechselstrom

1962
Dieselhydraulische 4.000-PS-C'C'-Lok V 320 001 der Deutschen Bundesbahn

1965
Die ersten vier elektrischen Co'Co'-Schnellfahrlokomotiven E 03 001 bis 004 (103^0) der Deutschen Bundesbahn für den ersten planmäßigen Schnellverkehr mit 200 km/h anlässlich der Internationalen Verkehrsausstellung München 1965

1971
Die erste dieselelektrische Lokomotive der Welt mit Drehstrom-Kraftübertragung und neuartigen Laufwerken, System Henschel-BBC-DE 2500, nimmt ihren Probebetrieb bei der Deutschen Bundesbahn auf

1972
Leistungsstärkste dieselhydraulische Lokomotiven der Welt: 5.400 PS C'C'-Lokomotiven für die Volksrepublik China

29 Lokomotiven der Baureihe 23 verließen in zwei Lieferserien zwischen 1950 und 1954 die Kasselaner Werkshallen. Das heißt: 28 % der gesamten Stückzahl wurden bei Henschel gefertigt.

Im Einzelnen waren dies folgende Lieferserien:

23 001-23 015	Fabriknummern 28611 – 28525, Baujahre 1950-1951
23 030-23 043	Fabriknummern 28530 – 28543 Baujahr 1954

△ **Bild 57 • 23 024** mit dem unter der Rauchkammer eingebauten, etwas plumpen Warmwasserspeicher, in dem der Mischvorwärmer Henschel MVC integriert war.
Aufnahme: Werkfoto Jung, Sammlung Stefan Lauscher

Arnold Jung Lokomotivfabrik GmbH, Jungenthal bei Kirchen an der Sieg

In einem 1853 für eine Kunstwollspinnerei erbauten Betriebsgebäude gründeten Arnold Jung und Christian Staimer am 13. Februar 1885 die offene Handelsgesellschaft „Jung & Staimer", die später als „Arn. Jung Lokomotivfabrik GmbH" firmierte. Die Nähe des Siegerlandes mit seiner eisenschaffenden und eisenverarbeitenden Industrie sowie die 1861 eröffnete Bahnstrecke Köln – Betzdorf, die dann durch die Ruhr-Sieg-Eisenbahn verlängert wurde, erwiesen sich als günstig für das Unternehmen. Schon am 10. Oktober 1885 verließ die erste Dampflokomotive, eine 700-mm-Lok mit 20 PS Leistung, das Werk. Arnold Jung starb 1911 im Alter von nur 52 Jahren. Trotzdem behauptete sich das kleine Werk unter den bereits etablierten großen Lokomotivfabriken. 1922/23 waren 2.000 Betriebsangehörige mit der Produktion von elektrischen und feuerlosen Lokomotiven beschäftigt. Die jährliche Produktionskapazität bewegte sich zwischen 300 und 400 Lokomotiven.

Jung war nicht am Bau der großen Reichsbahn-Schnellzuglokomotiven beteiligt, gleichwohl konzentrierte sich das Unternehmen auch während der Wirtschaftskrise 1929 bis 1931 auf den Lokomotivbau. Jung erhielt Produktionsaufträge für die Einheitslokomotiven 41, 50 und der Kriegslok 52 (von der während des Zweiten Weltkrieges 12 Einheiten pro Monat das Werk verließen), 64 und 80. Von

△ **Bild 58 •** Die Versuchslokomotive **23 024** wurde von Jung am 11.6.1953 an die DB ausgeliefert, um vom 20. Juni bis zum 11. Oktober 1953 auf der Deutschen Verkehrsausstellung in München der Öffentlichkeit vorgestellt zu werden. Die wuchtige Verkleidung der Mischkammer unter der Rauchkammer fällt ebenso auf wie das runde Führerhausdach mit eingezogenen Lüftern und die Wälzlager. In der Rauchkammer verborgen: Die Kylchap-Saugzuganlage. An derselben Stelle fand 1965 die Internationale Verkehrsausstellung (IVA) statt. Heute erstreckt sich hier seit Beginn des Jahrtausends ein ausgedehntes Wohn- und Büroareal. Aufnahme: Dr. Günther Scheingraber/EK-Verlag

△ **Bild 59** • Der Marinemaler Walter Zeeden (* 22.11.1891 in Berlin, † 4.11.1961 in Garmisch-Partenkirchen) trat nach 1945 auch mit Darstellungen in Eisenbahnbüchern in Erscheinung, u. a. in dem von Karl-Ernst Maedel verfassten „Geliebte Dampflok". Für die Versuchsträger 23 024 und 025 von Jung schuf Walter Zeeden 1952 eine Designstudie. Die Ausführung des MVC Mischvorwärmers und das Führerhaus zeigen bereits die endgültige Form, wenn auch letzteres etwas hoch angeordnet ist. Das Triebwerk ist noch mit Gleitlagern dargestellt.
Aufnahme: Werkbild Krauss-Maffei, Sammlung Helge Hufschläger

1946 bis 1949 übernahm die in der französischen Besatzungszone liegende Firma Jung als Privat-Ausbesserungswerk (PAW) und Abteilung des AW Betzdorf die planmäßige Unterhaltung der Lokomotiv-Baureihen 42, 50 und 52 der Betriebsvereinigung der Südwestdeutschen Eisenbahnen (SWDE) in der französischen Zone. 1950 bestellte die ED Mainz für die SWDE bei Jung zehn Loks der Baureihe 23, deren Zahl sich dann auf acht reduzierte und die 1952 als 23 016 bis 023 auch nicht mehr an die SWDE, sondern an die Nachfolgerin DB geliefert wurden.

Zwischen 1952 und 1959 verließen 51 Lokomotiven der neuen Baureihe 23 die Werkhallen von Jung. Von 1959 bis 1961 lieferte Jung 38 der neuen DB-Hochleis-

△ **Bild 61** • Ein Tender hängt in der Maschinenfabrik Jung am Kran. Auf der rechten Seite gut zu erkennen: Der wannenartig heruntergezogene Wasserkasten.
Aufnahmen (2): Werkfoto Jung, Sammlung Stefan Lauscher

◁ **Bild 60** • Bei der Maschinenfabrik Jung wird am Stehkessel einer im Bau befindlichen 23 gearbeitet. Die ersten Manometer sind angebaut, der junge Mann links bringt ein Kesselblech an.

△ **Bild 62** • Die Aufnahme zeigt das Aufbohren der Stehbolzen-Löcher an zwei Stehkesseln. Die Länge der Verbrennungskammer ist beeindruckend.

Bild 63 • Das Fabrikschild der Maschinenfabrik Jung in Jungenthal am Zylinder von 23 071. ▷
AUFNAHME (7. AUGUST 1966): ALBERT SCHÖPPNER, ARCHIV JÖRG SAUTER

▽ **Bild 64** • Eine Oberflächenvorwärmer-Lok aus der Jung-Serie 23 016 bis 029 im Bau (Baujahre 1952 bis 1954). Der Kessel ist bereits auf dem Rahmen montiert. AUFNAHMEN (2): WERKBILD JUNG, SLG. STEFAN LAUSCHER

△ **Bild 65 • 23 068** am 29. April 1955, dem Tag der Ablieferung, im Hof der Maschinenfabrik Jung in Jungenthal. Inzwischen ist die Pfeife nach vorne auf die Rauchkammer gerückt, sodass mit dem Heißdampfregler zwei Betätigungsstangen über den ansonsten glatten Kessel verlaufen. Der Warmwasserspeicher des Heinl-Mischvorwärmers unter der Rauchkammer fällt dominant auf. 23 068 war eine der letzten Maschinen, die ab Werk ohne Indusi ausgeliefert wurden.

▽ **Bild 66 •** Ein seltener Blick am 23. Juni 1959 auf die Werkhallen der Maschinenfabrik Jung in Jungenthal am Tag der Ablieferung von **23 093**.

△ **Bild 67 •** Beim offiziellen Werkbild von **23 105** war die Maschinenfabrik Jung offensichtlich etwas in Eile, denn die Lok ist noch gar nicht komplettiert: Die Aufhängung für den Indusimagneten wirkt verwaist, denn der Magnet selbst fehlt noch! Die großen Stauschuten sind bereits montiert.

▽ **Bild 68 • 23 105**, die letzte für die DB gebaute Dampflok, im Dezember 1959 im Werkhof der Maschinenfabrik Jung in Jungenthal vor der Ablieferung an die Deutsche Bundesbahn.

Aufnahmen (4): Werkbild Jung, Sammlung Stefan Lauscher

tungskessel für die Baureihe 01. Am 2. Dezember 1959 übergab Jung mit 23 105 (Fabriknummer 13113) die letztgebaute Dampflokomotive an die Deutsche Bundesbahn.

Bis zur Einstellung der Lokomotivproduktion im Jahr 1976 baute Jung mehr als 12.000 Lokomotiven für Bahnen im In- und Ausland. Das Fertigungsprogramm wurde vor dem Hintergrund der veränderten Nachfrageentwicklung auf den Bau von Werkzeugmaschinen, Apparaten für die chemischen und sonstigen Industrien, Trocknern, Schmiedeteilen, Panzerplatten, Kränen und Brückenauslegern umgestellt. Doch auch dieser Produktionszweig wurde am 30. September 1993 eingestellt und das Werk mit zuletzt 1.250 Mitarbeitern geschlossen. Die Jung-Jungenthal GmbH besteht jedoch weiterhin als „Jungenthal-Wehrtechnik GmbH", die seit 2007 zum Flensburger Fahrzeugbau gehört. Auf dem Freigelände neben der Lokfabrik steht heute ein Lebensmittel-Discounter.

Bedeutende Lokomotiv-Entwicklungen und -Lieferungen von Jung:

1927	C-Tenderlok 80 026 der DR
1939	1'D1'-Güterzuglok 41 172 der DR
1941	1'E-Güterzuglok 50 800 der DR
1942	1'E-Güterzuglok 50 2363 der DR
1946	1'E-Güterzuglok 52 3331 der DR
1952	B'B'-Schmalspurdiesellok V 29 der DB
1959	1'C 1'-Personenzuglok 23 105 der DB

Jung produzierte in sieben Lieferserien mit insgesamt 51 Einheiten, entsprechend 49 % des Gesamtauftrages, den größten Anteil der neuen Baureihe 23:

23 016 – 023	Fabriknummern 11471 bis 11478 Baujahr 1952
23 024 – 025	Fabriknummern 11838 und 11839 Baujahr 1953
23 026 – 029	Fabriknummern 11966 bis 11969 Baujahr 1954
23 065 – 070	Fabriknummern 12131 bis 12136 Baujahr 1955
23 071 – 076	Fabriknummern 12506 bis 12511 Baujahr 1956
23 081 – 092	Fabriknummern 12751 bis 12762 Baujahre 1957 – 1958
23 093 – 105	Fabriknummern 13101 bis 13113 Baujahr 1959

Friedrich Krupp Lokomotivfabrik, Essen

Die Lokomotiv- und Waggonfabrik Krupp (kurz: LOWA) der Friedrich Krupp AG war Teil der Krupp-Gussstahlfabrik im Westen der Stadt Essen.

Die Friedrich Krupp AG, entstanden Anfang des 20. Jahrhunderts unter der Führung des Chemnitzers Gustav Hartmann aus dem Kruppschen Familienunternehmen, war der größte Rüstungsproduzent des Deutschen Kaiserreiches. Daher befand sich die Gussstahlfabrik am Ende des Ersten Weltkrieges in einer tiefen Krise, da das Deutsche Reich im November 1918 per Telegramm sämtliche Rüstungsaufträge storniert hatte. Erschwerend kam hinzu, dass gemäß den Bestimmungen des Versailler Friedensvertrages Krupp die Produktion von Rüstungsgütern auf längere Sicht verboten war. So wandte sich das Unternehmen notgedrungen ab 1919 der Produktion von Lokomotiven und Wagen zu. Das Patent aus dem Jahr 1852 für die wichtigste Erfindung des Firmeninhabers Alfred Krupp, den nahtlosen Radreifen, verhalf dem Unternehmen zum Neustart im Eisenbahnsektor. Die drei Radreifen wurden übrigens 1875 zum Firmenlogo von Krupp. Die erste komplett in Essen gefertigte Lokomotive wurde am 10. Dezember 1919 an die Preußische Staatsbahn abgeliefert.

Während des Zweiten Weltkrieges wurden bis zu 25.000 Kriegsgefangene und Zivilarbeiter unter grauenhaften Bedingungen als Zwangsarbeiter sowohl in der Rüstungsproduktion als auch im Lokomotivbau eingesetzt. Die Werksanlagen wurden durch zahlreiche alliierte Luftangriffe schwer beschädigt.

Nach dem Krieg befahl die britische Militärregierung am 30. November 1948 die Demontage der Krupp-Werke, um sie als Reparationsleistung ins Ausland zu bringen. Doch zur allgemeinen Überraschung erhielt die Lokomotiv- und Waggonbaufabrik von den alliierten Besatzern eine Arbeitslizenz zur Reparatur von Lokomotiven. So konnten die Produktionsanlagen wieder aufgebaut werden. Der Kalte Krieg hatte begonnen; die Alliierten brauchten ein stabiles West-Deutschland als Bollwerk gegen den sowjetisch beherrschten Ostblock.

In den Betriebsbüchern der bei Krupp ausgebesserten Lokomotiven sind diese Arbeiten unter „Privat-Ausbesserungswerk PAW Krupp" vermerkt.

Der Lokomotivbau in Essen endete, als am 3. März 1997 der letzte hier samt Drehgestellen gefertigte Triebkopf eines ICE 2 für die Deutsche Bahn AG das Werk verließ.

◁ **Bild 69**
Ein Werbemotiv zeigt **23 044**, die erste von Krupp gebaute 23 – und zwar seitenverkehrt! Interessant, dass ihre Knick-Schiebetür bereits ab Werk in hellem Ton abgesetzt war.

Aufnahme: Krupp, Sammlung Michael Bergmann

△ **Bild 70** • Gleich fünf Loks der Baureihe 23 (**23 051**, **046**, **044**, **047** und **045**) stehen am 16. August 1954 fabrikneu bei Krupp in Essen. Bei einigen dieser Maschinen waren während Probefahrten die Heißdampfregler undicht geworden. Die Folge: Zwischen Anlieferung und Abnahme vergingen zum Teil zwei Monate. Das Gleis rechts hat vier verschiedene Spurweiten. Die Fläche daneben zeugt noch von den Kriegszerstörungen.

▽ **Bild 71** • Letzte Feinarbeiten werden am 16. August 1954 an der Pumpe von **23 047** bei Krupp in Essen durchgeführt. Die nagelneue Lok besticht durch silbern glänzende Kesselbänder- und bleche sowie die exakte Linienführung der verlegten Leitungen und Bedienungsstangen. Aufnahmen (2): Manfred van Kampen, Eisenbahnstiftung

◁ **Bild 72**
23 052 war die letzte Lok aus der 4. Bauserie, die 1954 bei Krupp in Essen entstand. Zugleich war sie die letzte Oberflächenvorwärmer-23. Am Tag der Aufnahme, am 4. September 1954, ist die Lok nicht lackiert, die helle Schiebetür ist aber bereits sichtbar. Zwei Monate nach dieser Aufnahme erfolgte am 12. November 1954 die Auslieferung.

Aufnahme: Manfred van Kampen, Eisenbahnstiftung

Insgesamt 21 Loks der Baureihe 23, entsprechend 21 %, verließen in zwei Lieferserien die Essener Werkshallen.

23 044 – 23 052 Fabriknummern 3179 bis 3187
Baujahr 1954
23 053 – 23 064 Fabriknummern 3441 bis 3452
Baujahr 1955

Wolfgang Fiegenbaum weist auf einen in der Literatur verbreiteten Irrtum hin, wonach die auf Fabrikbildern der Maschinenfabrik Esslingen abgebildeten 23er-Rahmen- und Tender den dort gebauten 23 077 bis 080 zuzuordnen sind.

Tatsächlich wurden aus nicht mehr nachvollziehbaren Gründen die Rahmen und Tender der zwölf Krupp-Lokomotiven 23 053 bis 064 von der Maschinenfabrik Esslingen (ohne eigene Fabriknummern) gebaut. Da der Rahmen in Deutschland als identitätsstiftendes Bauteil einer Lok gilt, handelt es sich bei den genannten Lokomotiven eigentlich um Maschinen von Esslingen.

F. Schichau, Maschinen- und Lokomotivfabrik, Schiffswerft und Eisengießerei GmbH

Die Schichau-Werke waren ein Maschinenbau-Unternehmen in Elbing (Westpreußen), das von 1837 bis 1945 existierte.

Ferdinand Schichau (30. Januar 1814 – 23. Januar 1896) gründete am 4. Oktober 1837 in Elbing eine Maschinenbauanstalt, die spätere F. Schichau GmbH. Zunächst wurden nur Dampfmaschinen, hydraulische Maschinen, Bagger und Seeschiffe produziert. 1859 begann der Lokomotivbau. Ab 1880 wurden bei Schichau die ersten Verbundlokomotiven Deutschlands gebaut, kleine Zweizylinder-Tenderlokomotiven für die Königliche Eisenbahn-Direktion Hannover, die eine Brennstoffersparnis von bis zu 16 % erbrachten.

In den folgenden Jahren entwickelte sich der Lokomotivbau zu einem stabilen Produktionszweig mit einem jährlichen Absatz von 100 Lokomotiven. Gebaut wurden vor allem Güterzuglokomotiven für die preußischen Staatseisenbahnen. 1912 erfolgte die Auslieferung der 2.000. Lokomotive. Noch vor dem Ersten Weltkrieg begann der Bau der preußischen G 8^1 und P 8, bis 1918 auch der G 12. Ab 1930 setzte die Fertigung der Nicolai-Druckausgleich-Kolbenschieber, Bauart Karl Schulz, dem Oberingenieur von Schichau, ein. Schichau wurde am Bau der Einheitslokomotiven der DR beteiligt: Begonnen wurde mit der Baureihe 24 (67 Stück), gefolgt von der Baureihe 64 (12 Maschinen) und der 86 (106 Einheiten). Bis zum Jahresende 1935 hatte Schichau insgesamt 3.240 Lokomotiven gebaut. Erst ab 1938 gingen wieder größere Reichsbahn-Aufträge ein: Baureihe 41 (37 Loks), 44 (136 Einheiten) und Baureihe 50 (190 Stück).

Schichau entwickelte eine neue Personenzuglokomotive der Baureihe 23 aus der Güterzuglokomotive der Baureihe 50 und lieferte 1941 zwei Musterexemplare. Der geschätzte Bedarf von 800 derartigen Maschinen wurde wegen des Krieges nicht bestellt. Nach dem Auslaufen der vor dem Krieg erteilten Aufträge fertigte Schichau die Kriegslokomotiven der Baureihen 52 (587 Stück) und 42 (200 Einheiten). Daneben produzierte Schichau für Borsig bis Januar 1945 größere Aufträge für die Reichsbahn (55 Baureihe 50, 87 Baureihe 52, 12 Baureihe 42). Insgesamt lieferte Schichau bis Kriegsende ca. 4.300 Lokomotiven.

Die Werksanlagen der Lokomotivfabrik wurden nach Kriegsende von den sowjetischen Besatzern demontiert.

Bedeutende Lokomotiv-Entwicklungen und -Lieferungen:

1912
Entwurf und Bau der preußischen Güterzuglok G 8^1 mit Schichau-Vorwärmer

1913
2'C h2-Personenzuglok, Gattung P 8, Preußische Staatsbahn

1938
1'E h3-Güterzuglok, Baureihe 44, Deutsche Reichsbahn

1943
1'E h2-Kriegslokomotive, Baureihe 52, Deutsche Reichsbahn

Es ist der Erwähnung wert, dass keines der am Bau der 23 beteiligten Industrieunternehmen im Jahr 2023 noch existiert. Krupp fusionierte 1999 zur ThyssenKrupp AG, nachdem schon 1997 der Bau von Eisenbahnfahrzeugen eingestellt worden war. Lediglich die aus dem Henschel-Konglomerat hervorgegangene Adtranz/Bombardier Transportation ist auf dem Eisenbahnsektor noch aktiv.

△ **Bild 73** • Krupp präsentierte auf der Hannover-Messe 1955 mit **23 053** die erste 23 der modernisierten 5. Bauserie mit Heinl-Mischvorwärmer und Wälzlagern. Erstaunlich, dass die Lok bereits mit Indusi ausgerüstet ist, denn alle anderen Maschinen von 23 001 bis 070 mussten bis 1957, zum Teil bis 1958 auf diese unverzichtbare Sicherungseinrichtung warten. Auch sie hat die helle Schiebetür. Die Aufnahme stammt vom 1. Mai 1955. AUFNAHME: EBERHARD SCHÜLER, SAMMLUNG INGO HÜTTER

▽ **Bild 74** • Die neue Lokomotive (Krupp 3441/55) zog großes Interesse des Publikums auf sich. Sie wurde erst nach der Hannover-Messe am 21. Mai 1955 an die Deutsche Bundesbahn abgeliefert. Bemerkenswert ist, dass sie noch kein DB-Logo auf der Rauchkammer trägt; erst nach der Rückkehr zu Krupp wurde das Schild angebracht. AUFNAHME: SAMMLUNG ANDREAS GILLER

Personalia

Erich Burmeister

Erich Burmeister, geboren am 23. Oktober 1891 in Riga, studierte an der Technischen Hochschule Brünn und legte die Diplom-Hauptprüfung an der TH Hannover ab. Er ging zunächst zu Krupp, wo er sich Spezialaufgaben, u. a. der Krupp-Zoelly-Turbinenlok, widmete. 1928 wurde er von Escher, Wyss abgeworben, um seine Erfahrungen bei der weiteren Entwicklung des Lokomotivantriebs durch Turbinen einzubringen. 1934 kehrte Burmeister zu Krupp zurück und übernahm 1942 die Leitung des Lokomotivkonstruktionsbüros. Nach Kriegsende wechselte Burmeister als Chefkonstrukteur zu Jung, wo er maßgeblich an der Entwicklung der DB-Neubaulokomotiven beteiligt war.

Friedrich Witte

Der am 23. Februar 1900 in Hannover geborene Witte, Sohn eines Schrankenwärters aus Göttingen, studierte von 1919 bis 1923 Maschinenbau an der Technischen Hochschule Hannover. Ab 1926 war er bei der Reichsbahndirektion Hannover tätig. Später wechselte er ins Reichsbahn-Zentralamt nach Berlin und wurde dort wissenschaftlicher Hilfsarbeiter des Dezernenten für die Bauart der Dampf- und Diesellokomotiven, Richard Paul Wagner. Wagner förderte zunächst die Publikationstätigkeit des jungen Ingenieurs Witte. Später gerieten die beiden in Konflikt, da Witte eigene Ideen zu entwickeln begann. Witte ließ sich versetzen und wurde 1934 Leiter des Maschinenamtes Berlin Potsdamer Bahnhof. 1937 stieg er zum Dezernenten für die maschinelle Ausrüstung von Bahnanlagen bei der Reichsbahndirektion Berlin auf. Auch in dieser Position meldete sich Witte wiederholt zur deutschen Dampflokomotiv-Entwicklung zu Wort. Außerdem pflegte er sein Beziehungsnetzwerk, unter anderem zu Albert Speer, dem Generalbauinspektor des Dritten Reiches. Als Wagner 1942 in Ungnade fiel und ihm die Lokomotivbeschaffung der Reichsbahn entzogen wurde, schlug Wittes Stunde: Er trat die Nachfolge Wagners als Dezernent für Dampflokkonstruktion im Reichsbahn-Zentralamt an. In dieser Funktion war er wesentlich an der Entwicklung der Kriegslok-Baureihe 52 beteiligt. Witte ließ kleinere, im Vergleich zum Windleitblech Bauart Wagner weniger material- und fertigungsintensive Windleitbleche direkt an der Rauchkammer befestigen, die sogenannten Witte-Bleche, die später auch an den Dampflokomotiven der Deutschen Bundesbahn angebracht wurden.

Im März 1945 setzten sich die Mitarbeiter des Reichsbahn-Zentralamtes von Berlin ab, um der drohenden Einkesselung durch die Rote Armee zu entgehen. Sie richteten sich im RAW Göttingen notdürftig ein. Die Akten, welche noch gerettet werden konnten, wurden in mehreren Güterwagen überführt. Bei der Reichsbahn der westlichen Besatzungszonen übernahm Friedrich Witte 1948 die Leitung der Lokomotivbau- und Einkaufsabteilung, die in Minden neu entstand. In dieser Funktion war er zuständig für die Entwicklung und Beschaffung neuer Dampflokomotiven. Sein erstes Projekt war 1950 die 1'C 1'-Lokomotive Baureihe 23 mit Verbrennungskammer, die er schon 1937 entworfen hatte. Die Neubau-Kessel der DB erhielten nach den Witte'schen Baugrundsätzen ebenfalls Verbrennungskammern. 1957 wurde Witte zum Vizepräsidenten des Bundesbahn-Zentralamtes in Minden ernannt. Beim Eintritt in den Ruhestand 1965 wurde ihm das Bundesverdienstkreuz verliehen.

Friedrich Witte starb am 25. Dezember 1977 im Alter von 77 Jahren in Bückeburg.

△ **Bild 75** • Mit voller Beschilderung präsentiert sich am 29. November 1950 die neue **23 001** vor ihrer ersten Ausfahrt im Werkshof von Henschel in Kassel. Vor der Lok stehen drei Herren, die an der Entwicklung der neuen Lok beteiligt waren (v. l. n. r.): Friedrich Witte (BZA Minden), Bruno Riedel (Henschel) und Friedrich Flemming (HVB).

Aufnahme: DB/Helmut Först, Eisenbahnstiftung

Versuche

Das Lokomotiv-Versuchsamt (LVA) Minden führte von 1951 bis 1955 mehrere Versuchsreihen durch, für die drei 23er zur Verfügung standen:

23 015	laut Betriebsbuch seit 14.11.51, tatsächlich seit 14.05.51 bis 21.04.54
23 024	seit Abnahme am 24.10.53 bis 04.04.54
23 067	seit Abnahme am 23.04.55 bis 28.06.55

Die Versuchsfahrten wurden von Dipl.-Ing. Theodor Düring, dem langjährigen Vorstand des LVA, begleitet und für die Nachwelt dokumentiert. Ein wesentliches Ergebnis war die Aufstellung der Leistungstafeln, die Eingang in das Merkbuch für die Schienenfahrzeuge der Deutschen Bundesbahn, gültig ab 1. Juli 1953, fanden. Düring, für seine skeptische bis kritische Einschätzung der DR-Einheitsloks, aber auch der DB-Neubaudampfloks bekannt, berichtete in der Eisenbahn-Revue 1981 detailliert von den Versuchsfahrten, die im Folgenden auszugsweise wiedergegeben werden:

„Die von Friedrich Witte in seiner Abhandlung über die neuen Baugrundsätze und ihre Anwendung bei der BR 23 (neu) der DB angegebenen Leistungswerte und Belastbarkeitsgrenzen wurden beim Lokversuchsamt Minden tatsächlich gemessen.

Die Leistungs- und Verbrauchscharakteristik der Lok 23 015 basiert auf 69 Meßfahrten mit einem Meß- und Meßbeiwagen und Bremslok als Belastung (damals standen 45 011, 50 975 und 03 1056 zur Verfügung) von jeweils 50 bis 148 Minuten Fahrtdauer im Beharrungszustand bei den Geschwindigkeiten 10, 25, 40, 60, 85 und 110 km/h und bei konstanter Heizflächenbelastung (zwischen 10 und 84 kg/m²h) auf der Strecke (Minden –) Löhne – Osnabrück – Rheine bzw. (mit 110 km/h) Heidelberg – Freiburg in der Zeit vom 26. Juli bis zum 7. Dezember 1951. Bekanntlich arbeitete bei derartigen Beharrungsmeßfahrten nach der Grunewalder Methode die Versuchslok bei gleichbleibender Belastung (Arbeitslage) und im thermischen Beharrungszustand, wobei die von ihr entwickelte Zughakenleistung von der mittleren Gegendruckbremseinrichtung nach Riggenbach quasi als Kompressor entgegenarbeitende Bremslok aufgezehrt (vernichtet) wurde und deren Lokführer auch die durch geringe Unebenheiten der praktisch horizontalen Meßstrecke verursachten Belastungsschwankungen auszugleichen hatte. Dabei wurden in 5 von den 69 Fahrten Heizflächenbelastungen von mehr als 70 bis rund 84 kg/m²h gefahren. Die Dauer der Messung bzw. des Beharrungszustandes betrug dabei zwischen 57 und 107 Minuten; 83,7 also rund 84 kg/m²h wurden 77 Minuten ohne Anstände durchgehalten! Fairerweise muß zugestanden werden, daß der Heizer, der diese Lok heizte, vom Bw Minden stammte und später in den Personalkörper des Versuchsamtes übernommen wurde, sich zuvor mit der zweckmäßigen Feuerführung vertraut gemacht hatte und den Rost nach dem „Ein-Schaufel-Prinzip" beschickte, d. h. er gab grundsätzlich auch bei hohen Kesselbelastungen nicht mehr als 1 bis 2 Schaufeln je Beschickung auf den Rost auf. Aber die ‚saßen' auch dort, wo sie hin mußten! Gegen ‚Löcher' im Feuerbett war die 23er empfindlicher als die P 8, und sie verlangte – Seitenluftklappen voll geöffnet – eine niedrige Feuerschicht von gleichbleibender Helligkeit!

Bei den Meßfahrten mit 23 015 wurde normale Lokomotivkohle (Ruhr-Stückkohle) verfeuert. Ich bin selbst bei diversen Meßfahrten auf der Lok mitgefahren, besonders bei der entscheidenden Fahrt von Minden nach Hamm, bei der wir die Belastungsgrenze der Heizflächenbelastung über 85 kg/m²h hinaus abzutasten versuchten. Wir kamen

△ **Bild 76** • Im Sommer 1952 ist **23 015** anlässlich einer Versuchsfahrt im Güterbahnhof von Gemünden am Main angekommen und fasst Wasser. Die Lok ist sowohl am Tender als auch an den Zylindern umfangreich verkabelt. Die begleitenden Ingenieure verfolgen aufmerksam Lokführer und Heizer beim Abölen des Triebwerks.

Aufnahme: Theodor Düring, Sammlung Steffen Lüdecke

△ **Bild 77** • Von 1951 bis 1954 wurden vom Lokomotivversuchsamt (LVA) Minden mit **23 015** insgesamt 69 Messfahrten durchgeführt, deren Ergebnisse in die Leistungstafeln der Baureihe Eingang fanden. Am 18. Mai 1953 steht die Lok vor der Halle des LVA. Aufnahme: Sammlung Brian Rampp

auf 90; 92,5 konnte allerdings nur wenige Minuten durchgehalten werden, weil der zu starke Saugzug – ein Nachteil der Einfach-Blasrohr-Anlage bei hohen Belastungen – die Brennstoffschicht zu stark aufriß.“

An dieser Stelle unterbrechen wir den Bericht von Theodor Düring und wenden uns der Versuchslok 23 015 im Detail zu. Wir sind in der glücklichen Lage, im Betriebsbuch der Lok, das uns Joachim Herter aus seiner Sammlung freundlicherweise zur Verfügung gestellt hat, genaueren Einblick zu nehmen. Entgegen der Eintragung im Stammteil war 23 015 nach der Abnahme nur kurz beim Bw Siegen und wurde bereits am 14. Mai 1951 dem LVA Minden für die geplanten Versuchsreihen zugeteilt. Bis zur Abstellung wegen der bekannten Undichtigkeiten am Dom im Januar 1952 war die Lok jeden Monat im Betrieb und legte bei einem durchschnittlichen Kohleverbrauch von 17,8 t/1.000 km 25.302 km (2.530 km/Monat) zurück. Dabei kam sie auch weit in den Süden: Nach einer mit 110 km/h durchgeführten Messfahrt zwischen Heidelberg und Freiburg musste am 15. September 1951 im Bw Freiburg ein Riss am Dampfsammelkasten beim Mehrfachventil-Regler zwischen den mittleren Flanschen elektrisch geschweißt werden. Als durchschnittliche Zuglast der Messzüge ergeben sich aus den zurückgelegten Kilometern und den Mio. Lokleistungstonnenkilometern laut Betriebsbogen 197 t. Die Gewährleistungsarbeiten, nämlich den Einbau eines außenliegenden Verstärkungsringes am Dom, führte Henschel bereits vom 1. April bis 21. Mai 1952 durch, wesentlich früher als bei den Loks aus dem Regelbetrieb, die bis August/September 1952 auf die Annahme durch Henschel warten mussten. Und deren Reparatur dann bis in den Frühling 1953 dauerte! Offenbar hatte das Lokomotiv-Versuchsamt andere Druckmittel, um Henschel von seiner Hartleibigkeit abzubringen. Ab Juni 1952 war 23 015 wieder beim LVA Minden in Dienst. Allerdings sanken die Laufleistungen gegenüber der ersten Versuchsphase deutlich: Von Juni 1952 bis April 1954 verzeichnet der Betriebsbogen nur noch 23.469 km (1.565 km/Betriebsmonat). Von November 1952 bis Februar 1953 und im Mai/Juni und August/September 1953 war sie gar nicht in Betrieb. Der Kohleverbrauch betrug 16,32 t/1.000 km. Die Versuchsfahrten erforderten einen drastisch erhöhten Unterhaltungsaufwand. So weist das Betriebsbuch zahlreiche Aufenthalte in der „Nebenwerkstatt“ (Nw.) Minden aus: Vom 19. Dezember 1952 bis zum 3. März 1953, vom 21. April bis zum 17. Mai 1953, vom 13. August bis zum 12. Oktober 1953, vom 8. bis zum 11. Janu-

△ **Bild 78** • Männer des Lokversuchsamts Minden. Zwischen Angehörigen der Belegschaft der Dienststelle hatte sich vor der zur Prüfung aufgefahrenen Maschine **23 015** im Jahre 1953 auch der Versuchsdezernent eingefunden, Bundesbahn-Oberrat Professor Carl-Theodor Müller (4. von links). Aufnahme: Sammlung Dr. Daniel Hörnemann

ar 1954 und vom 10. Februar 1954 bis zum 8. März 1954. Interessant auch die Eintragung des EAW Göttingen anlässlich einer L0-Bedarfsausbesserung vom 20. April 1953:

„Im Anschluss an die Domverstärkung bei der Fa. Henschel Probefahrt und Nacharbeiten ausgeführt.“ Es fehlte auch nicht der spezielle Zusatz, den es so nur beim EAW Göttingen gab: *„Betriebsfähig machen“*.

Die Messergebnisse der Versuchsfahrten mit 23 015 hielt das Versuchsamt für Lokomotiven in Minden in einem Bericht von 1954 fest (siehe Bilder 79 bis 81).

Bevor die Lok nach Ende des Versuchsbetriebes beim Bw Paderborn in den Regeldienst zurückkehren konnte, musste zunächst eine kleine Irritation im Dreieck Siegen, Minden und Paderborn aus der Welt geschafft werden. Am 14. Juni 1954 fragte das Bw Paderborn per Einschreiben beim Bw Siegen an, warum die beantragte Verlängerung der Untersuchungsfrist zur fälligen L 3 nicht genehmigt wurde. Die

Lok BR 23
Untersuchte Lok: 23 015
$b_H = 70\ kg/m^2h$:
Gesamtdampfmenge $D = 11\,000\ kg/h$

Kesseldruck
$p_K = 16\ kg/cm^2$
Kesselwirkungsgrad
$\eta_K = 64{,}7\ \%$
($\eta_{K max} = 83{,}36\%$ bei $b_H = 25{,}6\ kg/m^2h$)
Heißdampftemperatur
$t_ü = 406°C$
Dampftemp. in der Ausströmung
$t_A = 155°C$
Maschinendampfmenge
$D_M = 10\,690\ kg/h$
Kohlenverbrauch
$B = 1680\ kg/h$ bei $H_u = 7000\ kcal$
$Z_i = Z_{Zo} + 666 + 5{,}58\ (\frac{V}{10})^2 + 0{,}04125\ Z_i$

V	40	60	85	110	km/h
Z_i	10 874	7862	5671	4351	kg
Z_{Zo}	9 670	6670	4365	2830	kg
N_i	1620	1745	1785	1775	PS
N_{Zo}	1430	1480	1375	1155	PS
d_i	6,6	6,12	6,0	6,02	kg/PSh
$i \cdot d_i$	5154	4779	4687	4701	kcal/PSh
ε	—	31,0	23,6	20,2	%
b_e	1,17	1,13	1,22	1,47	kg/PSh
B_{km}	42,0	28,0	19,76	15,27	kg/km

△ **Bild 79** • Die bei einer Heizflächenbelastung von 70 kg/m²h erzielten Versuchsergebnisse zeigen den hohen Kesselwirkungsgrad und den günstigen Kohleverbrauch.

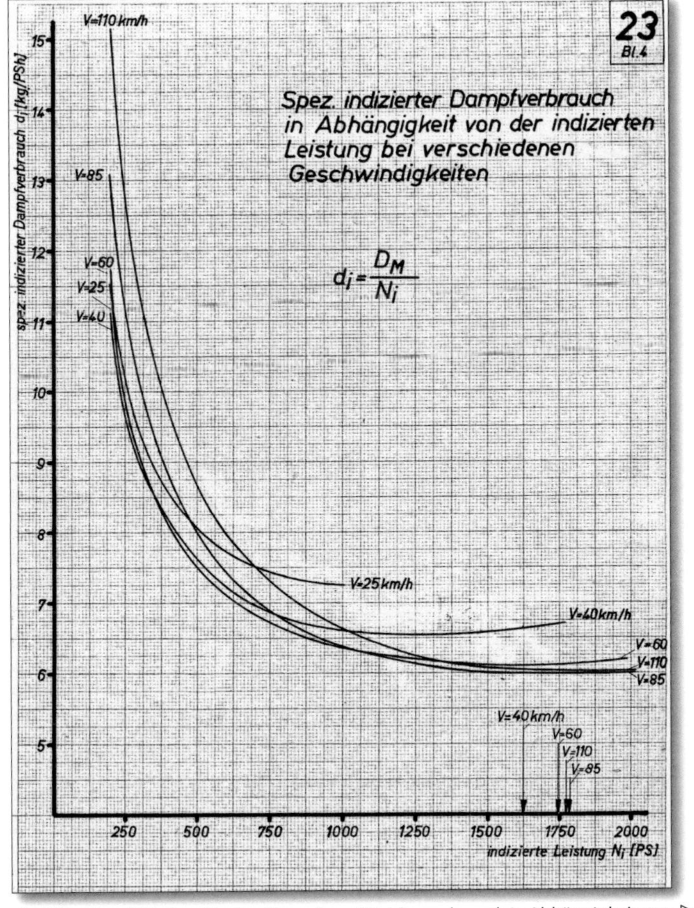

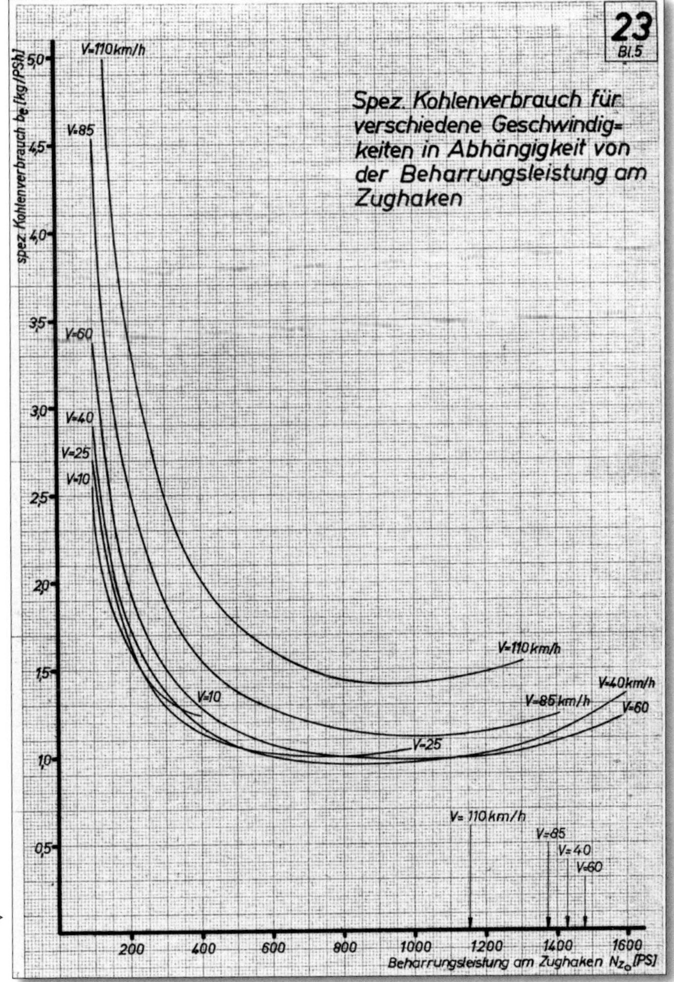

△ **Bilder 80 und 81** • Spezifischer Dampf- und Kohlenverbrauch in Abhängigkeit von ▷ der Leistung von 23 015, ermittelt bei den Probefahrten 1952 und 1953.

Abbildungen (3): Sammlung Frank Lüdecke

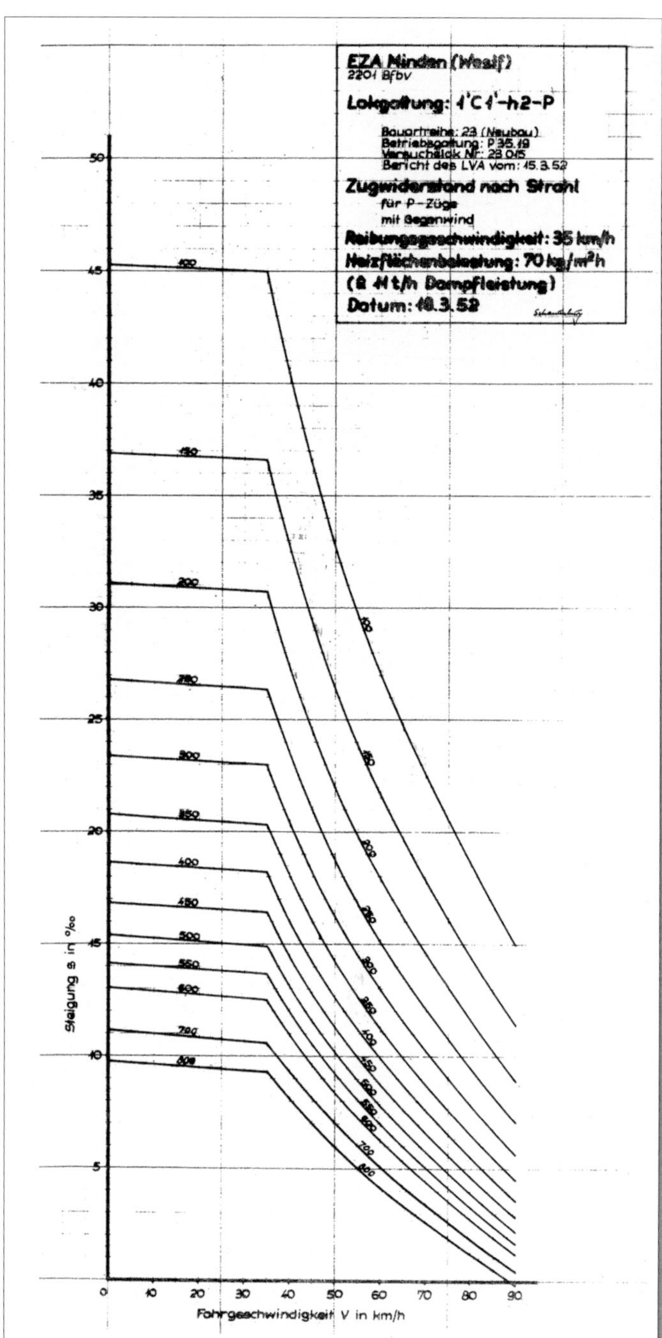

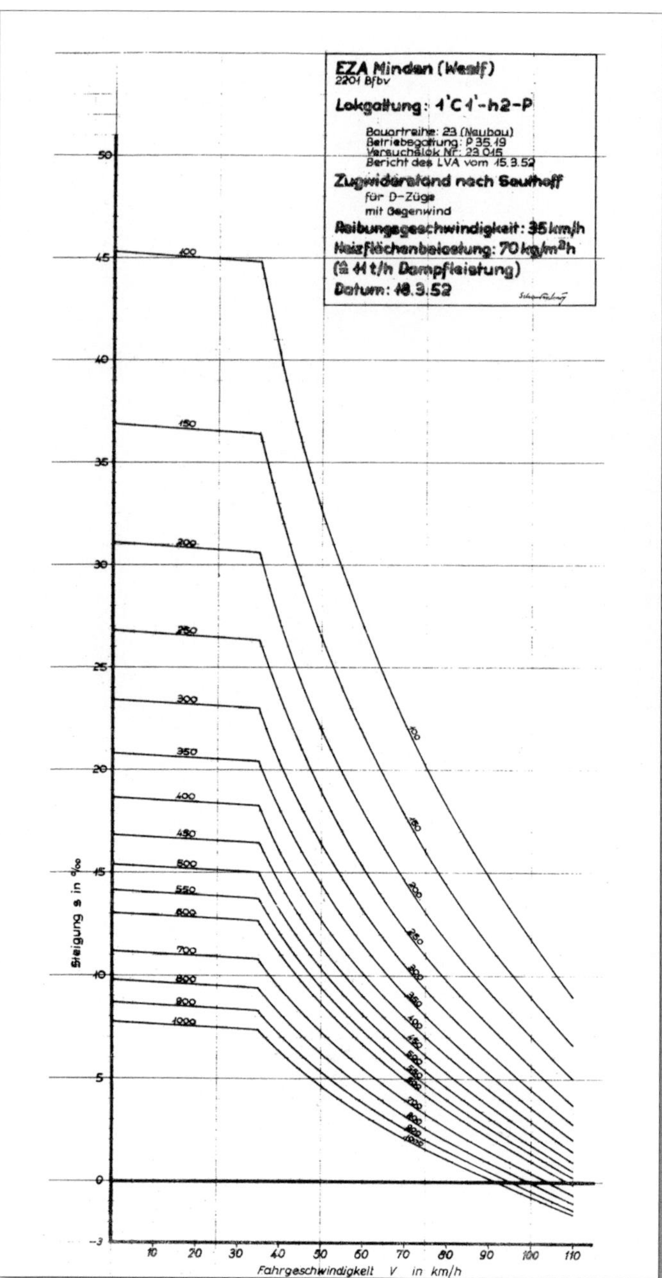

△ **Bilder 82 und 83** • Zugwiderstand in Abhängigkeit von der Reibungsgeschwin-
◁ digkeit, ermittelt im März 1952. Abbildungen (2): Sammlung Frank Lüdecke

Lok habe anstelle der L 3 im AW Trier nur eine L 2-Ausbesserung erhalten, nach deren Ausführung die Lok dem Bw Paderborn zur Dienstleistung zugeteilt worden sei. Das Bw Siegen antwortete am 16. Juni 1954, ebenfalls per Einschreiben, dem Bw Paderborn, dass 23 015 schon seit der Abnahme beim LVA Minden stationiert sei und sich auch das Betriebsbuch dort befinde. Die nötige Verlängerung der Untersuchungsfrist müsse von dort beantragt werden, da man in Siegen nichts zum Zustand der Lok sagen könne. Bereits am 18. Juni 1954 bat das Bw Paderborn in einem Schreiben an das BZA Minden um Mitteilung, warum die Lok von Minden aus dem AW Trier zur L 2 vorgemeldet wurde, obschon die nach der DV 946 vorgesehene schriftliche Verlängerung der Untersuchungsfrist zur nächsten L 3 nicht vorlag. Man sei nicht befugt, die Lok unter diesen Umständen zu betreiben. Der Wink mit der Dienstvorschrift zeigte Wirkung beim LVA Minden, das, ebenfalls per Einschreiben, am 25. Juni 1954 erwiderte:

„Die Verlängerung der Untersuchungsfrist für die nächste L 3 bei Lok 23 015 wurde in das Betriebsbuch und den Betriebsbogen von mir nachträglich eingetragen. Die Betriebsunterlagen gehen Ihnen anliegend wieder zu. gez. Düring".

Eine zweite Lok, die mit Wälzlagern, Henschel-MVC-Mischvorwärmer und Kylchap-Saugzuganlage ausgerüstete 23 024, befand sich fabrikneu vom 24. Oktober 1953 bis 4. April 1954 beim LVA. Bevor sie auch nur einen einzigen Kilometer laufen konnte, musste sie nach der Abnahmeuntersuchung am 23. Oktober 1953 im AW Trier gleich zu einer L 0 im AW Bremen vom 29. Oktober bis 6. November 1953 einrücken, bei der beide Kolben mit Gleitbahn und Kreuzkopf ausgebaut und wiederhergestellt, die Kreuzkopfgleitplatten erneuert und die linke Gleitbahn nachgehärtet wurde. Der Eintrag vermerkt „Gewährleistungspflicht". Bei einer nagelneuen Lok für den Hersteller Jung keine angenehme Sache! Im November und bis Mitte Dezember 1953 war die Lok schließlich an 24 Tagen mit 5.810 km (242 km/Betriebstag) im Betrieb, bevor sie vom 16. Dezember 1953 bis 16. März 1954 kalt bei Henschel stand.

Über die Ergebnisse der Versuche mit 23 024 berichtete BOR Dr.-Ing. Müller vom Bundesbahn-Zentralamt Minden anlässlich der 10. Besprechung der Zugförderungsdezernenten unter dem Vorsitz des Zugförderungsdezernenten der HVB, HVR

Flemming vom 10. bis 12. Mai 1954 in Würzburg. Klaus Hopf hat uns freundlicherweise eine Abschrift aus seiner Sammlung zur Verfügung gestellt.

Demnach hatte das LVA 1953 an größeren Untersuchungen durchgeführt:

Leistungsuntersuchungen:

- Lok 18 601 mit Ersatzkessel für Lok R 18^5
- Lok 23 024 mit Kylchap-Saugzuganlage, Henschel Mischvorwärmer MVC, Wälzlager im Lauf- und Triebwerk und Blauasbestmatten zur Isolierung des Kessels

Einzelausrüstungen

- Heinl-Mischvorwärmer der Lok 52 891
- Stokerfeuerung der Lok 44 244
- Saugzuganlagen zur Verbesserung der Verdampfungswilligkeit

Lauftechnische Untersuchungen

- an Lok 78^{10}
- an Lok 23 015

Zur Leistungsuntersuchung der Lok 23 024 führte Müller aus:

„Diese Leistungsuntersuchung war als Ergänzung zu den Untersuchungen mit der Lok 23 015 gedacht, bei der das Lokversuchsamt den Einfluß der neuen Einrichtungen feststellen sollte. Auch diese Untersuchung konnte nicht zu Ende geführt werden, weil die Versuchslok wegen Funktionsstörungen am Mischvorwärmer an den Lieferer der Vorwärmeanlage zurückgegeben werden mußte. Als die Versuche nach Änderungen am Vorwärmer durch den Lieferer wieder aufgenommen werden sollten, zeigten sich Schäden an den Wälzlagern, die eine erneute Rückgabe der Lok erforderlich machten.

Kylchap-Saugzuganlage
Die Ergebnisse der bisherigen Untersuchungen reichen noch nicht fur eine Beurteilung der Kylchap-Saugzuganlage im Vergleich zur Regel-Blasrohranlage aus. Es läßt sich bisher nicht klären, warum gleichen Unterdrucken bei der Kylchap-Saugzuganlage höhere Blasrohrdrucke zugeordnet sind. Hierzu sind noch weitere Untersuchungen (notwendig), bei denen die verschiedenen Möglichkeiten der Blasrohrausführungen erprobt werden müssen. Es läßt sich aber schon jetzt übersehen, daß die Kylchap-Saugzuganlage keinen die Wirtschaftlichkeit des Zugförderungsdienstes entscheidend beeinflussenden Gewinn bringen kann. Bei dieser Anlage kann der zeitliche Verlauf der Dampfgeschwindigkeit überhaupt nicht, und wenn, dann nur unerheblich, von dem bei einer normalen Saugzuganlage verschieden sein. Es ist daher nicht damit zu rechnen, daß die Kylchap-Saugzuganlage die Kesselverluste durch Verminderung des Löscheanfalls und des Schornsteinauswurfs nachweisbar beeinflusst. Auch durch eine Senkung des Blasrohrdruckes würde sich der Maschinengegendruck im günstigsten Fall um 0,05 atü erniedrigen lassen.

Henschel-Mischvorwärmer MVC
Mit diesem Vorwärmer wurden erst bei Heizflächenbelastungen von rd. 55 kg/m²h an die Speisewassertemperaturen (ca. 98 °C) erreicht, auf die der Oberflächenvorwärmer der Lok 23 015 das Wasser schon bei kleinsten und über den ganzen Leistungsbereich gleichbleibend erwärmte. Bei Heizflächenbelastungen von 70 kg/m²h wird das Wasser auf 100 °C erwärmt.

Im Bereich dieser Kesselanstrengungen (b H 65-70 kg/m²h) setzte bei den Versuchsfahrten die Kaltwasserförderung – Strahlheber – häufig aus, und die Kaltwasser-Zulaufleitung wurde bis zum Tender sehr stark erwärmt. Mit diesen Mängeln – die auch im Betrieb aufgetreten sind, aber weil mit so großen Kesselanstrengungen beim jetzigen Einsatz der Lok R 23 nicht lange gefahren wird, nicht zu Zuglaufstörungen führten – kann die Vorwärmeranlage nicht als betriebssicher angesprochen werden.

Wälzlager im Lauf- und Triebwerk
Eine Verminderung des Laufwiderstandes der Lok durch Wälzlager ließ sich durch die Versuchsergebnisse nicht nachweisen. In welchem Ausmaße sich der kleine Reibungswiderstand der Wälzlager auf den Laufwiderstand einer Lok auswirkt, soll noch durch besondere Losreiß- und Auslaufversuche geklärt werden.

Mit Blauasbestmatten isolierter Kessel
Durch die Isolierung des Kessels mit Blauasbestmatten werden die Abkühlverluste des Kessels um rd 55 % gesenkt. Diese betragen bei einfacher Isolierung durch Blechverkleidung:
130.000 kcal/h bei V = 0 km/h
170.000 kcal/h bei V = 80 km/h

und bei einem mit Blauasbestmatten isolierten Kessel:
70.000 kcal/h bei V = 0 km/h
95.000 kcal/h bei V = 80 km/h“

Anmerkung des Verfassers: Die extreme gesundheitliche Belastung für Lokpersonale und Werkstattarbeiter durch Asbest war damals noch nicht bekannt, lenkt aber unsere Aufmerksamkeit auf die Tatsache, dass die durchschnittliche Lebenserwartung von Männern 1951 nur 64,8 Jahre betrug, die meisten Heizer und Lokführer den Eintritt ins Rentenalter also nicht erlebt haben.

Die mageren Ergebnisse der Mindener Versuche dürften bei manchen Zugförderungsdezernenten, die händeringend auf neue einsatzfähige Lokomotiven warteten, eine gewisse Übellaunigkeit ausgelöst haben.

Nach der Rückkehr aus Kassel war 23 024 in Minden nicht mehr im Betrieb. Angaben zum Kohleverbrauch sucht man vergeblich. Einer Fortsetzung der Versuche stand der dringende Bedarf des Betriebs für die Lok entgegen. Die Wälzlager der Hauptkuppelstangen mussten nach den wenigen Kilometern bei einer weiteren L 0 im AW Trier am 5. April 1954 gewechselt werden, bevor die Lok beim Bw Mainz im Regelbetrieb verwendet werden konnte. Die neue Lok ist also in Minden nicht wirklich ins Laufen gekommen, Versuche mit ihren Wälzlagern und dem MVC-Mischvorwärmer blieben Stückwerk.

Dass die beiden Jung-Lokomotiven 23 024 und 025 mit ihren Henschel-MVC-Mischvorwärmern, den Rollenlagern und der Kylchap-Saugzuganlage (nur bei 23 024) echte Sorgenkinder waren, illustriert ein Schreiben des BZA vom 1. März 1955 an das Technische Gemeinschaftsbüro der Vereinigung Deutscher Lokomotivfabriken in Kassel aus der Sammlung Michael Bergmann, in dem unter dem Betreff *„Umbau der Lok 23 024/025 … der Fa. Jung“* eine erstaunliche, aber angesichts der trüben Erfahrungen mit den beiden Loks verständliche Bitte formuliert wird:

„Bekanntlich fallen die oben bezeichneten von der Fa. Jung gelieferten Lok aus dem Rahmen der Regelkonstruktion heraus. Wir bitten eine Untersuchung darüber anzustellen, mit welchen konstruktiven Maßnahmen die Lok gelegentlich einer Zuführung zum AW so umgebaut werden können, dass sie als Einheitslok entsprechend der Vergebung 1954 Fa. Krupp in den Park eingereiht werden können.“

In Kassel hielt man sich offenbar zunächst für nicht zuständig, denn mit Datum vom 28. April 1955 mahnt das BZA in Kassel die Erledigung des bisher unbeantwortet gebliebenen Schreibens an. Schließlich antwortete das Technische Gemeinschaftsbüro am 17. Mai 1955 und erbat vom BZA Minden eine Auftragsnummer für den Umbau inklusive der Umrüstung auf Heinl-Mischvorwärmer, die am 2. Juni 1955 auch erteilt wurde. Dieser Umbau wurde in den Betriebsbüchern nicht dokumentiert, da er der Gewährleistungspflicht von Henschel unterlag. Nach den Enttäuschungen mit den beiden Versuchsloks wurde bei 23 024 die Gewährleistungsfrist des Herstellers gemäß Verfügung des BZA Minden vom 16. Dezember 1954 vorsorglich für das gesamte Triebwerk bis 23. Oktober 1955, für die Wälzlager sogar bis 23. Oktober 1956 verlängert, bei 23 025 entsprechend bis 13. Oktober 1955 bzw. 13. Oktober 1956.

Zu den lauftechnischen Untersuchungen der Lok 23 015 heißt es u. a. im Protokoll vom Mai 1954:

„An dem vorläufigen Untersuchungsergebnis der lauftechnischen Untersuchung der Lok 23 015 ist auffällig, daß die Lok beim Lauf in Bögen eine gewisse Einseitigkeit zeigt, d. h. daß die Kräfte im Laufwerk bei Fahrt durch zwei Bögen entgegengesetzter, aber gleichgroßer Krümmung, zwar entgegengesetzt, aber nicht gleich groß sind. Beim Befahren der Weiche 6 d-140-1 : 7 zwängte die Lok um etwa 12 bis 13 mm; dabei wurde als größte Querkraft an der Treibachse 10 t gemessen. … Im Allgemeinen läuft das Krauss-Helmholtz-Gestell ruhig, doch treten zuweilen größere Querschwingungen auf, bei denen noch geklärt werden muß, inwieweit das Gleis daran beteiligt ist. …. Die Messungen in der Geraden und in Weichen mit größeren Halbmessern (R 200 bis 300 m) sind noch nicht ausgewertet."

Doch lassen wir nun wieder Theodor Düring zu Wort kommen:

„Daß die 23er der späteren, in verschiedenen Punkten verbesserten Lieferungen und mit dem Mischvorwärmer MV 57 [Anm. d. Verf.: 23 067 war bis zum Umbau auf MV 57 im Jahr 1960 mit Heinl-Mischvorwärmer ausgerüstet] *und Rollenlagern an Achsen und Stangen ausgerüstet nicht weniger leistungsfähig und betriebstüchtig waren, wurde durch die mit Lok 23 067 im Mai/Juni 1955 durchgeführten 53 Beharrungsmeßfahrten unter Beweis gestellt. Die Fahrten fanden diesmal auf den Strecken Hamburg-Harburg – Cuxhaven und (mit 110 km/h) Hamburg-Harburg – Lehrte, aber sonst unter gleichen Bedingungen wie damals mit 23 015, statt. Ausführende Meßgruppe war wieder VL 1 mit Meßwagen 1 des Lokomotiv-Versuchsamtes Minden. Auch diese Lok erwies sich ähnlich willig in der Dampferzeugung, im Versuchsbericht heißt es wörtlich: ‚Die Lok 23 067 zeigte sich in der Dampferzeugung sehr willig und elastisch …'. Von den 53 Beharrungsmeßfahrten mit Bremslokomotiven der BR 18.3 oder 45 als Belastung waren 10 mit höherer Kesselanstrengung als der Kesselnennlast, d. h. mit mehr als 70 bis 83 kg/m²h ausgeführt worden. Dauer der Beharrung dabei 50 bis 64 Minuten. Darunter zwei Fahrten mit ca. 82,5 kg/m²h Heizflächenbelastung, die über 50 Minuten lang durchgehalten wurde. (Die gegenüber der 23 015 etwas kürzeren Beharrungszeiten sind streckenbedingt.)"*

Die dritte in Minden versuchsweise eingesetzte 23 war die von Düring oben erwähnte 23 067, die fabrikneu am 23. April 1955 für weitere Versuchsfahrten dem LVA Minden zugeteilt wurde. Bis zur Abgabe nach Mainz am 28. Juni 1955 legte sie an 44 Betriebstagen 8.443 km (192 km/Betriebstag) zurück. Auf Angaben zum Kohleverbrauch verzichtete man großzügig.

Zurück zu Theodor Düring: *„Bei Kesselnennlast D_N = 11 t/h entsprechend b_H = 70,4 kg/m²h ergaben sich bei verschiedenen Geschwindigkeiten folgende Werte für die indizierte (Zylinder-) Leistung N_i und die effektive (Zughaken-) Leistung N_{zo}. Die der Lok 23 001 (alt), BR 38^{10-40} (P 8) und 03 bei Kesselvollast entsprechend 57 kg/m²h sind darunter aufgeführt. Alle Angaben sind Meßergebnisse aus Beharrungsmeßfahrten, also keine praxisfremden Rechenwerte* [siehe Tabelle unten].

Der Vergleich der Zahlenwerte der 23 015 mit Oberflächenvorwärmer (Knorr) und der 23 067 mit Mischvorwärmer (Heinl) zeigt, daß entgegen anderslautenden Behauptungen die MV-23er in der Zughakenleistung eher besser als die früheren Lieferungen mit OV war. Wie nicht anders zu erwarten, war auch dank der Rollenlager in Trieb- und Laufwerk der mechanische Wirkungsgrad der 23 067 besser als der der 23 015. Dank der gegenüber den älteren Lokomotiven höheren Überhitzung des Dampfes und des höheren Kesselwirkungsgrades war der spezifische Dampf- und Kohleverbrauch besser (niedriger) als bei den Vergleichslokomotiven. …

Der mit der Lok 23 015 kurzzeitig bei ca. 90 kg/m²h Heizflächenbelastung erreichte Wert von rund 1.850 Pse, also am Zughaken, ist von den anderen Vergleichsbaureihen, auch von der BR 03, nicht erreicht worden. (!)

Damit man uns nicht nachsagen sollte, die Meßfahrten des LokVersA seien ja nur „Paradefahrten" und im Betriebe seien die Verhältnisse „ganz anders", wurden mit beiden 23ern nebst angehängtem Lok-Meß- und Meßbeiwagen planmäßige Züge bespannt; unter anderem mit 23 015:

- *D 90 Kassel – Würzburg (– München) mit 28×, 315 t Last*
- *D 173 (Mü –) Würzburg – Hannover (– Hmb) mit 52×, 539 t*
- *D 135 Hmb-Altona – Westerland (Sylt) mit 56×, 580 t und*
- *D 98 Westerland – Hamburg (– Bremen – Köln) wie D 135*

mit Lok 23 067 der E 590 Mainz Hbf – Baumholder (Steigung 1 : 53 !). Im Falle des D 173 wurden auf der Nord-Süd-Strecke mit Steigungen größer als 10 ‰ (bis ca. 1 : 70) am 23. Juli 1952 die Planfahrzeiten (für die BR 01) nicht nur eingehalten, sondern sämtliche La-Zuschläge (Langsamfahrstellen-Zuschläge) für eine Reihe von La's in Höhe von 36,2 Min. eingefahren!

Als einige Tage später der schwere Bäderzug D 135 in Altona übernommen wurde, kamen statt der planmäßigen 03 die 23 015 und zwei Meßwagen vor den Zug, und man prophezeite uns, daß wir schon auf der Rampe zur Hochbrücke über den Nordostseekanal bei Michaelisdonn liegen bleiben würden! Stattdessen brachte unsere Lokmannschaft den 14-Wagen-Zug mit der 23 015 trotz verspäteter Abfahrt in Hamburg-Altona pünktlich nach Westerland.

Auch bei Anfahrbeschleunigungs-Messungen mit verschiedenen Zuglasten zeigte die 23er ein sehr günstiges Verhalten, sie brachte z. B. einen Zug von 500 t Last in 3 Minuten von 0 auf 75 km/h. Aus der Leistungs- und Zugkraft-Charakteristik der BR 23, die sich aus dem Meßfahrten der 69 bzw. 53 Beharrungsfahrten in den verschiedenen Arbeitslagen mit 23 015 bzw. 067 ergaben, wurde das Steigungs-Geschwindigkeits- (s-V-) Diagramm für verschiedene Zuglasten, abgestuft nach 50 bzw. 100 t, und dessen Umkehrung, die sog. Belastungs-(Zuglasten-) Tafeln für den Zugförderungsdienst, aus denen die bei gegebener Steigung und mit gewünschter Fahrgeschwindigkeit zu befördernden Zuglasten abgelesen werden können, abgeleitet

Vergleich der indizierten Zylinderleistung N_i und der effektiven Zughakenleistung N_{zo} bei verschiedenen Beharrungsgeschwindigkeiten

V (km/h)	40		60		85		100		110	
N (PS) Lok-Nr.	N_{zo}	N_i	N_{zo}	N_i	N_{zo}	N_i	N_{zo}	N_i	N_{zo}	N_i
23 015	1351	1526	1407	1668	1376	1787	1269	1796	1141	1760
23 067	1375	1520	1450	1670	1400	1775	1290	1775	1160	1745
23 001 alt	1213	1392	1228	1470	1135	1503	1000	1503	–	–
BR 03*	1445	1595	1475	1730	1395	1830	1295	1870	1195	1890
BR 38^{10}*	945	1045	935	1095	820	1120	720	1120	–	–

* Die Angaben für BR 03 und 38^{10} sind Mittelwerte aus den Messergebnissen aller in der LVA Grunewald untersuchten Lokomotiven dieser Baureihen.

△ **Bild 84 · 23 067** (Jung 12133/55) wurde fabrikneu keinem Bw zugewiesen, sondern trat ihren Dienst am 23. April 1955 beim LVA Minden an, das insgesamt 53 Beharrungsmessfahrten mit ihr durchführte. Während einer Pause steht die Lok im Frühjahr 1955 im Lokversuchsamt. AUFNAHME: DIETER KLOTH, SAMMLUNG HANS-JÜRGEN WENZEL

und errechnet, die im Merkbuch für Dampflokomotiven (DV 939a) wiedergegeben sind.

Sie gelten jeweils für die Nenndampfleistung (Kesselvollast), nicht-Überlast der betr. Lokbaureihen (z. B. 03, 23 alt, 38^{10}, 50: bei 57 kg/m^2h Heizflächenbelastung, Loks mit Verbrennungskammer-Hochleistungskessel wie 23 neu, 65, 82 usw. mit 70 kg/m^2h Heizflächenbelastung oder höher) im Beharrungszustand [siehe Tabelle unten].

Wie dieser Auszug aus den Belastungstafeln von BR 03, 23 und 38^{10} zeigt, war die BR 23 nicht nur der P 8 (38^{10}) in allen Lagen ganz erheblich überlegen, sondern bis zu ihrer Höchstgeschwindigkeit (110 km/h) der mittelschweren Schnellzuglok BR 03 nicht nur auf ebener Strecke gleichwertig, sondern in den Steigungen dieser gegenüber – dank ihres kleineren Treibraddurchmessers – sogar im Vorteil!

Durch die oben erwähnten Betriebsmeßfahrten mit Schnellzügen auf der Nord-Süd-Strecke und von Hamburg nach Westerland wird dies eindeutig bestätigt! Vgl. auch Planleistungen der BR 23 und Aushilfsleistungen vor D- und E-Zügen in den 50er und z. T. noch Anfang der 60er Jahre!"

Soweit Theodor Düring. In seinem Bericht spürt man den Stolz auf die Tüchtigkeit der Lokpersonale des LVA, aber auch seine Überraschung angesichts der Leistungen der 23! Er nimmt nicht nur die klare Überlegenheit gegenüber der 38^{10} (P 8) in den Blick, sondern auch die verblüffende Tatsache, dass die 23 in vielen Betriebslagen die Pacifics der Baureihe 03 in den Schatten stellt!

Vom September 1957 bis November 1960 fanden letztmals Versuchsfahrten mit 23ern statt: Die Mischvorwärmer-23 084 vom Bw Bielefeld wurde kurzfristig aus dem Plandienst abgezogen und dem LVA Minden zugeteilt. Im Versuchsbetrieb sank die Laufleistung im August und September 1959 auf rund 5.000 km pro Monat. Bremslok war 45 019. Im Stammteil des Betriebsbuches wurde der Einsatz beim LVA Minden nicht dokumentiert. Ab Oktober 1959 war sie wieder im Planeinsatz bei ihrem Heimat-Bw und erreichte ihre früheren Leistungen von ca. 10.000 km pro Monat. Schließlich wurde die fabrikneue 23 096 (Jung 13104/59) noch vor ihrem Dienstantritt beim Bw Oldenburg Hbf einigen Versuchsfahrten unterzogen, u. a. am 1. Juli 1959. Eine Eintragung im Betriebsbuch wurde nicht vorgenommen. Bei 23 011 und 069 dagegen finden sich in den Betriebsbüchern Einträge, welche die Verweildauer beim LVA Minden belegen. Versuchsberichte sind nicht bekannt.

Lange wurde an den 23 nicht mehr geforscht. Mit fortschreitendem Traktionswandel schränkte die DB auch die Ver-

LVA/BZA Minden			
23 011	30.01.60	–	03.11.60
23 015	14.11.51	–	21.04.54
23 024	24.10.53	–	04.04.54
23 067	23.04.55	–	28.06.55
23 069	20.09.57	–	02.12.58
23 084	07.59	–	09.59

Vergleich der Zuglasten bei verschiedenen Geschwindigkeiten laut Belastungstafeln

V (km/h)	40*			60			85			110	
BR	03	23 DB	38^{10}	03	23	38^{10}	03	23	38^{10}	03	23
1 : unter V R	"	"	"	"	"	>1100	1190	(>1100)	590	565	580
1 : 250	"	(>1250)	880	850	875	515	475	ca. 510	250	225	240
1 : 100	560	665	400	380	405	225	195	ca. 210	95	–	85
1 : 70	385	470	275	250	280	145	115	ca. 130	–	–	–

Wagenlast in t; sämtliche Werte für 4-achsige stählerne D-, E-Zug-Wagen
* = (V R 23, 38); V R = Reibungs-Grenzgeschwindigkeit

△ **Bild 85** • Vor dem Messwagen 1 und den beiden mit Riggenbach-Gegendruckbremse ausgerüsteten Bremslokomotiven 45 011 und 50 975 wird **23 015** am 11. Dezember 1951 in Minden für eine Versuchsfahrt vorbereitet. An der Lok sind zahlreiche Leitungen angebracht, die u. a. den Dampfverbrauch in den Zylindern erfassen.

Aufnahme: Bustorff, Sammlung Stefan Carstens

suche an verschiedenen Baugruppen drastisch ein. Am 22. April 1963 legte die Zentralstelle für den Werkstättendienst fest, welche Versuche an Dampfloks noch fortgesetzt werden durften und welche einzustellen waren. Neben zahlreichen Kahlschlägen bei den älteren Baureihen war auch die 23 betroffen.

Art des Versuches	Weiterführung des Versuches	
	Ja	nein
Änderung der Unterlagerkasten der hinteren Laufachse an Lok BR 23 mit Gleitlager		x
Zusätzliche Lagerung der Nockenwelle des MV-Reglers	x	
Verbesserung der Schmierung des hinteren Laufachslagers	x	
Verschweißen der Drehzapfen mit der Rahmenverbindung		x
Vordere Stehkesselauflage mit Mangan-Hartstahlauflage		x
Befestigung der Tragwinkel am Aschkasten mit Senkschrauben M 20		x

△ **Bild 86** • Ohne Verkabelung, aber vor dem Messwagen und der Bremslokomotive 45 019 steht **23 084** (Bw Bielefeld) am 26. August 1959 in Minden.

Aufnahme: Peter Konzelmann, Sammlung Jürgen Rippin

Bauartunterschiede und Bauartänderungen

Kaum eine Baureihe ist während ihrer Bauzeit und später im Betrieb so vielen konstruktiven und das äußere Erscheinungsbild bestimmenden Änderungen unterzogen worden wie die 23. Die nachfolgende Tabelle, die sich zum Teil auf die akribischen Ermittlungen von Ulrich Budde und Manfred van Kampen stützt, zeigt, wie vielfältig sich die Loks äußerlich präsentierten. Dabei sind die Bauartunterschiede ab Werk zu unterscheiden von den Bauartänderungen, die von der DB im Laufe des Betriebes vorgenommen wurden. Die Differenzierung der beiden Begriffe war bei der DB nicht immer einheitlich: Manche Bauartänderungen wurden im entsprechenden Teil der Betriebs-

Bauartunterschiede und Bauartänderungen

Merkmal	Bemerkung / nachgewiesen bei Bauformen
1. Bauserie: OV, gerade Drehtüren, alter Tender, Lüfteraufsatz auf dem Führerhaus	23 001 – 015
2. Bauserie: OV, geknickte Schiebetüren (später in Drehtüren umgebaut), alter Tender, Lüfteraufsatz auf dem Führerhaus	23 016 – 023
Versuchsloks für weiterentwickelte Bauart, Henschel-MVC-Mischvorwärmer (später durch Heinl-Mischvorwärmer ersetzt), Atlas-Klarsichtscheiben	23 024 – 025
Kylchap-Saugzuganlage ab Werk (später durch Regelbauart ersetzt)	23 024
Warmwasserspeicher unter der Rauchkammer bei Ausmusterung noch vorhanden	23 024 – 025, 097 – 105
Versuchslok mit kleinem Warmwasserspeicher	23 025 (Einzelstück)
3. bis 4. Bauserie: OV, neues Führerhaus, neuer Tender	23 026 – 052
5. bis 8. Bauserie: Heinl-MV, neuer Tender	23 053 – 096
8. Bauserie: MV 57, neuer Tender	23 097 – 105
Geknickte Führerhaus-Schiebetür (später in Drehtür umgebaut)	23 016 – 076
Geknickte Drehtüren ab Werk	23 077 – 105
Gleitlager an Achsen und Stangen	23 001 – 023, 026 – 052
Rollenlager an Achsen und Stangen	23 024 – 025, 053 – 105
Verbesserte Rückstellvorrichtung am Krauss-Helmholtz-Lenkgestell	23 026 – 105
Beschilderung und Beschriftung:	
DB-Logo auf Rauchkammer	23 053 – 064
Übergangsphase, alte und neue Loknummer	23 021, 039, 065, 066
Regelbeschilderung, neue Loknummer	alle außer: 003, 013, 015, 043, 056, 057, 068, 098
Umbauten der Kesselausrüstung:	
Mischvorwärmer MV57	23 053 – 096
Nassdampfregler	alle außer: 003, 006, 013, 015, 017, 022, 043, 056, 057, 066, 078, 079, 081, 083, 086, 089, 091, 098
Sonstige Umbauten / Besonderheiten:	
Neues Führerhaus mit reduzierter Belüftung	23 027
Lüfteraufsatz ohne Regenschutz	23 006, 013, 014
Neues Führerhaus auf Lok 1. Bauserie	23 004 (Einzelstück)
Ausrüstung mit Wendezugsteuerung	23 003, 004, 022, 024, 025, 030, 034, 036, 038, 047, 051, 052
Hauptluftbehälter-Leitung (HBL)	alle Loks mit Wendezugsteuerung, zusätzlich: 23 001, 002, 005, 009, 011, 023, 032, 033, 037, 044, 053, 075, 077, 080
Ausrüstung mit Läutewerk/Glocke	23 001, 002, 004, 005, 006, 009, 010, 015, 019, 020, 021, 024, 025, 030, 032, 033, 034, 036, 038, 041, 044, 045, 047, 048, 051, 052, 054, 056, 057, 058, 059, 060, 061, 063, 064, 066, 067, 068, 069, 070, 071, 072, 073, 074, 075, 076, 077, 078, 079, 080, 081, 083, 085, 087, 088, 090, 091, 094, 095, 096, 105
Genietetes Windleitblech	23 001 -016
Tief angebrachtes Lokschild	23 046 (Einzelstück)
Rangierergriff mit Ring	ursprünglich 23 001-025, zuletzt: 23 001-019, 021-024, 043, 044, 081
Tender	
Alter Tender, Kohlenkasten mit Streben	ursprünglich 23 001-025
Tendertausch neu gegen alt	23 038 (Einzelstück)
Neuer Tender mit glattem Kohlenkasten	ursprünglich 23 026-105
Tendertausch alt gegen neu	23 001, 016, 019, 021, 024, 025
Neuer Tender, Kohlenkasten mit Streben	23 051 (Einzelstück)
Kiste für Dosiermittel	23 016, 018
Drehgestelle von Baureihe 50	23 002, 004, 008, 009, 010, 012, 015, 018, 019, 020, 021, 022, 023, 028, 030, 038, 044, 047, 048, 050, 051, 054, 055, 058, 060, 063, 069, 073, 076

Bei dieser Aufstellung ist zu berücksichtigen, dass manche Loks die betreffenden Baumerkmale nur zeitweise aufwiesen.
Unter der Sonderarbeits-Nr. 1.129 wurde ab 1954 bei den Tenderdrehgestellen unterhalb des großen Ausschnitts für die Sekundärfederung eine kräftige Längssteife eingebaut, da die Drehgestellrahmen zu Anrissen neigten. Ab 23 077 kam diese Verstärkung serienmäßig zum Einbau, was sich positiv auf die Stabilität auswirkte. Bei einigen Lokomotiven mit Ordnungsnummern bis 076 kam es auch zu Drehgestelltauschen mit der Baureihe 50 (siehe oben).

△ **Bild 87** • Ein weites Feld sind die zahlreichen unterschiedlichen Bauformen, welche die Baureihe 23 im Laufe ihrer Einsatzjahre kennzeichneten, zum Teil ab Werk, zum Teil durch nachträgliche Um- bzw. Einbauten. Bei der Dokumentation dieser Feinheiten hat Ulrich Budde auf seiner Webseite bundesbahnzeit.de besondere Verdienste erworben, die im Folgenden die Grundlage bilden für die Darstellung zumindest der wichtigsten Baumerkmale.
23 074 gehörte zu den Loks, die bereits ab Werk mit Indusi ausgerüstet waren. Die geknickte Kickert-Schiebetür mit Alu-Griffstange sieht schick aus, bewährte sich im Betrieb aber nicht. Bei 23 074 (aufgenommen im Jahr 1957) fand der Umbau auf eine Drehtür erst am 3. Juni 1964 statt. AUFNAHME: CARL BELLINGRODT/EK-VERLAG

bücher nicht dokumentiert. Dagegen wurden Bauartunterschiede ab Werk gelegentlich fälschlich als Bauartänderungen festgehalten.

Änderungen der Bauart/ Sonderarbeiten

Die DB vergab nicht weniger als 39 Sonderarbeitsnummern für Bauartänderungen. Die Zahl der tatsächlich durchgeführten Maßnahmen war noch wesentlich höher, da unter einigen Sonderarbeitsnummern mehrere Arbeiten zusammen gefasst wurden (siehe die Liste am Ende dieses Kapitels). Im Folgenden werden die wichtigsten Umbauten erläutert.

Verstärkung der Domaushalsung (Sonderarbeit 1.137)

Bereits ab November 1951 zeigten sich bei den ersten 15 Lokomotiven des Herstellers Henschel am Dom gefährliche Aushalsungen und Undichtigkeiten, welche die Betriebssicherheit gefährdeten und zur Abstellung der Loks bis 1953 führten. Auslöser war das für den mit dem Kessel verschweißten Dampfdom verwendete Blech von nur 16 mm Stärke. Die DB machte gegenüber dem Hersteller Henschel Gewährleistungsansprüche geltend, der sich allerdings etwas zierte, die Kosten zu übernehmen. Es dauerte einige Monate, bis die Loks zur Behebung des Problems tatsächlich vom Herstellerwerk angenommen wurden. Lediglich die zu Versuchen beim LVA Minden eingesetzte 23 015 wurde bereits vom 1. April bis 21. Mai 1952 beim Hersteller Henschel überarbeitet. Dazu heißt es im Betriebsbuch von 23 015, das uns freundlicherweise Joachim Herter zur Einsichtnahme überlassen hat:

„Bei der im April 1952 stattgefundenen L 0-Ausbesserung wurden folgende Bauartänderungen durch die Fa. Henschel & Sohn ausgeführt:

1. *Einbau eines außen liegenden Verstärkungsringes am Dom nach Fld 2.010 Bl.03/2., Fld 2.040 Bl.02/2. U. Fld 2.044 Bl.02/1. (Anmerkung des Verfassers: Jetzt mit 26 mm Blechstärke).*
2. *Mehrfachventilregler Bauart Schmidt'sche Heißdampf nach Fld 6.040 Bl.01/1. ausgewechselt.*
3. *Verstärkung der Federführungen an den Tenderdrehgestellen nach Fld 37.19 Bl.09/2. und Fld 37.01 Bl.07/2.*
4. *Verstärkung der Federträger am Tender nach Fld 37.19 Bl.011/2.*
5. *Verstärkung des hint. Deichselrahmens nach Fld 13.311 Bl.012/2.*
6. *Einbau neuer Rückstellfederführungen an der hint. Deichsel nach Entwurf Fa. Jung.*
7. *Einbau von Schmierschläuchen am Rückstellhebel des hint. Lenkgestelles nach Fld 26.200 Bl.04/2. Und Bl.05/2.*
8. *Vergrößerung des Rahmenausschnittes rechts und links über der vord. Laufachse hinter dem Bahnräumer nach Fld 8.07 Bl.019/1."*

Die anderen 14 Lokomotiven der Baureihe 23 kehrten nach der Reparatur bei Henschel erst zwischen Dezember 1952 und April 1953 in den Dienst zurück.

Obwohl Gewährleistungsreparaturen des Herstellers üblicherweise nicht unter den Sonderarbeitsnummern erschienen, wurde der Einbau des außenliegenden Verstärkungsringes am Dom in der Liste der Sonderarbeiten mit der Sonderarbeitsnummer 1.137 geführt. Die anderen o. g. Arbeiten tauchen darin nicht auf.

Umstellung der Abdampfrohrleitungen von Stahl auf Kupfer (Sonderarbeit 1.168)

In einem Schreiben der BD Mainz an die Bw Mainz und Koblenz-Mosel vom 4. Januar 1956 heißt es:

„Nach Sonderarbeit 1.168 sind bei den neueren Lok-Gattungen die Rohrleitungen von Stahl auf Kupfer umzustellen. Nicht in die Umstellung eingeschlossen wurden die Abdampfrohrleitungen in der Rauchkammer zwischen Ausströmung und Vorwärmer. Im Frühjahr 1955 wurden die betreffenden Rohre der Lok 23 045 und 23 051 beanstandet, weil sie nach etwa 9 Monaten Betriebszeit der Neubaulok bereits durchgerostet waren. … Um eine Besserung zu erzielen, müßte für das Rohr ein chromhaltiger Werkstoff verwendet werden, der jedoch den 6-fachen Beschaffungspreis erfordert. Wir bitten deshalb um Überprüfung, ob es sich bei den beiden Rohrschäden um Einzelfälle handelte oder ob auch bei den übrigen Lok R 23 die erhöhte Korrosion eine Umstellung der Rohre dringend notwendig erscheinen lassen."

Die Antwort des Bw Koblenz-Mosel vom 13. Februar 1956 fiel eindeutig aus: *„Das Durchrosten der Abdampfrohre in der Rauchkammer zwischen Ausströmung und Vorwärmer wurde bei fast allen der hier beheimateten Lok der BR 23 festgestellt."* …

Die Umstellung der bemängelten Abdampfrohrleitungen von Stahl auf Kupfer im Rahmen der Sonderarbeit 1.168 kam daraufhin beschleunigt in Gang.

Schiebetüren (Sonderarbeit 1.251)

Ab 23 016 wurden die Loks mit geknickten Schiebetüren statt den herkömmlichen geraden Drehtüren ausgeliefert. Das sollte vermutlich eine gewisse Modernität ausstrahlen. Im Betrieb stieß diese Bauform allerdings auf wenig Akzeptanz. So heißt es in einem Schreiben des Bw Koblenz-Mosel an das Maschinenamt Koblenz vom 8. Januar 1956:

„*Nach den hier gemachten Beobachtungen und nach dem übereinstimmenden Urteil der Lokpersonale haben sich die Schiebetüren im Betrieb nicht bewährt und werden vom Lokpersonal ausnahmslos abgelehnt. Am häufigsten wird die in der Führung liegende Raste durch das Abspritzen der Führerstände mit Schmutzteilchen zugesetzt, so daß die Schiebetüren in geöffnetem Zustand nicht eingerastet werden können. ... Wir halten die seither an geschlossenen Führerständen angebrachten Türen (23 001 bis 005) für zweckmäßig und gut.*“

Der Umbau der Schiebetüren in Drehtüren (Sonderarbeit 1.251) nahm erst ab 1961 Fahrt auf. Letzte umgebaute Lok war 23 062 am 17. August 1965.

Lok-Nr.	Umbaudatum	ausführendes Werk
23 016	15.01.1963	AW Nied
23 021	24.02.1964	AW Nied
23 024	30.10.1961	AW Nied
23 025	29.11.1961	AW Nied
23 026	09.05.1963	AW Nied
23 027	02.10.1961	AW Nied
23 028	14.06.1961	AW Nied
23 030	20.07.1964	AW Nied
23 031	28.06.1964	AW Nied
23 033	15.07.1964	AW Nied
23 034	29.09.1963	AW Nied
23 036	06.01.1964	AW Nied
23 037	15.09.1964	AW Nied
23 038	04.11.1963	AW Nied
23 039	09.09.1963	AW Nied
23 040	27.09.1962	AW Nied
23 042	27.01.1964	AW Nied
23 043	01.02.1961	AW Nied
23 044	11.11.1964	AW Nied
23 047	14.12.1964	AW Nied
23 048	04.06.1964	AW Nied
23 050	17.06.1963	AW Nied
23 051	09.05.1963	AW Nied
23 052	18.06.1963	AW Nied
23 054	10.07.1963	AW Nied
23 055	25.05.1965	AW Nied
23 057	15.12.1964	AW Nied
23 060	22.01.1964	AW Nied
23 061	10.08.1965	AW Nied
23 062	17.08.1965	AW Nied
23 063	29.11.1962	AW Nied
23 064	20.01.1965	AW Nied
23 067	13.04.1961	AW Nied
23 069	20.07.1965	AW Nied
23 070	06.03.1963	AW Nied
23 072	02.05.1961	AW Nied
23 073	19.02.1964	AW Nied
23 074	03.06.1964	AW Nied
23 075	23.10.1964	AW Nied
23 076	05.04.1961	AW Nied

Die Betriebsbücher warten nicht nur beim Umbau der Schiebetüren in Drehtüren mit einigen Überraschungen auf: Bei 23 011 behauptete das AW Trier am 4. April 1957, dass man die Führerhaustüren umgebaut habe. Offensichtlich war den Schriftführern entgangen, dass 23 001 bis 23 015 bereits ab Werk die geraden Drehtüren hatten. Auch nicht ganz auf der Höhe der Zeit notierte das AW Nied in den Betriebsbüchern der 1957 von Esslingen gebauten 23 077 und 23 078 am 9. bzw. 29. Oktober 1962, dass die Durchführung der Sonderarbeit 251 (Einbau der Drehtüren) bestätigt werde, das Datum des Einbaus aber unbekannt sei. Tatsächlich hatten beide Lokomotiven die Drehtüren bereits ab Werk.

Umbau der Mischvorwärmeranlage Bauart Heinl in Mischvorwärmeranlage 1957 (Sonderarbeit Nr. 1.280)

Der Heinl-Mischvorwärmer erwies sich im Betrieb als problematisch. Der Vorteil, dass auch bei fehlendem Abdampf durch Frischdampfgabe auf den Heber der Warmwasserspeicher unter der Rauchkammer aufgeheizt werden konnte, führte bei großen Maschinenleistungen zu einem paradoxen Ergebnis: Die überschüssige Wärme erhitzte das Wasser im Mischgefäß unterhalb des Führerhauses auf 50 bis 60 °C, sodass der Heber nicht mehr arbeitete. Damit fiel die Förderung aus und beim nächsten Speisen wurde der gesamte Vorwärmer von der Kolbenpumpe leergesaugt und kochte aus.

Die Folge: Nur noch die zweite Strahlpumpe stand für das Speisen des Kessels zur Verfügung. Wenn diese ebenfalls ausfiel, war die Fahrt zu Ende.

Das war auf Dauer kein akzeptabler Zustand und die DB suchte einen Ausweg, der sich mit der höchst pragmatischen Lösung der Vereinfachung des Heinl-Mischvorwärmers auch fand: Der MV 57.

Bei dem vereinfachten MV 57 sind der Wasserheber, Speicher und der Hochdruckvorwärmer fortgefallen. Das vom Tender kommende Wasser einschließlich Rücklaufwasser wird aus dem Mischgefäß, das auf der linken Lokseite unten vor dem Führerhaus sitzt, von der Warmwasserstufe der Pumpe, die durch Fortfall des Hochdruckvorwärmers freigeworden ist, in die Mischkammer des in der Rauchkammer untergebrachten Vorwärmebehälters gefördert, der jetzt nicht mehr mit „Niederdruckvorwärmer“, sondern mit Mischkasten bezeichnet wird. In diesen werden außer dem Abdampf der Lokomotivmaschine und der Luftpumpe auch der Abdampf der Kesselspeisewasser-Kolbenpumpe geleitet, die jetzt eine Tolkien-Steuerung bekommen hat.

Lok-Nr.	Umbaudatum	ausführendes Werk
23 053		AW Nied
23 054	24.07.60	AW Nied
23 055	05.06.61	AW Nied
23 056		AW Nied
23 057	11.07.60	AW Nied
23 058	01.07.60	AW Nied
23 059	11.06.61	AW Nied
23 060	15.08.60	AW Nied
23 061		AW Nied
23 062	31.08.61	AW Nied
23 063	27.04.60	AW Nied
23 064		AW Nied
23 065		AW Nied
23 066		AW Nied
23 067	11.02.60	AW Nied
23 068		AW Nied
23 069		AW Nied
23 070	13.03.60	AW Nied
23 071		AW Nied
23 072	12.06.60	AW Nied
23 073	13.06.60	AW Nied
23 074	29.01.61	AW Nied
23 075	14.01.62	AW Nied
23 076		AW Nied
23 077	28.06.60	AW Nied
23 078	26.07.60	AW Nied
23 079	17.12.61	AW Nied
23 080	06.04.60	AW Nied
23 081	27.09.61	AW Nied
23 082	02.02.60	AW Nied
23 083	02.11.60	AW Nied
23 084	28.08.60	AW Nied
23 085		AW Nied
23 086	02.08.60	AW Nied
23 087		AW Nied
23 088	03.10.60	AW Nied
23 089	22.09.60	AW Nied
23 090	29.11.60	AW Nied
23 091	23.10.60	AW Nied
23 092	04.04.62	AW Nied
23 093		AW Nied
23 094		AW Nied
23 095		AW Nied
23 096	31.03.64	AW Nied

Alle Heinl-Maschinen wurden 1960 – 1962 im AW Nied auf MV 57 umgebaut – nur 23 096 als letzte Lok erst am 31. März 1964.

Vergrößerung der Reinigungsöffnung an der MV-Anlage 57 (Sonderarbeit Nr. 1.280)

Lok-Nr.	Umbaudatum	ausführendes Werk
23 055	02.08.1962	AW Nied
23 057	18.08.1963	AW Nied
23 060	05.09.1962	AW Nied
23 061	27.08.1963	AW Nied
23 062	19.08.1962	AW Nied
23 063	05.09.1962	AW Trier
23 064	20.01.1965	AW Nied
23 067	29.07.1962	AW Nied
23 069	20.07.1965	AW Nied
23 070	06.03.1963	AW Nied
23 071	03.01.1963	AW Trier

△ **Bild 88** • Nach dem Umbau auf den MV 57 entfiel der Warmwasserspeicher unter der Rauchkammer. Nur der linke Teil des Kastens blieb als Aufhängung für die Speisepumpe erhalten. Hier zu sehen bei **023 070** im Bw Freudenstadt am 29. März 1974.

Aufnahme: Matthias Maier

Lok-Nr.	Umbaudatum	ausführendes Werk	Lok-Nr.	Umbaudatum	ausführendes Werk
23 072	30.01.1963	AW Nied	23 080	15.07.1962	AW Nied
23 073	21.05.1963	AW Nied	23 083	29.07.1962	AW Nied
23 074	09.01.1963	AW Nied	23 089	08.08.1962	AW Nied
23 075	02.07.1963	AW Nied	23 096	31.03.1964	AW Nied
23 076	24.02.1963	AW Nied	23 100	03.10.1962	AW Nied
23 077	23.10.1962	AW Nied	23 102	21.10.1962	AW Nied
23 078	14.11.1962	AW Nied	23 103	12.11.1961	AW Nied
23 079	06.09.1962	AW Nied	23 105	21.01.1963	AW Nied

Heißdampf-Mehrfachventilregler

Die Heißdampfregler verursachten im Betrieb nicht geringe Probleme. Ein Schreiben der BD Mainz an das BZA Minden vom 11. Januar 1956 illustriert unter dem Betreff „Gewährpflichtlok 23 067" die Schwierigkeiten recht anschaulich:

„Am 10.12.1955 mußte die Lok 23 067, Lieferfirma Jung, entfeuert werden, weil der Heißdampf-MV-Regler sehr stark undicht war. ... Verschiedene Lok R 23 des Bw Mainz mit mehr oder weniger undichtem Heißdampfregler sollen in den nächsten Wochen aus dem Betrieb gezogen und die Regler untersucht werden. Wir bitten um Überprüfung, wie hier eine Besserung erzielt werden kann. ... Bei den noch unter Gewährleistung stehenden MV-Reglern halten wir die Beteiligung der Schmidt'schen Heißdampf-Ges.m.b.H. für ratsam. gez. Dormann"

Zum selben Thema vertrat Theodor Düring in „Moderne Dampflokomotiven" (München 1981) eine gänzlich andere Meinung:

„Der viel und zu Unrecht geschmähte Mehrfachventil-Heißdampfregler hat sich – im Gegensatz zu dem später in einigen Lokomotiven zur Anwendung gekommenen Einfachventil-Heißdampfregler – allgemein gut bewährt; bei richtiger Unterhaltung gab es mit ihm keine Schwierigkeiten, wie auch z. B. die Erfahrungen damit bei den Umbauloks mit Hochleistungs-EK der BR 18⁶ und 45 bestätigen. Die betrieblichen Schwierigkeiten durch starke Neigung zum Wasserüberreißen beim Anfahren und forciertem Fahren haben m. E. ihre primäre Ursache in falscher Dosierung der Innenaufbereitung, insbesondere der Antischäummittel; sodann darin, daß die DB, zumal gegen Ende der Dampf-Ära, billigere (einheimische) Antischäummittel beschaffte als das amerikanische Nalco-Pulver oder

◁ **Bild 89**
Die 1. Bauserie (23 001 – 015) aus den Jahren 1950/51 hatte Oberflächenvorwärmer, ein Führerhaus mit Lüftungsaufsatz, gerade Klapptüren in der Türnische, einen einfachen Blendschutz an den Frontfenstern (später auf Stauschuten umgebaut), Gleitlager in den Stangen und den alten Tender mit Stützstreben am Kohlenkasten. Die am 29. August 1972 im Bw Kaiserslautern aufgenommene **023 010** hat außerdem noch ein schmales, aufgerichtetes Schutzblech unter der Rauchkammer. Der Nassdampfregler ist an der fehlenden Betätigungsstange am Langkessel zu erkennen.

Aufnahme: Ulrich Budde

Bild 90 ▷
Wie bei allen Neubauloks der DB bereitete der ab Werk eingebaute Heißdampf-Mehrfachventilregler den Personalen häufig Schwierigkeiten. Besonders unangenehm fiel die Neigung des Reglers auf, sich entweder nicht öffnen oder schließen zu lassen. Deshalb wurden von 1967 bis 1972 insgesamt 87 Loks auf den herkömmlichen Nassdampfregler umgebaut. Die bis dahin ausgemusterten Loks blieben vom Umbau ausgenommen; einige wenige Loks waren bis zur Ausmusterung 1971/72 mit Heißdampf-Mehrfachventilregler im Einsatz, u. a. 023 006 und 086. Äußerlich erkennbar waren die Nassdampfregler-Loks an der fehlenden Betätigungsstange am linken Langkessel. Die im Mai 1971 in Kaiserslautern aufgenommene **023 011** aus der 1. Bauserie wurde am 9. September 1970 im AW Trier auf Nassdampfregler umgebaut.

Aufnahme: Werner Eggebrecht, Sammlung Michael Behr

das hervorragende, aber leider etwas teure TIA der französischen Staatsbahn, das die DB demzufolge nur für besonders hochbeanspruchte Dienste (z. B. BR 01^{10} im Bw Osnabrück Hbf; 18.3 des LokVersA für Schnellfahrversuche mit neuen Reisezugwagen) kaufte!"

Dürings Auffassung muss entgegengehalten werden, dass keinesfalls davon gesprochen werden kann, die Mehrfachventil-Heißdampfregler hätten sich „allgemein gut bewährt." Die ungünstigen Erfahrungen insbesondere beim Bw Crailsheim, dessen Wasser eine extreme Wasserhärte aufwies, weisen in eine andere Richtung.

Zutreffend ist sein Hinweis, dass die Innenaufbereitung des Speisewassers von entscheidender Bedeutung für die Leistung des Kessels ist. Zuviel oder zu wenig Dosierung mit einem geeigneten oder unbrauchbaren Dosierungsmittel kann den Unterschied machen zwischen einer angenehmen Tour oder einer Horrorfahrt mit Wasserüberreißen, sinkendem Wasserstand und schwindendem Dampfdruck!

Tatsächlich mussten sich Personale und Werkstätten trotz der dauernden Probleme noch längere Zeit mit den Heißdampf-Mehrfachventilreglern herumschlagen. Erst ab 1967 begann der Umbau auf Nassdampfregler Bauart Wagner. Bei dieser Gelegenheit wurde auch ein zweites Kesselspeiseventil eingebaut, denn – es darf gestaunt werden – bis dato hatten die Loks nur ein Kesselspeiseventil!

Da die Baureihe 23 inzwischen aus dem engeren Erhaltungsbestand ausgeschieden war, wurde keine Sonderarbeitsnummer mehr vergeben. Der Umbau zog sich bis 1972 hin, einige Loks wurden nicht mehr umgebaut.

Umbau auf Nassdampfregler Bauart Wagner

Lok-Nr.	Umbaudatum	ausführendes Werk
23 001	31.07.1970	AW Trier
23 002	30.10.1969	AW Trier
23 004	22.09.1971	AW Trier
23 005	30.09.1968	AW Trier
23 007	01.08.1971	AW Trier
23 008	28.05.1972	AW Trier
23 009	22.12.1969	AW Trier
23 010	13.12.1967	AW Trier
23 011	09.09.1970	AW Trier
23 012	09.08.1970	AW Trier
23 014	03.04.1968	AW Bremen
23 016	01.12.1970	AW Trier
23 018	01.11.1969	AW Trier
23 019	29.05.1972	AW Trier
23 020	01.11.1970	AW Trier
23 021	08.05.1968	AW Trier
23 023	01.02.1972	AW Trier
23 024	02.06.1971	AW Trier
23 025	14.01.1968	AW Trier
23 026	24.10.1967	AW Trier
23 027	15.11.1967	AW Trier
23 028	09.06.1970	AW Trier
23 029	01.05.1968	AW Trier
23 030	07.07.1970	AW Trier
23 031	30.09.1970	AW Trier
23 032	01.12.1969	AW Trier
23 033	05.11.1969	AW Trier
23 034	14.02.1968	AW Trier
23 035	01.09.1967	AW Trier
23 036	24.05.1972	AW Trier
23 037	26.05.1970	AW Trier
23 038	09.07.1970	AW Trier
23 039	29.04.1970	AW Trier
23 040	25.03.1968	AW Trier
23 041	01.02.1969	AW Trier
23 042	18.06.1968	AW Trier
23 044	18.10.1970	AW Trier
23 045	01.12.1967	AW Trier
23 046	01.11.1967	AW Trier
23 047	08.11.1967	AW Trier
23 048	20.07.1970	AW Trier
23 049	01.11.1970	AW Trier
23 050	27.11.1968	AW Trier
23 051	29.09.1970	AW Trier
23 052	22.04.1971	AW Trier
23 053	01.10.1968	AW Trier
23 054	03.06.1969	AW Trier
23 055	08.01.1969	AW Trier
23 058	01.02.1968	AW Trier
23 059	14.06.1968	AW Bremen
23 060	20.04.1971	AW Trier
23 061	01.10.1969	AW Trier
23 062	30.10.1968	AW Trier
23 063	01.12.1968	AW Trier
23 064	08.09.1971	AW Trier
23 065	01.04.1968	AW Trier
23 067	11.01.1967	AW Trier
23 068	01.09.1967	AW Trier
23 069	19.08.1969	AW Trier
23 070	12.08.1968	AW Trier
23 071	27.05.1969	AW Trier
23 072	21.01.1969	AW Trier
23 073	15.09.1971	AW Trier
23 074	21.11.1968	AW Bremen
23 075	18.02.1973	AW Trier
23 076	20.01.1971	AW Trier
23 077	03.11.1971	AW Trier
23 080	08.08.1967	AW Trier
23 082	01.09.1967	AW Trier
23 084	05.12.1968	AW Trier
23 085	01.02.1969	AW Trier
23 086	01.06.1967	AW Trier
23 087	01.06.1969	AW Trier
23 088	01.02.1969	AW Trier
23 090	01.10.1967	AW Trier
23 092	12.11.1969	AW Trier
23 093	01.09.1967	AW Trier
23 094	01.12.1969	AW Trier
23 095	01.07.1968	AW Trier
23 096	12.10.1967	AW Trier
23 097	01.09.1968	AW Trier
23 099	01.09.1969	AW Trier
23 100	06.11.1969	AW Trier
23 101	01.07.1969	AW Trier
23 102	29.01.1970	AW Trier
23 103	29.01.1970	AW Trier
23 104	01.08.1970	AW Trier
23 105	01.02.1970	AW Trier

◁ **Bild 91**
Nur beim Bw Saarbrücken wurden die 23 auch im Wendezugdienst eingesetzt. Zwölf nachgewiesene Maschinen erhielten eine indirekte Befehls-Steuerung, erkennbar am Steuerkabel rechts und der 36-poligen Standard-Steuerkabel-Steckdose links an der Pufferbohle. Zusätzlich hatten die Loks eine Hauptluftbehälterleitung. Hier zu sehen an **023 036** in Saarbrücken Hbf am 27. Mai 1969.

AUFNAHME: ULRICH BUDDE

Ausrüstung mit Wendezugsteuerung (Sonderarbeit 1.299)

Im Frühjahr und Sommer 1967 stellte sich im Saarland ein empfindlicher Mangel an wendezugfähigen Lokomotiven ein, da zahlreiche Dillinger, St. Wendeler und Homburger Wendezug-78 wegen Fristablauf abgestellt werden mussten. Diese Lücke wurde gefüllt mit Saarbrücker 23, die von 1967 bis 1969 im Rahmen der Sonderarbeit 1.299 im AW Trier die Einrichtung für Wendezugsteuerung aus den abgestellten 78 erhielten. Der Einbau ist bei allen Maschinen, die tatsächlich die komplette Wendezug-Ausrüstung erhielten, im Stammteil der Betriebsbücher im Abschnitt „Änderung der Bauart des Loko-

△ **Bilder 92 und 93 (oben rechts)** • Der Hagenuk-Maschinentelegraf, vulgo das „Befehlsgerät", für die Wendezugsteuerung auf dem Führerstand von **023 025**.

△ **Bild 94** • Der Stutzen für den Kabelanschluss der Wendezugsteuerung unterhalb des linken Puffers von 023 025. Die Aufnahme entstand am 4. September 1970.

AUFNAHMEN (3): SAMMLUNG HANS-JÜRGEN WENZEL

Bild 95 ▷ Zwölf weitere Loks der Baureihe 23 wurden für einen möglichen späteren Umbau auf Wendezugsteuerung mit einer Hauptluftbehälter-Leitung (HBL) ausgerüstet. Dazu kam es jedoch nicht mehr. Einige dieser Maschinen kamen im Zuge des großen Loktausches von Saarbrücken nach Crailsheim, wo die zusätzliche HBL wieder abgebaut wurde. Hier sehen wir **023 033** im Bw Crailsheim am 3. April 1971.

Aufnahme: Ulrich Budde

motivfahrgestelles" dokumentiert. Erste umgebaute 23 war 23 038 (AW Trier 15. Februar 1967).

Die Steuerung beim Wendezug-Einsatz der 23 erfolgte indirekt: Das bedeutete, dass der auf der Lok verbliebene Heizer im Schiebedienst Regler und Steuerung zusätzlich zu seinen Aufgaben als Heizer bediente. Der Lokführer im Steuerwagen betätigte lediglich die Bremse und gab dem Heizer über eine verdrahtete Sprechverbindung die notwendigen Anweisungen. Die Zusatzausrüstung auf dem Führerstand der 23 bestand aus dem Hagenuk-Maschinentelegrafen („Befehlsgerät") für die Sprechverbindung und der Regler-Schließeinrichtung (Sonderarbeit 1.286), mit der der Regler mittels eines pneumatischen Zylinders selbsttätig geschlossen wurde (bis auf eine minimale Restöffnung aus Sicherheitsgründen), sobald eine Bremsung eingeleitet wurde. Wie auch bei der automatischen Schließung des Reglers, wenn die Indusi angesprochen hatte, konnte dieser Vorgang recht abrupt vor sich gehen. Das Lokpersonal musste auf der Hut sein! Zeitzeugen berichten, dass mancher Heizer einen kräftigen Schlag mit dem Reglergestänge abbekam, wenn er von einem

Bild 96 ▷ Die zusätzlichen Luftschläuche für die Hauptluftbehälterleitung und der Kabelstecker für die 36-polige Steuerleitung rechts unter der Pufferbohle kennzeichnen die Saarbrücker **023 034** als Wendezuglok, aufgenommen am 14. September 1969.

Aufnahme: Jean Pierre Steffen, Slg. Wolfgang Kreckler

Anbau von Indusi (Sonderarbeit 1.211)

Lok-Nr.	Einbaudatum	ausführendes Werk	Einbaudatum 2. Magnet	ausführendes Werk
23 001	10.09.57	AW Trier	29.01.68	AW Trier
23 002	10.04.57	AW Trier	24.09.67	AW Trier
23 003	09.08.57	AW Trier	27.04.67	AW Trier
23 004	16.09.57	AW Trier	23.05.67	AW Trier
23 005	16.07.57	AW Trier	30.09.68	AW Trier
23 006	10.06.57	AW Trier		
23 007	57	AW Trier	18.12.68	AW Trier
23 008	19.03.57	AW Trier	28.05.72	AW Trier
23 009	22.08.57	AW Trier	22.12.69	AW Trier
23 010	08.04.57	AW Trier	13.12.67	AW Trier
23 011	04.04.57	AW Trier	09.09.70	AW Trier
23 012	08.07.57	AW Trier		AW Trier
23 013	57	AW Trier		
23 014	04.10.57	AW Trier	04.09.66	AW Trier
23 015	08.07.57	AW Trier		
23 016	15.06.57	AW Trier	08.10.68	AW Trier
23 017	57	AW Trier		
23 018	10.10.57	AW Trier	27.09.67	AW Trier
23 019	26.11.57	AW Trier	02.09.68	AW Trier
23 020	21.12.57	AW Trier		AW Trier
23 021	22.08.57	AW Trier	07.05.68	AW Trier
23 022	57	AW Trier		AW Trier
23 023	57	AW Trier		AW Trier
23 024	26.11.57	AW Trier	13.09.67	AW Trier
23 025	13.11.57	AW Trier	03.08.67	AW Trier
23 026	30.04.57	AW Trier	24.10.67	AW Trier
23 027	14.10.57	AW Trier	15.11.67	AW Trier
23 028	25.06.57	AW Trier	09.06.70	AW Trier
23 029	57	AW Trier		AW Trier
23 030	30.04.57	AW Trier	11.06.67	AW Trier
23 031	09.07.57	AW Trier	30.09.70	AW Trier
23 032	57	AW Trier		AW Trier
23 033	04.06.57	AW Trier	08.08.67	AW Trier
23 034	27.08.57	AW Trier	14.02.68	AW Trier
23 035	57	AW Trier		AW Trier
23 036	27.01.58	AW Trier	05.06.67	AW Trier
23 037	21.12.57	AW Trier	13.07.67	AW Trier
23 038	04.10.57	AW Trier	18.08.68	AW Trier
23 039	16.11.57	AW Trier	29.04.70	AW Trier
23 040	31.03.58	AW Trier	26.03.68	AW Trier
23 041	57	AW Trier		AW Trier
23 042	16.09.57	AW Trier	18.06.68	AW Trier
23 043	07.09.57	AW Trier		
23 044	07.08.57	AW Trier	30.10.68	AW Trier
23 045	57	AW Trier		
23 046	31.12.57	AW Trier	30.10.67	AW Trier
23 047	15.10.57	AW Trier	08.11.67	AW Trier
23 048	02.05.57	AW Trier	16.10.68	AW Trier
23 049	57	AW Trier		AW Trier
23 050	15.08.57	AW Trier	27.11.68	AW Trier
23 051	27.05.57	AW Trier	19.05.67	AW Trier
23 052	14.12.57	AW Trier	18.10.67	AW Trier
23 053	57	AW Trier		AW Trier
23 054	57	AW Trier	10.07.67	AW Trier
23 055	57	AW Trier	10.09.67	AW Trier
23 056	57	AW Trier	26.06.67	AW Trier
23 057	07.06.57	AW Trier		
23 058	57	AW Trier	28.06.67	AW Trier
23 059	57	AW Trier		AW Trier
23 060	57	AW Trier	25.10.67	AW Trier
23 061	57	AW Trier	27.04.67	AW Trier
23 062	57	AW Trier	29.06.67	AW Trier
23 063	57	AW Trier	29.06.67	AW Trier
23 064	57	AW Trier	30.05.67	AW Trier

unvorhergesehenen Bremsvorgang überrascht wurde.

Außerdem wurde die Lokomotive mit den notwendigen Steuer- und Energieversorgungskabeln mit dem Steuerwagen verbunden. Dazu dienten Kabelstecker rechts und Steckdose links an der Pufferbohle. Die bei Diesel- und Elloks bekannte 36-polige Steuerleitung kam auch bei der 23 zur Anwendung. Aufwändig gestaltete sich die Durchleitung der 10-bar-Hauptluftbehälterleitung zum Steuerwagen. An den dafür notwendigen vier Luftschläuchen und den Steckern an der Pufferbohle konnte man die Wendezug-23 erkennen. Einige 23 wurden vorsorglich für den Einbau der Wendezugsteuerung vorbereitet und hatten ebenfalls deutlich erkennbar an der Pufferbohle vier Luftschläuche. Diese vorbereitenden Arbeiten wurden in den Betriebsbüchern nicht dokumentiert.

Im Wendezugbetrieb liefen die 23 in der Regel mit der Rauchkammer am Zug. Gelegentliche Einsätze mit Tender am Zug sind fotografisch belegt.

Lok-Nr.	Umbaudatum	ausführendes Werk
23 003	27.04.1967	AW Trier
23 004	23.05.1967	AW Trier
23 022		
23 024	13.09.1967	AW Trier
23 025	26.02.1969	AW Trier
23 030	11.06.1967	AW Trier
23 034	26.04.1968	AW Trier
23 036	05.06.1967	AW Trier
23 038	15.02.1967	AW Trier
23 047	09.05.1968	AW Trier
23 051	18.05.1967	AW Trier
23 052	22.05.1968	AW Trier

Zweite Luftbehälterleitung

(Vorbereitung für Wendezugsteuerung, unterschiedliches Datum des Einbaus)

Folgende Loks sind durch Fotos belegt:

23	001	002	005	009	011
	023	032	033	037	044
	053	075	077	080	

Anbau von Indusi (Sonderarbeit 1.211, 1.292 und 1.298)

Von 1951 bis 1957 fuhren die 23 ohne Indusi durch deutsche Lande. Manchem Fahrgast, der in einem von einer 23 geführten Schnellzug saß, dürfte bei Kenntnis dieses Defizits etwas mulmig zumute gewesen sein. Warum es bis zum Frühjahr 1958 dauerte, bis die DB alle älteren 23 mit Indusi ausrüstete und für die neuen 23 gleich ab Werk diese segensreiche Sicherheitseinrichtung verpflichtend vorschrieb, ist unverständlich, zumal die „richtigen“ Schnellzuglokomotiven (01, 01^{10}, 03, 03^{10}, 05, 18^{5}, 18^{6}) zur selben Zeit alle Indusi hatten!

Als 1967 der Einbau der Wendezugsteuerung in einige Saarbrücker 23 begann, wurde die Notwendigkeit eines zweiten Fahrzeugmagneten virulent, um die Loks auch bei Rückwärtsfahrt abzusichern. Aber nicht nur für den Wendezugbetrieb, sondern auch für die im Bezirksverkehr häufigen Rückwärtsfahrten sollten die Maschinen auf der Heizerseite einen zweiten Magneten erhalten.

Nachfolgend die Liste aller Bauartänderungen, die an der Baureihe 23 vorgenommen wurden. Die Eintragungen in den Betriebsbüchern sind, besonders gegen Ende der Dampflok-Ära, nicht immer korrekt. Speziell der Umbau des Heinl-Mischvorwärmers in den MV 57 wurde, je nach Tagesform, abwechselnd in den „Bauartänderungen“ oder bei den Fahrwerk- oder Kesseluntersuchungen notiert – oder gar nicht. Der Ersatz der unbefriedigenden Henschel-MVC-Mischvorwärmer bei 23 024 und 025 ist in den Betriebsbüchern nicht dokumentiert, da die DB diese Arbeiten als Gewährleistung beim Hersteller Henschel reklamierte. Zwei Hinweise gibt es aber doch: 23 024 befand sich vom 15. Oktober bis 8. Dezember 1954 zu einer sogenannten „Gewährpflichtuntersuchung“ im Rahmen einer L 0 im AW Trier. Bei 23 025 findet sich ebenfalls die Eintragung einer „Gewährpflichtuntersuchung“ (L 0) im AW Trier vom 4. Oktober 1954 bis 14. Februar 1955. Die Vermutung liegt nahe, dass beide Loks dabei den Heinl-Mischvorwärmer anstelle des Henschel-MVC-Mischvorwärmers erhielten, zusätzlich 23 024 eine Regel- statt der Kylchap-Saugzuganlage.

Fortsetzung Anbau von Indusi (Sonderarbeit 1.211)

Lok-Nr.	Einbaudatum	ausführendes Werk	Einbaudatum 2. Magnet	ausführendes Werk
23 065	57	AW Trier		AW Trier
23 066	57	AW Trier		
23 067	29.07.57	AW Trier	18.05.67	AW Trier
23 068	57	AW Trier		
23 069	19.09.57	AW Trier	18.06.67	AW Trier
23 070	26.07.57	AW Trier	18.06.67	AW Trier
23 071	Indusi ab Werk		06.06.67	AW Trier
23 072	Indusi ab Werk		28.09.67	AW Trier
23 073	Indusi ab Werk		06.09.67	AW Trier
23 074	Indusi ab Werk		21.01.69	AW Trier
23 075	Indusi ab Werk		24.07.68	AW Trier
23 076	Indusi ab Werk		18.05.67	AW Trier
23 077	Indusi ab Werk		26.06.68	AW Trier
23 078	Indusi ab Werk		31.07.68	AW Trier
23 079	Indusi ab Werk		24.08.67	AW Trier
23 080	Indusi ab Werk		08.08.67	AW Trier
23 081	Indusi ab Werk		09.10.67	AW Trier
23 082	Indusi ab Werk			AW Trier
23 083	Indusi ab Werk		09.10.68	AW Trier
23 084	Indusi ab Werk		05.12.68	AW Trier
23 085	Indusi ab Werk			
23 086	Indusi ab Werk		01.06.67	AW Trier
23 087	Indusi ab Werk			AW Trier
23 088	Indusi ab Werk			
23 089	Indusi ab Werk		27.04.70	AW Trier
23 090	Indusi ab Werk			
23 091	Indusi ab Werk			
23 092	Indusi ab Werk			
23 093	Indusi ab Werk			
23 094	Indusi ab Werk			AW Trier
23 095	Indusi ab Werk			AW Trier
23 096	Indusi ab Werk		12.10.67	AW Trier
23 097	Indusi ab Werk			AW Trier
23 098	Indusi ab Werk			
23 099	Indusi ab Werk		13.08.68	AW Trier
23 100	Indusi ab Werk		11.06.68	AW Trier
23 101	Indusi ab Werk			AW Trier
23 102	Indusi ab Werk		29.02.68	AW Trier
23 103	Indusi ab Werk		16.01.68	AW Trier
23 104	Indusi ab Werk			AW Trier
23 105	Indusi ab Werk		13.09.67	AW Trier

Bild 97 ▷
23 076, noch mit Heißdampf-Mehrfachventilregler, erkennbar an der Betätigungsstange am Langkessel, Indusi und Glocke im Bw Crailsheim im September 1968.

Aufnahme: Willi Löhr, Sammlung Martin Kunhäuser

△ **Bild 98** • Die ersten 70 Lokomotiven der Baureihe 23 verließen noch ohne Indusi (Induktive Zugsicherung) die Werkhallen. Die Nachrüstung erfolgte ab 1957, wobei der Magnet zwischen dritter Kuppelachse und der Schleppachse angebracht wurde. Das Bild zeigt **23 055** vom Bw Crailsheim am 31. Dezember 1966.

Aufnahme: Albert Schöppner, Archiv Jörg Sauter

△ **Bild 99** • Nach dem Einbau der Indusi wurde wieder ein separater, schreibender Deuta-Tachometer eingebaut, wie hier im Führerstand von **23 057** am 4. Januar 1966. Das Pult als zentrale Instrumentenanzeige hat seine ursprüngliche Bedeutung verloren. Die Instrumente waren wieder am Stehkessel verstreut, nur noch der Schieberkastendruckmesser und die Steuerungsskala sind übriggeblieben. Der Heißdampfregler mit Seitenzug ist noch vorhanden. Rechts das Bedienelement für die Indusi.

Aufnahme: Wolfgang Fiegenbaum

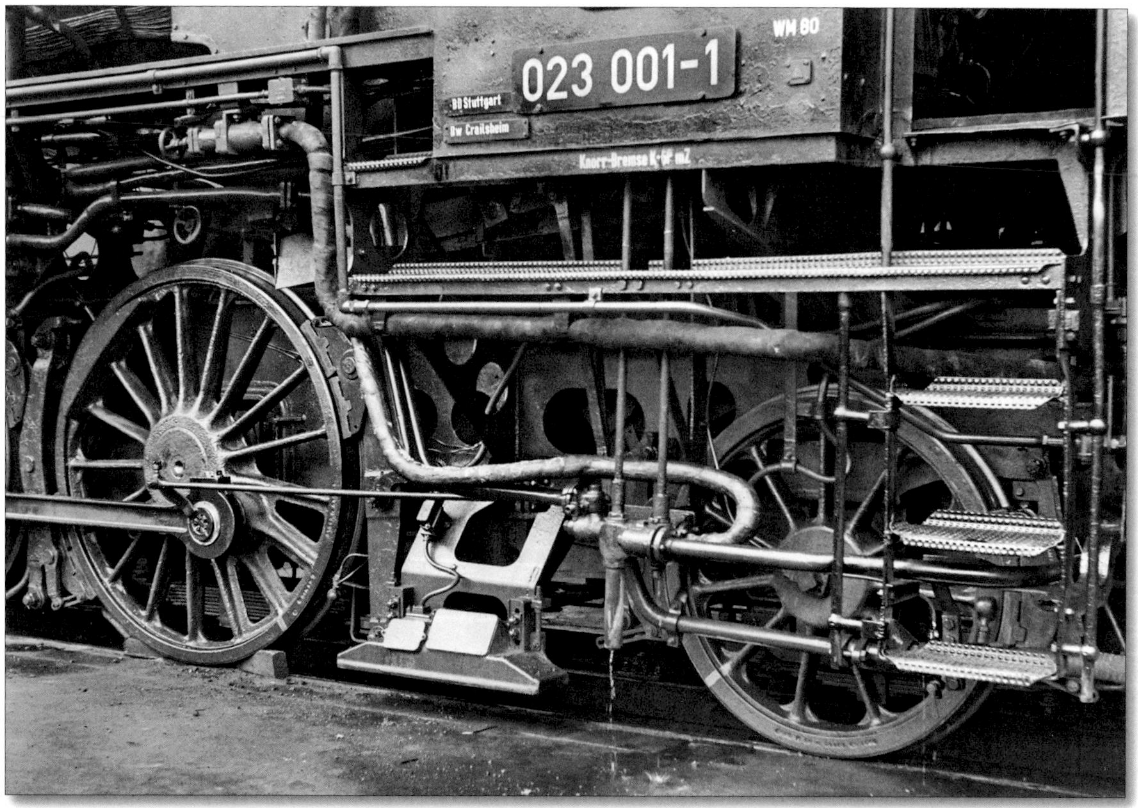

◁ **Bild 100**
In den Jahren 1967/68 rüstete die DB alle noch im Betrieb stehenden 23 auf der Heizerseite mit einem zweiten Indusi-Magneten für Rückwärtsfahrt aus. Das Bild zeigt den zweiten Magneten von **023 001**, festgehalten am 31. August 1970. Die Führerhausbeschriftung präsentiert sich im neuen „Computer-Design“: BD- und Bw-Schilder, beide nur gemalt, und das neue Siebdruck-Nummernschild.

Aufnahme: Herbert E. Stemmler

△ **Bild 101** • Zur Vermeidung von Verschmutzungen der darunterliegenden Triebwerksteile durch Lösche erhielt **23 004** unter der Rauchkammer ein schräges Schutzblech. Bewährt hat sich diese Lösung nicht, das Blech wurde später entfernt. Zum Zeitpunkt der Aufnahme, dem 5. Juni 1952, stand die Lok im Bw Kempten wegen der bekannten Undichtigkeiten am Dom auf „z".

Aufnahme: DB, Sammlung Brian Rampp

△ **Bild 102** • Bei der 5. bis 7. Bauserie (23 053 – 096) aus den Jahren 1955 bis 1959 wurden serienmäßig zwei technische Modernisierungen realisiert: Die Loks hatten einen Heinl-Mischvorwärmer mit Warmwasserspeicher unter der Rauchkammer und Wälzlager in den Stangen. Alles andere glich der 3. und 4. Bauserie: Der Heinl-Mischvorwärmer wurde zwischen 1960 und 1964 in den Mischvorwärmer MV 57 umgebaut, wobei der Warmwasserspeicher unter der Rauchkammer entfiel. Hier **23 096** im Bw Oldenburg Hbf am 22. Juli 1959.

Aufnahme: DB/Quebe, Eisenbahnstiftung

▽ **Bild 103** • Die letzten Loks der 8. Bauserie (23 097 – 105) aus dem Jahr 1959 waren ab Werk bereits mit dem Mischvorwärmer MV 57 ausgerüstet, behielten aber den funktionslosen Warmwasserspeicher unter der Rauchkammer. Exemplarisch abgebildet ist hier **23 097** im Hannover Hbf, Sommer 1966.

Aufnahme: Uli Huhn, Sammlung Rolf Wiesemeyer

▽ **Bild 104** • Die fabrikneue **23 059** in Frankfurt/M. Hpbf im Jahr 1955. An der Pufferbohle sind noch die Gewährleistungsfristen für den Farbanstrich der Fa. Merckens aus Eschweiler (bei Aachen) angeschrieben. Interessant ist auch der dort angebrachte Hinweis auf die Gewährleistungs-DIN-Norm 30280 aus dem Jahr 1952.

Aufnahme: DB/Reinhold Palm, Eisenbahnstiftung

Bauartänderungen

Sonder-arbeits-Nr.	Bezeichnung der Sonderarbeit	Auszuführen bei Schadgruppe	Kalkulierte Selbstkosten [DM]	Zeitraum des Umbaus	Bemerkungen
1.124	Pyrometeranlage 1949 angebaut			1958-1960	
1.129	**Bauartänderung:**	L 3	126 (?)		
	Deckblech für den Heißdampfregler auf dem Rauchkammerscheitel zweiteilig umgebaut			1954	
	Vorwärmerabdampfrohr in der Rauchkammer um 100 mm höher gelegt			1954	
	Zusätzliche Waschluken über den Kesselspeiseventilen angebracht (nicht alle Loks umgebaut)			1954	
	Friedmann-Strahlpumpe ASZ 9 angebaut			1954	
	Rohrleitung für Friedmann-Strahlpumpe geändert			1954	
	Schutzkasten für Ölsperrventil an der Strahlpumpe umgebaut			1954	
	Aschkastenspritzrohr von 1" auf 3/4" geändert			1954	
	Verbesserung der Laufblechanordnung an der Rauchkammer			1954	
	Verstärkungswinkel am Lenkgestell angebracht			1954	
	Nietlochstiftschrauben an den Deichsellagergehäusen gegen Schrauben ohne Nietloch ausgew.			1954	
	Entwässerungsschrauben an den Achslagerunterkästen angebracht (nicht alle Loks umgebaut)			1954	
	Laufradbremse vorne und hinten und Bremsbackenzapfen und Gewinde verstärkt			1954	
	4 Schiebertragbuchsen mit Bund und Flanschen angebaut			1954	
	4 Schieberkastendeckel für Stützkörbe umgebaut			1954	
	4 Deckleisten gegen Zugwind an den Führerhausseitentüren angebracht			1954	
	2. Wasserstandsbeleuchtung angebracht			1954	
	Bekleidung und Waschlukeneinsätze im Führerhaus vergrößert			1954	
	2 Schilder „Nicht hinauslehnen" im Führerhaus			1954	
	120 Stehbolzen in der Verbrennungskammer aufgebohrt u. mit Lehm und Asbest verschlossen			1956	
	Entwässerungsleitung vom Heißdampfregler verlegt			1956	
	Rippen am Dampfsammelkasten angebracht			1956	
	Zug zum Hilfsabsperrventil geändert			1956	
	Wasserabscheider am Hilfsabsperrventil im Dom eingebaut			1956	
	Werkstoffumstellung des Regler-Knierohrs auf Stahlguss			1956	
	Verlegung der Dampfpfeife vom Stehkessel auf den Langkessel			1956	
	Hilfsmaschinen vorn an Nassdampfsammelkammer des Reglers angeschlossen			1956	
	Luftpumpe an Nassdampfsammelkammer des Reglers angeschlossen			1956	
	Anbau eines Untersatzes für den Dampfentnahmestutzen mit eingebautem Dampfsieb an die Rauchkammer			1956	
	Verlegung einer Spurkranzschmierung an der vorderen Laufachse			1956	
	Verbreiterung der Laufblechklappen durchgeführt			1956	
	Luftsaugeventile an Zylindern nach außen versetzt			1954	
	Kuppelachslagergehäuse umgebaut			1957	
	Nachschmiernippel für Rollenlager angebaut			1957	
	Entöleranlage zum Mischvorwärmer eingebaut			1958	nur bei einzelnen Maschinen
	Tender:				
	Anbau eines Saugkastens am Tender			1954	
	Befestigungsschrauben am Lager der Kugelbuchsen ausgewechselt			1954	
	Verbindungsstreben an den Drehgestellen verstärkt			1954	
	Verstärkungsbleche für Wurfhebelbockbefestigung angebracht			1954	
	Verstärkung der Verbindungsstreben am Drehgestellrahmen			1954	
1.137	Verstärkung an der Domaushalsung	Henschel		1952/53	23 001 – 23 015
1.142	Einbau der Spurkranzschmiervorrichtung De Limon	bei Bedarf	991	ab 1954	auf Antrag der BD
1.168	Rohrleitungen: Umstellung von Stahl auf Kupfer	bei Ersatz	–	1956	
1.192	Vollisolierung angebracht			1961	nicht bei allen Maschinen
1.195	Spülstutzen am Einströmrohr angebracht			1958	
1.195	Tender-Spülstutzen angebaut			1958	
1.196	Speisewasserenthärteeinrichtung	L 0 – L 3	456	1958	
1.197	Sicherung schienengleicher Wegübergänge; hier: Ausrüstung von Triebfahrzeugen mit 3. Zugspitzlicht	L 0 – L 3	69,90	1958-1959	
1.198	Erneuerung der Federbügelwangen und Federbrückenträger am Tender 2'2'T 31	L 2, L 3	1.518	1957-1966	
1.202 E	Ersatz gebördelter Gewinde-Deckenstehbolzen bei Stahlfeuerbüchsen	L 3	–		
1.211	Ausrüstung mit induktiver Zugbeeinflussung „Bauart Siemens 54"	L 0 – L 3	1.314	1957	23 001 – 23 070
1.215	Ausrüstung mit Dampfbläser Bauart Gärtner	L 0 – L 3	1.742	1959-1961	
1.218	Vordere Treibstangenlager auf Buchsenlager umgebaut		1958		nicht alle Loks
1.222	Schrägstreifen-Kontrastschilder für den Wasserstand	L 2, L 3	–	1957	
1.243	Chromstahlplattenventile an der KT1-Speisepumpe angebracht			1960	nur bei einzelnen Loks
1.248	Verbesserung der Tenderdrehgestelle	L 2, L 3	668		
1.249	Fensterschirme (Stauschuten)	L 0 – L 3	348	1960	

Fortsetzung Bauartänderungen

Sonder-arbeits-Nr.	Bezeichnung der Sonderarbeit	Auszuführen bei Schadgruppe	Kalkulierte Selbstkosten [DM]	Zeitraum des Umbaus	Bemerkungen
1.250	Ausführung der Deichsellager-Anlenkung mit Spannbacken	L 2 – L 3	202	1960	
1.251	Umbau der Führerhaus-Schiebetür in eine Drehtür	L 2 – L 3	3.822	1961-1965	
1.252	Ersatz des Faltenbalges zwischen Lok und Tender durch eine Gummiwulst	L 2 – L 3	1.933	1960	
1.253	Einbau von Schmierschläuchen an den Spritzdüsen der Spurkranzschmierung zur vorderen Laufachse	L 2-L 3		1960	
1.254	Ausrüstung der Lok mit Ein- und Ausbauwerkzeugen für die Wälzlager	L 2-L 3			
1.256	Druckluftbetätigung für Feuertür	L 0-L 3	406	1960-1964	nicht bei allen Maschinen
1.263	Entwässerungseinrichtung zur Tolkiensteuerung der MV-Kolbenpumpe	L 0 – L 3			
1.270 a	Halter für Verbandskasten angebracht			1962	
1.280	Heinl-Mischvorwärmer auf MV 57 umgebaut	L 2, L 3		1960-1962	
1.280	Vergrößerung der Reinigungsöffnung an der MV-Anlage 57	L 0-L 3	510	1961-1965	
1.282	Schutzbleche gegen Spritzwasser an der Speisewasserpumpe	L 2, L 3			
1.285	Rohrleitungen zur Dampfbläsereinrichtung umgebaut	L 0 – L 3		1963	
1.286	Reglerschließeinrichtung bei Loks mit Indusi	L 0 – L 3		1957-1966	
1.292	Ausrüstung von Lok mit induktiver Zugbeeinflussung, nachträglicher Einbau des 2. Fahrzeugmagneten	L 0 – L 3		1967-1968	nicht alle Loks
1.293	Verbesserter Massenausgleich am Treibradsatz	L 2, L 3		1964-1965	
1.296	Kräftigere Schmierung des hinteren Laufachsgleitlagers	L 2, L 3		1967	
1.297	Ausrüstung mit induktiver Zugbeeinflussung unter Verwendung von aus der Lokzerlegung gewonnenen Anlagen			1957	
1.298	Ausrüstung mit induktiver Zugbeeinflussung, nachträglicher Anbau des 2. Magneten, mit wiederverwendbaren Teilen aus der Lokzerlegung			1967-1972	
1.299	Wendezugsteuerung eingebaut			1967	nur einzelne Loks
2.219	Einbau von Hartmanganstahl-Gleitplatten	L 2, L 3		1965	23 001-23 023
Weitere Bauartänderungen (Nachtrag vom 27.05.55):					
Verstärkung der Bandeisen für Faltenbalg an Lok und Tender				1955	23 001-23 070
Werkstoffänderung der Lüftungsklappenlager von St in Rg 5				1955	23 001-23 070
Verlängerung des Schutzbleches für Faltenbalg mit Auflagerung durch Gleitrollen am Tender				1955	23 001 -23 070
Weitere Bauartänderungen (Nachtrag vom 15.06.55):					
Änderung der Stiftschrauben für Deckelbefestigung zum Kreuzgelenkträger und Anbau eines Fangbügels				1955	23 001-23 052 23 065-23 070
Anordnung der Gabelbolzen des Zylinderhahnzuges im Bereich der vorderen rechten Stehkesselbekleidung				1955	23 001-23 070
Weitere Bauartänderungen (Nachtrag vom 01.12.55):					
Vergrößerung der Nachstellmöglichkeit zwischen Stellkeilschraube und Stellmutter				1955-1956	23 026-23 070
Zugänglichkeit zur DK-Schmierpumpe der KT1-Speisepumpe durch Anbau einer Leiter				1955	23 001-23 052
Verlegung des 3/4"- Luftrohres zwischen Doppelrückschlagventil und T-Stück				1955-1956	23 001-23 052 23 065-23 070
Einbau von Kolbenverteiler mit drei Befestigungslöchern				1955-1956	23 001-23 076
Vergrößerung des Ausschnittes für Hauptkuppeleisen im Stirnblech unter dem Führerhaus				1955-1956	23 001-23 070
Verstärkung der Pufferträger				1955-1956	23 001-23 070
Änderung der Dampfheizleitung wegen Ein- und Ausbauschwierigkeiten				1956	23 001-23 052 23 065-23 070
Umbau auf Nassdampfregler Bauart Wagner				1967-1972	nicht alle Loks
Umbau auf zwei getrennte Kesselspeiseventile				1967-1970	nur bei einzelnen Maschinen
Kylchap-Blasrohr der 23 024 gegen Normal-Blasrohr gewechselt				1954	
Spritzschutzblech am Kuppelachs- und hinteren Laufachslager angebracht				1959	

◁ **Bild 105**
23 015, die letzte Lok aus dem ersten Henschel-Baulos, war im Mai 1951 nur wenige Tage beim Bw Siegen im Einsatz, wo diese Aufnahme entstand. Noch im gleichen Monat wurde sie dem LVA Minden zugeteilt, das von 1951 bis 1954 zahlreiche Versuchsreihen mit ihr durchführte.

Aufnahme: Carl Bellingrodt/EK-Verlag

◁ **Bild 106**
Die 2. Bauserie aus dem Jahr 1952 (23 016 – 023) unterschied sich geringfügig von der 1. Bauserie: Oberflächenvorwärmer, Führerhaus mit Lüftungsaufsatz, geknickte Schiebetüren (später auf Klapptüren umgebaut), einfacher Blendschutz an den Frontfenstern (später Stauschuten), Gleitlager in den Stangen, alter Tender mit Stützstreben am Kohlenkasten. Hier steht **023 020** am 23. Mai 1971 im AW Trier.

Aufnahmen (2): Ulrich Budde

▽ **Bild 107** • Die beiden Versuchsloks 23 024 und 025 aus dem Jahr 1953 zur Erprobung neuer Komponenten für die Folgeserien unterschieden sich wesentlich von den vorigen Bauserien: Mischvorwärmer Henschel MVC mit großem Mischbehälter unter der Rauchkammer, Saugzuganlage mit Kylchap-Blasrohr (nur 23 024), neues „Sozialführerhaus“ mit im Dach eingelassener Belüftung und Lichtschacht, geknickte Schiebetüren (später auf Klapptüren umgebaut), rotierende Klarsichtscheiben in den Frontfenstern, Wälzlager in den Stangen, alter Tender mit Stützstreben am Kohlenkasten. Abgebildet ist **023 024** in Saarbrücken Hbf am 5. April 1971.

Bild 108 ▷
Die 3. und 4. Bauserien aus dem Jahr 1954 (23 026 – 052) hatten im Gegensatz zur 2. Bauserie ein neues Führerhaus mit im Dach eingelassener Belüftung und einen neuen Tender ohne Stützstreben am Kohlenkasten. Die Kickert-Schiebetür am Führerstand wurde 1963 durch eine Klapptür ersetzt, hier zu sehen an **23 039**. Da die Lok noch keine Indusi hat, muss das Bild vor November 1957 entstanden sein.

AUFNAHME: KARL-ERNST MAEDEL, EISENBAHNSTIFTUNG

Bild 109 ▷
Von der Norm wich **23 004** ab: Sie hatte in ihren letzten Betriebsjahren ein Führerhaus der Bauserien ab 23 026. Im Betriebsbuch findet sich anlässlich einer L 0-Bedarfsausbesserung am 7. Juli 1964 im AW Nied lediglich ein lapidarer Eintrag: *„Sämtliche Unfallschäden beseitigt“*. Möglicherweise wurde bei dieser Gelegenheit ein spezielles Führerhaus eingebaut, das aber definitiv von keiner anderen 23 stammt. Die Kombination „neues Führerhaus und alter Tender“ gab es sonst nur noch bei 23 038.

▽ **Bild 110** • Die Führerhaus-Belüftung von **23 027**, aufgenommen im Bw Heilbronn am 1. April 1973, entsprach ab 1959 nicht dem Standard dieser Bauserie: Es fehlten die beiden vorderen der in die Dachrundung eingelassenen Belüftungsklappen. Des Rätsels Lösung: 1959 war im Bw Siegen der Kohlekran auf die Lok umgekippt, was dem Führerhaus nicht gut bekam (siehe das Kapitel Bw Siegen). Bei der nachfolgenden L 2 im AW Nied erhielt das Führerhausdach seine spezielle Ausführung (siehe Bild 522 auf Seite 295).

AUFNAHMEN (2): ULRICH BUDDE

△ **Bild 111** • Die Lokomotiven des Krupp-Bauloses innerhalb der 5. Lieferserie (23 053 – 064) waren ab Werk mit einem DB-Logo auf der Rauchkammertür ausgestattet. Der Stolz der DB auf die neue Lokomotive sollte mit diesem Attribut sichtbar zum Ausdruck kommen. Doch 1961 begann das Zeitalter der bemannten Raumfahrt. Eine Dampflok war nun nicht mehr als Werbeträger geeignet. Bis 1963 wurde diese optisch sehr vorteilhafte Variante wieder entfernt und das Lokschild mittig auf der Rauchkammertür angebracht. Vorübergehend blieb bei einigen Lokomotiven die Tragplatte des Logos erhalten. Das Bild zeigt **23 055** mit Heinl-Mischvorwärmer und Führerhaus-Schiebetür.
AUFNAHME: WERKBILD KRUPP, SAMMLUNG ULRICH BUDDE

▽ **Bild 112** • Die ursprünglich mit Henschel-Mischvorwärmer MVC ausgerüstete Versuchslok **23 025** durchlief mehrere Umbauten. Der auffälligste und für das Erscheinungsbild ungünstigste war die Verkleinerung des Warmwasserspeichers unter der Rauchkammer. In dieser Form war die Lok ein Unikat. Hier zeigt sie sich im Bw Saarbrücken Hbf im April 1972 mit neuem Tender.
AUFNAHME: ALBERT SCHÖPPNER, ARCHIV JÖRG SAUTER

Bild 113 ▷
23 084 hatte wie alle Loks dieser Lieferserie ein Lokschild, das ohne den Abstand zwischen Baureihen- und Ordnungsnummer auskommen musste. Die Lok wurde im Jahr 1966 im Bw Münster aufgenommen.

Aufnahme: Wolfgang Fiegenbaum

Bild 114 ▷
23 046 fiel durch eine Rauchkammertür der Baureihe 50/52 auf, die zusätzlich durch eine mittig angeordnete Griffstange und darunterliegendes Nummernschild eine besondere Note erhielt. Die Aufnahme entstand im Bw Kaiserslautern am 26. Mai 1969.

▽ **Bild 115 • 023 097** am 6. April 1971 in Lebach: Der Warmwasserspeicher unter der Rauchkammer war bereits ab Werk funktionslos. Inzwischen ist bereits der Nassdampfregler eingebaut.

Aufnahmen (2): Ulrich Budde

△ **Bild 116**
23 105 kurz nach der Abnahme in Minden am 19. Dezember 1959. Sie hat bereits ab Werk Klapptüren.

Aufnahme: DB, Sammlung Brian Rampp

◁ **Bild 117**
Einige Lokomotiven erhielten nachträglich einen sogenannten Schwimmerstoßdämpfer (SSD), auch Druckwindkessel genannt. Bei drei Maschinen (23 084, 098 und 103) war der SSD hinter der Speisepumpe knapp hinter dem linken Windleitblech angebracht. Die Aufnahme von **023 103**, entstand im Bw Rheine am 19. Mai 1970.

◁ **Bild 118**
Bei drei weiteren (23 055, 100 und 105) war der Schwimmerstoßdämpfer zeitweise vor der MV 57-Speisepumpe angeordnet. Typisches Merkmal: Die bogenförmig über der Vorderkante des Rauchkammer-Auftritts verlaufende Zuleitung. Hier sehen wir **023 100** im Versuchsamt Minden am 12. Juni 1972.

Aufnahmen (2): Ulrich Budde

△ **Bild 119 • 23 104**, noch mit Heißdampf-Mehrfachventilregler, in Löhne am 17. August 1968. Aufnahme: Archiv Ludwig Keller

▽ **Bild 120 •** Noch einmal **023 046** mit ihrer speziellen 50er-Rauchkammertür, bereits mit Nassdampfregler, am 17. Oktober 1970 bei der Ausfahrt in Königshofen (Baden) vor N 2342. Aufnahme: Albert Schöppner, Archiv Jörg Sauter

Betriebsmaschinendienst

Die ersten 15 Lokomotiven baute Henschel in Kassel und lieferte von Dezember 1950 bis April 1951 in drei Losen je fünf Loks an die Bahnbetriebswerke Kempten, Bremen Hbf und Siegen. Erste Lok war 23 001, die am 7. Dezember 1950 beim Bw Kempten abgenommen wurde. Die drei Bw boten unterschiedliche Betriebsbedingungen, um die Neubauloks einer gründlichen Erprobung zu unterziehen: Kempten bediente anspruchsvolle Strecken im Allgäu zwischen München und Lindau, in Bremen war reiner Flachlandbetrieb mit höheren Geschwindigkeiten angesagt und in Siegen stand ein klassischer Mittelgebirgseinsatz auf dem Programm.

23 001 bis 23 015 (fünf ED Augsburg, fünf ED Hannover und fünf ED Wuppertal) waren ab Betriebsbeginn dem EAW Ingolstadt zur Unterhaltung zugewiesen. 1952 wechselte die Unterhaltung zum AW Göttingen, 1953 zum AW Trier. Letzte Ausbesserung in Göttingen war eine L 2 an 23 008 vom 13. Juli bis zum 14. August 1953, die erste Ausbesserung (L 2) im AW Trier erhielt 23 012 vom 12. August bis zum 11. September 1953.

Bereits zwischen November 1951 und März 1952 mussten sämtliche 15 Maschinen abgestellt werden, da sich Ausbuchtungen an der Domaushalsung zeigten, die einen sicheren Weiterbetrieb unmöglich machten. Die notwendigen Gewährleistungsarbeiten wurden wiederum bei Henschel in Kassel durchgeführt. Erst zwischen Dezember 1952 und April 1953 kehrten die Loks in den Betrieb zurück.

Ab November 1952 kamen die Loks 23 016 bis 023 vom Hersteller Jung zur Auslieferung. 1953 folgten ebenfalls von Jung die Versuchsloks 23 024 und 025 mit MVC-Mischvorwärmer und Rollenlagern. 23 024 wurde zunächst dem Lokversuchsamt (LVA) Minden zur weiteren Erprobung der Kylchap-Saugzuganlage, des MVC-Mischvorwärmers und der Wälzlager zugewiesen. Die neuen Loks trafen auf einen von empfindlichen Mängeln geprägten Triebfahrzeugsektor: Der gestiegenen Zahl von Schnellzügen und deren gewachsenem Gewicht standen deutlich zu wenig Schnellzug-Dampfloks gegenüber. So mussten die 23 ab 1953 verstärkt im schweren Schnellzugdienst laufen, wo ihre Zugkraft und gegenüber P 8 und 41 höhere Geschwindigkeit sehr willkommen war. Gleichwohl war von Anfang an klar, dass die Loks für dieses Einsatzspektrum nicht ausschließlich konzipiert waren.

Die Einordnung der 23 als „Behelfs-Schnellzuglok" begegnet uns in einer Aufstellung der Oberbetriebsleitung (OBL) West vom 3. Oktober 1955. Einschließlich der „Ersatzlok BR 41 und 38^10" wurde im Juli 1955 zusätzlich zu den Baureihen 01, 01^10, 03, 03^10 und 05 ein Gesamtbedarf von 37,8 Lokomotiven für den Schnellzugdienst festgestellt, dem aber nur ein Bestand von acht Loks Baureihe 23 beim Bw Paderborn, acht in Mönchengladbach und zwölf beim Bw Siegen, gesamt 28 Maschinen, gegenüberstand. Der durchschnittliche Bedarf an Schnellzuglokomotiven lag im Bereich der OBL West bei 282; somit mussten über 13 % der Schnellzugleistungen mangels Alternativen mit langsameren Loks gefahren werden, die wiederum im Personenzugdienst fehlten. Dazu heißt es im Bericht:

„Der Bestand an S-Lok war weiterhin noch unzureichend. Auch der Einsatz der BR 23 kann den Mangel nicht voll ausgleichen, so dass auf Ersatzgattungen (BR 41, 38^10.) zurückgegriffen oder Vorspannforderung häufig abgelehnt werden mußte."

Im Juli 1956 stieg der Bedarf für die „Behelfs-Schnellzugloks" sogar auf 56,9, für den wiederum nur 29 Loks Baureihe 23 zur Verfügung standen. Notgedrungen mussten wiederum auch die nur 90 km/h schnellen 41 und die alten P 8 zusätzlich aushelfen. Die Erläuterungen der OBL West zu den Berichten schließen mit der lakonischen Feststellung, dass die Baureihen 23 und 41: *„... im engeren Sinne lediglich als im Schnell- und Eilzugdienst verwendete ‚Behelfsgattungen' angesprochen werden können, die im Hinblick auf Zugkraft und Geschwindigkeit den vom Betrieb gestellten Anforderungen gerade noch genügen."* Für die 23 bleibt am Ende des Tages die Feststellung: Sie hat den Anforderungen nicht nur „gerade noch" genügt, sondern mit Blick auf die hohen monatlichen Laufleistungen – vor allem beim Bw Paderborn – über etliche Jahre in vollem Umfang!

Es soll nicht verschwiegen werden, dass der überwiegende Einsatz der 23 der BD Essen (Bw Paderborn) als „Behelfs-Schnellzuglok" die störungsfreien Leistung in Mitleidenschaft zog, die bei den „richtigen" Schnellzugloks sogar noch niedriger lag (Angaben für 1955):

Baureihe	km in 1.000
01	48
03^10	42
23	58
38^10	66

Im Juli 1955 waren die 23 der OBL West weiterhin stark beansprucht: 28 halfen im schweren Schnellzugdienst aus, da weiterhin nicht genügend 01, 01^10, 03 und 03^10 zur Verfügung standen.

Der rechnerische Bedarf für Schnellzugleistungen inklusive Sonderdienste und anteilige Lok für Ausbesserung lag sogar noch höher:

Bw	Planbedarf	Bestand
Paderborn	9,1	8
Mönchengladbach	8,4	8
Siegen	11,9	12
Gesamt	29,4	28

Die enorme Beanspruchung spiegelt die Tatsache wider, dass die 23 entgegen ihrer konstruktiven Durchbildung als Personenzuglok in den fünfziger Jahren als Schnellzuglok unentbehrlich war. Ohne die 23 wären etwa 12 % der damaligen Schnellzüge in der OBL West nicht durchführbar gewesen! Einen Eindruck von der großen Zeit der 23 im F- und D-Zugdienst vermittelt die Übersicht auf Seite 83.

Nachdem 23 001 bis 23 070 ab Werk ohne Indusi ausgeliefert wurden, begann ab 1957 der nachträgliche Einbau dieser äußerst sicherheitsrelevanten Einrichtung. Ab 23 071 war Indusi ab Werk bereits installiert.

Man möchte sich nicht vorstellen, welchen Risiken die Fahrgäste in Schnellzügen ausgesetzt waren, vor denen 23 ohne Indusi liefen – und davon gab es bis 1957 siebzig Maschinen! Die Umrüstung wurde eilends bis 1958 abgeschlossen.

Besondere Beachtung verdient in diesem Zusammenhang der HVB-Erlass E 5 Ful 157/5934 Bb vom 16. Oktober 1957, wonach der Laufleistungsgrenzwert der 23 bis zur nächsten Untersuchung auf 250.000 km festgesetzt wurde. Damit befand sich die 23 in der Spitzengruppe der DB-Dampfloks, in der außer ihr nur noch die Baureihen 01^10 und 10 zu finden waren! Von den anderen Schnellzuglokomotiven (01, 03, 03^10, 05, 18^4-6) erwartete die HVB nur 220.000 km, von den Baureihen im selben Leistungsprogramm (38^10 und 39)

△ **Bild 121** • Im März 1953 steht die fast noch fabrikneue **23 022** (Jung 11477/52) in Mainz vor der Alicebrücke. Sie trägt noch kein drittes Spitzenlicht, ohnehin keine Indusi und hat die kleinen Fensterschirme. Die Pfeife befindet sich noch vor dem Führerhaus; eine ausreichende Beschallung des Lokpersonals war damit gesichert.

Aufnahme: Sammlung Hans-Jürgen Wenzel

Bespannungsübersicht Baureihe 23 **(nur F-, D-, E- und Expresszüge) Sommer 1957**

Zug-Nr.	Bespannungsabschnitt	Lok stellt Bw	Bemerkung
F 9	Köln – Venlo	Mönchengladbach	
F 10	Venlo – Köln	Mönchengladbach	
D 81	Gießen – Siegen	Siegen	Fz für BR 39
	Siegen – Düsseldorf	Siegen	
D 82	Düsseldorf – Siegen	Siegen	
	Siegen – Gießen	Siegen	
D 84	Hagen – Siegen	Siegen	Fz für BR 41
D 131	Bonn – Paderborn	Paderborn	
D 132	Paderborn – Bonn	Paderborn	
E 145	Neubrücke – Frankfurt/M.	Mainz	
E 146	Frankfurt/M. – Neubrücke	Mainz	
F 163	Köln – Venlo	Mönchengladbach	
F 164	Kaldenkirchen – Köln	Mönchengladbach	
D 195	Mönchengladbach – Hamm	Mönchengladbach	Fz für BR 03
D 196	Hamm – Mönchengladbach	Mönchengladbach	Fz für BR 03
D 197	Mönchengladbach – Hamm	Paderborn	
D 198	Kassel – Hamm	Paderborn	
	Hamm – Mönchengladbach	Paderborn	
D 199	Aachen – Hamm	Paderborn	
D 200	Hamm – Aachen	Paderborn	
D 217	Mönchengladbach – Hamm	Mönchengladbach	
F 251	Heidelberg – Mainz	Mainz	
	Köln – Kaldenkirchen	Mönchengladbach	
F 252	Venlo – Köln	Mönchengladbach	
E 317	Hamm – Northeim	Paderborn	
E 318	Northeim – Hamm	Paderborn	
E 342	Hagen – Mönchengladbach	Mönchengladbach	
E 343	Aachen – Soest	Paderborn	
E 344	Soest – Aachen	Paderborn	
D 356	Dortmund – Gießen	Siegen	
D 359	Gießen – Dortmund	Siegen	
D/E 373	Kassel – Altenbeken	Paderborn	
E/D 374	Altenbeken – Kassel	Paderborn	
E 377	Siegen – Hagen	Siegen	
E 378	Hagen – Siegen	Siegen	

Zug-Nr.	Bespannungsabschnitt	Lok stellt Bw	Bemerkung
D 385	Bremen – Leer	Oldenburg Hbf	
D 386	Leer – Bremen	Oldenburg Hbf	
D 404	Hamm – Mönchengladbach	Mönchengladbach	Fz für BR 38[10]
E 473	Altenbeken – Paderborn	Paderborn	
	Paderborn – Münster	Paderborn	
E 474	Münster – Paderborn	Paderborn	
	Paderborn – Altenbeken	Paderborn	
E 501	Mönchengladbach – Hamm	Mönchengladbach	Fz für BR 03
E 533	Aachen – Paderborn	Paderborn	
E 534	Paderborn – Aachen	Paderborn	
E 539	Hamm – Kassel	Paderborn	
E 543	Hamm – Holzminden	Paderborn	
E 544	Holzminden – Hamm	Paderborn	
E 581	Bremen – Oldenburg	Oldenburg Hbf	
E 587	Oldenburg – Emden West	Oldenburg Hbf	
E 588	Emden – Bremen	Oldenburg Hbf	
E 590	Frankfurt/M. – Heimbach	Mainz	
E 591	Mainz – Frankfurt/M.	Mainz	
E 593	Baumholder – Mainz	Mainz	
E 645	Bremen – Oldenburg	Oldenburg Hbf	
E 652	Wilhelmshaven – Bremen	Oldenburg Hbf	
E 653	Bremen – Leer	Oldenburg Hbf	
E 654	Leer – Bremen	Oldenburg Hbf	
E 673	Bremen – Leer	Oldenburg Hbf	
E 674	Leer – Bremen	Oldenburg Hbf	
E 675	Bremen – Wilhelmshaven	Oldenburg Hbf	
E 676	Wilhelmshaven – Bremen	Oldenburg Hbf	
E 676	Wiesbaden – Ludwigshafen	Mainz	
D 717	Koblenz – Düsseldorf	Koblenz-Mosel	Fz für BR 03
E 718	Düsseldorf – Koblenz	Koblenz-Mosel	Fz für BR 03
E 785	Gießen – Düsseldorf	Siegen	
E 786	Düsseldorf – Gießen	Siegen	
E 854	Wilhelmshaven – Oldenburg	Oldenburg Hbf	
Expr 3043	Holzminden – Kreiensen	Paderborn	
Expr 3044	Kreiensen – Holzminden	Paderborn	

Fz: Fahrzeit

△ **Bild 122 •** Bevor **23 024** (Jung 11838/53) auf der Deutschen Verkehrsausstellung in München dem Publikum als eine der neuesten Schöpfungen der Lokomotivindustrie vorgestellt wurde, konnte der Werkfotograf des AW Freimann die Lok am 15. Juni 1953 in schönstem Abendlicht bildlich dokumentieren. Der herrliche Anblick der in frischem Lack glänzenden Maschine kann nicht darüber hinwegtäuschen, dass nach der Abnahme durch die DB im Versuchsbetrieb beim LVA Minden ab Oktober 1953 kaum etwas wirklich nachhaltig funktionierte – weder der Henschel Mischvorwärmer MVC, die Kylchap-Saugzuganlage noch die Wälzlager.

Aufnahme: Werkfoto AW Freimann, Sammlung Helge Hufschläger

△ **Bild 123 •** 23 027 wurde am 27. Januar 1954 fabrikneu von der benachbarten Lokomotivfabrik Arnold Jung in Kirchen a. d. Sieg nach Siegen ausgeliefert. Soeben von einer L2-Untersuchung im AW Nied eingetroffen präsentiert sie sich am 15. April 1964 auf der Grube im Bw Siegen.

Aufnahme: Gerhard Moll, Eisenbahnstiftung

Bild 124 ▷ Bis zu unseren niederländischen Nachbarn ist **23 026** vom Bw Hagen-Eckesey gekommen. Am 20. Juli 1958 steht die Lok in Arnheim vor E 768. Seit 1957 ist sie mit Indusi ausgerüstet.

Aufnahme: H. de Herder, Slg. Hans-Jürgen Wenzel

Spezifische Leistungen der Lok Baureihe 23 und 38^{10} der OBL West 1957/58

	Baureihe 23				Baureihe 38^{10}			
	02.06.57		01.06.58		02.06.57		01.06.58	
BD	Zahl	km/Tag	Zahl	km/Tag	Zahl	km/Tag	Zahl	km/Tag
Esn	7	559	–	–	64	315	62	292
Han			8	375	99	289	101	280
Köl	9	387	14	440	61	301	51	314
Mst	4	414	4	468	55	290	54	302
Wt	8	454	8	468	57	328	57	323

nur 150.000 km. Ein trefflicher Beleg für die hohe Zuverlässigkeit der 23 trotz enormer Beanspruchung!

Interessant ist ein vergleichender Blick auf die spezifischen Leistungen der Lok Baureihe 23 und 38^{10} der OBL West im Jahresfahrplan 1957/58, siehe Tabelle auf dieser Seite oben.

Diese Zahlen sprechen für sich und widerlegen die gelegentlich publizierte Auffassung, die 23 sei gegenüber der 38^{10} kein Fortschritt gewesen. Im Gegenteil: Die 23 brachte dem Betrieb erhebliche Vorteile hinsichtlich Zugkraft, Laufleistung und Geschwindigkeit.

Aufschlussreich ist ein Blick auf die unterschiedliche Auslastung der Triebfahrzeuge verschiedener Baureihen im Juli 1958:

Lok-Nr.	Bahnbetriebswerk	erreichte km-Leistung
VT 08 506	Bww Dortmund Bbf	36.432
E 10 004	Nürnberg Hbf	30.473
E 18 08	München Hbf	29.754
VT 11 5005	Frankfurt (M)-Griesheim	29.506
V 200 042	Hamm P	28.957
E 17 118	Augsburg	26.022
VT 12 510	Hamburg-Altona	24.494
01 217	Hannover Hbf	24.202
01 1071	Bebra	22.596
E 19 11	Nürnberg Hbf	22.132
VT 06 104	Köln Bbf	21.127
03 015	Bremen Hbf	18.937
VT 07 502	Bww Dortmund Bbf	17.498
03 1012	Paderborn	17.359
E 16 15	Freilassing	16.843
18 627	Regensburg	16.806
E 04 20	München Hbf	16.475
23 026	Hagen-Eckesey	15.908
10 002	Bebra	15.614
39 058	Stuttgart	14.814

Wie zu erwarten war, belegen Baureihen der elektrischen und der Dieseltraktion die vorderen Plätze. Die erste Dampflok ist 01 217 mit 24.202 km. Auch 01 1071 übertrifft die eigentlich als Schnell- und Langläufer konzipierte E 19 11 ebenso wie die wackere 23 026, welche ihrerseits die Prestige-Lokomotive 10 002 in den Schatten stellt!

Die störungsfreien Leistungen einiger ausgewählter Baureihen in 1.000 km fielen 1958 recht unterschiedlich aus, siehe die Tabelle unten.

Was die Notwendigkeit von AW-Aufenthalten betrifft zeigte sich die alte P 8 der 23 leicht überlegen.

Störungsfreie Leistungen 1958

BD	01	01^{10}	03	03^{10}	23	41
Ffm	83		102		65	
Han	86		158		122	135
Köln	96		240		139	118
Mz	51		134	47	78	
Mst		47	111		112	85
Tr					64	
Wt	71	76		31	69	98

Schadhäufigkeit 1962	Einsatzbestand	L 0	L 2	L 3
BR 23	105	0,74	0,32	0,02
BR 38^{10}	688	0,58	0,27	0,04

Schadhäufigkeit 1963	Einsatzbestand	L 0	L 2	L 3
BR 23	105	0,79	0,31	–
BR 38^{10}	585	0,52	0,29	0,01

△ **Bild 125** • Die erst ein paar Tage alte **23 100** (Bw Minden) im September 1959 im Bw Hannover Ost. Hinter ihr steht eine Pacific der Baureihe 03. Aufnahme: Archiv Ludwig Keller

▽ **Bild 126** • Das Ende einer Ära! Die letzte Dampflokomotive für die DB wird am 4. Dezember 1959 im AW Nied abgenommen. Zu diesem historischen Anlass haben sich eingefunden die Herren (v. l. n. r.) Bläsing, Prescher (Bremen), Roos (GDW Stuttgart), Unangst (AW Offenburg), Reißer (WD Bremen), Dr. Riechmann, Astheimer, Bobbert, Wohlfrom, Zickler (Techn. Gemeinschaftsbüro Kassel), Härtel, Ecker, Buhrmeister, Hinkelbein (WD Esslingen), Ries und Eisner. Aufnahme: Sammlung Jörg Sauter

Lieferungen der Industrie an die DB

	1950	1951	1952	1953	1954	1955	1956	1957	1958	1959	Gesamt
	23 001-005	23 006-015	23 016-023	23 024-025	23 026-052	23 053-070	23 071-076	23 077-086	23 087-092	23 093-105	
Summe	5	10	8	2	27	18	6	10	6	13	105

Den relativ niedrigen Werten der im schweren Schnellzugdienst teilweise überlasteten 01, aber auch den der ebenfalls im Schnellverkehr arg strapazierten 23 der Direktionen Frankfurt (Main), Mainz, Trier und Wuppertal stehen hohe Zuverlässigkeitswerte der 23 in den weniger km-intensiven Umläufen der Direktionen Köln, Münster und Hannover gegenüber. Auffallend die erschreckend niedrigen Werte der 03^{10}, positiv die hohe Zuverlässigkeit der 03.

Bei den Ablieferungen der Industrie (siehe Tabelle oben) an die DB liegen die höchsten Stückzahlen in den Jahren 1954 und 1955, als der Mangel an Schnellzuglokomotiven besonders ausgeprägt war.

Im Sommer 1961 sank die Zahl der hochwertigen Reisezüge in den Dienstplänen der 23 erheblich. Der Traktionswandel war bereits in vollem Gang.

Übersicht Sommerfahrplan 1961 mit Baureihe 23 bespannte Schnell- und Eilzüge der Deutschen Bundesbahn

Zug-Nr.	Bespannungsabschnitt	Lok stellt Bw	Bemerkung	Zug-Nr.	Bespannungsabschnitt	Lok stellt Bw	Bemerkung
F 9	Köln – Venlo	Mönchengladbach		E 575	Trier – Gießen	Trier	
F 10	Venlo – Köln	Mönchengladbach		E 576	Gießen – Koblenz	Trier	
D 70	Koblenz – Wiesbaden	Koblenz-Mosel		E 581	Bremen – Oldenburg	Oldenburg Hbf	
D 121	Trier – Koblenz	Trier			Oldenburg – Sande	Oldenburg Hbf	
E/D 122	Koblenz – Trier	Trier		E 587	Oldenburg – Leer	Oldenburg Hbf	
	Trier – Saarbrücken	Trier		E 588	Leer – Bremen	Oldenburg Hbf	
D 123	Wasserbillig – Koblenz	Koblenz-Mosel		E 590	Bingerbrück – Saarbrücken	Kaiserslautern	
D 131	Saarbrücken – Landau	Trier		E 591	Saarbrücken – Bingerbrück	Kaiserslautern	
D 132	Landau – Saarbrücken	Trier		E 592	Bingerbrück – Idar-Oberstein	Kaiserslautern	
E 145	Türkismühle – Bingerbrück	Kaiserslautern		E 593	Saarbrücken – Bingerbrück	Kaiserslautern	
E 146	Bingerbrück – Saarbrücken	Kaiserslautern		E 621	Saarbrücken – Landau	Trier	
F 163	Köln – Venlo	Mönchengladbach		E 624	Landau – Saarbrücken	Trier	
F 164	Venlo – Köln	Mönchengladbach		D 673	Wiesbaden – Koblenz	Koblenz-Mosel	2
E 216	Bingerbrück – Saarbrücken	Kaiserslautern		E 675	Oldenburg – Bremen	Oldenburg Hbf	
D 221	Wasserbillig – Koblenz	Trier		D 751	Köln – Venlo	Mönchengladbach	
D 227	Trier – Koblenz	Trier		D 752	Venlo – Köln	Mönchengladbach	3
D 228	Koblenz – Wasserbillig	Koblenz-Mosel		E 763	Duisburg – Mönchengladbach	Mönchengladbach	1
D 234	Dortmund – Hagen	Siegen	1	E 781	Oldenburg – Leer	Oldenburg Hbf	
	Siegen – Gießen	Siegen	2	E 781	Siegen – Köln	Siegen	1
D 235	Gießen – Siegen	Siegen	2	E 782	Leer – Oldenburg	Oldenburg Hbf	
	Hagen – Dortmund	Siegen	1	E 782	Köln – Siegen	Siegen	1
D 251	Köln – Venlo	Mönchengladbach		E 785	Gießen – Düsseldorf	Siegen	
D 252	Venlo – Köln	Mönchengladbach		E 786	Düsseldorf – Gießen	Siegen	
D 307	Kleve – Nymwegen	Krefeld	mit 38^{10}	E 853	Köln – Venlo	Mönchengladbach	
E/D 316	Koblenz – Trier	Trier		E 854	Venlo – Köln	Mönchengladbach	
D/E 317	Trier – Koblenz	Trier		E 865	Köln – Venlo	Mönchengladbach	
E 349	Oldenburg – Wilhelmshaven	Oldenburg Hbf		E 866	Venlo – Köln	Mönchengladbach	
E 350	Wilhelmshaven – Oldenburg	Oldenburg Hbf		E 867	Köln – Venlo	Mönchengladbach	
	Oldenburg – Bielefeld	Oldenburg Hbf		E 868	Venlo – Mönchengladbach	Mönchengladbach	
D 366	Nymwegen – Krefeld – Köln	Krefeld		E 869	Köln – Venlo	Mönchengladbach	
D 385	Bremen – Leer	Oldenburg Hbf		E 870	Venlo – Mönchengladbach	Mönchengladbach	
D 386	Leer – Oldenburg	Oldenburg Hbf		E 872	Venlo – Köln	Mönchengladbach	
E 452	Marburg – Frankfurt/M	Gießen		Expr 3006	Neuß – Köln	Krefeld	3
E 490	Leer – Bremen	Oldenburg Hbf		Expr 3034	Siegen – Hagen	Siegen	
E 491	Bremen – Leer	Oldenburg Hbf		Expr 3053	Bielefeld – Hannover	Minden	
E 492	Leer – Bremen	Oldenburg Hbf		Expr 3054	Hannover – Bielefeld	Minden	4
E 493	Bremen – Leer	Oldenburg Hbf		Expr 3056	Hannover – Hamm	Minden	
E 510	Hannover – Hamm	Bielefeld		Expr 3829	Mönchengladbach – Hagen	Mönchengladbach	1
E 547	Saarbrücken – Bingerbrück	Kaiserslautern				Siegen	
E 548	Bingerbrück – Saarbrücken	Kaiserslautern			Hagen – Mönchengladbach	Mönchengladbach	1
E 565	Osnabrück – Oldenburg	Oldenburg Hbf		Dm 80 769	Löhne – Bielefeld	Bielefeld	1
E 566	Wilhelmshaven – Osnabrück	Oldenburg Hbf		Dm 80 770	Bielefeld – Löhne	Bielefeld	1

Bemerkungen:

1 – Fahrzeitberechnung für 38^{10}

2 – Fahrzeitberechnung für 01

3 – Fahrzeitberechnung für 03

4 – Fahrzeitberechnung für 41

◁ **Bild 127**
Im AW Nied lagerte man die entkesselten Loks gerne einige Zeit im Freien, wie in dieser Aufnahme eine 50 hinter der vom Tender getrennten **23 091** vom Bw Krefeld. Die am 9. Februar 1965 erst sieben Jahre alte 23 sieht schon recht mitgenommen aus: Deutliche Kalkspuren unterhalb des Generators, an der Pumpe und dem Zylinder legen einen schlechten Pflegezustand nahe.

Aufnahme: Peter Konzelmann, Sammlung Jürgen Rippin

▽ **Bild 128** • Wir werfen am 21. März 1973 einen Blick in die gut gefüllte Halle des AW Trier, in der die Crailsheimer **023 067** ihre letzte L 0-Bedarfsausbesserung erhält, bei der u. a. die Ausströmrohre aufgearbeitet und die Saugzuganlage überprüft wurde. Die Vorlaufachse ist ausgebaut.

Aufnahme: Herbert E. Stemmler

△ **Bild 129 • 023 058** (Bw Crailsheim) ausgeachst im AW Trier, Juni 1971. Nach dem Abbau der Pumpe wird der Rest des ehemaligen Warmwasserspeichers für den Heinl-Mischvorwärmer sichtbar, der nur noch als Trageelement für die Kolbenpumpe dient. AUFNAHME: PETER SCHEFFLER, SAMMLUNG HANS-JÜRGEN WENZEL

▽ **Bild 130 •** Ausgeachst steht **23 099** vom Bw Minden am 22. Juli 1968 im AW Trier. Kolben und Schornstein sind ausgebaut, das Umlaufblech unter dem nicht mehr benötigten Warmwasserspeicher ist entfernt. AUFNAHME: WOLFGANG FIEGENBAUM

Erhaltungskosten auf 1.000 Lok-km			
Loknummer	**Erhaltungsabschnitt**	**Bahnbetriebswerk**	**DM**
23 001	11.04.58 – 14.01.60	Trier	591
23 002	14.02.51 – 29.02.56	Kempten, Oberlahnstein, Koblenz-Mosel	783
23 003	25.10.56 – 24.10.58	Koblenz-Mosel	473
23 004	14.12.54 – 16.12.55	Oberlahnstein, Koblenz-Mosel	508
23 005	15.12.54 – 05.04.56	Oberlahnstein, Koblenz-Mosel	866
23 006	03.12.52 – 10.05.54	Siegen	492
	18.02.55 – 24.01.56	Siegen	773
	10.06.57 – 09.10.58	Siegen	481
23 008	30.03.57 – 17.07.58	Siegen	611
23 009	19.11.54 – 06.03.56	Siegen	636
23 010	18.02.55 – 09.04.57	Siegen	910
23 011	19.10.56 – 30.04.58	Siegen	520
23 012	29.10.55 – 06.05.59	Siegen	589
23 014	23.03.55 – 30.05.58	Siegen	525
23 016	18.06.57 – 29.01.60	Mainz, Gießen	531
23 026	09.05.57 – 19.11.59	Siegen, Hagen-Eckesey	531
23 027	27.01.54 – 09.02.60	Siegen, Hagen-Eckesey	408
23 028	29.03.60 – 15.06.61	Gießen	622
23 036	14.10.54 – 28.01.58	Mönchengladbach	258
23 037	30.10.54 – 13.03.58	Mönchengladbach	309
23 038	06.11.54 – 09.04.58	Mönchengladbach	363
23 039	19.11.54 – 01.09.58	Mönchengladbach	330
23 040	01.12.54 – 31.03.58	Mönchengladbach	309
23 054	23.12.55 – 22.02.58	Mainz, Kaiserslautern	214
	22.02.58 – 25.07.60	Mainz, Kaiserslautern, Bingerbrück, Koblenz-Mosel	312
23 055	17.08.56 – 13.02.58	Mainz	213
	18.08.60 – 06.06.61	Koblenz-Mosel	290
23 057	02.12.55 – 18.06.58	Mainz	146
23 059	20.09.56 – 05.03.58	Mainz	216
23 060	14.07.56 – 30.10.57	Mainz	72
23 062	04.10.56 – 27.01.58	Mainz	209
23 063	25.05.56 – 28.04.60	Mainz	185
23 064	28.09.56 – 26.04.58	Mainz	312
	04.09.58 – 22.06.61	Mainz, Bingerbrück, Kaiserslautern	344
23 067	22.04.55 – 15.01.58	BZA Minden, Mainz	228
23 069	20.05.55 – 09.06.59	BZA Minden, Mainz, Bingerbrück	255
23 070	12.06.56 – 14.03.60	Mainz, Bingerbrück	294
23 073	05.10.56 – 22.12.58	Paderborn, Bielefeld, Mainz, Bingerbrück (Mehraufwand wegen Nicht-Anerkennung der Gewährleistungspflicht)	445
	22.12.58 – 16.08.61	Bingerbrück, Oldenburg Hbf	344
23 074	10.10.56 – 16.01.59	Paderborn, Bielefeld, Mainz, Bingerbrück	181
	15.10.59 – 26.09.61	Oldenburg Hbf	317
23 077	01.10.57 – 10.11.64	Oldenburg Hbf	179
23 080	20.12.57 – 07.04.60	Krefeld (siehe Lebenslauf!)	1.521
Durchschnitt:			**435**

Unterhaltungskosten

Einen detaillierten Einblick in die Unterhaltungskosten der 23 und den Vergleich mit der Baureihe 38^{10} (preußische P 8) gibt die unten folgende Aufstellung.

Unterhaltungsbestände

Ab 1961 war das AW Nied für die Unterhaltung der Baureihe 23 zuständig. Im Sommer 1963 befanden sich von 58 Loks der OBL West noch 54 im „Engeren Triebfahrzeug-Einsatzbestand". Letztmals meldete die HVB am 1. Oktober 1965 alle 105 Loks im Unterhaltungsbestand, der nun von Jahr zu Jahr sank, da die 23 nicht mehr zum engeren Erhaltungsbestand gehörte: 1. Juni 1966: 100; 1. Juni 1967: 99. 1. Oktober 1967: 92. Ab diesem Jahr sparte sich die HVB die Herausgabe der Zahlen des Unterhaltungsbestandes für die 23. L 3-Ausbesserungen wurden noch durchgeführt, bedurften jedoch der Zustimmung der OBL.

1967 wurde mit der erst 16 Jahre alten 23 013 die erste Lok ausgemustert.

Der verstärkte Einsatz der 23 im Bezirksverkehr, aber auch der Wendezugbetrieb brachte häufige Rückwärtsfahrten mit sich. Dies machte den Einbau eines zweiten Magneten auf der Heizerseite erforderlich. Die Sonderarbeit wurde im AW Trier, das inzwischen alleiniges Unterhaltungswerk war, von 1967 bis 1972 durchgeführt.

Mit Verfügung vom 13. November 1968 entschied die HVB, dass die Baureihe 023 keine L 3 mehr erhalten solle. L 2 waren noch zulässig. Glück hatte 023 074 (bisher Bw Emden), die noch vor dieser Entscheidung vom 9. August 1968 bis 21. Januar 1969 als letzte Dampflok der DB im AW Trier eine L 3 erhielt, wobei die Ausbesserung des Kessels im AW Bremen durchgeführt wurde. Anschließend wechselte sie zum Bw Crailsheim.

Aufwand für die Unterhaltung der Baureihe 23 im Vergleich zur Baureihe 38^{10} (aus der Kostenträger-Stückrechnung der Ausbesserungswerke)

Kosten pro 1.000 Lok-km (DM)

Baureihe	1954	1955	1956	1957	1958	1960	1961	1962	1963	1964
23					712*	518	330	410	475	
38^{10}						596	619	319	319	328

* verursacht durch sehr teuren Wiederaufbau der Unfall-Lok 23 080

Kosten versch. Schadgruppen	1954	1955	1956	1957	1958	1960	1961	1962	1963	1964
23		L 3: 51.478				L 3: 85.736	L 3: 59.064		L 3: 56.884	
Ausfalltage			43				100	78		95
38^{10}			L 3: 47.769		L 3: 87.944		L 3: 76.789	L 3: 41.941		
Ausfalltage			37		59		98	99		
23L 2: 18.315		L 2: 22.741	L 2: 31.735	L 2: 41.079		L 2: 50.081	L 2: 40.905	L 2: 44.135	L 2: 42.304	
Ausfalltage	28		28	30	38		37	30	38	34
38^{10}	L 2: 18.791		L 2: 25.347	L 2: 28.719	L 2: 34.497		L 2: 35.668	L 2: 30.449	L 2: 32.956	L 2: 30.089
Ausfalltage	32		24	26	34		39	33	43	49
23L 0: 2.368	L 0: 5.095	L 0: 8.060	L 0: 8.884	L 0: 14.542			L 0: 14.361	L 0: 11.937	L 0: 11.780	
Ausfalltage	12	19	21	19	23			20	21	19
38^{10}	L 0: 3.850	L 0: 3.861	L 0: 5.732	L 0: 7.294	L 0: 10.279			L 0: 8.334	L 0: 8.675	L 0: 7985

△ **Bild 131 • 23 019** vom Bw Crailsheim ist am 1. August 1968 in Arbeit im AW Trier. Vom 12. Juli bis 2. September 1968 erhielt sie dort eine L 0-Bedarfsausbesserung, bei der u. a. die Radreifen abgedreht, die Gleitbahnen links und rechts neu verlegt sowie vermessen und beide Treibstangenlager mit WM 80 ausgegossen und eingeklebt wurden. An der Führerhausrückwand fällt der Gummiwulst auf. AUFNAHME: BERND MELCHER, SAMMLUNG GEORG DOLLWET

Fortsetzung Aufwand für die Unterhaltung der BR 23 im Vergleich zur Baureihe 38^{10}

Laufleistung pro Jahr		km je Fahrzeugtag	
23	101.000	23	277
38^{10}	72.000	38^{10}	197
Kohleverbrauch auf 1.000 km		**Laufleistung von L 3 bis L 3**	
23	15,1	23	679.000
38^{10}	13,2	38^{10}	427.000
Lastwert in t		**Zahl der Ausbesserungen pro Lok**	
23	353	23	1,11
38^{10}	290	38^{10}	0,92

Noch bis Ende der sechziger Jahre liefen die 23 vor einigen Zügen, die durch ihre relativ hohe Reisegeschwindigkeit hervorstachen, wenn auch teils nur auf kurzen Streckenabschnitten, siehe Tabelle unten.

1971 erreichten die Ausmusterungen mit 13 Lokomotiven einen ersten Höhepunkt. Nach einem leichten Rückgang 1972 setzten die Abstellungen ab 1973 wieder mit voller Wucht ein, bis 1975 die letzten 34 Loks der Baureihe ausschieden, siehe Tabelle S. 93 oben.

Die schnellsten mit Baureihe 23 bespannten Schnell-, Eil- und Personenzüge der Deutschen Bundesbahn

Fahrplan	Zugnummer	Verkehrstage	Bespannungsabschnitt	Bw	km/h	Bemerkungen
1962-1964	E 492	tgl.	Leer – Bad Zwischenahn	Oldenburg	95,52	
1963/64	D 365	tgl.	Krefeld – Kleve	Krefeld	95,12	
1962 so	D 366	tgl.	Krefeld – Kleve	Krefeld	95,12	
1968/69	E 682	tgl.	Schwerte – Hagen	Bestwig	93,33	bis 01.69
1969 Wi	E 1896	tgl.	Schwerte – Hagen	Bestwig	93,33	Diesel-Ersatzplan
1968/69	E 354	tgl.	Emden West – Leer	Emden	90,00	
1967/68	E 601	a	Rheine – Osnabrück	Emden	89,25	Halt in Ibbenbüren
1971/72	E 1645	außer Mo	Mannheim – Heidelberg	Crailsheim	85,50	
1970 So	P 3137	Sa	Rheine – Leer	Emden	68,52	V_{max} 100 km/h
1971 So	P 3102	tgl.	Norden – Emden West	Emden	68,16	V_{max} 90 km/h
1971 So	P 3104	tgl.	Emden West – Leer	Emden	67,25	V_{max} 90 km/h
1966/67	P 3389	tgl.	Osnabrück – Diepholz	Osnabrück Rbf	67,02	
1971 So	P 2038	tgl. außer Sa	Leer – Emden Süd	Emden	66,26	100 km/h, Sa mit 042
1970/71	P 3122	tgl.	Leer – Rheine	Emden	65,26	
1959 So	P 1308	Mo – Fr	Koblenz – Boppard	Koblenz-Mosel	65,00	Fahrzeit für Ellok berechnet
1967 So	P 2220	So	Leer – Rheine	Emden	64,64	
1966 So	P 1163	tgl.	Minden – Hannover	Minden	64,40	

△ **Bild 132** • Bevor **023 019** (Bw Crailsheim) als Museumslok in das Deutsche Dampflokomotivmuseum (DDM) in Neuenmarkt-Wirsberg einzog, führte sie zusammen mit 012 061 (Bw Rheine), die ebenfalls ins DDM kam, am 15. Juni 1975 einen Abschiedszug von Nürnberg über die Schiefe Ebene nach Hof und zurück. Das Bild zeigt den Zug bei Förbau. Auf der Rauchkammertür trägt 023 019 noch die Kreideaufschrift „Letzter Einsatz vom Bw Crailsheim".

△ **Bild 133** • Auf dem Rundstand des Bw Crailsheim warten **023 012**, 051 540 und **023 018** vor dem markanten Wasserturm, der heute unter Denkmalschutz steht, auf ihre nächsten Einsätze. Am Aufnahmetag, dem 19. April 1975, hatte 023 012 nur noch gut vier Wochen Betriebszeit vor sich, 023 018 schaffte es noch bis zum August 1975. Die 50 überdauerte beide 23 und wurde als eine der letzten Crailsheimer Dampfloks erst im April 1976 abgestellt.

Aufnahmen (2): Frank Lüdecke

Bild 135 ▷ Die zwei Jahre alte **23 010** vom Bw Siegen ist am 2. April 1953 mit E 375 in Düsseldorf Hbf eingetroffen. Sie ist nach der Domreparatur erst zwei Monate wieder in Betrieb.

Aufnahme: A. E. Durrant, Eisenbahnstiftung

Tender:

12) Tenderöffnung in jetziger Bauart betrieblich unbrauchbar. Heizer kann bei vollem Tender hängenbleibende große Kohlenstücke nicht nachstoßen.

Abhilfe: Tenderöffnung zum Führerstand mit Bohlen abschirmen wie bei R 03, davor Klappe anordnen, die nach dem Führerstand zu aufschlägt. Klappe muß unten Schaufelhöhe frei lassen, Kohlen müssen von oben nachgestoßen werden können. Bohlen nach Gebrauch links und rechts von den Werkzeugkästen abstellen. Deckel der Werkzeugkästen als Sitzgelegenheit für dritten Mann ausbilden.

13) Bei langen Auswaschfristen ist eine Zwischenreinigung der Verbrennungskammer nicht zu umgehen, da schon nach zehn Tagen (jetzige Auswaschfrist) etwa 4 cm Rußschicht vorhanden ist, die nur bei kalter Lok entfernt werden kann.

Anmerkung des Verfassers zum Punkt 13): Wenn die „Niagaras“ (2’D2’) der New York Central Railroad (NYC) nach 16 Stunden und einem Durchlauf über 1.493 km von Harmon bei New York nach Chicago im Depot eintrafen, wurde als erstes das Feuer entfernt. Dann bestieg eine Mannschaft von „hot men“ in Asbestanzügen die Feuerbüchse – so groß wie ein Zimmer – und reinigte die Heiz- und -rauchrohre. Wenn nötig, wurden auch die Ausmauerung oder der Feuerrost repariert! Das war Dampflokbetrieb „at it’s best“!

Anlage 1 zur 6. Besprechung der Zugförderungsdezernenten vom 19. bis 22. Juni 1951

Vergleich der Baureihe 23 mit anderen Gattungen

Werte vom März 1951	BR 23 im Personenzugdienst	BR 38¹⁰	Lok 23 010 im Schnellzugdienst	BR 03	BR 23 (x) Bw Kempten	BR 23 (x) Bw Siegen
Kohlenverbrauch [t]						
auf 1.000 Lok-km	13,66	13,79	12,79	14,78	13,6	14,17
auf 1 Mio. tkm	38,44	41,44	31,56	34,32	36,14	37,83
Ölverbrauch [kg]	22,6	18,5	22,4	18,1	29,2	24,4

Sonstige Daten	BR 23	$BR\ 38^{10}$	BR 03 (18 t)	$BR\ 39^{0-2}$
Reibungsgewicht [kg]	57.200 x (51.200)	51.600	54.300	75.700
Leistung [PS]	1.500	1.180	1.980	1.620
Zugkraft [kg]	7.300	7.140	8.575	10.700
Vmax [km/h]	110	100	130	110
Rostfläche (qm)	3,11	2,64	4,09	4,0
Feuerbuchsheizfläche (qm)	17,1	14,58	16,15	17,51
Gesamte Verdampfungsheizfläche (qm)	156,2	143,9	203,65	217,0
Überhitzerheizfläche (qm)	73,8	58,9	72,22	82,0
Heizflächenbelastung kg/m^2h (xx)	noch nicht ermittelt	57	57	57

x: nach Umstecken der Ausgleichshebel

xx: bei der größten Verdampfung von 7.500 kg/h in kg/m^2h bei den bisherigen Baureihen. Bei den Neubaulok 23, 65 und 82 soll die Verdampfung höher ausgelegt werden (8.500 – 10.000 kg/h).

Soweit die erste Bestandsaufnahme vom Frühjahr 1951. Einem allgemeinen Lob für die 23 folgten einige Punkte, die bei neuen Baureihen durchaus im Normalbereich anzusiedeln sind. Zwei Mängel, die auch beim späteren Betrieb zeitweise unangenehm auffielen, gilt es jedoch festzuhalten: Der unruhige Lauf über 95 km/h. Man mag sich vorstellen, wie die Lokpersonale im Schnellzugdienst bandscheibenzerfetzend durchgeschüttelt wurden! Auch das Wasserüberreißen bei voller Kesselauslastung – bei Lokführern und Heizern wegen seiner ungünstigen Wirkung auf die unter Schmierung laufenden Triebwerksteile und des Verlustes von Kesseldruck gleichermaßen gefürchtet – war eine unangenehme Begleiterscheinung bei der neuen 23.

Dem standen einige nicht gering zu schätzende Vorteile gegenüber, einmal die bekannte Zugkraft, welche die Lok besonders im Schnellzugdienst begünstigte, und nicht zu vergessen der nicht nur gegenüber der P 8, sondern auch im Vergleich zur P 10 sparsame Kohlenverbrauch von 38,44 t pro 1 Mio. tkm. Herausragend auch die günstigen Verbrauchswerte der im Schnellzugdienst eingesetzten 23 010, die unter der 03 lagen.

Die DB beließ es nicht bei den Vergleichen von 1951, sondern ermittelte 1953 beim Bw Oberlahnstein unter gleichen Einsatzbedingungen Lokkilometer, Lastwert und Kohlenverbrauch in t pro 1.000 km und pro 1 Mio. Lokleistungstonnenkilometer (Lokltkm) der Baureihen 23 und 38^{10}, siehe die Tabelle rechts oben.

Leistungs- und Kohlenverbrauchswerte der unter gleichen Einsatzbedingungen laufenden Loks der Baureihe 23 und Baureihe 38^{10} des Bw Oberlahnstein

Monat/Jahr	Baureihe	Lokkilometer (durchschn.)	Lastwert [t]	Kohlenverbrauch [t/1.000 km]	Kohlenverbrauch [t/1 Mio. Lokltkm]
Februar 1953	23	8.203	345	14,74	42,71
	38^{10}	7.471	318	14,57	45,75
März 1953	23	9.224	349	14,60	41,81
	38^{10}	7.568	323	14,12	43,64
April 1953	23	7.769	352	14,76	41,92
	38^{10}	7.532	319	14,05	43,99
Mai 1953	23	8.968	363	14,98	41,30
	38^{10}	7.357	315	14,36	45,61
Juni 1953	23	8.730	374	15,11	40,35
	38^{10}	6.309	294	13,59	46,25
Juli 1953	23	9.235	379	15,29	40,35
	38^{10}	5.920	297	13,96	47,05
August 1953	23	8.321	371	14,84	39,99
	38^{10}	6.953	304	13,14	43,25
September 1953	23	8.416	382	15.49	40,61
	38^{10}	6.772	309	13,88	44,90
Oktober 1953	23	8.115	382	15,53	40,71
	38^{10}	7.419	309	14,29	46,19
November 1953	23	8.809	389	16,85	43,36
	38^{10}	6.901	310	14,77	47,58
Dezember 1953	23	9.831	379	16,01	42,20
	38^{10}	7.746	302	14,56	48,27
Durchschnitt	**23**	**8.693**	**370**	**15,29**	**41,39**
	38^{10}	**7.086**	**309**	**14,11**	**45,68**

Die Tabelle zeigt, dass die 23 bei um 23 % höheren Monatslaufleistungen und bei 20 % höheren Zuglasten beim Kohleverbrauch pro 1 Mio. Lokleistungstonnenkilometer in jedem Monat deutlich sparsamer (9 %) fuhr als die P 8.

Die neuen Lokomotiven reagierten anfänglich durchaus empfindlich auf Kohle minderer Qualität. So berichtet Bundesbahn-Direktor Dormann in einem Schreiben der BD Mainz an die HVB vom 1. Februar 1954, dass die Verdampfungswilligkeit der 23 bei ungenügender Kohlequalität „keine wesentlichen Unterschiede gegenüber den früheren Einheitslok“ zeige. Es wurde immer stärkere Schlackenbildung beobachtet, deren Ursache in der noch nicht optimal eingestellten Saugzuganlage vermutet wurde. Bei Kohlen der Güteklasse 1 sei die Dampferzeugung dagegen sehr gut. Trotz dieser Einschränkung schließt Dormann mit der Feststellung:

„Unverkennbar ist, daß die Lok der R 23 auch im schweren Streckendienst eingesetzt, allen Anforderungen des Betriebes gerecht werden und gegenüber den Lok der R 38.10-40 beachtliche Vorteile aufweisen. Auch als Ersatzlok im Schnellzugdienst kann die R 23 unbedenklich eingesetzt werden, ohne daß Störungen im Betriebsablauf zu fürchten wären“.

Ulrich Schwanck, ehemaliger Leiter der Messgruppe für Lauftechnik von Lokomotiven beim BZA Minden, berichtete in der Eisenbahn-Revue 5/81 über eine bemerkenswerte Leistung der Mischvorwärmer-23 086:

„Als ich am 6. Juli 1959 den D 103 von Minden nach Hannover benutzte, traf dieser mit 36,0 Minuten Verspätung in Minden ein. Zuglok war außerplanmäßig 23 086 vom Bw Bielefeld. Die planmäßige Zuglok, eine V 200 vom Bw Hamm, war nämlich ausgefallen, so daß ab Bielefeld die 23er den Zug übernahm.

In Hannover (64,4 km von Minden entfernt) traf unser Zug mit nur 39,0 Min. Verspätung ein. Dabei hatte der D 103 zwölf Vierachser, somit etwa 450 bis 480 t Wagenlast. Die zusätzliche Verspätung von drei Minuten war nicht der 23er anzulasten, sondern einer Langsamfahrstelle mit Vmax 60 km/h in km 27 und einem Stutzen bis auf Schrittgeschwindigkeit am Block Duendorf (km 24,5).

Dadurch bedingt ergab sich ein zusätzlicher Fahrzeitverlust von rund gerechnet vier Minuten, wie sich ziemlich sicher schätzen läßt. Mithin hatte die 23 086 die planmäßige Fahrzeit Minden – Hannover nicht nur gehalten, sondern sogar um eine Minute „unterboten“. Hätte nämlich der Zug die ganze Strecke mit voller Geschwindigkeit durchfahren, so hätte er Leinhausen (km 5,4) 28,7 Min. nach Durchfahrt Bückeburg (km 55,2) passiert.

Tatsächlich benötigte er aber 32,4 Min. für diese Strecke. Er verlor also infolge zweimaligen Bremsens, Langsamfahrens und Wiederbeschleunigens eine Zeitspanne von 32,4 Min. – 28,7 Min. = 3,7 Min., also rund vier Minuten. Es wurde dabei bewußt von der Durchfahrt Bückeburg ausgegangen, weil er hier seine Endgeschwindigkeit von 100 bis 110 km/h annähernd erreicht hatte.

Steigungen und Gefälle der Strecke Minden – Hannover sind typisch fürs Flachland, sie erreichen 4 Promille, vorherrschend sind etwa 2 Promille, die sich abwechseln und dabei ziemlich ausgleichen, wenn auch Hannover ungefähr 15 Meter höher liegt als Minden. Die diesem Höhenunterschied entsprechende Hubarbeit hatte die 23 086 zu der vollen Leistung, die sie ohnehin erbrachte, hinzuzufügen.

Denn ihre auf einer Kesselbeanspruchung von 70 kg Dampf pro m² Verdampfungsheizfläche in der Stunde beruhende Leistungstafel sagt aus, daß sie 425 t D-Zugwagenlast auf 4 ‰ Steigung mit 90 km/h, 480 t auf 2 ‰ mit 100 km/h und 450 t auf 1 ‰ mit 110 km/h Beharrungszustand zu schleppen habe. Das ist auch ziemlich genau das, was sie bei der vorerwähnten Fahrt hervorgebracht hat. Hinzu kommen allerdings die drei Beschleunigungsabschnitte. Der erste

△ **Bild 136 • 23 016** (Bw Mainz) in flotter Fahrt am 18. April 1953 vor dem aus preußischen Abteilwagen gebildeten P 1230 aus Koblenz bei Kapellen-Stolzenfels auf der linken Rheinstrecke. Aufnahme: Carl Bellingrodt/EK-Verlag

▽ **Bild 137 • 23 086** vom Bw Minden in einer Aufnahme von 1966, die sie noch mit dem Mehrfachventil-Heißdampfregler zeigt, erkennbar an der Betätigungsstange an der rechten Kesselseite. Aufnahme: Karl-Friedrich Seitz

△ **Bild 138** • Die neun Tage alte **23 015** am 5. Mai 1951 im Heimat-Bw Siegen. Bereits ab 14. Mai 1951 wurde die Lok für Versuchsfahrten dem LVA Minden zugeteilt, wo sie bis 1954 blieb. Im Zusatzheft des Betriebsbuches findet sich bei der Abnahme ein magerer Eintrag: „Tender ist mit Drehgestellen 2'2'T 26 ausgerüstet." Bei der Ablieferung war das definitiv nicht der Fall, wie das Bild beweist. Anlässlich einer L3 im AW Nied am 6. Juli 1960 heißt es: „Umbau am Tender 2'2'T 31 auf Drehgestelle 2'2'T 26 ausgeführt." Dieser Tausch mit Drehgestellen der Baureihe 50 fand bei einigen 23 statt. AUFNAHME: CARL BELLINGRODT, SAMMLUNG JÖRG SAUTER

bei der Ausfahrt aus Minden, wobei sie während acht bis zehn Minuten wesentlich höher beansprucht wurde, als sie den Zug auf 100 km/h beschleunigte und dabei die 11,5 km bis Block Müsingen hinter Bückeburg rund 20 m aus dem Tal der Weser heraushob. Dabei wird ihre Heizflächenbelastung in den Bereich der 85 kg/m²h geraten sein, den Friedrich Witte für Spitzenleistungen angegeben hat.

Nicht ganz so anstrengend waren dann die beiden übrigen Beschleunigungsabschnitte nach den Langsamfahrten.

Diese Fahrt, die ich miterleben konnte, war weder „vorgeplant" noch wußte das Personal davon, daß jemand mitfuhr und Aufschreibungen über diese Fahrt vornahm. Denn bei den Meßfahrten, die das Lok-Versuchsamt damals durchführte, wurden fast immer ausgesuchte Lokomotiven und ausgesuchtes Personal verwendet, was natürlich zu anderen Ergebnissen, sozusagen „am oberen Rand" der Skala, führen mußte.

Dennoch konnte gezeigt werden, daß gut gepflegte Maschinen mit gut ausgebildetem Personal durchaus in der Lage waren, die geforderten Leistungen zu bringen, ja sogar zu übertreffen.

Das Merkbuch für Dampflokomotiven von 1953 schreibt der 23 eine indizierte Leistung von 1.785 PSi (bei 70 kg/m²h Heizflächenbelastung und einem Dienstgewicht mit Tender und 2/3 Vorräten von 131,8 t) zu. Die V 200, für die hier einzuspringen war, hatte eine Nennleistung von 2.200 PS und wog nur rund 80 t.

Während also die 23 mit 1.785 PS einen Zug von 132 t + 480 t = 612 t zu bewältigen hatte, brauchte die V 200 nur 80 t + 480 t = 560 t zu nehmen, das aber bei 2.200 PS.

Demnach standen der 23 nur 2,9 PS/t, der V 200 aber 3,9 PS/t (PS pro Tonne) zur Verfügung, also rund 34 % mehr Leistung pro Tonne Zuggewicht. Daß hier die 23 086 unter diesen Umständen in den Händen eines offensichtlich kundigen und gut befähigten Personals, das leider ungenannt blieb, eine hervorragende Leistung über eine dreiviertel Stunde lang erbracht hat, wird gewiß niemand bestreiten können!"

An Ulrich Schwancks Bericht fallen zwei Punkte auf:

Zum einen wäre keine P 8 in der Lage gewesen, eine nur annähernd gleiche Leistung über diesen langen Zeitraum zu erbringen. Und dass Schwanck die Minuten im Dezimalbereich hinter dem Komma dokumentiert, mutet aus der Sicht eines heutigen Bahnkunden, der daran gewöhnt ist, dass die Deutsche Bahn eine „Pünktlichkeitsrate" (weniger als fünf Minuten Verspätung!) von 68 % ihrer Züge als Erfolg verkündet, wie ein Märchen aus Tausend und einer Nacht an.

Weiter heißt es bei Ulrich Schwanck: *„Noch einige Worte zu den Laufeigenschaften der Baureihe 23: … Bei der BR 23 sind nie Zuckschwingungen gemessen worden, weil darüber damals wegen der guten Unterhaltung nicht geklagt wurde, im Gegensatz zum Beispiel zur BR 03 oder P 8. Die BR 23 wurde lauftechnisch gründlich untersucht …*

Die aufs Gleis wirkenden, seine ‚Lagestabilität' beanspruchenden Kräfte blieben innerhalb der dafür gültigen Grenzen, auch konnte keine Neigung zum Entgleisen festgestellt werden. Trotzdem wurden vom Lokomotiv-Versuchsamt dem BZA Minden aufgrund der Versuchsergebnisse Verbesserungsvorschläge gemacht, die – im Oktober 1955 – leider nicht mehr beachtet wurden.

Der Strukturwandel war inzwischen zugunsten der modernen Triebfahrzeuge fortgeschritten, so daß nur noch derartige Dinge bei den Dampfloks berücksichtigt wurden, die zur Abwendung unmittelbarer Betriebsgefahren notwendig waren. Das aber war hier nicht der Fall, so daß man die BR 23 triebwerksmäßig so beließ, wie sie konstruiert wurde."

Auch beim Vergleich mit der Vorgänger-Bauart P 8 kommt Schwanck zu einem eindeutigen Ergebnis:

△ **Bild 139 • 23 062** (Bw Mainz) am 29. August 1957 vor einem Eilzug von Frankfurt/M. nach Baumholder in Mainz Hbf. Das schöne DB-Logo trägt zum ästhetischen Gesamteindruck der Lok bei. AUFNAHME: HANS SCHMIDT, SAMMLUNG EK-VERLAG

„Als Mitarbeiter eines Mitglieds des Lokomotivausschusses war ich an der Entwicklung der ‚Einheitslokomotiven 1950' beteiligt und möchte daher abschließend den technischen Fortschritt zeigen, den die 23 aufgrund der Versuchsergebnisse des Lokomotiv-Versuchsamtes Minden im Vergleich zur P 8 gebracht hat. Werden demnach die P 8 und die 23 vor 300-t-D-Zug-Wagenlast auf einer 10-‰-Steigung mit derselben Heizflächenbelastung von 57 kg/m²h beansprucht, so entwickelt die P 8 dabei eine Geschwindigkeit von 50 km/h, die 23 aber 60 km/h.

Die unten aufgeführte Tabelle zeigt dies und auch, daß die P 8 dabei auf einen Kilometer 22,9 kg, die 23 aber nur 19,3 kg Kohle verbraucht.

Dank des ihr zuteil gewordenen technischen Fortschritts ist also die 23 (um 20 %) schneller und spart gleichzeitig (fast 16 %) Energie. Von der P 8 werden dabei 1.075 PSi und von der 23 sogar 1.405 PSi ausgeübt. Für die ‚Nenn-Beanspruchung' des 23er Kessels mit 70 kg/m²h (das sind 11 t/h) entnimmt man der Tabelle, daß die 23 dann sogar 320 t (5 % mehr) an Wagenlast mit 70 km/h, also (40 %) schneller als die P 8 befördert (wobei sie 1.770 PSi leistet) und dabei 23,9 kg Kohle pro km, also nur wenig (4,4 %) mehr als die P 8 mit deutlich geringerer Wagenlast und Geschwindigkeit verbraucht. Da sie aber gleichzeitig auf die Bruttotonnenkilometer (Brtkm) bezogen etwas (3,1 %) weniger als die P 8 verbraucht, gleichen sich diese kleinen Unterschiede aus. Energietechnisch ist der Kohlenverbrauch ohnehin besser auf Brtkm als nur auf km zu beziehen.

Demnach kann die 23 mit dem gleichen Energieaufwand wie die P 8 eine etwas größere Last mit beträchtlich größerer Geschwindigkeit befördern. Auch das bestätigt den bereits festgestellten eindeutigen technischen Fortschritt, der weiterhin auch darin besteht, daß die 23 gegenüber der P 8 mit 50kg/PSe gegen 76 kg/PSe über ein um 34 % geringeres Leistungsgewicht verfügt, wie aus der Tabelle auch ersichtlich ist, wobei Leergewicht pro Zughakenleistung Ne (Pe) zugrunde liegt.

Zu den hier gemachten Angaben des Kohleverbrauchs wird betont, daß diese nicht mit denen gleichgesetzt werden dürfen, die in üblichen Kohleverbrauchsstatistiken erscheinen, in denen ja die alltägliche Wirklichkeit des Fahrens vorm Zug mit Voll- und Teillast, Rangieren, Ruhefeuer usw. steckt.

In der Tabelle ist hingegen der Kohlenverbrauch angegeben, der bei der dauernd angewendeten Heizflächenbelastung von 57 oder 70 kg/²h auftritt.

So könnte der hier mit 22,9 kg Kohle pro km für die P 8 angegebene Verbrauch rein zahlenmäßig etwa doppelt so groß sein wie der in der Kohlenverbrauchsstatistik in t/1.000 km lag."

Soweit Ulrich Schwanck.

Beförderungsleistungen und Kohlenverbrauch aufgrund von Versuchsergebnissen

BR	Steigung 1 : 100 mit km/h	beförderte Wagenlast t	Heizflächenbelastung kg/m²h	Kohlenverbrauch kg/km	Kohlenverbrauch 1.000 Brtkm	Leistungsgewicht kg/PSe
P 8	50	300	57	22,9	54,5	76
23	60	300	57	19,3	44,6	50
23	70	320	70	23,9	52,8	50

Kohlenverbrauch

Der Kohleverbrauch einer Dampflokomotive hängt von einer Fülle von Faktoren ab, die zunächst in keinem engeren Zusammenhang zu stehen scheinen, in der Summe jedoch einen erheblichen Einfluss auf die Wirtschaftlichkeit ausüben. Im nachfolgenden wird auf die wirkungsstärksten Parameter eingegangen.

Kohle

Werfen wir zunächst einen Blick auf das wichtigste Medium bei der Energiegewinnung einer Dampflokomotive, die Kohle. In West-Deutschland wurde fast ausnahmslos Steinkohle zur Verfeuerung in Lokomotivkesseln verwendet. Die Bundesrepublik verfügte bis in die siebziger Jahre über reiche Steinkohlenlager hauptsächlich im Ruhrgebiet, in geringerem Umfang auch im Saargebiet.

Es werden folgende Sorten der Steinkohle unterschieden:

1. Förderkohle mit 25 % Grobgehalt an Kohlenstücken mit über 30 mm Korngröße bei Fettkohlen und 30 % bei Gasflammkohlen. Der Rest kann Feinkohle sein.
2. Bestmelierte Kohle aus Förderkohle (unter Beigabe stückreicher Kohle) mit mindestens 50 % Grobgehalt (über 30 mm Korngröße).
3. Stückkohle mit über 80 mm Korngröße.
4. Knabbeln, Stückkohle mit einer Korngröße von 80 – 120 mm, bestes Format für Lokomotivfeuerung.
5. Nusskohle. Man unterscheidet
   - Nuss 1 80 – 50 mm Korngröße
   - Nuss 2 50 – 30 mm Korngröße
   - Nuss 3 30 – 18 mm Korngröße
   - Nuss 4 18 – 10 mm Korngröße
   - Nuss 5 10 – 6 mm Korngröße
6. Feinkohle 6 – 0 mm Korngröße
7. Staubkohle

Für die Lokomotivfeuerung kommen vorwiegend in Frage: Förderkohle (billigste Kohle), bestmelierte Kohle (etwas besser) und Stückkohle, insbesondere Knabbeln (beste Korngröße). Nusskohle (Nuss 1) wird durch die Vorbehandlung teuer. Daneben wurden auch Steinkohlenbriketts für Lokfeuerung hergestellt.

Die Kohlen werden aber auch nach ihren Eigenschaften unterteilt.

1. Gasflammkohle mit 28 – 40 % flüchtigen Bestandteilen
2. Fettkohle mit 19 – 28 % flüchtigen Bestandteilen
3. Esskohle mit 12 – 19 % flüchtigen Bestandteilen
4. Magerkohle mit 10 – 12 % flüchtigen Bestandteilen
5. Anthrazit mit 5 – 10 % flüchtigen Bestandteilen.

Der Lokomotivrost ist der höchstbeanspruchte Rost mit 400 bis 500 kg/m²h gegenüber einem Rost ortsfester Anlagen mit nur 150 kg/m²h.

Für die Lokomotivfeuerung eignen sich am besten leichtentzündbare Kohlen mit hohem Heizwert und gutem Backvermögen. Gasflammkohle ist leichtentzündlich, Fettkohle hat das höchste Backvermögen und Esskohle hat den höchsten Heizwert. Magerkohle und Anthrazit haben pulvrigen Koks, der leicht zerfällt (Sandkohle) und daher für Lokfeuerung ungeeignet ist.

Die Gasflammkohlen müssen als zuverlässige Dampfmacher mit niedriger Feuerschicht gefahren werden. Da der Sauerstoff von unten her in der glühenden

△ **Bild 140** • In der Rauchkammer sammeln sich bei jeder kohlegefeuerten Lok erhebliche Mengen von Asche und unverbrannter Kohle, die in regelmäßigen Abständen entfernt werden müssen. **023 020** im Bw Lauda, 26. März 1975. Aufnahme: Frank Lüdecke

Schicht reduziert wird, erhalten die flüchtigen Gase der aufgeworfenen Kohle nicht genügend Sauerstoff, wenn zu hoch gefeuert wird und ziehen als Rauch unverbrannt ab. Bei niedriger Schicht und häufiger Beschickung in kleineren Mengen wird die Kohle wirtschaftlicher verfeuert.

Die Fettkohle ist infolge ihrer Backfähigkeit und des immerhin noch günstigen Gehalts an flüchtigen Bestandteilen die beste Lokkohle. Durch das Aufblähen des Kokses wird das Feuerbett locker (blumenkohlartig). Rühren im Feuer ist möglichst zu vermeiden, weil die glasharte lockere Schicht sonst sandartig zusammenfällt.

Die Esskohle erfordert schon ein etwas höheres Feuer, da die Kohle längere Zeit zum Durchbrennen braucht, insbesondere bei größeren Stücken. Daher sollten nur faustgroße Stücke verfeuert und vor größerer Lokanstrengung rechtzeitig beschickt werden, damit das Feuer nicht durch zu starke Beschickung erstickt (Kohlenoxydbildung – CO).

Die Steinkohlenbriketts werden vorwiegend aus Esskohle (Feinkohle mit etwa 7 % Pechgehalt als Bindemittel) gepresst. Kissenbriketts mit einem Gewicht von etwa 350 g sind die günstigste Stückgröße. Durch den Pechgehalt erhalten sie annähernd die Eigenschaften der Fettkohle (schnelle Entzündung) und rechnen damit zu den Hochleistungskohlen. Der Heizwert der Steinkohlen kann im Mittel mit 7.500 Wärmeinheiten je kg angenommen werden. Eine Wärmeinheit ist die Wärme, die erforderlich ist, um 1 kg Wasser von 14,5 °C zu erwärmen (Kilogrammkalorie).

Zusammengefasst: Qualität und Beschaffenheit der verfeuerten Kohle sind entscheidende Faktoren für den Kohleverbrauch einer Dampflokomotive. Es gibt jedoch noch weitere wichtige Einflussfaktoren:

- *Gestaltung der Dienstpläne*: Enthält der Umlaufplan lange Durchläufe, die sich günstig auf den Kohleverbrauch auswirken oder treten längere Standzeiten unter Dampf auf, die den Kohleverbrauch in die Höhe treiben? Sind die im Fahrplan vorgesehenen Fahrzeiten angespannt und erfordern eine schärfere Fahrweise, oder lässt der Fahrplan eine eher gemütliche Fahrweise zu? Liegen die befahrenen Strecken im Flachland oder im Bergland mit einer höheren Beanspruchung? Auch die Belastung durch die angehängten Zuglasten spielt eine wesentliche Rolle beim Kohleverbrauch.
- *Unterhaltungszustand*: Einwandfreie Regulierung der Steuerung, richtige Bemessung der schädlichen Räume, Abnutzungszustand der Achs- und Stangenlager, präzise Einstellung des Blaskopfes und damit des Saugzugs, Dichtheit des Kessels (Waschluken und Rohre), Aschkastenluftzuführung.
- *Fähigkeiten des Lokpersonals*: Der Beruf des Dampflokführers war kein Bürojob! Breite technische Kenntnisse, vorausschauende Fahrweise, Entschlusskraft, Fingerspitzengefühl, zupackende Energie, die Fähigkeit, auch in dramatischen Situationen die Ruhe zu bewahren und schließlich die Liebe zu seiner Lok und seiner Eisenbahn kennzeichneten einen guten Dampflokführer! Nicht zufällig war Lokführer mindestens bis zum Beginn der fünfziger Jahre einer der Berufe mit dem höchsten Sozialprestige! Jeder zweite Junge unter 14 Jahren wollte damals Lokführer werden!
- Von großer Bedeutung für den Kohleverbrauch war auch die Streckenkenntnis des Lokführers. Ein mit dem geographischen Streckenprofil vertrauter Lokführer wusste stets, wo er den Regler frühzeitig schließen konnte, um die kinetische Energie des Zuges auszunutzen.

Nun gab es auf der rechten Seite des Führerstands einerseits die virtuosen Künstler, die Regler und Steuerung wie ein Musikinstrument bespielten und dabei ihren Zug wirtschaftlich, sicher und pünktlich

△ **Bild 141** • Auf der Rauchkammertür trägt **23 054** noch die Platte, auf der ab Werk das DB-Logo angebracht war. Wenige Tage, nachdem sie vom Bw Kaiserslautern zum Bw Crailsheim gekommen war, wird sie am 31. Juli 1966 im Bw Lauda mit Kohle versorgt. Aufnahme: Albert Schöppner, Archiv Jörg Sauter

ans Ziel brachten. Ich hatte das Privileg, in den Jahren 1981 bis 2000 einige dieser Künstler aus Österreich auf dem Führerstand von 41 018 aus nächster Nähe zu erleben und durfte einiges von Ihnen lernen (Danke Kurt, danke Erwin!). Andererseits traten auch die „Drescher" in Erscheinung, die jeden Heizer zur Verzweiflung brachten. Für diese Spezies war nur eine voll ausgelegte Steuerung eine gute Steuerung. Wirtschaftliche Fahrweise war ihnen wesensfremd. Ältere Eisenbahnfreunde erinnern sich vielleicht noch an die letzte Fahrt von 023 019 von Nürnberg über die Schiefe Ebene nach Hof am 15.6.75, bevor sie ins Deutsche Dampflokomotivmuseum in Neuenmarkt-Wirsberg einrückte. Der auf der Lok tätige Lokführer S. aus Crailsheim fuhr in der Regel mit bis zum Anschlag ausgelegter Steuerung. Das war besonders auf der Schiefen Ebene für die zahlreichen Eisenbahnfreunde ein sensationelles Schauspiel, als die Lok hinter der Vorspannlok 012 061 mit wildem Donnerschlag die Rampe hinauf tobte! Für die beiden (!) Heizer auf der 023 war der Dienst bei 30 °C Außentemperatur ein Albtraum: Es musste ununterbrochen gefeuert werden; dabei war die Schaufel bei geöffneter Feuertür gut festzuhalten, da sie andernfalls durch den enormen Saugzug in die Feuerkiste gezogen worden wäre! Der Lotse auf der Lok meinte später, so einen Lokführer habe er noch nicht erlebt. Der Kohlenverbrauch der Lok auf dieser Fahrt ist nicht überliefert, er dürfte jedoch nicht rekordverdächtig niedrig gewesen sein!

Es ist also offensichtlich, dass die Fahrweise des Lokführers einen starken Einfluss auf den Kohleverbrauch hat.

Nicht zuletzt wollen wir den Einfluss des Heizers auf den Kohlenverbrauch würdigen. „Überwirft" ein Heizer den Rost, soll heißen er feuert „zu hoch", kann dies zu rascher Verschlackung des Feuers und entsprechend sinkendem Dampfdruck führen. Aus dieser Situation mit weiterer Beschickung des Feuers wieder herauskommen zu wollen eröffnet endgültig einen höchst unangenehmen Teufelskreislauf von Sauerstoffmangel auf dem Rost, sinkendem Dampfdruck und daraus folgendem Zusetzen von Fahrzeit. Ein weiteres Problem für die Leistungsfähigkeit einer Dampflokomotive ist ein zu hoher Wasserstand im Kessel, der nicht nur zum gefürchteten Wasserüberreißen führen kann, sondern auch die für die Verdampfung einer größeren Wassermenge benötigte Energiezufuhr in Form der zugeführten Kohle erhöht. Ein guter Heizer schaufelt kleinere Mengen Kohle in regelmäßigen und kürzeren Abständen in die Feuerbüchse und hält das Wasser im Kessel in der Mitte des Glases (nicht zu verwechseln mit dem „scheinbaren" Wasserstand bei geöffnetem Regler!).

Es sei an dieser Stelle auch daran erinnert, welche enorme körperliche Belastung ein Heizer zu bestehen hatte: Eine Lokheizerschaufel fasste etwa 7 – 8 kg Kohle. Im Bereich der Kessel-Nennlast einer 23 musste der Heizer 4 – 5 Schaufeln in einer Minute (28 – 40 kg) verfeuern! Die durchschnittliche Lebenserwartung lag Anfang der fünfziger Jahre in Deutschland für Männer bei 65 Jahren (Frauen 69 Jahre), die Regelaltersgrenze ebenfalls bei 65 Jahren. Ein Heizer musste damals über eine ausgesprochen robuste körperliche Konstitution verfügen, um das Rentenalter zu erreichen! Von der gelegentlich beschworenen Romantik des Dienstes auf Dampflokomotiven konnte da keine Rede sein!

Doch wenden wir uns nun dem Kohlenverbrauch der 23 im Speziellen zu.

Höchste Laufleistungen pro Monat, Kohlenverbrauch und durchschnittliche Zuglasten

Loknummer	Bahnbetriebswerk	Monat	km	Kohlenverbrauch t/ 1.000 km	Kohlenverbrauch t/ 1 Mio. Lokleistungs [tkm]	durchschnittl. Zuglast [t]
23 001	Kempten	Juli 1951	8.848	12,00	33,95	283
	Oberlahnstein	Juli 1954	11.373	15,18	49,84	328
	Trier	August 1962	13.609	11,49	32,59	283
	Saarbrücken	Juni 1966	8.735			
	Crailsheim	November 1970	8.300			
23 002	Kempten	August 1951	11.209	12,26	46,97	239
	Oberlahnstein	Dezember 1953	11.416	15,23	40,20	264
	Trier	März 1963	14.567	12,91	38,06	294
	Crailsheim	April 1970	7.900			
23 003	Kempten	Oktober 1951	10.892	12,19	31,72	260
	Oberlahnstein	Juni 1953	10.210	13,34	35,32	378
	Trier	Juli 1959	13.945	13,16	34,58	263
	Saarbrücken Hbf	Mai 1965	8.840			
23 004	Kempten	Juli 1951	9.140	11,93	30,27	302
	Oberlahnstein	Mai 1953	10.316	16,10	44,19	275
	Trier	Oktober 1959	13.409	12,78	37,41	293
	Saarbrücken Hbf	Oktober 1964	9.503	15,96	51,61	323
23 005	Kempten	Juli 1951	10.750	11,79	30,11	255
	Trier	Juni 1961	13.654	12,01	32,86	274
	Saarbrücken Hbf	März 1966	8.853			
	Crailsheim	August 1971	7.200			
23 006	Bremen Hbf	Juli 1951	10.039	13,10	36,40	278
	Siegen	April 1953	13.118	14,16	39,24	278
23 008	Bremen Hbf	Juni 1951	10.072	13,67	37,31	270
	Siegen	April 1953	13.340	13,93	39,38	283
	Kaiserslautern	August 1969	5.300			
23 009	Bremen Hbf	Juli 1951	10.609	13,05	35,56	273
	Siegen	Juli 1955	12.793	15,55	41,18	265
23 010	Bremen Hbf	April 1951	12.910	13,42	31,31	233
	Siegen	März 1953	13.442	13,92	39,97	287
23 011	Siegen	Juli 1958	12.863	13,24	34,91	264
	Hagen-Eckesey	August 1962	10.348	15,18	49,26	325

Fortsetzung Höchste Laufleistungen pro Monat, Kohlenverbrauch und durchschnittliche Zuglasten						
Loknummer	Bahnbetriebswerk	Monat	km	Kohlenverbrauch t/ 1.000 km	1 Mio. Lokleistungs [tkm]	durchschnittl. Zuglast [t]
23 012	Siegen	Mai 1958	13.473	14,79	38,59	261
	Kaiserslautern	Januar 1967	5.539			
	Crailsheim	Oktober 1969	7.700			
23 014	Siegen	September 1961	12.943	15,66	37,90	252
	Hagen-Eckesey	August 1962	10.651	14,59	33,15	321
23 015	Paderborn	August 1954	13.839	13,82	56,99	243
	Siegen	Juli 1961	15.732	14,86	62,54	252
	Hagen-Eckesey	August 1962	11.915	15,25	49,10	323
23 016	Mainz	August 1954	12.099	14,85	42,66	287
	Gießen	Juli 1960	10.837	15,04	39,61	263
23 019	Mainz	Juli 1956	11.413	13,65	42,56	268
23 021	Crailsheim	November 1967	8.435			
23 024	Mainz	August 1958	13.433	13,89	35,60	256
23 025	Mainz	Juli 1955	12.664	12,31	35,30	287
23 026	Siegen	Juli 1954	13.898	13,40	36,30	271
	Hagen-Eckesey	Juli 1958	15.908	11,07	32,55	294
23 027	Siegen	August 1954	13.964	12,58	34,06	271
23 028	Paderborn	Mai 1955	16.231	13,29	32,09	241
	Gießen	Juni 1959	14.130	13,56	35,62	263
23 030	Paderborn	Juni 1955	16.365	13,77	33,06	240
	Gießen	November 1959	12.373	15,20	39,74	261
23 031	Paderborn	Oktober 1954	14.617	13,08	31,42	240
	Gießen	Juli 1960	13.420	14,22	33,51	236
23 033	Paderborn	Juli 1955	15.929	13,00	31,46	242
23 034	Paderborn	Mai 1956	13.662	13,87	32,80	237
23 036	Mönchengladbach	August 1955	13.489	12,95	30,38	234
23 037	Mönchengladbach	August 1955	13.546	11,74	27,99	238
23 038	Mönchengladbach	August 1955	13.430	13,49	33,13	238
23 039	Mönchengladbach	Juli 1959	12.649	12,34	32,00	259
23 040	Mönchengladbach	Mai 1956	12.355	13,23	34,55	261
23 043	Paderborn, Mönchengladbach	Juli 1955	13.937	12,68	24,75	247
23 044	Trier	Juni 1959	12.931	12,79	37,14	290
23 047	Oberlahnstein	März 1955	10.273	14,84	45,79	309
	Trier	Januar 1963	13.078	14,57	42,07	289
23 048	Oberlahnstein	November 1954	10.461	14,31	44,36	310
	Gießen	Oktober 1960	11.828	15,24	34,80	228
23 050	Oberlahnstein	Dezember 1954	11.005	13,98	42,23	302
	Trier	September 1962	11.450	12,16	35,19	289
23 051	Oberlahnstein	März 1955	10.926	14,09	43,21	307
	Trier	Juli 1962	12.978	12,89	33,77	262
23 052	Oberlahnstein, Mainz	Mai 1955	11.069	12,96	41,70	322
	Trier	Juli 1962	13.698	11,97	34,49	288
23 054	Mainz	Juli 1957	13.482	13,08	34,17	301
	Crailsheim	August 1966	10.235			
23 055	Mainz	Dezember 1955	11.427	15,25	42,86	281
23 057	Mainz	September 1957	12.664	12,91	33,12	257
23 059	Kaiserslautern	April 1964	11.949	16,28	42,19	259
23 060	Mainz	Januar 1957	11.295	12,81	35,68	278
	Kaiserslautern	Juli 1961	10.404	15,30	43,56	283
23 062	Mainz	Oktober 1955	11.326	15,09	43,20	286
	Kaiserslautern	Dezember 1962	11.299	16,60	45,27	273
23 063	Mainz	Oktober 1957	12.197	13,86	39,21	283
	Kaiserslautern	März 1963	10.766	15,77	42,96	272
23 064	Mainz	August 1957	12.724	13,33	38,39	288
23 067	Mainz	Oktober 1955	12.011	14,13	37,89	268
	Kaiserslautern	August 1961	10.923	14,00	38,26	272
23 069	Mainz	August 1955	12.679	12,23	34,75	284
	Bingerbrück	Juli 1960	10.843	12,70	31,79	251
	Kaiserslautern	August 1962	10.074	14,72	41,14	280
23 070	Mainz	August 1955	13.092	12,09	34,94	289
	Bingerbrück	August 1960	10.682	14,20	38,68	272
	Kaiserslautern	August 1963	10.676	13,56	40,84	301
23 071	Paderborn	Oktober 1957	17.754	13,11	31,41	240

Fortsetzung Höchste Laufleistungen pro Monat, Kohlenverbrauch und durchschnittliche Zuglasten

Loknummer	Bahnbetriebswerk	Monat	km	Kohlenverbrauch t/ 1.000 km	1 Mio. Lokleistungs [tkm]	durchschnittl. Zuglast [t]
23 072	Paderborn	September 1957	16.761	13,16	30,21	229
	Kaiserslautern	Dezember 1964	10.425	14,51	48,10	331
23 073	Paderborn	Juli 1957	16.714	12,42	27,42	221
	Oldenburg Hbf	Oktober 1960	13.187	13,31	37,62	283
	Oldenburg Rbf	August 1964	11.050	13,28	36,54	275
23 074	Paderborn	August 1957	15.943	13,51	29,66	220
	Oldenburg Hbf	Juli 1963	12.477	12,65	33,31	263
	Oldenburg Rbf	Oktober 1963	12.207	14,08	39,91	283
23 075	Paderborn	Juli 1957	16.137	12,09	30,08	249
	Oldenburg Hbf	Juli 1961	12.619	13,83	37,11	268
	Oldenburg Rbf	August 1963	11.893	9,72	26,10	268
23 076	Paderborn	Juni 1957	15.175	12,78	32,75	256
	Oldenburg Hbf	August 1961	12.948	12,17	47,15	275
23 077	Oldenburg Hbf	Juli 1963	12.886	12,18	32,65	268
	Oldenburg Rbf	August 1964	11.909	13,20	35,51	269
23 079	Krefeld	Februar 1962	13.369	14,83	44,18	298
23 080	Krefeld	April 1958	11.270	12,60	46,34	368
	Oldenburg Hbf	März 1962	12.400	14,36	40,25	280
	Oldenburg Rbf	Juli 1963	12.275	13,92	36,87	265
23 081	Bielefeld	April 1959	7.458	15,06	23 Betriebstage	324 km/BT
	Bielefeld	Dezember 1959	9.180	15,60	28 Betriebstage	328 km/BT
23 082	Bielefeld	März 1959	11.385	14,24	30 Betriebstage	380 km/BT
	Bielefeld	Dezember 1959	10.921	15,42	27 Betriebstage	404 km/BT
23 083	Bielefeld	März 1959	8.430	14,90	26 Betriebstage	324 km/BT
	Bielefeld	Juli 1959	14.187	12,84	36,41	283
23 084	Braunschweig Vbf	März 1958	11.497	15,47	45,08	255
	Bielefeld	März 1959	10.652	13,83	30 Betriebstage	355 km/BT
	Bielefeld	April 1959	10.540	13,54	28 Betriebstage	376 km/BT
23 086	Braunschweig Vbf	März 1958	12.743	14,17	46,70	273
	Bielefeld	April 1959	9.729	14,11	25 Betriebstage	389 km/BT
23 087	Bielefeld	Juli 1959	9.808	13,00	26 Betriebstage	377 km/BT
23 088	Bielefeld	Juli 1959	10.540	12,91	26 Betriebstage	405 km/BT
23 100	Minden (Westf)	Juli 1961	11.679	14,75	40,64	275
23 102	Minden (Westf)	Oktober 1961	10.759	15,52	43,32	279
23 103	Minden (Westf)	Oktober 1963	10.666	16,52	44,92	272
23 105	Minden (Westf)	Juli 1961	11.162	14,67	40,05	273
		durchschnittlich		**13,71**	**37,68**	**305**
Loks mit Oberflächenvorwärmer und Gleitlagern: 23 001 – 023, 026 – 052				13,50	36,40	306
Loks mit Heinl-Mischvorwärmer, MV-57, MVC-Vorwärmer und Rollenlagern: 23 024, 025, 053 – 105				13,83	39,97	302
Zum Vergleich: BR 38^{10} (preußische P 8)				13,20	41,44	260

Der Kohlenverbrauch hatte wesentlichen Einfluss auf die Kosten des Zugförderungsdienstes. Im Schreiben 21.212 Zlst 32 vom 2. Mai 1957 nimmt Dr. Flemming (Hauptverwaltung Frankfurt/M.) die einzelnen Kohleherkunftsländer und deren Marktpreise in den Blick. Siehe hierzu die Tabelle rechts und die Tabelle auf der folgenden Seite.

		Zechenpreis [DM/t]	Anteil am Verbrauch in %	Preis gesamt
a)	Ruhrkohle			
	Stücke	62,60	70	43,82 DM/t
	Knabbeln	63,10	10	6,31 DM/t
	Nußkohle	62,85	15	9,43 DM/t
	Brikette	72,60	5	3,63 DM/t
	Durchschnittspreis Ruhrkohle frei Zeche			63,19 DM/t
b)	Saarkohle, Durchschnittspreis etwa			73,80 DM/t
c)	Aachener Revier, Durchschnittspreis etwa			72,85 DM/t
d)	Durchschnittpreis für Lokkohle im DB-Bereich ohne Berücksichtigung ausländischer Kohle			64,40 DM/t
e)	Durchschnittspreis für USA-Kohle frei Hamburg oder Bremen			94,00 DM/t
f)	Durchschnittspreis der polnischen Kohle frei Schirnding (BD Regensburg)			98,00 DM/t
g)	Durchschnittspreis für Lokkohle, wenn etwa 20 % USA- u. polnische Lokkohle verw. werden			70,50 DM/t
h)	Als Durchschnittsfracht für deutsche Kohle werden gewählt:			12,00 DM/t
	Für die USA- und polnische Kohle werden angesetzt, weil diese Kohle nur in der Nähe der Einfuhrhäfen bzw. des Übergabebahnhofs verwendet wird.			5,00 DM/t

Bei der 12. Besprechung der Zugförderungsdezernenten vom 15. bis 17. Mai 1956 in Frankfurt (M) war die Qualität der USA-Kohle Punkt 7 der Tagesordnung. Dazu heißt es im Protokoll:

„Die gelieferte USA-Kohle ist eine Gasflammkohle aus unbekannten Zechen. ... Die gelieferte USA-Kohle war ziemlich einheitlich; größere Qualitätsunterschiede wurden nicht festgestellt. Die verlangte Korngröße beträgt 50 – 120 mm. Von 20 bisher eingegangenen Schiffen mussten 2 wegen Unterkorn beanstandet werden. In der Zeit, in der diese Mullkohle mitverbraucht werden musste, stiegen die Dampfmangelfälle. Die normalstückige USA-Kohle ist eine Koh-

Lokkohle	Zechen- bzw. Kaufpreis [DM/t]	Durchschnitts-fracht [DM/t]	Umschlag-kosten [DM/t]	Preis frei Tender [DM/t]
DB-Kohle	64,40	12,00	3,00	79,40
USA-Kohle	94,00	5,00	3,00	102,00
Polnische Kohle	98,00	5,00	3,00	106,00
DB-Kohle einschl. ausländischer Kohle	70,50	11,00	3,00	84,50

le, die auf Grund ihres hohen Gehaltes an flüchtigen Bestandteilen leicht brennt und wegen ihres hohen Ascheschmelzpunktes keine fließende Schlacke bildet. Der hohe Aschegehalt der USA-Kohle hat zur Folge, dass das Feuer häufiger gereinigt werden muss. Die Rohre setzen sich leichter zu und der Funkenflug ist größer als bei Verfeuerung von Ruhrkohle.

Auf diese Tatsache führen wir die von uns festgestellte Mehrung der Böschungsbrände zurück. Da die USA-Kohle stark qualmt, muss sie äußerst geschickt verfeuert werden, damit allzu häufige Beschwerden vermieden werden. Ganz vermeiden lässt sich das Qualmen bei starker Beimischung von USA-Kohle nicht. Auf Rangierbahnhöfen und auch in unseren Bw wird bei ungünstigen Windverhältnissen die Arbeit durch den Qualm erschwert.

Die Einstellung des Personals zur USA-Kohle ist im Allgemeinen gut, obwohl von den Heizern mehr Schaufelarbeit und besondere Geschicklichkeit bei der Feuerführung verlangt werden. Vorausgesetzt, dass die gelieferte USA-Kohle die vorgeschriebene Korngröße aufweist, bereitet das Fahren mit einer Mischkohle bis zu einem Mischungsverhältnis von etwa 1:1 keine betrieblichen Schwierigkeiten."

Weiter wird ausgeführt, dass bei einer im Durchschnitt 50 %igen Beigabe von USA-Kohle der spezifische Verbrauch je 1.000 km um etwa 3-4 % steigt. Abschließend wird darauf hingewiesen, dass durch den höheren Preis der USA-Kohle die Wirtschaftlichkeit ungünstig beeinflusst wird. Warum überhaupt USA-Kohle bezogen wurde, ist sowohl angesichts des hohen Preisunterschiedes zwischen Ruhr- und USA-Kohle als auch der hohen Lieferfähigkeit der bundesdeutschen Zechen und der Qualität der heimischen Kohle unerklärbar.

Die Frage liegt nahe: Haben die USA Druck auf die junge Bundesrepublik ausgeübt, um ihre heimische Kohleindustrie zu fördern?

△ **Bild 142 • 023 037** vor dem imposanten Bekohlungskran des Bw Heilbronn am 20. November 1971. Aufnahme: Burkhard Wollny

△ **Bild 143** • Eine Szene im Bw Emden zeigt ein ganzes Panorama von DB-Kreationen der fünfziger Jahre (v. l. n. r.): Die kohlegefeuerte 01 1083 vom Bw Rheine mit DB-Neubaukessel, **23 057**, 82 027 und **23 089**. Die Neubauloks gehören alle zum Bw Emden. Im Monat der Aufnahme (20. Juli 1967) erreichte der Emder 23-Bestand sein Allzeit-Hoch von 15 Loks.
AUFNAHME: PETER KONZELMANN, SAMMLUNG JÜRGEN RIPPIN

Behandlung und Bedienung der Neubaukessel

Mit dem Schreiben vom 15. November 1964 gab die C-Gruppe des Bw Hamburg-Eidelstedt Hinweise und Erklärungen zur Bedienung und Behandlung der Lok mit Neubaukessel:

„Um die Lok mit Neubaukessel richtig bedienen zu können, ist es unbedingt erforderlich, daß das Personal die Wirkungsweise des Hilfsabsperrventils und des Heißdampfreglers genau kennt. Das Hilfsabsperrventil wird mittels Handrad vom Führerstand aus bedient und hat die Aufgabe, den erforderlichen Naßdampf aus dem Lokkessel zu entnehmen. Das Ventil besteht aus dem Ventilgehäuse, dem Vorventil und dem Hauptventil. Bei geöffnetem Ventil strömt der Dampf aus dem Kessel über das Ventil in das Dampfrohr, in die Naßdampfkammer des Dampfsammelkastens, durch die Überhitzer bis vor den in der Heißdampfkammer eingebauten Heißdampfregler. Beim Öffnen des Reglers strömt der Heißdampf durch die Einströmrohre zur Arbeitsleistung in die Zylinder. Das Hilfsabsperrventil bleibt während des Betriebes und auch nach dem Abstellen der Lok geöffnet. Es steht also, im Gegensatz zu den Altbaukesseln, bis zum Regler alles unter Kesseldruck.

Das Hilfsabsperrventil wird von der Werkstatt nur geschlossen, wenn am Regler, an den Überhitzern oder an den Hilfseinrichtungen gearbeitet werden muß. Wenn nach der Arbeitsausführung das Ventil wieder geöffnet wird, öffnet zuerst das Vorventil. Der Dampf strömt über das Vorventil und füllt Dampfrohr, Naßdampfkammer, Überhitzer und Heißdampfkammer solange, bis sich der Druck ausgeglichen hat. Erst nach dem Druckausgleich kann das Hauptventil ganz geöffnet werden. Der Druckausgleich dauert 2 bis 5 Min. Der Versuch, das Ventil gewaltsam zu öffnen, ist sinnlos und führt zum Verdrehen und zum Bruch des Ventilbolzens.

Neubaukessel sind mit dem Heißdampfregler (Bauart Wagner) ausgerüstet. Der Regler besteht aus dem Gehäuse, dem Hilfsventil und dem Hauptventil. Beim Öffnen des Reglers öffnet zuerst das Hilfsventil und der Dampf strömt in die Entlastungskammer. Nach dem Druckausgleich öffnet das Hauptventil und der Dampf strömt vom Regler durch die Einströmungsrohre in die Zylinder zur Arbeitsleistung. Im Gehäusedeckel ist die Reglerspülung angeschlossen. Die Reglerspülung wird von der Kolbenpumpe gespeist. Sie hat die Aufgabe, Fremdkörper von den Reglerwänden abzuspülen, um das Festsetzen des Reglers zu vermeiden.

Bei der Bedienung und Behandlung der Lok mit Neubaukessel sind folgende Punkte zu beachten:

1. *Lok mit flachem, hellen Feuer fahren.*
2. *Lok nicht mit zu hohem Wasserstand fahren, sonst leicht Wasserreißen.*
3. *Regler während der Fahrt ganz öffnen.*
4. *Nach dem Wasserreißen Regler nicht schließen, sondern nur einziehen. Steuerung ausgelegt lassen, Zylinderhähne öffnen und Reglerspülung anstellen.*
5. *Nach dem Wasserreißen Boschöler von Hand bedienen, damit gespülter Ölfilm in Kolben und Schieber ersetzt wird.*
6. *In Gefällestrecken Schmierdampf geben.*

△ **Bild 144** • Ein seltener Gast am 10. Juni 1968 im Bw Stuttgart: **23 060** vom Bw Crailsheim ist außerplanmäßig über Aalen und Schwäbisch Gmünd in die Landeshauptstadt gekommen.
Aufnahme: Burkhard Wollny

7. *Reglerspülung während der Fahrt etwa alle 30 Min. betätigen.*
8. *Lok mit dem vorgeschriebenen Mittel nach dem gültigen Dosierungsplan ordnungsmäßig dosieren und während der Fahrt etwa alle 30 Min. abschlammen.*

Wasserreißen mit allen Mitteln vermeiden, weil sonst der Kesselschlamm mit in die Hilfseinrichtungen, Überhitzer und in den Regler gelangt und Störungen verursacht.

Durch das Wasserreißen können folgende Störungen auftreten:

a) *Das Hilfsabsperrventil hat geschlossen und läßt sich nicht wieder öffnen. In diesem Fall ist der Ventilbolzen gebrochen, dadurch keine Dampfentnahme aus dem Kessel und alles drucklos. Alle weiteren Bemühungen zwecklos, sofort Hilfslok anfordern.*
b) *Der Regler läßt sich nicht schließen.*
   In diesem Fall hat die Lok Wasser gerissen und der Regler ist festgebrannt. Durch Anstellen der Reglerspülung ist zu versuchen, den Regler wieder gangbar zu machen. Falls kein Erfolg, Zug mit Steuerung weiterbefördern.
c) *Regler läßt sich nicht öffnen.*
   In diesem Falle ist der Regler drucklos zu machen, d. h. Hilfsabsperrventil schließen und Hilfseinrichtungen in Betrieb lassen, damit der Dampf, der zwischen Hilfsabsperrventil und Regler steht, verbraucht wird. Nach dem Verlöschen der Lampen ist der Regler drucklos. Hilfseinrichtungen schließen und nun versuchen, durch Öffnen und Schließen den Regler gangbar zu machen. Falls Regler gangbar, durch Öffnen des Vorventils vom Hilfsabsperrventil den Druck vom geschlossenen Regler aus aufbauen lassen. Dauer des Druckausgleichs etwa 2 bis 5 Minuten. Nach Druckausgleich Hilfsabsperrventil von Hand ganz öffnen.
d) *Trotz mehrmaliger Versuche läßt sich der Regler bei geöffnetem Hilfsabsperrventil nicht öffnen. Nochmals Hilfsabsperrventil schließen und Regler drucklos machen. Nach dem Schließen der Hilfseinrichtungen Regler öffnen und geöffnet lassen. Steuerung auf Mitte, Zylinderhähne schließen, Vorventil des Hilfsabsperrventils öffnen und Druck vom Zylinder aus aufbauen lassen. Nach Druckausgleich Hilfsabsperrventil ganz öffnen und Zug nach dem Anstellen der Hilfseinrichtungen durch Auslegen der Steuerung anfahren. Nach dem Anfahren Reglerspüleinrichtung anstellen und versuchen, den Regler gangbar zu machen. Dieser Versuch verspricht nur Erfolg, wenn bei der Lok die Kolben, Schieber und die Zylinderentwässerungsventile ziemlich dicht sind. Bei zu großen Undichtigkeiten kann kein Druckausgleich erzielt und das Hilfsabsperrventil nicht geöffnet werden. Erkennbar an zu großem Unterschied zwischen Kessel- und Schieberkastenmanometer z. B. 1,5 atü und mehr.*

Falls durch vorstehende Versuche der Regler nicht gangbar gemacht und der Zug nicht angefahren werden kann, Hilfslok anfordern. Durch richtige Behandlung der Neubaukessel sind Störungen an den Einrichtungen zu vermeiden, damit Hilfslokgestellung vermieden werden kann und der Betriebsdienst planmäßig abgewickelt werden kann."

Soweit die Betriebsvorschrift von 1964.

Einsatz bei den Bahnbetriebswerken

BD Augsburg

Bw Kempten

Kempten, an der Allgäubahn von München nach Lindau gelegen, erhielt zwischen 1904 und 1906 zeitgleich mit dem Bau eines neuen Verschiebebahnhofs im nordöstlichen Teil dieser Anlage ein größeres Bahnbetriebswerk, das die veralteten Anlagen am Kopfbahnhof aus der Mitte des 19. Jahrhunderts ersetzte. Der erste Bauabschnitt bestand aus einem Halbrundschuppen mit 29 Ständen, dem Heizhaus 1 mit vorgelagerter 18-m-Drehscheibe und den dazugehörigen Verwaltungs- und Werkstattgebäuden. Das weiter ansteigende Verkehrsaufkommen veranlasste die Bayerische Staatsbahn, noch vor dem Ersten Weltkrieg einen zweiten 17-ständigen Rundschuppen mit einer 18-m-Drehscheibe zu errichten. Beide Drehscheiben wurden in den dreißiger Jahren auf 23 m erweitert.

Nachdem Kempten bis 1944 von schweren Luftangriffen verschont blieb, traf kurz vor Kriegsende am 26. April 1945 doch noch ein heftiges Bombardement die Stadt und die Bahnanlagen. Die Dreherei, Teile der Lokwerkstätte, das Stofflager und der Wasserhochbehälter an der Grüntenstraße wurden komplett zerstört. Der Wiederaufbau zog sich bis 1951 hin. Nach dem Ende der Dampflokzeit dienten die Rundschuppen noch längere Zeit als Lagerhallen, bis sie der Modernisierung des Bahnbetriebswerkes weichen mussten und 1976 abgerissen wurden.

Heute ist das Bw Kempten der zentrale Traktionsstandort zwischen München, Lindau, Ulm und Augsburg und beheimatet zahlreiche Fahrzeuge u. a. der Baureihen 218, 245, 612, 633 und 642.

Ab Dezember 1950 erhielt das Bw Kempten als erstes Bahnbetriebswerk der DB direkt vom Herstellerwerk Henschel in Kassel die ersten fünf Neubau-Lokomotiven der Baureihe 23:

Abnahmedaten	
23 001	08.12.50
23 004	23.12.50
23 005	06.01.51
23 002	25.01.51
23 003	26.01.51

Die Lokomotiven wurden zusammen mit fünf Kemptener Lokomotiven der Baureihe 39 (preußische P 10) in einem gemeinsamen Dienstplan vor Schnell-, Eil- und Personenzügen in der Relation München – Kempten/Memmingen – Lindau eingesetzt. Die Laufleistungen auf der anspruchsvollen Allgäubahn von durchschnittlich 8.000 km pro Monat reichten nicht an die Kilometerwerte heran, welche die Baureihe 23 ab 1954 u. a. als „Ersatz-Schnellzuglok“ bei den Bahnbetriebswerken Paderborn, Siegen, Mönchengladbach und Hagen-Eckesey erzielen sollte. Nur einige wenige Monatslaufleistungen ragen heraus:

Lok-Nr.	Monat	km	BT	km/BT
23 001	07.51	8.848	29	305
23 002	08.51	11.209	29	387
23 003	10.51	10.892	28	389
23 004	07.51	9.140	29	315
23 005	07.51	10.750	28	384

Damit lagen die Kemptener 23 etwa 5 % unter den Bestwerten der Baureihe 39 aus dem gleichen Bw. Dennoch waren die 23 in Kempten anfangs durchaus geschätzt. So

△ **Bild 145 • 23 002**, am 25. Januar 1951 beim Bw Kempten in Dienst gestellt, fährt am 18. Juli 1951 vor E 575 aus dem alten Kemptener Hbf aus. Auch bei ihr fällt der starke Ölauswurf der Stangenlager am Kessel auf. Neben ihr steht eine preußische P 10 (Baureihe 39), die sich im Allgäu im Gegensatz zur 23 bis 1965 hielt.

Aufnahme: Carl Bellingrodt, Sammlung Jörg Sauter

Bild 146 ▷
23 001 wurde am 8. Dezember 1950 fabrikneu dem Bw Kempten zugeteilt. Das Portrait der neuen Henschel-Lok entstand am 11. Februar 1951 im von den Kriegszerstörungen wieder aufgebauten Vorfeld des Münchner Hauptbahnhofes. Im Hintergrund ein Münchner Wahrzeichen: Die Hackerbrücke. Noch hat die Lok keine Indusi. Der Ölauswurf aus den Stangenlagern am Kessel ist erheblich.

heißt es im Protokoll der 6. Besprechung der Zugförderungsdezernenten vom 19. bis zum 22. Juni 1951 in Lindau im Bodensee unter Punkt 10:

„Auch die BD Augsburg stellt der Lok der BR 23 ein gutes Zeugnis aus. Hervorgehoben wird von dort die Einsparung im Kohlenverbrauch gegenüber der Vergleichslok bei Reihe 39 und auch die gute Verwendungsmöglichkeit im schweren Schnell-, Eil- und Personenverkehr."

Lange währte die Freude über die neuen Prestige-Lokomotiven im Allgäu nicht. Bereits am 21. Januar 1952 ordnete der Kesselprüfer des Maschinenamtes Kempten an, den Kesseldruck bei 23 002 von 16 auf 14 atü herabzusetzen. Die Sicherheitsventile wurden entsprechend eingestellt und verplombt. Was war der Grund? Um die Betriebssicherheit war es nicht zum Besten bestellt. Kaum ein Jahr nach der Indienststellung traten Ausbeulungen an der Domaushalsung auf und beeinträchtigten den Betrieb der Kessel ganz erheblich, siehe hierzu auch das Kapitel „Betriebsmaschinendienst" auf Seite 82. Nachdem der Schaden in der Gewährleistungsfrist des Herstellers auftrat, nahm die DB dies zum Anlass, alle fünf 23 beim Bw Kempten kurzerhand abzustellen:

- 23 001 letztmals im März 1952 an 8 Tagen im Betrieb mit 1.933 km, z ab 09.03.52, ab 30.08.52 zur Domverstärkung bei Henschel in Kassel
- 23 002 letztmals im März 1952 an 15 Tagen im Betrieb mit 3.706 km, z ab 17.03.52, ab 14.08.52 zur Domverstärkung bei Henschel in Kassel
- 23 003 letztmals im Januar 1952 an 22 Tagen im Betrieb mit 8.131 km, z ab 31.01.52, ab 01.09.52 zur Domverstärkung bei Henschel in Kassel
- 23 004 letztmals im März 1952 an 2 Tagen im Betrieb mit 482 km, z ab 03.03.52, ab 02.09.52 zur Domverstärkung bei Henschel in Kassel
- 23 005 letztmals im März 1952 an 7 Tagen im Betrieb mit 1.161 km, z ab 08.03.52, ab 22.10.52 zur Domverstärkung bei Henschel in Kassel

Die Arbeiten bei Henschel an der Domaushalsung, in deren Rahmen u. a. das Blech des mit dem Kessel verschweißten Dampfdoms von 16 auf 26 mm verstärkt

△ **Bild 147 • 23 001** vom Bw Kempten ist 1951 aus dem Allgäu kommend im Starnberger Flügelbahnhof des Münchner Hauptbahnhofes eingetroffen. Im Hintergrund erhebt sich die im Krieg zerstörte, 72 m hohe neubarocke Kuppel des Bayerischen Verkehrsministeriums in der Arnulfstraße. Mit dem Abriss 1959 verschwand ein Wahrzeichen der Stadt.

Aufnahmen (2): Dr. Günther Scheingraber/EK-Verlag

△ **Bild 148 •** Am Kessel von **23 004** (Bw Kempten), die am 17. Februar 1951 auf der Drehscheibe vor Haus 4 des Bw München Hbf steht, sind die Spuren des starken Ölauswurfs aus den Stangenlagern sichtbar. Das Problem wurde durch stärkere Nadeln in den Schmiergefäßen behoben. 23 004 wurde am 23. Dezember 1950 als zweite Lok der Baureihe in Kempten in Dienst gestellt. Bereits am 3. März 1952 musste sie wegen Ausbeulungen am Domhals z-gestellt werden. Der Hersteller Henschel ließ sich mit der Reparatur und der Erfüllung seiner Gewährleistungspflicht Zeit, sodass die Lok erst im Februar 1953 wieder dem Betrieb zur Verfügung stand, dann aber in Oberlahnstein. Von dem Ensemble mit Lokschuppen, Drehscheibe und Kaminen ist heute nichts mehr übrig: Eine große Abstellfläche für E- und Dieselloks erstreckt sich entlang der Landsberger Straße. Anstelle des Gebäudes im Hintergrund befindet sich seit 1993 das ICE-Werk. Aufnahme: Dr. Günther Scheingraber/EK-Verlag

▽ **Bild 149 • 23 004** vom Bw Kempten steht 1951 im Münchner Hauptbahnhof abfahrbereit vor einem Schnellzug durch das Allgäu nach Lindau. Der Bahnsteigüberdachung ist anzusehen, dass der Krieg noch nicht lange vorbei ist. Das Blech unter der Rauchkammer hat sich im Betrieb nicht bewährt, da es beim Ausschaufeln der Rauchkammer eine Stolperfalle darstellte. Aufnahme: Ernst Schörner, Sammlung Stefan Beständig

wurde, beanspruchten mehrere Monate. Doch damit nicht genug: Unmittelbar nach dem Aufenthalt beim Herstellerwerk in Kassel rückten die fünf 23 in das EAW Göttingen ein, wo weitere Reparaturen nötig waren, um die Loks „betriebsfähig zu machen", wie es in den Ausbesserungsprotokollen so schön heißt. Kein Ruhmesblatt für Henschel!

Bei 23 001 dauerte es bis zum 16. Dezember 1952, bis die Lok wieder den Betrieb beim Bw Kempten aufnehmen konnte. Ihr folgte 23 005 am 16. Januar 1953, die jedoch schon zwei Wochen später am 1. Februar 1953 zum Bw Oberlahnstein weitergereicht wurde. 23 002, 003 und 004 kehrten nicht mehr ins Allgäu zurück und rollten nach Henschel- und EAW-Aufenthalt zum Bw Oberlahnstein. So blieb nur noch 23 001, die in den fünf Monaten zwischen 16. Dezember 1952 und der Umbeheimatung nach Oberlahnstein am 11. Mai 1953 an 116 Betriebstagen (78,9 % Verfügbarkeit) 30.951 km lief, entsprechend nur 267 km pro Betriebstag. Das reichte gerade einmal für etwas mehr als eine Tour von München nach Lindau (221 km)! Ein schwacher Wert für eine fast neue Lokomotive mit 110 km/h Höchstgeschwindigkeit, zumal die über

△ **Bild 150** • Heutzutage freuen wir uns an dieser bezaubernden Fotostelle im herrlichen Allgäu, wenn eine 218 (oder bei Umleitern eine Ludmilla) vorbeikommt. Am 18. Juli 1951 führt **23 002** (Bw Kempten) die schöne Garnitur des P 1544 bei Harbatshofen bergauf in Richtung Kempten. Aufnahme: Carl Bellingrodt, Sammlung Jörg Sauter

▽ **Bild 151** • Die seit 3. März 1952 z-gestellte **23 004** wartet am 5. Juni 1952 im Bw Kempten unter freiem Himmel darauf, für die Reparatur des Doms zum Hersteller Henschel nach Kassel überführt zu werden. Schilder und Lampen mussten damals noch nicht vor Dieben gesichert werden. Aufnahme: Sammlung Brian Rampp

△ **Bild 152 • 23 005** (Bw Kempten) vor einem aus Länderbahnwagen gebildeten Zug. Ort und Datum sind unbekannt. Die Aufnahme wurde auch für den Henschel-Katalog verwendet, siehe Bild 52 auf Seite 44.

Aufnahme: Henschel-Museum und Sammlung e.V.

△ **Bild 153 •** Vor dem Haus 4 des Bahnbetriebswerkes München Hbf hat **23 004** vom Bw Kempten 1951 auf der Drehscheibe Aufstellung genommen. Das Blech unter der Rauchkammer diente dem Auffangen der Lösche bei Reinigungsarbeiten, wurde jedoch später entfernt, da es eine Stolperfalle darstellte. Bei späteren Bauserien wurde die vordere Rahmenabdeckung höher gezogen, um Verschmutzungen von Laufachsteilen zu vermeiden. Auf der Pufferbohle ist das Ende der Haftpflicht des Herstellers noch gut erkennbar: 22.12.51.

Aufnahme: Dr. Günther Scheingraber/EK-Verlag

25 Jahre älteren Kemptener P 10 im selben Zeitraum deutlich über 350 km pro Betriebstag leisteten. Offenbar setzte man beim Bw Kempten im anspruchsvollen Gelände des Allgäus inzwischen eher auf die vierfach gekuppelten und zugkräftigeren preußischen P 10. Viel hat man 23 001 nach den vorausgegangenen Problemen jedenfalls nicht mehr zugetraut. Die Heizer verfeuerten in diesem Zeitraum 16,27 t Kohle auf 1.000 km. Dieser Wert lag weit über dem Durchschnitt der Baureihe 23 und bewegte sich sogar über dem der P 10 (Baureihe 39), die wegen ihres ausgeprägten Kohleappetits ohnehin ungünstig beleumundet war. So bleibt die Erkenntnis, dass die kurze Einsatzzeit der 23 beim Bw Kempten, immerhin das erste Bahnbetriebswerk der DB, das die neue Baureihe zugeteilt bekam, von Pleiten, Pech und Pannen begleitet war. Im Allgäu hat man ihren Abgang wohl kaum bedauert und die 23 kehrte auch nie mehr nach Kempten zurück. Mit der 39 hatte man keine herausragende, bei allen Mängeln aber zuverlässige Baureihe, die von 1949 bis 1965 die dominierende Dampflok des Bw war.

Bw Kempten				
23 001		08.12.50	–	08.03.52
	z	09.03.52	–	29.08.52
	i. D.	16.12.52	–	11.05.53
23 002		25.01.51	–	16.03.52
	z	17.03.52	–	13.08.52
23 003		26.01.51	–	30.01.52
	z	31.01.52	–	31.08.52
23 004		23.12.50	–	02.03.52
	z	03.03.52	–	01.09.52
23 005		06.01.51	–	07.03.52
	z	08.03.52	–	21.10.52
	i. D.	16.01.53	–	01.02.53

BD Essen

Bw Paderborn

Paderborn (2022: 153.000 Einwohner) liegt an der Hauptstrecke Hamm – Warburg – Kassel. Hier zweigt die Senne-Bahn nach Bielefeld ab. Die Stadt wurde im Zweiten Weltkrieg das Ziel schwerer Luftangriffe der alliierten Streitkräfte. Der Verschiebebahnhof, der Bahnhof und das Bahnbetriebswerk waren dem Erdboden gleich gemacht, an einen geregelten Bahnbetrieb war für längere Zeit nicht zu denken. Erst um 1948 normalisierte sich der Bahnbetrieb wieder.

Zwischen April und September 1954 erhielt das Bw Paderborn, das bis dahin in erster Linie über Schnellzugdampfloks verfügte, seine ersten 23, allesamt Oberflächenvorwärmer-Loks:

23 028	22.04.54 aus Mainz
23 029	14.05.54 aus Mainz
23 015	22.05.54 aus L 2 im AW Trier, davor LVA Minden
23 030	09.08.54 aus Henschel-Neulieferung
23 031	13.08.54 aus Henschel-Neulieferung
23 032	04.09.54 aus Henschel-Neulieferung
23 033	09.09.54 aus Henschel-Neulieferung

Die 23 verdrängten nicht wie in anderen Bw etwa veraltete Personenzugloks, sondern die Dreizylinder-Schnellzuglok-Baureihe 03^{10}! 03 1011, 1012 und 1017 wurden zum Bw Hamburg-Altona abgegeben, die anderen 03^{10} wechselten zum Bw Dortmund Bbf, sodass nur noch 03 1056 in Paderborn übrigblieb. Die acht Oberflächenvorwärmer-23 wurden von der Oberbetriebsleitung West vor dem Hintergrund des akuten Mangels an Schnellzuglokomotiven als „Behelfs-Schnellzuglok“ für den angespannten Schnellzugdienst freudig begrüßt und sogleich im früheren 03^{10}-Plan eingesetzt.

In den folgenden dreieinhalb Jahren erstrahlten die Paderborner 23 in einer für eine Personenzuglok nicht zu erwartenden Blüte als Schnellzuglok. Beim Bw Paderborn sollten die höchsten Kilometerleistungen pro Monat gefahren werden, die je erreicht wurden!

Im Sommer 1954 waren fünf 23 mit 508 km/Tag im Umlaufplan vorgesehen. Da es bis zum September 1954 dauerte, bis ein Bestand von sieben 23 erreicht war, halfen auch 41 und 38^{10} in diesem Plan aus.

Im Sommerfahrplan 1955 kamen vier Paderborner 23 planmäßig mit 559 km/Tag vor Schnell- und Eilzügen nach Kreiensen, Northeim, Kassel, Münster, Hamm, Düsseldorf, Mönchengladbach, Köln und Aachen.

In einem zweiten Umlaufplan erreichten zwei Loks 535 km/Tag. Die OBL West listete in einer Aufstellung vom 3. Oktober 1955 die Soll- und Ist-Leistungen der Paderborner 23 im Juli 1955 auf: Plan 1 Soll 16.735 km (567 km/Tag), Ist 15.293 km (532 km/Tag), Plan 2 Soll 15.579 km (528 km/Tag), Ist 14.841 km (487 km/Tag).

Kein anderes 23-Bw hatte jemals einen derart hohen Anteil an Schnell- und Eilzügen! In diesem Sommerfahrplan 1955 traten die Paderborner 23 mit einigen besonderen Leistungen hervor:

D 197 Mönchengladbach – Kassel mit drei verschiedenen Paderborner 23 (Umspannen in Hamm und Paderborn), D 217 Mönchengladbach – Hamm (Rückleistung D 218 mit Mönchengladbacher 23), E 343/543 Aachen – Soest – Paderborn – Kreiensen mit zwei Paderborner 23 (Durchlauf Aachen – Soest – Paderborn über 256 km).

Wegen dieser enorm hohen Anforderungen, und weil der Bestand noch nicht ausreichte, wurden dem Bw zum Winterfahrplan 1956/57 aus einem Jung-Baulos die fabrikneuen Mischvorwärmer-23 071 bis 076 zugeteilt. Im Gegenzug wechselten die älteren Oberflächenvorwärmer-23 030 bis 034 nach Oldenburg und Mönchengladbach.

Im Sommer 1956 wurden die beiden 23-Umläufe zu einem 6-tägigen Plan zusammengefasst, der mit 429 km/Tag kalkuliert war. Im Juli 1956 kamen pro Lok 11.677 km (Soll: 12.632 km) zusammen.

01.06.1957 (9)

23	023	028	029	071	072
	073	074	075	076	

Im Sommerfahrplan 1957 waren die Paderborner 23 vor folgenden D-, E- und Expresszügen auf der Strecke:

Zug-Nr.	Bespannungsabschnitt
D 131	Bonn – Paderborn
D 132	Paderborn – Bonn
D 197	Mönchengladbach – Hamm

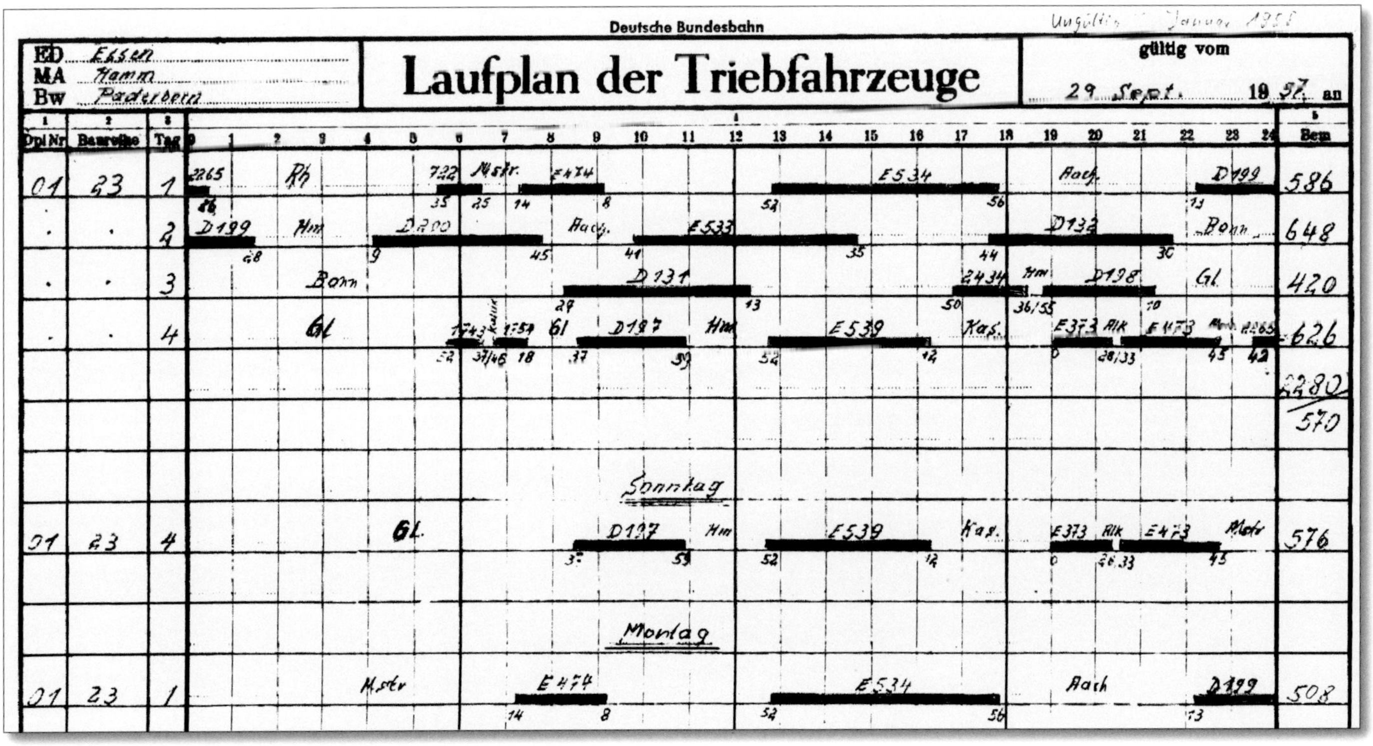

△ **Bild 154** • Laufplan des Bw Paderborn, gültig ab 29. September 1957. ABBILDUNG: SAMMLUNG RONALD KRUG

◁ **Bild 155**
Kurz vor der Umbeheimatung nach Oldenburg traf der Fotograf Anfang November 1956 die seinerzeit noch in Paderborn stationierte **23 030** in Essen Hbf an. Die zwei Jahre alte Maschine befindet sich noch im Lieferzustand ohne drittes Spitzenlicht, mit Schiebetüren, einfachem Fensterschirm und blanken Kesselringen. Im Oktober 1956 erreichte sie eine Laufleistung von 10.838 km.

Aufnahme: Herbert Schambach, Sammlung Ulrich Budde

Zug-Nr.	Bespannungsabschnitt
D 198	Kassel – Hamm
	Hamm – Mönchengladbach
D 199	Aachen – Hamm
D 200	Hamm – Aachen
E 317	Hamm – Northeim
E 318	Northeim – Hamm
E 343	Aachen – Soest
E 344	Soest – Aachen
D/E 373	Kassel – Altenbeken
E/D 374	Altenbeken – Kassel
E 473	Altenbeken – Paderborn
	Paderborn – Münster
E 474	Münster – Paderborn
	Paderborn – Altenbeken
E 533	Aachen – Paderborn
E 534	Paderborn – Aachen
E 539	Hamm – Kassel
E 543	Hamm – Holzminden
E 544	Holzminden – Hamm
Expr 3043	Holzminden – Kreiensen
Expr 3044	Kreiensen – Holzminden

Dafür bestanden zwei Dienstpläne mit vier und drei Loks sowie einer Tagesleistung von 570 bzw. 543 km.

Mit seinen drei älteren Oberflächenvorwärmer- und sechs neuen Mischvorwärmer-Loks stellte Paderborn im Winterfahrplan 1957/58, gültig ab 29. September 1957, den Dienstplan 01 für nur vier Lokomotiven Baureihe 23 auf. Er verlangte werktags durchschnittlich 570 km/Tag ausschließlich vor Schnell- und Eilzügen mit der Spitze am Tag 4 mit 626 km, die zwischen Mönchengladbach, Kaldenkirchen, Hamm, Altenbeken und Münster gefahren wurden. Weitere Wendebahnhöfe waren Rheine, Aachen und Bonn. Für diesen Umlaufplan waren immerhin neun 23 vorhanden.

Parallel bestand der Dienstplan 02, in dem drei 03^{10} mit durchschnittlich 543 km/Tag auf der Strecke waren. Dafür hatte das Bw mit Beginn des Winterfahrplan 1957/58 vier 03^{10}: 03 1054, 1081, 1082 und 1084. Die 23 lagen mit ihren monatlichen Laufleistungen auf dem Niveau der 03^{10}! Für eine nur 110 km/h schnelle Zweizylinder-Personenzuglok eine gewaltige Leistung, die schon jenseits ihres Leistungsspektrums lag!

Die Fähigkeiten der 23, so beeindruckend sie sein mochten, schlossen nicht die Fähigkeit ein, dauerhaft Leistungen im Bereich wesentlich größerer Schnellzuglokomotiven abzuliefern. So heißt es in einem Schreiben vom 14. Oktober 1957 an den Dezernenten M der Oberbetriebsleitung West in Essen:

„Nach Angabe des DV des Bw Paderborn lassen sich die zugeteilten D und E mit den Lok der BR 03^{10} besser fahren als mit der BR 23. Die Unterhaltung der Dreizylinderlok macht keine Schwierigkeiten, da das Bw schon jahrzehntelang Dreizylinderlok hatte. Der Austausch kann stufenweise vor

◁ **Bild 156**
Nach der Inbetriebnahme beim Bw Paderborn am 27. Oktober 1956 fertigte der DB-Fotograf ein Portrait der schönen **23 075**, die ab Werk Führerhaus-Schiebetüren hat. Bewährt haben sich die scheinbar modernen Türen nicht, da sich häufig Kohlestücke in den Führungsschienen festsetzten. Zwischen 1961 und 1965 wurden die Schiebetüren in Drehtüren umgebaut. Bei 23 075 führte das AW Nied den Umbau am 23. Oktober 1964 durch. Die Lok gehörte zu den Paderborner Kilometerjägern, ihr Höchstwert fiel im Juli 1957 mit 16.137 km an.

Aufnahme: DB, Slg. Stefan Lauscher

△ **Bild 157 • 23 072** (Bw Paderborn) fährt mit D 131 (Bonn – Braunschweig) in Wuppertal-Oberbarmen ein. Sie wird bis Paderborn am Zug bleiben. Die Lok erreichte im September 1957 mit 16.761 km den zweithöchsten jemals von einer 23 gefahrenen Monatswert. Sie hat bereits Indusi. Das von Carl Bellingrodt angegebene Aufnahmedatum 19. April 1957 kann daher nicht stimmen, da die Lok erst am 26.7.1957 Indusi erhielt.

Bild 158 ▷

23 074 (Bw Paderborn) verlässt am 3. März 1957 mit D 133 den Kölner Hauptbahnhof. Ihre höchste Monatslaufleistung ist für den August 1957 im Betriebsbogen dokumentiert: 15.943 km. Damit lag sie auf dem Niveau vieler 01.

Aufnahmen (2): Carl Bellingrodt, Sammlung Jörg Sauter

▽ **Bild 159** • Mit dem E 539 (Hamm – Kassel) hat **23 074** vom Bw Paderborn bei der Ausfahrt in Soest im Dezember 1957 den größten Teil der Fahrt noch vor sich.

Aufnahme: Klaus Gerke, Slg. Christoph von Neumann

sich gehen, da während der Austauschzeit beide Gattungen in gleichen Plänen laufen können. Dann kann Bw Bielefeld die Züge E 503/E 504 und E 421/E 422 .... schon ab Fahrplanwechsel mit Lok der BR 23 fahren.“

Der Vorstoß des Dienststellenleiters, die im schweren Schnellzugdienst auf Dauer überlasteten 23 durch besser geeignete Schnellzugloks zu ersetzen, fand umgehend Gehör, da im Winterabschnitt 1957/58 durch den Wegfall der Saisonzüge der Bedarf an Schnellzugloks bei der OBL West um 23 Planlokomotiven gesunken war. Im Januar und Februar 1958 verließen die neun 23 (23 023, 028, 029, 071, 072, 073, 074, 075 und 076) das Bw geschlossen zum nur 48 km entfernten Bw Bielefeld. Sie wurden zwischen September 1957 und Januar 1958 durch elf 03^{10} ersetzt: 03 1008, 1011, 1012, 1017, 1049, 1050, 1054, 1055, 1081, 1082 und 1084. Bis auf 03 1012, 1049 und 1050 hatten diese Lokomotiven bereits den DB-Neubaukessel mit Heißdampfregler.

Nach der Abgabe der 23 im Januar 1958 übernahmen die 03^{10} deren restliche Leistungen. Dieser Einsatz sollte jedoch nur kurz dauern: Bereits im September/ Oktober 1958 wurden die Paderborner 03^{10} von neun 01 aus Hagen-Eckesey und Koblenz abgelöst.

Die Laufleistungen der Paderborner 23 waren in Summe die höchsten, die jemals von 23 gefahren wurden. Den höchsten bekannten Monatswert erreichte 23 071 im Oktober 1957 mit 17.754 km! Damit waren sie den 01 des Bw, die ab 1959 zwischen 16.000 und 17.000 km pro Monat liefen, absolut ebenbürtig!

Die Kohleverbrauchswerte waren günstig. Das durchschnittliche Zuggewicht eines leichten bis mittleren Schnell- oder Eilzugs dieser Epoche im Mittelgebirge betrug etwa 235 t, entsprechend einem 6-Wagen-Zug:

Lok-Nr.	Monat	km	Kohlenverbrauch t/ 1.000 km	1 Mio. Lokleistungs-tkm	Zuglast [t] Ø
23 015	08.54	13.839	13,82	56,99	243
23 028	05.55	16.231	13,29	32,09	241
23 030	06.55	16.365	13,77	33,06	240
23 031	10.54	14.617	13,08	31,42	240
23 033	07.55	15.929	13,00	31,46	242
23 034	05.56	13.662	13,87	32,80	237
23 071	10.57	17.754	13,11	31,41	240
23 072	09.57	16.761	13,16	30,21	229
23 073	07.57	16.714	12,42	27,42	221
23 074	08.57	15.943	13,51	29,66	220
23 075	07.57	16.137	12,09	30,08	249
23 076	06.57	15.175	12,78		256

Bw Paderborn			
23 015	22.05.54	–	28.07.55
23 023	24.07.55	–	06.01.58
23 028	22.04.54	–	06.01.58
23 029	14.05.54	–	05.02.58
23 030	09.08.54	–	07.11.56
23 031	13.08.54	–	(28.04.56)
23 032	04.09.54	–	05.11.56
23 033	09.09.54	–	09.10.56
23 034	29.07.55	–	11.10.56
23 043	01.07.55	–	23.07.55
23 071	12.09.56	–	28.01.58
23 072	23.09.56	–	28.01.58
23 073	07.10.56	–	09.01.58
23 074	11.10.56	–	09.01.58
23 075	27.10.56	–	15.01.58
23 076	09.11.56	–	15.01.58

BD Frankfurt am Main

Bw Gießen

Mit 90.131 Einwohnern (31. Dezember 2020) liegt die Universitätsstadt Gießen an der Lahn, wo diese ihren Lauf von südlicher in westliche Fließrichtung ändert. Der historische Stadtkern wurde im Zweiten Weltkrieg durch einen Feuersturm fast vollständig vernichtet. Wie manch andere Stadt wurde Gießen gemäß den Prinzipen der „autogerechten Stadt“ wie-

△ **Bild 160** • Im Bw Gießen räuchern 39 138 (Bw Limburg), **23 018** (Bw Gießen) und 50 3141 (Bw Kassel) am 14. April 1962 kräftig vor sich hin. Welcher Dampflokfreund möchte diese Szene nicht gerne noch einmal erleben? Heute würde solch ein Qualm umgehend die Feuerwehr auf den Plan rufen – oder die empörten Proteste der Nachbarn.
Aufnahme: Gerhard Moll, Eisenbahnstiftung

△ **Bild 161** • An einem kalten Frühjahrstag 1964 ziehen die Gießener **23 016** und **23 022** zwischen den Stationen Frankfurt-Eschersheim und Frankfurt-Bonames (heute Frankfurter Berg) einen Personenzug von Frankfurt/M. in Richtung Gießen. Heute unterquert die Bundesautobahn A 661 an dieser Stelle die Main-Weser-Bahn.

Aufnahme: Sammlung Peter Max Gnewikow

deraufgebaut, was man ihr noch heute ansieht. Die in Nord-Süd-Richtung verlaufende Main-Weser-Bahn verbindet den Bahnknoten Gießen mit Frankfurt/M. und Kassel, die Köln-Gießener Eisenbahn über Wetzlar und Siegen mit dem Rheintal und dem Ruhrgebiet. Die Vogelsbergbahn führt über Alsfeld nach Fulda, die Strecke nach Gelnhausen über Hungen und Nidda. Durch die Inbetriebnahme der Schnellfahrstrecke von Würzburg über Fulda nach Kassel 1991 hat Gießen seine Bedeutung im Schienenverkehr ein Stück weit an Kassel verloren.

Die baulichen Ursprünge des Bahnbetriebswerks Gießen reichen zurück bis zum Ende des 19. Jahrhunderts. Ca. 1.400 m südlich des Bahnhofs entstand in Insellage mit

△ **Bild 162** • Was für eine herrliche Versammlung von Dampflokomotiven aus verschiedenen Epochen im Bw Gießen am 7. Mai 1967: 50 1573, **23 020** und **23 021** (alle Bw Gießen), die Trierer 01 108, die zuvor mit dem E 575 „Westerland-Express" nach Gießen gekommen ist und 55 3830 (Bw Gießen), eine preußische G 8^1.

Aufnahme: Karl-Friedrich Seitz

der Neugestaltung der kreuzungsfreien Einbindung der Strecken in Richtung Frankfurt (M) und Wetzlar eine neue Betriebswerkstätte. Der Ringlokschuppen 1 wurde 1896, der Ringlokschuppen 2 im Jahr 1904 fertiggestellt. Beide Rundschuppen hatten 54 Stände. 1934/35 erfolgte der Einbau von 23-m-Scheiben. Das große Verwaltungsgebäude wurde 1937 erbaut. Bei einem Luftangriff im Jahre 1944 wurde das Bw schwer beschädigt, der Wiederaufbau zog sich bis 1952 hin. Der Ringlokschuppen 2 wurde nur teilweise wieder aufgebaut. Am 1. September 2003 wurde das Bw aufgelöst und das Gelände aufgegeben. Seitdem verfallen die Gebäude.

Auch in Gießen waren die preußischen Länderbahn-Loks 38^{10} (preußische P 8) und 39 (preußische P 10) in den fünfziger Jahren die dominanten Baureihen für den Eil- und Personenzugdienst. Am 1. April 1958 befanden sich 13 P 8 und 12 P 10 im Bestand. Zwischen März und Mai 1958 erschienen die ersten 23 in Gießen: 23 016 bis 022 und 028 aus Mainz sowie 23 023 und 029 aus Bielefeld, alle mit Oberflächenvorwärmer. Nach einer weiteren Verstärkung durch 23 030 und 031 vom Bw Oldenburg Hbf im Juni/Juli 1959 hatte sich ein Bestand von zwölf Oberflächenvorwärmer-23 gebildet, welche die preußischen Länderbahnloks teilweise aus ihren Umläufen verdrängten. Im Sommer 1958 nahmen vier 23 mit einer Tagesleistung von 448 km im Schnellzugdienst den Gießener 39 die entsprechenden Leistungen ab.

Ein Detail aus der Niederschrift der Besprechung zur Regelung des Lokomotivdienstes im Jahresfahrplan 1958/59 vom 31. Mai 1958 gibt Rätsel auf. Darin heißt es: *„Beim Bw Frankfurt (M) 1 tritt eine weitere Entlastung der Lokbehandlungsanlagen durch Verwendung von Lok der R 23 beim Bw Gießen ein, weil diese bei kurzen Wenden das Bw nicht mehr anzulaufen brauchen.“* Ob das betrieblich tatsächlich so eintrat, ist unbekannt.

Im Sommerfahrplan 1959 setzte Gießen in zwei Umlaufplänen insgesamt acht 23 ein: Für den Dienstplan 41.01 wurden drei Loks planmäßig benötigt, die pro Tag immerhin 504 km unterwegs waren. Wendebahnhöfe waren Frankfurt/M., Siegen, Kassel und Marburg. Zwischen Gießen und Frankfurt/M. bespannten die 23 den D 234 und das Schnellzugpaar D 383/ D 384. Im Dienstplan 41.02 gingen fünf 23 auf die Strecke mit 344 km/Tag. Im Abschnitt zwischen Frankfurt/M. und Gießen wurden zwei Schnellzüge bespannt: D 81 und D 83. 1960 kamen noch einmal drei 23 neu nach Gießen: 23 045 und 046 aus Koblenz-Mosel und 048 aus einer L 2 im AW Nied (davor Bw Koblenz-Mosel). Damit hatte das Bw einen Bestand von 15 Oberflächenvorwärmer-23:

01.10.1960 (15)

23	016	017	018	019	020
	021	022	023	028	029
	030	031	045	046	048

Mit dieser willkommenen Verstärkung wuchs der Planbedarf ab Winterfahrplan 1960/61 auf zwölf Loks an. Im Dienstplan 01 leisteten drei Planloks 524 km/Tag (werktags) zwischen Marburg, Gießen und Frankfurt/M. Die Spitze wurde am Tag 2 mit 727 km ausgefahren. Damit bewegten sich die wackeren 23 im 01-Bereich! Vor dem Express 3025 wurde Kassel erreicht, außerdem waren zwischen Gießen und Frankfurt/M. fünf Schnellzüge im Umlauf: D 82, D 83, D 383, D 384 und D 530 (von Kassel bis Frankfurt/M.). Allerdings wurde die 23 von diesem Langlauf ab 23. Februar 1961 erlöst und durch 01 ersetzt. Im Dienstplan 02 setzte Gießen fünf 23 ein, die 378 km/Tag zurücklegten, u. a. vor zwei Schnellzügen: D 81 und D 84. Vor zwei Personenzugpaaren wurde bis Limburg gefahren. Für den Dienstplan 03 waren vier Lokomotiven vorgesehen mit 300 km/Tag. Vor zwei Eilzugpaaren über die Vogelsbergbahn wurde auch Fulda er-

△ **Bild 163** • Die Gießener 23 waren regelmäßig im Bw Frankfurt/M. 1 anzutreffen. **23 022** wird am 27. Mai 1965 unter der Hochbekohlungsanlage des Bw mit frischem Brennstoff versorgt.
Aufnahme: Wilfried Kohlmeier

Bild 164 ▷
Am 3. April 1965 ist **23 019** (Bw Gießen) mit E 452 südwärts auf dem Rosentalviadukt in Friedberg unterwegs, der aus der Bauzeit der Main-Weser-Bahn von 1857 bis 1850 stammt. Seit 1982 führt die Eisenbahnstrecke über eine parallel verlaufende Betonkonstruktion. Das unter Denkmalschutz stehende Bauwerk selbst blieb erhalten.

Aufnahme: Helmut Röth, Eisenbahnstiftung

Bild 165 ▷
Nach der Elektrifizierung des restlichen Abschnittes der Main-Weser-Bahn von Gießen über Marburg nach Kassel am 20. März 1967 galt es von den Gießener 23 Abschied zu nehmen. Aus diesem Anlass fand am 25. Mai 1967 eine Abschiedsfahrt mit **23 019** von Frankfurt/M. über Limburg und Gießen zurück nach Frankfurt/M. statt. Das Bild zeigt den Zug in Gießen.

Aufnahme: Karl-Friedrich Seitz

△ **Bild 166 •** Im Frühjahr 1964 ist **23 022** (Bw Gießen) mit einem Eilzug in Richtung Frankfurt/M. von Bad Vilbel Süd kommend unmittelbar vor der Station Frankfurt-Berkersheim unterwegs. Die Telegrafenmasten fielen bereits im Herbst 1964.

Aufnahme: Sammlung Peter Max Gnewikow

reicht, ebenso Stockheim und Nidda. In diesem Umlauf gab es keine Schnellzüge zu befördern. Ab 16. Januar 1961 bestand ein Mischplan mit den beiden 66ern, der über die Riedbahn auch Mannheim-Neckarstadt als Wendepunkt beinhaltete.

Ab November 1960 wurde eine 01-Gruppe in Gießen aufgebaut, sodass die preußischen Länderbahnloks vollständig ersetzt werden konnten: Die letzten zwei 39er verließen Gießen bis Sommer 1961 nach Limburg; die Heizer dürften ihnen angesichts ihres ausgeprägten Kohleappetits von 16 bis 17 t/1.000 km nicht allzu viele Tränen nachgeweint haben. Auch auf die P 8 konnte bis Juli 1962 verzichtet werden. Die neu eingetroffenen 01 wurden sogleich standesgemäß im 4-tägigen Dienstplan 01, der bisher der Baureihe 23 vorbehalten war, auf die Strecke geschickt. Da zunächst nur vier 01 vorhanden waren, liefen auch weiterhin 23 in diesem Umlauf mit.

Das änderte sich mit Beginn des Sommerfahrplans 1961: Nun taten zehn 01 in Gießen Dienst, ab Juli sogar 13, unter ihnen auch Hochleistungskessel-01. Der Planbedarf der 23 sank zwar nur leicht auf elf 23, doch die Laufleistungen brachen empfindlich ein: Im Dienstplan 02 traten fünf 23 mit noch 380 km/Tag mit den Zielbahnhöfen Friedberg, Frankfurt/M., Dillenburg, Limburg, Bad Nauheim und Weilburg in Erscheinung. Der 6-tägige Dienstplan 03 forderte nur 280 km/Tag zwischen Alsfeld, Burg und Nieder Gemünden, Erdkauterweg, Frankfurt/M., Friedberg, Gelnhausen, Limburg, Marburg, Stockheim und Nidda. Personale stellten die Bw Gießen und Frankfurt/M. 1. Schnellzüge gab es in beiden Plänen nicht mehr, sie wurden nun von 01 gezogen. In Gießen trafen sich zu dieser Zeit neben den Gießener Loks auch 23 von anderen Bahnbetriebswerken: Die Siegener 23 auf der Strecke Siegen – Dillenburg – Gießen und die Trierer 23 auf dem Abschnitt Koblenz – Limburg – Gießen. Dazu kamen die 01, 01^{10} und 10 aus Bebra, 65 und die Baureihe 66. Gießen war damals für Eisenbahnfreunde ein wahrer Hot Spot!

Mit dem Zugang von 23 049 vom Bw Koblenz-Mosel am 27. Mai 1962 erreichte der 23-Bestand in Gießen sein Allzeit-Hoch:

27.05.1962 (16)

23	016	017	018	019	020
	021	022	023	028	029
	030	031	045	046	048
	049				

Gleichwohl sorgte die Konkurrenz durch die 01 dafür, dass der Planbedarf im Sommerfahrplan 1962 in den zwei Dienstplänen 02 und 03 auf neun Loks sank. Obwohl die km-Leistungen nur 384 bzw. 258 km/Tag erreichten, beförderten die 23 nun wieder zwei Schnellzüge zwischen Gießen und Frankfurt/M.: den D 84 sowie das Zugpaar D 234 (sonntags)/D 235.

Erstaunlich genug: Jetzt kamen die Gießener 23 vor Express 3028 von Frankfurt/M. (ab 23:24 Uhr) nach Mannheim (an 0:39 Uhr) und vor Express 3829 von Siegen (ab 4:32 Uhr) nach Gießen (an 6:06 Uhr) zum Einsatz! Das waren zuvor Leis-

△ **Bild 167** • Die imposante Eisenkonstruktion der Frankfurter Bahnhofshalle bildet den Kontrast zu den glatten Linien der Gießener **23 028**, aufgenommen im August 1963.

Aufnahme: Heinz Krautzschick

Bild 168 ▷
Am 14. Mai 1965 wurde auf der Strecke von Frankfurt/M. über Gießen und Siegen bis Hagen der elektrische Betrieb eröffnet. In den ersten Tagen nach der Traktionsumstellung kam es zu interessanten Zugkompositionen: E 41 183 (Bw Frankfurt/M. 1) leistet am 23. Mai 1965 der Gießener **23 023** vor dem D 84 (Oberhausen – Hagen – Frankfurt/M.) bei Ostheim-Butzbach Vorspann. Vor der Umstellung waren zwei Gießener 23 planmäßig vor dem Zug im Einsatz.

Aufnahme: Wilfried Kohlmeier

Bild 169 ▷
23 029 (Bw Gießen) fährt am 24. Juni 1959 mit dem E 575, als „Westerland-Express" (Trier – Westerland/Sylt) bekannt, in Marburg/Lahn ein.

Bild 170 ▽
Die Gießener **23 029** trifft am 3. April 1965 mit N 1734 in Butzbach ein. Auf dem Bahnsteig steht das Expressgut zur Verladung in den Gepäckwagen bereit. Die Oberleitung hängt bereits, es sind nur noch sechs Wochen bis zur Eröffnung des elektrischen Betriebes zwischen Frankfurt/M. und Gießen.

Aufnahmen (2): Helmut Röth, Eisenbahnstiftung

△ **Bild 171** • Im August 1963 setzt sich **23 046** (Bw Gießen) vor einem langen Personenzug nach Gießen auf Gleis 15 in Frankfurt/M. Hbf in Bewegung.

Aufnahme: Heinz Krautzschick

tungen der Baureihe 66. Beide Umlaufpläne blieben im Winterfahrplan 1962/63 unverändert in Kraft. Plan 02 verlor allerdings bis auf den D 84 (nur noch sonntags) die Schnellzugleistungen.

Im Winterfahrplan 1963/64 liefen noch acht 23 in den beiden Dienstplänen 41.02 und 41.03 mit 403 bzw. 261 km/Tag. Beide Expresszüge von Frankfurt/M. nach Mannheim und von Siegen und Gießen sowie drei Schnellzüge (D 81 sonntags, D 83, D 384) zwischen Gießen und Frankfurt/M. waren noch im Plan. Außerdem verbrachte eine Lok 16 Stunden vor Eil- und Nahschnellverkehrszügen auf der Riedbahn mit Nachtruhe in Biblis. Der D 84 (Oberhausen – Hagen – Frankfurt/M.) wurde im Winterfahrplan 1964/65 planmäßig mit zwei Gießener 23 bespannt.

Auch in Gießen holte die fortschreitende Umstellung auf moderne Traktionsarten die 23 ein. Am 14. Mai 1965 wurde auf der Strecke von Frankfurt/M. über Gießen und Siegen bis Hagen der elektrische Betrieb eröffnet. Zeitgleich wechselten 23 016, 017 und 018 nach Bestwig und 23 048 zum Bw Osnabrück Rbf. Die monatlichen Laufleistungen der verbliebenen 23 sanken umgehend auf nur noch etwa 4.000 km/Monat.

01.06.1965 (10)

23 019 020 021 022 023
028 029 030 031 046

Zwischen Juni und August 1965 erhielt Gießen zusätzlich neun fabrikneue V 100[20], die auf den nicht elektrifizierten Strecken nach Weilburg, Nidda/Glauburg-Stockheim und Fulda über die Vogelsbergbahn liefen. Das hinterließ Spuren im 23-Einsatz: 23 028, 029, 031 und 046 verließen im Juni 1966 Gießen und rollten zum Bw Kaiserslautern.

01.07.1966 (6)

23 019 020 021 022 023
030

Als am 20. März 1967 auch die Strecke Gießen – Marburg – Kassel auf elektrische Traktion umgestellt wurde, blieb den 23 nur noch die Vogelsbergbahn nach Fulda, die Nebenbahn über Hungen und Nidda nach Gelnhausen und die Lahntalbahn bis Limburg. Doch bereits am 9. März 1967 wurden V 160 106 und 107 und bis Ende Mai 1967 V 160 108 bis 113 beim Bw Limburg fabrikneu angeliefert. Die neuen Großdieselloks übernahmen umgehend die letzten Personen- und Eilzugleistungen von den Gießener 23.

Die Laufleistungen fielen zum Schluss – nicht verwunderlich – recht kümmerlich aus: 23 019 war im Mai 1967 noch an 22 Betriebstagen mit 5.092 km auf der Strecke. Der Juni 1967 sah sie bis auf einen Betriebstag abgestellt, im Juli verzeichnete der Betriebsbogen noch acht Betriebstage mit 1.859 km. 23 021 hatte im Mai 1967 noch 21 Betriebstage mit 5.617 km, im Juni war sie abgestellt und im Juli war sie noch an drei Tagen im Betrieb mit 1.092 km.

23 030 war von Januar bis April 1967 abgestellt und wurde am 24. April 1967 zur L 0 in das AW Trier geschickt (danach Saarbrücken Hbf).

Schließlich wurden die letzten Gießener 23 zwischen April und Juli 1967 abgegeben: 23 019, 020 und 021 erhielt das Bw Crailsheim, 23 022, 023 und 030 Saarbrücken Hbf. Die letzten drei Loks waren 23 019 bis 021, die am 13. Juli 1967 das Bw verließen.

△ **Bild 172** • Man riecht den Qualm förmlich, den diese fünf Dampfloks am 17. Mai 1966 im Bw Limburg zum Himmel aufsteigen lassen! Wir sehen 38 2663 (Bw Limburg), die wenige Wochen später bereits am 27. September 1966 ausgemustert wurde, 50 2823 (ebenfalls Bw Limburg) mit verkürztem Schornstein, **23 023** und **23 030** (beide Bw Gießen) und 50 1482 (Bw Limburg).

▽ **Bild 173** • Am 2. März 1966 beschleunigt die Gießener **23 046** den E 3243 aus Limburg heraus in Richtung Gießen. Im Hintergrund grüßt der Limburger Dom, auch Georgsdom genannt, mit seinen sieben Türmen, seit 1827 die Kathedralkirche des Bistums Limburg. Aufnahmen (2): Ulrich Montfort

△ **Bild 174 • 23 049** (Bw Gießen) hat am 1. Juni 1963 soeben mit dem EVz 1795 den Rudersdorfer Tunnel zwischen Siegen und Dillenburg verlassen – und rollt am Hp 0 zeigenden Hauptsignal vorbei! Ob es sich um Vorbeifahrt gemäß Befehl handelte oder der Bremsweg schlicht zu lang war, ist nicht bekannt. AUFNAHME: ULRICH MONTFORT

Wie dargestellt wurden die Gießener 23 auch vor Schnellzügen eingesetzt. Dies sorgte bis zum Eintreffen der 01 im Winterfahrplan 1960/61 für angemessene monatliche Höchstleistungen mit einem günstigen Kohleverbrauch pro 1.000 km als auch pro Mio. Leistungstonnenkilometern. An die Parameter der 23 im Schnellzugdienst beim Bw Paderborn kamen sie freilich nicht heran.

Lok-Nr.	Monat	km	Kohlenverbrauch t/1.000 km	Kohlenverbrauch 1 Mio. Lokleistungs-tkm	Zuglast [t] Ø
23 016	07.60	10.837	15,04	39,61	263
23 028	06.59	14.130	13,56	35,62	263
23 030	11.59	12.373	15,20	39,74	261
23 031	07.60	13.420	14,22	33,51	236
23 048	10.60	11.828	15,24	34,80	228

Bw Gießen			
23 016	18.04.58	–	30.05.65
23 017	18.04.58	–	21.10.64
	16.12.64	–	30.05.65
23 018	22.04.58	–	30.05.65
23 019	22.04.58	–	21.05.63
	29.09.63	–	13.07.67
23 020	22.04.58	–	13.07.67
23 021	23.05.58	–	13.07.67
23 022	23.05.58	–	03.04.67
23 023	14.04.58	–	24.04.67
23 028	19.03.58	–	01.06.66
23 029	14.04.58	–	01.06.66
23 030	18.06.59	–	24.04.67
23 031	05.07.59	–	08.06.66
23 045	29.05.60	–	09.06.64
23 046	29.05.60	–	01.06.66
23 048	27.09.60	–	26.05.65
23 049	27.05.62	–	25.10.62
	26.11.62	–	05.03.64
	08.04.64	–	30.04.65

BD Hamburg

Bw Hamburg-Rothenburgsort

Eine betriebsfähige 23 war in diesem Bw nie beheimatet. Allerdings verschlug es 023 079, die am 1. September 1970 beim Bw Emden wegen Ablauf der Zeitfrist z-gestellt wurde, im Winter 1970/71 in die Hansestadt, wo sie einen nicht alltäglichen Dienst übernahm: Ab 18. Dezember 1970 diente sie anstelle einer ausgebrannten 38^{10} als Heizlok im Hamburger Hauptbahnhof. Dafür wurden am 15. Januar 1971 die Sicherheitsventile auf 10,5 atü eingestellt. Nach der Überlieferung von Zeitzeugen war sie jedoch nur selten unter Dampf. Nach dem Ende des Heizlok-Einsatzes wurde sie am 15. Dezember 1971 ausgemustert. In den folgenden Jahren stand sie unter zahlreichen 094 im Bw Hamburg-Rothenburgsort abgestellt. Am 12. August 1973 erfolgte die Überführung mit den ausgemusterten 094 110, 307, 360 und 515 zum Bw Lübeck. Die Verschrottung fand Ende 1973 bei der Firma Werner Hinrichs in Lübeck statt.

Bw Hamburg-Rothenburgsort					
23 079	z	18.12.70	–	15.12.71	+

BD Hannover

Bw Bielefeld

Die kreisfreie Großstadt Bielefeld, die heute 334.000 Einwohner zählt (1900: 60.000) liegt an der elektrifizierten Hauptbahn Köln – Dortmund – Hannover der ehemaligen Köln-Mindener Eisenbahn-Gesellschaft. Am Hauptbahnhof zweigt die Nebenbahn nach Lemgo bzw. Altenbeken (ehemalige Bahnstrecke Bielefeld – Hameln „Begatalbahn“) ab.

Das Bahnbetriebswerk Bielefeld entstand zwischen 1905 und 1907 mit einem 9-ständigen Ringlokschuppen von 23 m Nutzlänge. Eine 20-m-Drehscheibe verband den Lokschuppen mit dem Gleisnetz. Der Ringlokschuppen wurde 1923 auf 23 Stände erweitert und die kurze Drehscheibe durch eine 23,5-m-Scheibe ersetzt. 1936 lieferte die Siegener Maschinenbau AG SIEMAG eine nun auf 24 m erweiterte Gelenkdrehscheibe, die bis heute erhalten ist. U. a. am 30. September 1944 flogen alliierte Bomberverbände mehrere Angriffe auf die Stadt, den Bahnhof und das Bahnbetriebswerk. Die dabei verursachten Zerstörungen beeinträchtigten den Bahnverkehr noch bis 1948, die Besei-

Bild 175 ▷ Nach dem Ende des Einsatzes als Heizlok in Hamburg Hbf war die ausgemusterte **023 079** (ex Bw Emden) noch jahrelang im Bw Hamburg-Rothenburgsort abgestellt (hier aufgenommen im März 1971), bevor sie 1973 in Lübeck verschrottet wurde.

Aufnahme: Peter Finke, Sammlung Johannes Holz-Koberg

tigung der letzten Kriegsschäden zog sich bis in die sechziger Jahre hin. Nach dem Zweiten Weltkrieg war zwischen 1946 und 1947 in Bielefeld die Hauptverwaltung der Eisenbahnen des amerikanischen und britischen Besatzungsgebietes angesiedelt, aus der 1949 die Deutsche Bundesbahn hervorging. Im Zuge der Konzentration der Bahnbetriebswerke gab das Bw zum 28. September 1985 sämtliche Loks an die Bw Hamm, Hannover und Osnabrück ab. Nachdem das Bw bereits im Juni 1986 zu einem Stützpunkt des Bw Hamm herabgestuft worden war, zog sich die Deutsche Bahn bis Mitte der neunziger Jahre komplett aus dem Gelände zurück. Seither stürzten große Teile des Schuppendaches ein und die Natur eroberte sich die Baulichkeiten nach und nach zurück, bis 2001 ein Konzertveranstalter das Gelände erwarb. Im Zuge der Umgestaltung musste ein Großteil der Altsubstanz weichen. Vom Ringlokschuppen blieben nur die Außenmauern erhalten. Eröffnet wurde der „Ringlokschuppen" mit 3.000 m² Veranstaltungsfläche am 31. Oktober 2003.

Im Januar und Februar 1958 wurden die Paderborner 23 durch 03^{10} des Bw Hagen-Eckesey ersetzt und der gesamte Paderborner Bestand zum 48 km entfernten Bw Bielefeld verlegt. Es handelte sich um die Oberflächenvorwärmer-Loks 23 023, 028 und 029 sowie die keine zwei Jahre alten

△ **Bild 176 • 23 081** kam fabrikneu am 8. Oktober 1957 zum Bw Braunschweig Vbf. Inzwischen in Bielefeld stationiert, traf der Fotograf sie im März 1959 in Altenbeken an. Bis zur Ausmusterung in Emden (z 20.5.69, + 19.9.69) war der schönen Lok nur eine kurze Betriebsdauer von elf Jahren und sieben Monaten beschieden, die drittkürzeste aller 23.

Aufnahme: Reinhard Todt, Eisenbahnstiftung

△ **Bild 177 • 23 074** war nur von Januar bis April 1958 in Bielefeld beheimatet. Der Blick aus dem Stellwerk in Neubeckum im Februar 1958 zeigt sie bei der Ausfahrt vor P 1130.
Aufnahme: Carl Bellingrodt, Eisenbahnstiftung

Mischvorwärmer-Loks 23 071 bis 076. Bielefeld verfügte damit über einen Bestand von neun Maschinen, mit deren Hilfe die letzten Bielefelder 38^{10} (preußische P 8) abgelöst werden konnten.

15.02.1958 (9)

23	023	028	029	071	072
	073	074	075	076	

Der gesamte 23-Bestand wurde bereits bis zum April 1958 wieder ausgetauscht und dem Bw gingen acht Mischvorwärmer-23 vom Bw Braunschweig Vbf zu. Als Grund für diese etwas hektisch anmutende Aktion vermutet Peter Heinrich in „Einheitslok 1950“ (Nürnberg 1973), dass die BD Hannover kurzfristig entschieden habe, keine Mischvorwärmer-23 der ersten Bauarten im Direktionsbezirk zu stationieren, um Schwierigkeiten in den Werkstätten mit verschiedenen Mischvorwärmer-Versionen aus dem Weg zu gehen. Daher gingen die ehemaligen Paderborner Oberflächenvorwärmer-23 nach Gießen und die Mischvorwärmer-Loks nach Mainz und Oldenburg Hbf, wo bereits Lokomotiven

◁ **Bild 178**
23 084 (Bw Bielefeld) verlässt 1963 vor E 604 (Braunschweig – Bielefeld) Hildesheim.
Im Hintergrund sind eine P 8 und Akkumulatoren-Triebwagen der Baureihe ETA 150.5 abgestellt.

Aufnahme: Claus Müschen, Sammlung Uwe Keil

△ **Bild 179 • 23 083** in Hamm (Westf), dem westlichen Endpunkt des Einsatzgebietes der Bielefelder 23, aufgenommen im Jahr 1962. Die Lok erzielte im Juli 1959 mit 14.187 km die höchste Monatslaufleistung einer Bielefelder 23. AUFNAHME: KLAUS GERKE, SAMMLUNG C. V. NEUMANN

dieser Mischvorwärmer-Bauart in Dienst standen. Stattdessen kamen die Braunschweiger 23 nach Bielefeld.

23 028 20.02.58 zur L 0 ins AW Trier, danach Gießen
23 023 13.04.58 nach Gießen
23 029 13.04.58 nach Gießen
23 086 14.04.58 von Braunschweig Vbf
23 082 15.04.58 von Braunschweig Vbf
23 072 16.04.58 nach Mainz
23 073 16.04.58 nach Mainz
23 088 17.04.58 von Braunschweig Vbf
23 083 18.04.58 von Braunschweig Vbf
23 071 20.04.58 nach Mainz
23 074 20.04.58 nach Mainz
23 075 20.04.58 nach Mainz
23 084 21.04.58 von Braunschweig Vbf
23 085 22.04.58 von Braunschweig Vbf
23 081 23.04.58 von Braunschweig Vbf
23 087 24.04.58 von Braunschweig Vbf
23 076 09.07.58 nach Oldenburg Hbf

▽ **Bild 180 • 23 081** (Bw Bielefeld) im Bw Hamm am 26. Juli 1961. Hinter ihr steht die kurz zuvor im Mai 1961 mit Ölfeuerung ausgerüstete 41 018 vom Bw Osnabrück Hbf. Letztere ist seit 1976 bis in unsere Tage als betriebsfähige Museumslok der Dampflokgesellschaft München aktiv. AUFNAHME: WALTER HANOLD, ARCHIV JÖRG SAUTER

◁ **Bild 181**
23 097 wurde am 17. Juli 1959 beim Bw Minden in Dienst gestellt. Bereits im September 1960 wechselte sie zum Bw Bielefeld. Das Bild vom 19. Mai 1961 zeigt die makellos gepflegte Lok in Minden. Die Sicherheitsventile säuseln, der Heizer hat für „spitzen Druck" gesorgt.

Aufnahme: Joachim Claus, Eisenbahnstiftung

Damit verfügte Bielefeld über einen reinen Bestand von Mischvorwärmer-23, die in einem 6-tägigen Plan vor Reisezügen anstelle von Lokomotiven der Baureihe 41 eingesetzt wurden.

15.08.1958 (8)

23	081	082	083	084	085
	086	087	088		

Bis auf 23 097, die zwischen 1960 und 1962 sowie 1965 den Bielefelder Bestand verstärkte, waren das auch die Loks, die bis zur Auflösung der 23-Gruppe im Sommerfahrplan 1965 bzw. Winterfahrplan 1965/66 in Bielefeld blieben.

Im August und September 1959 musste das Bw kurzfristig auf eine seiner 23 verzichten: 23 084 wurde dem LVA Minden zugeteilt, das mehrere Versuchsreihen mit ihr durchführte. Bremslok war bei diesen Fahrten die mit Riggenbach-Gegendruckbremse ausgerüstete 45 019. In beiden Monaten erreichte sie insgesamt eine Laufleistung von 10.473 km. Nach Ende der Versuchsfahrten kehrte sie im Oktober 1959 nach Bielefeld zurück, wo ihre Laufleistung wieder auf rund 10.000 km pro Monat anstieg.

In Bielefeld liefen die 23 in früheren 38^{10}-Umlaufplänen, die nur Personenzug- und Eilzugleistungen vorsahen. Die spektakulären Höchstleistungen, die sie in Paderborn als Schnellzug-Ersatzloks gefahren hatten, gehörten somit der Vergangenheit an. Haupteinsatzgebiet war die streckenweise viergleisig ausgebaute Hauptbahn von Hamm über Bielefeld, Löhne, Minden, Wunstorf nach Hannover und weiter nach Braunschweig. Dort trafen sie auch auf die 23 des Bw Minden. Im Sommerfahrplan 1961 kamen sie immerhin auf dem kurzen Abschnitt Löhne – Bielefeld vor Militär-Schnellzügen zum Einsatz:

Dm 80 769	Löhne – Bielefeld	Fahrzeitberechnung für 38^{10}
Dm 80 770	Bielefeld – Löhne	Fahrzeitberechnung für 38^{10}

Trotz der keineswegs kilometerintensiven Umläufe gelangen einigen Bielefelder 23 akzeptable Monatslaufleistungen:

Lok-Nr.	Monat	km	BT	km/ BT	Kohlen-verbrauch t/1.000 km
23 081	04.59	7.458	23	324	15,06
	12.59	9.180	28	328	15,60
23 082	03.59	11.385	30	380	14,24
	12.59	10.921	27	404	15,42
23 083	03.59	8.430	26	324	14,90
	07.59	14.187			12,84
23 084	03.59	10.652	30	355	13,83
	04.59	10.540	28	376	13,54
23 086	04.59	9.729	25	389	14,11
23 087	07.59	9.808	26	377	13,00
23 088	07.59	10.540	26	405	12,91

Möglich wurden diese Leistungen durch eine große Zahl von Betriebstagen und die damit einhergehende hohe Verfügbarkeit von durchschnittlich 90 %! Ein Gütesiegel für die Qualität der Bielefelder Lokpersonale, der Werkstatt und der Gestaltung der Dienstpläne!

Die deutsche Bahn-Industrie lieferte 1965 verstärkt Lokomotiven der neuen Serien-V 160 an die DB ab. Davon profitierte ab Spätsommer 1965 auch das Bw Bielefeld. Zur Personalschulung erschien im August und September 1965 zunächst die Oldenburger V 160 036. Als erste eigene V 160 des Bw traf am 17. September 1965 V 160 047 in Bielefeld ein, der V 160 048 und 049 im Oktober und November 1965 folgten. Zusammen mit den bereits vorhandenen Strecken-Dieselloks der Baureihe $V 100^{10}$ konnten damit die 23-Umläufe mit Beginn des Winterfahrplans 1965/66 auf Dieseltraktion umgestellt werden. Die restlichen 23 wurden auf drei Bahnbetriebswerke verteilt: 23 081, 082, 083 und 084 im Mai/Juni 1965 nach Osnabrück Rbf, 23 085 und 086 im September/Oktober 1965 nach Hameln und 087, 088 und 097 im selben Zeitraum nach Minden.

Bw Bielefeld			
23 023	07.01.58	–	13.04.58
23 028	07.01.58	–	20.02.58
23 029	06.02.58	–	13.04.58
23 071	29.01.58	–	20.04.58
23 072	29.01.58	–	16.04.58
23 073	10.01.58	–	16.04.58
23 074	10.01.58	–	20.04.58
23 075	16.01.58	–	20.04.58
23 076	16.01.58	–	09.07.58
23 081	23.04.58	–	04.06.65
23 082	15.04.58	–	23.05.65
23 083	18.04.58	–	31.05.65
23 084	21.04.58	–	31.05.65
23 085	22.04.58	–	11.10.65
23 086	14.04.58	–	27.09.65
23 087	24.04.58	–	19.10.65
23 088	17.04.58	–	27.09.65
23 097	24.09.60	–	24.06.62
	30.05.65	–	28.09.65

Bild 182 ▷ Ein Blick auf die bereits vor dem Krieg wichtigste Hauptstrecke zwischen Ruhrgebiet und Mitteldeutschland, die Strecke 214 Hamm – Hannover. Weithin ist sie viergleisig ausgebaut, und **23 086** (Bw Bielefeld) kommt hier im Jahr 1960 bei Herford am Block Schweicheln mit dem typischen Dampfflaum des MV 57 über der Rauchkammer auf einem der beiden Reisezuggleise daher. Die zweigleisige Strecke links ist dem Güterverkehr vorbehalten. Ganz rechts ist die eingleisige Strecke nach Detmold und Altenbeken zu sehen.

Aufnahme: Carl Bellingrodt/EK-Verlag

Bild 183 ▷ Auch in der norddeutschen Tiefebene gibt es ab und zu echten Winter – wie hier zu sehen im Winter 1960/61: **23 097** vom Bw Bielefeld verlässt den tief verschneiten Hannoveraner Hauptbahnhof.

Aufnahme: Eberhard Landes, Sammlung Ingo Hütter

Bild 184 ▷ **23 086** vom Bw Bielefeld ist im Mai 1965 mit P 1139 um 12:12 Uhr in Hannover Hbf angekommen. Der Heizer füllt das Öl in der Luftpumpe nach. Samstags/sonntags/feiertags fuhr der Zug um 12:17 Uhr weiter nach Lehrte.

Aufnahme: Carl Bellingrodt, Eisenbahnstiftung

Bw Braunschweig Vbf

Die Großstadt Braunschweig mit rund 248.000 Einwohnern (Stand 31. Dezember 2020) liegt im Norddeutschen Tiefland. Sie war bis 1944 die größte Fachwerkstadt Deutschlands. Bereits 1838 nahm hier die erste deutsche Staatseisenbahn von Braunschweig nach Wolfenbüttel ihren Betrieb auf. Dazu wurde 1845 ein innerstädtischer Kopfbahnhof errichtet, der 1960 durch den neuen Hauptbahnhof ersetzt wurde. Der Wiederaufbau der Stadt, des Bahnhofs und des Bahnbetriebswerkes nach umfassender Zerstörung im Zweiten Weltkrieg zog sich bis 1953 hin.

Zwischen Oktober 1957 und Februar 1958 wurden dem Bahnbetriebswerk aus einem Jung-Baulos fabrikneu die Mischvorwärmer-Lokomotiven 23 081 bis 088 zugeteilt. Die Loks kamen ausschließlich vor Personenzügen zum Einsatz, Schnell- und Eilzüge waren im Umlauf nicht enthalten. Die höchsten monatlichen Laufleistungen bewegten sich im mittleren Bereich:

Lok-Nr.	Monat	km	BT	km/ BT	Kohlen-verbrauch t/1.000 km
23 083	01.58	9.187	24	383	14,99
23 084	03.58	11.497	30	383	15,46
23 086	03.58	12.743	30	416	14,47

Nach nur einem halben Jahr wurden die 23 im April 1958 geschlossen zum Bw Bielefeld abgegeben, mit ihnen übrigens auch die 01 (nach Hannover). Die Nachfolge in Braunschweig trat die Baureihe 03 an.

Bw Braunschweig Vbf			
23 081	09.10.57	–	22.04.58
23 082	20.10.57	–	13.04.58
23 083	07.11.57	–	17.04.58
23 084	18.11.57	–	20.04.58
23 085	06.12.57	–	21.04.58
23 086	20.12.57	–	12.04.58
23 087	25.01.58	–	23.04.58
23 088	06.02.58	–	16.04.58

Bw Bremen Hbf

Die Stadtgemeinde Bremen, auf beiden Seiten der Weser gelegen, ist mit 557.000 Einwohnern die Hauptstadt des Bundeslandes Freie Hansestadt Bremen. In Bremen treffen die Hauptstrecken von Hamburg ins Ruhrgebiet, nach Bremerhaven, Hannover und Oldenburg aufeinander.

Das Bw, immer eine Hochburg der Baureihe 38^{10}, war nach Kempten der zweite Stützpunkt, dem die DB die neue Baureihe 23 zuteilte. Aus dem Henschel-Baulos der ersten 15 Maschinen erhielt Bremen Hbf fünf Loks mit den Betriebsnummern 23 006 bis 23 010, die im Januar und Februar 1951 abgenommen wurden:

23 007	31.01.51
23 008	05.02.51
23 006	05.02.51
23 009	08.02.51
23 010	13.02.51

Die Loks wurden zusammen mit fünf preußischen P 8 (Baureihe 38^{10}) in einem gemeinsamen Dienstplan eingesetzt, der hauptsächlich Personenzugleistungen auf der Rollbahn Hamburg – Bremen – Osnabrück enthielt. In ihrer aktiven Zeit zeigten die neuen 23er bis zur überraschenden Abstellung die für eine Personenzuglok typischen Leistungsparameter:

Lok-Nr.	km-Leistung	BT	Verfüg-barkeit	km/ BT
23 006	81.515	236	71,7 %	345
23 008	90.616	260	76,2 %	349
23 009	77.849	225	84,9 %	346
23 010	101.775	263	90,7 %	387

Bei der Gesamtlaufleistung und den Kilometern pro Betriebstag ragt 23 010 heraus, die zu Vergleichszwecken bevorzugt im Schnellzugdienst eingesetzt wurde. Die höchsten Monatslaufleistungen sind für eine neue Personenzuglok mit 110 km/h Höchstgeschwindigkeit angemessen, aber nicht herausragend:

23 010	04.1951	12.910 km
23 009	07.1951	10.609 km
23 008	06.1951	10.072 km
23 006	07.1951	10.039 km
23 007	08.1951	9.507 km

Der Kohleverbrauch lag mit im Durchschnitt 13,31 t pro 1.000 Lokomotiv-Kilometern im günstigen mittleren Bereich der Baureihe 23.

Die 23 waren in Bremen sehr beliebt. So heißt es im Protokoll der 6. Besprechung der Zugförderungsdezernenten vom 19. bis 22. Juni 1951 in Lindau im Bodensee unter Punkt 10: *„Die im Bw Bremen P im Pz-Dienst eingesetzten Lok (23, Anm. d. Verf.) haben beim dortigen Lokpersonal besten Anklang gefunden. Ebenso möchten die Lokpersonale die im Sz-Dienst eingesetzte 23 010 nicht mehr missen, da bei der Beförderung der Züge während der ganzen Einsatzzeit keine nennenswerten Schwierigkeiten auftraten.“* Da ahnte noch niemand, was kommen sollte.

Wie bei den Kemptener Schwesterlokomotiven endete auch in Bremen der Einsatz der Baureihe 23 abrupt, als am Dom gefährliche Aushalsungen und Undichtigkeiten festgestellt wurden, welche die Betriebssicherheit massiv beeinträchtigten. Der Grund für die gravierenden Probleme war das mit nur 16 mm Stärke zu schwache Blech des mit dem Kessel verschweißten Dampfdoms. Die Loks wurden zwischen 1. November 1951 und 12. Januar 1952 aus dem Betrieb genommen.

23 006	Abgestellt am 12.01.52, ab 18.01.52 im EAW Ingolstadt zur L 0, ab 18.09.52 bei Henschel zur Domverstärkung
23 007	Ab 28.11.51 im EAW Ingolstadt, zum Bw Siegen am 02.01.52, dort z ab 13.02.52
23 008	Abgestellt am 12.01.52, ab 17.01.52 im EAW Ingolstadt zur L 0, ab 18.09.52 bei Henschel zur Domverstärkung
23 009	Abgestellt ab 01.11.51, im EAW Ingolstadt ab 17.12.51 zur L 0, ab 18.09.52 bei Henschel zur Domverstärkung
23 010	Abgestellt ab 01.12.51, im EAW Ingolstadt zur L 0 ab 11.01.52, ab 18.09.52 bei Henschel zur Domverstärkung

Bis auf 23 007, die bereits am 2. Januar 1952 zum Bw Siegen umstationiert wurde, fanden sich die Bremer 23 im Januar 1952 im EAW Ingolstadt ein, wo an allen Loks eine L 0 ausgeführt wurde, u. a. Erneuerung der Schieberbuchsen und Abdrehen des Laufrades. Weiter heißt es in den Ausbesserungsprotokollen: *„Lok wurde zu weiteren Gewährleistungsarbeiten der Fa. Henschel kalt zugeführt.“*

Nach der Verstärkung des Domblechs von 16 auf 26 mm bei Henschel schloss sich noch ein Aufenthalt im EAW Göttingen an, bei dem die Loks „betriebsfähig gemacht“ wurden, so der Eintrag im Ausbesserungsprotokoll. So ertüchtigt gingen alle ehemaligen Bremer 23 anschließend zum Bw Siegen. Damit endete die kurze Geschichte der 23 beim Bw Bremen Hbf ernüchternd und unvermittelt: Nach zunächst ordentlichen Leistungen folgte der dramatische Absturz. Zum Bw Bremen Hbf kehrten die 23er jedenfalls nie mehr zurück.

Bw Bremen Hbf				
23 006		05.02.51	–	12.01.52
23 007		31.01.51	–	28.11.51
23 008		05.02.51	–	12.01.52
23 009		08.02.51	–	31.10.51
	abg.	01.11.51	–	16.12.51
23 010		13.02.51	–	30.11.51
	abg.	01.12.51	–	10.01.52

Bw Hameln

Hameln (57.276 Einwohner am 31. Dezember 2020), die Kreisstadt des Landkreises Hameln-Pyrmont, umgeben vom Weserbergland im Westen sowie vom Leinebergland im Osten, liegt an der Weser

Bild 185 ▷ Das einzige bekannte Bild einer Bremer 23 zeigt **23 006** am 8. Juni 1951 zwischen den Hannoveraner Stadtteilen Leinhausen und Hainholz.

Aufnahme: Sammlung Uwe Keil

und ist bekannt durch die Sage vom Rattenfänger von Hameln.

Der Bahnhof Hameln wurde 1872 von der Hannover-Altenbekener Eisenbahn an der neu eröffneten Strecke im Osten der Stadt errichtet. 1875 folgte die Strecke Löhne – Elze. Damit wurde Hameln zum Kreuzungsbahnhof und es entstanden umfangreiche Bahnanlagen. Südlich der Gleisanlagen diente ein Bahnbetriebswerk mit zwei Ringlokschuppen der Versorgung der Dampflokomotiven. Am 14. März 1945 wurde die Stadt zum Ziel eines alliierten Bomberangriffs, Bahnhof und Bahnbetriebswerk wurden ebenfalls getroffen. Zwischen 1974 und 1977 fiel ein Schuppen dem Abriss zum Opfer, während der andere auch heute noch vorhanden ist.

Für den Personen- und Eilzugdienst verfügte das Bw Hameln bis 1964 über eine größere Zahl von Lokomotiven der Baureihe 38^{10} (preußische P 8). Im September und Oktober 1965 wurden 23 085 und 086 aus Bielefeld zugeteilt. Ein Umlaufplan wurde nicht aufgestellt, vielmehr wurden beide Loks nach Bedarf eingesetzt. Über die nicht wirklich wirtschaftliche Verwendung gibt der Betriebsbogen von 023 086 Aufschluss. Der hohe Kohleverbrauch dürfte durch zahlreiche Bereitschaftsdienste unter Dampf und die geringen Streckenkilometer verursacht worden sein:

Lok-Nr.	Monat	km	BT	km/ BT	Kohlen- verbrauch t/1.000 km
023 086	09.65	77	1	77	32,46
	10.65	1.871	15	125	21,48
	11.65	2.417	19	127	24,28
	12.65		23		
	01.66		0		

Nachdem die Loks im Januar 1966 nur abgestellt waren, verließen die beiden Mischvorwärmer-23 die Rattenfänger-Stadt am 9. Januar 1966 schon wieder und gingen nach Minden.

Drei Jahre später tauchten am 1. Februar 1969 mit den letzten Löhner 023 097,

△ **Bild 186** • Wir werfen am 15. Juni 1969 einen Blick auf den Rundschuppen des Bw Hameln, in dem außer zwei 50ern fast der gesamte 023-Bestand des Bw versammelt ist: 052 298, **023 097**, **023 098** (z), **023 104** und 050 778 (v. l. n. r.). Letztere ist beim Bayerischen Eisenbahnmuseum (BEM) in Nördlingen erhalten. Aufnahme: Ulrich Budde

△ **Bild 187** • In Hameln hatten die 023 keinen eigenen Umlauf mehr, sondern liefen bedarfsweise im Dienstplan der Baureihe 050 – 053 mit. Im Juni 1970 ist **023 097** vor einem Personenzug in Bielefeld im Einsatz, kurz bevor sie nach Bestwig abgegeben wurde. Aufnahme: Richard Schulz, Sammlung Christoph Beyer

der z-Lok 023 098 und 023 102 bis 104 wieder einige Mischvorwärmer-023 in Hameln auf. Sie liefen nach Bedarf in den Umlaufplänen der Baureihe 050-053 des gleichen Bw mit. 023 098, bereits seit Oktober 1968 in Löhne kalt abgestellt und z ab 8. Dezember 1968, wurde als z-Lok noch nach Hameln umbeheimatet. 023 102 war in Betrieb bis 30. September 1969, ab 1. Oktober 1969 stand sie kalt in Reserve, bis sie am 7. Dezember 1969 für eine L 2 zum AW Trier gebracht wurde. 023 103 ging am 5. Dezember 1969 zur L 2 in das AW Trier und 023 104 rollte am 25. September 1969 zum Bw Saarbrücken Hbf ab. Als einzige 023 blieb 023 097 noch bis 19. Juni 1970 in Hameln, bevor sie zum Bw Bestwig umbeheimatet wurde. Die Kilometerleistungen in Hameln ab 1969 bleiben mangels Aufzeichnungen in den Betriebsbüchern im Dunkeln.

Bw Hameln					
23 085		12.10.65	–	09.01.66	
23 086		28.09.65	–	09.01.66	
23 097		01.02.69	–	19.06.70	
23 098	z	01.02.69	–	04.03.70	+
23 102		01.02.69	–	30.09.69	
23 103		01.02.69	–	05.12.69	
23 104		01.02.69	–	25.09.69	

△ **Bild 188** • Die im Februar 1969 aus Löhne nach Hameln gekommene **23 104** wurde am 22. März 1969 unter Dampf auf einer Fahrzeugschau im Bahnhof Hameln ausgestellt. In Erwartung der neuen Computerschilder ist die Loknummer nur aufgemalt. Die erst neun Jahre alte, vorletzte für die DB gebaute Dampflok hat keine große Zukunft mehr vor sich. Aufnahme: Rolf Wiesemeyer

Bw Löhne

Löhne, mit rund 40.000 Einwohnern 25 km nordöstlich von Bielefeld gelegen, wurde erst 1969 zur Stadt erhoben. Dennoch war der kleine Ort (8.122 Einwohner im Jahr 1871) seit 1875 bis in der ersten Hälfte des 20. Jahrhunderts ein wichtiger Eisenbahnknoten an der Strecke Hamm – Minden, der Hannoverschen Westbahn über Rheine nach Emden und der Weserbahn Elze – Löhne.

Das in der späteren Form bekannte Bahnbetriebswerk entstand zwischen 1913 und 1916 am nordwestlichen Rand des neuen großen Rangierbahnhofes, der einer der größten seiner Art war. Die Drehscheibe hatte einen Durchmesser von 20 m und konnte nahezu alle Lokomotiven der damaligen Zeit aufnehmen. Bereits 1917 wurde der Ringlokschuppen um neun weitere Stände erweitert. Ein Meilenstein des Wiederaufbaus nach den Zerstörungen des Zweiten Weltkrieges war die am 6. Januar 1956 in Betrieb genommene eingelenkige Drehscheibe mit 23 m Durchmesser und 350 t Tragkraft. Am 1. August 1960 hatte das Bahnbetriebswerk noch einen Personalbestand von 345 Mitarbeitern, der im Zuge der voranschreitenden Elektrifizierung bis zum 1. März 1968 auf 298 Beschäftigte schrumpfte. Am 1. Februar 1970 gab das Bw seinen gesamten Lokbestand an andere Dienststellen ab.

Ab 1976 fielen die für den Dampflokeinsatz notwendigen Behandlungsanlagen der Demontage bzw. dem Abriss zum Opfer. Zum 1. Dezember 1996 löste die Deutsche Bahn das Bw bzw. den Betriebshof auf. Der Rangierbahnhof wurde abgebrochen, das Gelände liegt seither brach und harrt weiterer Verwendung.

Die in den sechziger Jahren im Bw Löhne dominierende Dampflokomotive war die Reihe 50. Als die letzten acht Mindener 023 am 29. September 1968 im Bw Löhne auftauchten, waren sie zu diesem Zeitpunkt die einzigen 023 im Unterhaltungsbestand der BD Hannover, galten bereits als „Überhangloks" und wurden de facto nicht mehr gebraucht. Sie trafen auf einen reichlich bemessenen Bestand von 24 Lokomotiven der Baureihe 050 – 053. Einen eigenen Umlauf bekamen die Mischvorwärmer-023 nicht, sie liefen vielmehr bei Bedarf im 10-tägigen Dienstplan 21 der 050 – 053 mit 243 km/Tag, die in Algermissen, Bielefeld, Bielefeld Ost, Hamm, Hannover-Linden, Hillegossen, Minden, Neubeckum, Nienburg und Osnabrück wendeten. Die 023 in Löhne waren:

01.10.1968 (8)
023 097, 098 (abg.), 099, 100 (abg.), 101, 102 (abg.), 103 („in Reserve abgestellt"), 104

Die keine zehn Jahre alten Lokomotiven kamen nur sporadisch zum Einsatz: 023 098, 100, 102 und 103 verbrachten ihre Zeit im Bw Löhne durchgehend auf dem Abstellgleis. Den Betriebsbüchern der früheren Mindener 23 ist ein Charakteristikum gemeinsam: Vom Januar 1966 bis Dezember 1968 existieren statt der üblichen detaillierten Betriebsbogen-Vordrucke auf stabilem Karton nur provisorische DIN A 4-Seiten auf primitivem Papier, die lediglich Monat, Betriebstage und Laufleistungen enthalten – und manchmal nicht einmal das! Aufzeichnungen zu Kohleverbräuchen und Werkstattkosten fehlen. Entweder waren die Vordrucke ausgegangen oder es war ohnehin schon egal!

Das kurze, von weitgehender Passivität geprägte Intermezzo der 023 in Löhne endete bereits Ende Januar 1969:

023 100	02.12.68 nach Saarbrücken
023 101	02.12.68 nach Saarbrücken
023 098	z 08.12.68, 01.02.69 z nach Hameln
023 099	16.01.69 nach Saarbrücken
023 097	31.01.69 nach Hameln
023 102	31.01.69 nach Hameln
023 103	31.01.69 nach Hameln
023 104	31.01.69 nach Hameln

Bw Löhne				
23 097		29.09.68	–	31.01.69
23 098	abg.	29.09.68	–	07.12.68
	z	08.12.68	–	01.02.69
23 099		29.09.68	–	16.01.69
23 100	abg.	29.09.68	–	02.12.68
23 101		29.09.68	–	02.12.68
23 102	abg.	29.09.68	–	31.01.69
23 103		29.09.68	–	30.09.68
	Reserve	01.10.68	–	31.01.69
23 104		29.09.68	–	31.01.69

Bw Minden

Die Große kreisangehörige Stadt Minden (82.000 Einwohner) liegt an der Weser und bildet historisch das politische Zentrum des Mindener Landes.

Minden ist ein wichtiger Eisenbahn-Knoten an den Bahnstrecken von Hannover nach Bielefeld – Hamm im Verlauf der Hauptmagistrale Berlin – Ruhrgebiet – Köln sowie der in Löhne abzweigenden Bahnlinie in Richtung Osnabrück – Rheine im Verlauf der Hauptstrecke nach Amsterdam. Außerdem zweigt hier die eingleisige Verbindung nach Nienburg ab.

Durch die Auflösung der Festung Minden im Jahr 1873 entstanden Freiflächen,

△ **Bild 189 • 23 105** acht Tage nach ihrer Indienststellung in Minden am 12. Dezember 1960: Der Lack glänzt, das Rot des Triebwerks strahlt im Abendlicht – die letzte Dampflokomotive für die DB in voller Pracht! Aufnahme: Carl Bellingrodt/EK-Verlag

△ **Bild 190** • Einen klassischen Eilzug der sechziger Jahre zieht **23 088** vom Bw Minden im Juli 1966 auf dem Schildeschen Viadukt in Bielefeld. Charakteristisch ist die Dampffahne über dem Mischvorwärmer Bauart 1957.
Aufnahme: Ludwig Rotthowe, Stiftung Eisenbahnmuseum Bochum

auf denen 1884 das Bahnbetriebswerk Minden nördlich des Bahnhofs errichtet wurde. Bestandteil der Anlage waren zwei große 50-ständige Ringlokschuppen sowie Werkstätten, Kohlenlager und Bekohlungsanlagen. Im Zweiten Weltkrieg entstanden im Bw schwere Beschädigungen, deren Beseitigung bis 1952 dauerte. 1967 waren im Bw 50 Lokomotiven beheimatet, überwiegend Dampfloks. Im Zuge der fortschreitenden Elektrifizierung ab 1965 verlor das Bahnbetriebswerk rasch an Bedeutung. Am 28. September 1968 stand die gesamte Strecke Wunstorf – Minden – Hamm unter Strom; damit endete die Dampflokunterhaltung und die letzten Dampfloks (Baureihen 023, 044 und 050-053 sowie 011 und 018 des LVA) verließen das Bw in Richtung Löhne und Lehrte. Bis auf die Drehscheibe fielen die Anlagen 1969 dem Abbruch zum Opfer.

Zwischen Juli und Dezember 1959 erhielt das Bw Minden aus einem Jung-Baulos die letzten an die Deutsche Bundesbahn abgelieferten 023:

23 097	17.07.59	23 102	14.10.59
23 098	31.07.59	23 103	29.10.59
23 099	21.08.59	23 104	29.11.59
23 100	03.09.59	23 105	04.12.59
23 101	24.09.59		

▽ **Bild 191** • **23 086** (Bw Minden) am 20. Mai 1966 in Hannover Hbf. Auf dem Bahnhofsvorplatz stehen mehrere VW-Käfer, ein Opel-Kapitän, ein Citroën-DS 19, ein Renault-R 4, ein Porsche 356 C und diverse Linienbusse älteren Datums. Das Automobil-Zeitalter hat begonnen.
Aufnahme: Hans-Jürgen Eggerstedt, Archiv Jörg Sauter

Bild 192 ▷
23 099 (Bw Minden) rauscht am 25. November 1960 in Minden an der Kasselaner 10 002 vorbei.

Aufnahme:
Carl Bellingrodt,
Sammlung Brian Rampp

Bild 193 ▷
Ihre Zugkraft und vielseitige Verwendbarkeit zeigt **23 102** vom Bw Minden im Juni 1964 vor einem langen Güterzug bei Porta.

Aufnahme:
Heinz Krautzschick

Bild 194 ▷
23 097, von der Maschinenfabrik Jung in Jungenthal mit der Fabriknummer 13105 am 14. Juli 1959 an die DB abgeliefert, erreichte nur eine Betriebsdauer von 12 Jahren und 7 Monaten.

Aufnahme:
Wolfgang Fiegenbaum

△ **Bild 195 •** Sonntagsruhe im Bw Minden im Jahr 1965, u. a. mit den dort beheimateten **23 099**, 44 1696 und **23 101**. Aufnahme: Sammlung Günther Mitze, Eisenbahnstiftung

23 105 war die letzte an die DB abgelieferte Dampflok! Ihr Erscheinen war damals der WDR-Regionalsendung „hier und heute" eine 5-minütige Direkt-Schalte aus dem Bw Minden wert – Goldenes Eisenbahn-Zeitalter …!

Die neun Mischvorwärmer-23 ersetzten die langjährige Personenzuglok des Bw, die Baureihe 38^{10} (preußische P 8), von der 1959 noch zwölf Loks in Minden beheimatet waren. Eingesetzt wurden die Mindener 23 auf der Strecke Hamm – Bielefeld – Löhne – Minden – Wunstorf – Seelze – Hannover – Braunschweig. Einzelne Leistungen kamen zeitweise hinzu auf den Abschnitten Osnabrück – Löhne, Minden – Nienburg und Löhne – Hameln – Hannover.

▽ **Bild 196 • 23 105** im Heimat-Bahnbetriebswerk Minden/Westf am 11. August 1965. Gut zu erkennen ist der vor der Kolbenpumpe angeordnete Schwimmer-Stoßdämpfer (SSD). Aufnahme: Herbert E. Stemmler

△ **Bild 197 •** Die frühzeitig umgezeichnete und bestens gepflegte **023 101** am 12. März 1968 auf der Drehscheibe ihrer Heimatdienststelle in Minden/Westf. Sie hat noch den Heißdampf-Regler. Aufnahme: Robin Fell, Eisenbahnstiftung

▽ **Bild 198 • 23 100** vom Bw Minden steht am 24. Juli 1968 vor dem letzten planmäßig mit Dampf ab Hannover Hbf beförderten E 678 (Norddeich – Bad Pyrmont) zur Abfahrt bereit. Am Gepäckwagen sind Ladegeschäfte im Gang. Noch hat sie den Heißdampf-Regler und den vor der Kolbenpumpe angeordneten Schwimmer-Stoßdämpfer (SSD). Am rechten Bildrand wartet der TEE 78 „Helvetia" auf die Weiterfahrt nach Zürich. Aufnahme: Uwe Keil

◁ **Bild 199**
Der traurige Rekord der kürzesten Betriebsdauer gebührt **23 098**: Ganze neun Jahre und sieben Monate lagen zwischen der Abnahme am 31. Juli 1959 und der z-Stellung am 8. Dezember 1968, tatsächlich war die Lok bereits seit Ende September 1968 nicht mehr in Betrieb. Im Juni 1964 rangiert sie auf bereits dünnen Radreifen in Porta. Im Hintergrund warten ein VW-Käfer, ein DKW F 93, ein Lloyd Alexander TS und ein Fiat Cinquecento auf ihre Besitzer.

Aufnahme: Heinz Krautzschick

◁ **Bild 200**
Vor wenigen Tagen in Minden eingetroffen, präsentiert sich **23 105** am 19. Dezember 1959 dem DB-Fotografen.

Aufnahme: DB, Sammlung Brian Rampp

◁ **Bild 201**
23 104 (Bw Minden) am 3. Oktober 1964 in Hamm/Westf. Der gepflegte Bahnpostwagen hinter der Lok erinnert an ein Geschäftsfeld, das die Post mit der Einstellung des begleiteten Bahnpostverkehrs 1997 endgültig aufgegeben hat.

Aufnahme: Wolf-Dietmar Loos

△ **Bild 202** • Der lange und aus verschiedenen Vorkriegswagen gebildete P 1150 verlässt im Mai 1967, geführt von **23 099** (Bw Minden), den Bahnhof Brackwede.

Ein Blick auf die Laufpläne zeigt, dass die moderne Personenzuglok 23 im Gegensatz zu anderen Bw, wo sie auch Schnellzüge zu fahren hatte, in Minden tatsächlich fast nur im Personenzugdienst verwendet wurde. Ausnahmen waren nur einige Expresszüge (Sommer 1961):

- Expr 3053 Bielefeld – Hannover
- Expr 3054 Hannover – Bielefeld
- Expr 3056 Hannover – Hamm

und der samstägliche E 612 Hannover – Hamm, der bis 1967 die Spitzenleistung der Mindener 23 war.

Mit den Zugängen von 23 085 und 086 (aus Hameln) sowie 23 087 und 088 (aus Bielefeld) zwischen September 1965 und Januar 1966 erreichte der 23-Bestand in Minden sein Allzeit-Hoch:

31.05.1966 (13)

23	085	086	087	088	097
	098	099	100	101	102
	103	104	105		

Im Sommerfahrplan 1966 gelang vor dem P 1163 (täglich) zwischen Minden und Hannover und einer Reisegeschwindigkeit von 64,40 km/h der Sprung in die Rangliste der schnellsten mit Baureihe 23 bespannten Züge. Auch P 1158 Wunstorf – Minden (mit fünf Umbau-Vierachsern) und (im Winter 1966/67) P 1184 Hamm – Bielefeld (vier Umbau-Dreiachser, V_{max} 100 km/h) erreichten mehr als 60 km/h. Der ab 26. September 1966 gültige 6-tägige Laufplan enthielt neben dem genannten E 612 nur langsame Personenzüge zu den Endpunkten Herford, Wunstorf, Nienburg, Lehrte, Löhne, Bielefeld, Hamm, Hannover Hbf

▽ **Bild 203** • Der Stellwerker in der Blockstelle Gneisenaustraße in Bielefeld blickt an einem warmen Sommertag im Juli 1967 auf **23 102** vom Bw Minden, die vor einem Personenzug gerade das auf der Signalbrücke Hp 1 zeigende Hauptsignal passiert.

Aufnahmen (2): Richard Schulz, Archiv Christoph Beyer

△ **Bild 204** • Im Juli 1967 sehen wir vier verschiedene Baureihen vor dem Schuppen des Bw Minden (v. l. n. r.): **23 100** (Bw Minden), 03 127 (Bw Bremen Hbf), eine unbekannte 50 mit Kabinentender im Schuppen, 50 892 (Bw Löhne) und 50 4028 (Bw Kirchweyhe). Die 50^{40} wurde bereits am 14. November 1967 ausgemustert.

Aufnahme: Richard Schulz, Archiv Christoph Beyer

und Hameln. Personale aus Minden, Bielefeld, Hameln, Lehrte und Löhne taten Dienst auf den Loks. Die Tagesleistung lag noch bei 291 km. Am Tag 2 wurden sogar noch 494 km erreicht. An Samstagen waren nur vier Loks im Einsatz.

Im Herbst 1966 sank der Bestand durch mehrere Abgaben:

23 086	09.11.66 nach Crailsheim
23 088	14.11.66 nach Crailsheim
23 087	21.11.66 zum AW Trier, danach Crailsheim
23 085	22.11.66 nach Crailsheim

01.01.1967 (9)

23	097	098	099	100	101
	102	103	104	105	

Im Winterfahrplan 1967/68 wurden sechs 23 planmäßig mit 231 km/Tag eingesetzt. Zielbahnhöfe waren Hameln, Bielefeld, Hannover Hbf, Lehrte, Hildesheim, Wolfsburg, Hamm und Löhne. Im Sommerfahrplan 1968 sank der Planbedarf auf fünf 023, die pro Tag bescheidene 225 km liefen, wobei die „Spitze“ am Tag 4 mit

▽ **Bild 205** • Blick in den Schuppen des Bw Minden im August 1967: **23 099** vor einer Lok der Baureihe 50.

Aufnahme: Ludwig Rotthowe, Stiftung Eisenbahnmuseum Bochum

△ **Bild 206** • Im für ein Lokomotivleben jungen Alter von neun Jahren ist **23 103** (Bw Minden) bereits in den Bauzugdienst abgerutscht. Die Betätigungsstange am Langkessel weist darauf hin, dass sie noch den Heißdampf-Regler hat. Bis zur z-Stellung am 30. Oktober 1973 brachte sie es auf 14 Betriebsjahre. Die Aufnahme entstand im August 1968 in Porta. Aufnahme: Dieter Kempf, Eisenbahnstiftung

▽ **Bild 207** • Ein herrliches Portrait zeigt **23 105** im Heimat-Bw Minden/Westf. im September 1967. Kurz zuvor hat sie im AW Trier den zweiten Indusi-Magneten für die Rückwärtsfahrt erhalten. Der Schwimmer-Stoßdämpfer vor der Kolbenpumpe fällt prominent ins Bild. Aufnahme: Heinz Krautzschick

△ **Bild 208** • Mit der Eröffnung des elektrischen Betriebes auf der Strecke Hamm – Minden – Hannover am 25. September 1968 endete der Einsatz der Mindener 23. Am letzten Betriebstag haben sich einige Fans in Bielefeld Hbf eingefunden, um die letzten Dampfzüge zu fotografieren, im Bild **23 099**. AUFNAHME: HELMUT BEYER

263 km zwischen Hamm und Bielefeld anfiel. An diesem Tag war von 9:00 bis 13:00 Uhr Rangierdienst in Brackwede zu leisten.

Eine Mitfahrt im mit 23 102 bespannten P 1145 von Hamm nach Bielefeld am heißen 4. August 1968 erwies sich dennoch als faszinierendes Erlebnis: 67 km in 67 Minuten mit fünf alten Eilzugwagen (By, By, ABy, By, Dy) belohnten den Reisenden mit dem 23-typischen Stakkato! Der Heizer nahm seine Aufgabe angesichts des bevorstehenden Endes des Dampfbetriebes mit großer Gelassenheit wahr und saß bis kurz vor der Abfahrt im Schatten auf dem Bahnsteig neben der Lok. Lange Beschleunigungen auf Höchstgeschwindigkeit, dann „tanzte" der Tender regelrecht über das Gleis. Kaum waren 110 km/h erreicht, musste schon wieder gebremst werden. In Rheda Ausfahrt frei, aber der Pfiff des Zugführers ließ auf sich warten: Drei Minuten „Dampfkochen". Ankunft in Bielefeld „plus 2".

Trotz der späteren Unterforderung der Mindener 23 konnten sich die höchsten monatlichen Laufleistungen in den ersten Jahren noch sehen lassen:

Lok-Nr.	Monat	km	Kohlenverbrauch t/ 1.000 km	Kohlenverbrauch 1 Mio. Lokleistungs-tkm	Zuglast [t] Ø
23 100	07.61	11.679	14,75	40,64	275
23 102	10.61	10.759	15,52	43,32	279
23 103	10.63	10.666	16,52	44,92	272
23 105	07.61	11.162	14,67	40,05	273

Das änderte sich allerdings in den Jahren ab 1965 ganz erheblich. Die erst am 10. Januar 1966 aus Hameln gekommene 23 086 war nur sporadisch im Einsatz: Im Januar 1966 war sie abgestellt, im Februar brachte sie es auf zwei Betriebstage mit 264 km, von Abstellung gefolgt im März; im April/Mai wurde sie an insgesamt 24 Betriebstagen mit 5.385 km (224 km/BT) auf die Strecke geschickt. Von Juni bis September war sie wieder abgestellt. Im Oktober 1966 war sie noch einmal an 20 Tagen im Betrieb mit 5.455 km (273 km/BT). Bevor sie nach Crailsheim abgegeben wurde, war sie im November an zwei Tagen mit 676 km im Betrieb. 023 098 lief 1968 im Durchschnitt 3.092 km pro Monat; der Betriebsbogen verzeichnet für den September 1968, den letzten Monat vor der Abgabe nach Löhne, 17 Betriebstage und nur 26 km. Sie dürfte ihre letzten Tage in Minden warm in Bereitschaft verbracht haben. Nicht besser sah es bei 023 100, 023 102 und 023 103 aus: Während 023 100 im August 1968 noch an 23 Tagen mit 4.400 km vor Zügen (191 km/BT) Verwendung fand, waren es im September vor der Abgabe nach Löhne gerade einmal vier Betriebstage mit 1.200 km. 023 105 wechselte bereits Ende Mai 1968 nach Crailsheim. Bis dahin war sie 1968 außer der Abstellung im Februar jeden Monat in Dienst: An 80 Betriebstagen war sie insgesamt 16.100 km unterwegs (201 km/BT).

Die Betriebsbögen dieser Loks weisen einen unangenehmen Mangel auf, der den Lokomotiv-Historiker betrübt: Es fehlen ab 1966 sämtliche Angaben zum Kohlenverbrauch pro 1.000-Lokkilometer und 1 Mio. t-Leistungskilometer sowie zu den Erhaltungskosten. Die monatlichen Laufleistungen sind gerundet und wohl relativ grob geschätzt. Die „preußische" Genauigkeit der früheren Jahre ist einer recht lässigen bis schlampigen Dokumentation gewichen. Das erstaunt umso mehr, als das Lokversuchsamt (LVA) doch nebenan residierte!

Mit der Eröffnung des elektrischen Betriebes auf der Strecke Hamm – Minden – Hannover am 25. September 1968 fand der sporadische Einsatz der Mindener 023 endgültig ein Ende, und die letzten acht Maschinen wurden am 28. September 1968 zum 27 km entfernten Bw Löhne weitergereicht. Damit endete auch der Dampfbetrieb beim Bw Minden und das Bw wurde zum Personaleinsatz-Bw herabgestuft.

Bw Minden (Westf.)			
23 085	10.01.66	–	22.11.66
23 086	10.01.66	–	09.11.66
23 087	20.10.65	–	21.11.66
23 088	28.09.65	–	14.11.66
23 097	20.07.59	–	23.09.60
	15.07.62	–	26.05.65
	29.09.65	–	28.09.68
23 098	01.08.59	–	28.09.68
23 099	22.08.59	–	28.09.68
23 100	04.09.59	–	28.09.68
23 101	25.09.59	–	28.09.68
23 102	16.10.59	–	28.09.68
23 103	30.10.59	–	28.09.68
23 104	24.11.59	–	28.09.68
23 105	07.12.59	–	26.05.68

BD Karlsruhe

Bw Mannheim

Die einzige 023, die jemals in den Bestandslisten der BD Karlsruhe auftauchte, war 023 093. Die Neubaulok (Jung 1959) hatte bis zur z-Stellung am 1. April 1971 beim Bw Saarbrücken gerade einmal eine Betriebszeit von elf Jahren und zehn Monaten erreicht. Damit gehörte sie zu den vier 023 mit den kürzesten Betriebszeiten von weniger als zwölf Jahren. Ihre Anschaffungskosten dürften sich kaum amortisiert haben. Wenigstens konnte sie sich nach ihrer aktiven Zeit noch vom 7. Mai bis zum 29. September 1971 als Heizlok im AW Schwetzingen nützlich machen. Ab 30. September 1971 stand sie im Bw Mannheim ohne weitere Verwendung, wo sie statistisch als ausgemusterte Lok im Bestand geführt wurde. Die Firma Ferrum in Karthaus sorgte im April 1972 für die Verschrottung.

Bw Mannheim					
23 093	z, Heizlok 07.05.71	–	09.09.71	+

BD Köln

Bw Krefeld

Die linksrheinisch in der Niederrheinischen Tiefebene gelegene Großstadt Krefeld (2019: 227.500 Einwohner) wird aufgrund der bis zur Mitte des 20. Jahrhunderts vorherrschenden Seidenstoffproduktion auch als „Samt- und Seidenstadt“ bezeichnet. Heute dominieren chemische Industrie, Maschinen- und Anlagenbau sowie die Metallindustrie. Zahlreiche Architekten verwirklichten in den zwanziger und dreißiger Jahren unter dem Einfluss des Bauhaus-Stils faszinierende Bauwerke. Seither gilt Krefeld als die Bauhaus-Stadt Nordrhein-Westfalens. Im Zweiten Weltkrieg griffen ab Mai 1940 alliierte Bomberverbände die Stadt wiederholt an. Die Bahnanlagen wurden im Dezember 1944 und Januar 1945 schwer getroffen.

Der Krefelder Hauptbahnhof liegt an der zweigleisigen elektrifizierten Strecke Duisburg – Mönchengladbach (KBS 425). Zwischen dem Hauptbahnhof und dem Bahnhof Oppum verläuft die Linksniederrheinische Strecke von Kleve nach Düsseldorf (KBS 495) parallel zur Duisburger Strecke. Mit dem Bau des am Hauptbahnhof liegenden Bahnbetriebswerkes wurde 1900 begonnen. Die Anlagen des Werkes befinden sich an der Dießemer Straße neben den Streckengleisen in Richtung Köln und Duisburg. Der ursprünglich 19- und heute 8-ständige Ringlokschuppen ist über eine nach 1945 eingebaute 23-m-Drehscheibe in Schweißkonstruktion mit dem Gleisnetz verbunden. Der Versorgung der Dampflokomotiven mit Kohle diente eine kleine Kohlensturzbühnenanlage. Neben dem Ringlokschuppen befindet sich eine viergleisige Rechteckhalle für die Wartung von Triebwagen. Nach der Auflösung der Bw Kempen und Krefeld Gbf und der Übernahme ihrer Aufgaben hatte das Werk im Sommer 1949 einen Personalbestand von 369 Mitarbeitern, die sich um 34 Dampflokomotiven kümmerten. Das Werk wurde 1992 als selbständige Dienststelle aufgelöst. Noch bis 1999 nutzte die Deutsche Bahn das Gelände, bis es schließlich 2003 an die „Bahnbe-

△ **Bild 209** • Die Mischvorwärmer-**23 093** wurde am 29. Juni 1959 beim Bw Krefeld in Dienst gestellt. Am 6. September 1959 gelang im Bw Köln-Deutzerfeld dieses schöne Portrait der fast neuen Lok. Angesichts der prächtigen Erscheinung der Lok könnte man vergessen, dass sie nur elf Jahre und zehn Monate in Betrieb war. Welches Hobby-Zimmer mag das herrliche Lokschild heute schmücken?
Aufnahme: Basil Roberts, Sammlung André Sinn

△ **Bild 210 •** Das Herz des Fotografen mag angesichts dieser geballten Ansammlung von Dampflokomotiven im Bw Köln-Deutzerfeld am 4. Juni 1960 spürbar höher geschlagen haben! Von links nach rechts sehen wir **23 079** vom Bw Krefeld, 39 015 (Bw Jünkerath), eine unbekannte P 8, 39 225 (ebenfalls Bw Jünkerath), 01 108 (Bw Köln-Deutzerfeld) und **23 043** vom Bw Mönchengladbach. Aufnahme: Herbert Schambach, Sammlung Ulrich Budde

△ **Bild 211 • 23 092** (Bw Krefeld) im Sommer 1964 in Krefeld Hbf ausfahrend. Die Lokomotiven der letzten Lieferserien fielen durch Lokschilder auf, bei denen der Abstand zwischen Baureihenbezeichnung und Ordnungsnummer fehlte. Aufnahme: Gerd Kleinewefers

triebswerk Krefeld Betriebs-GmbH & Co. KG" verkauft wurde. Wegen seiner Bedeutung für die Geschichte der Stadt, aber auch als letztes im Stil des beginnenden 20. Jahrhunderts erhaltenes Bahnbetriebswerk im Rheinland ist das gesamte Ensemble ein Baudenkmal.

Das Bw Krefeld stützte sich bei der Erfüllung seiner Traktionsaufgaben traditionell auf eine hohe Zahl von preußischen P 8 (38^{10}), von der am 1. April 1958 insgesamt 21 betriebsfähige Maschinen vorhanden waren. Die bald 40 Jahre alten Lokomotiven standen zur Ablösung durch die Baureihe 23 an. Doch tatsächlich erhielt Krefeld aus Neulieferungen im Winter 1957/58 lediglich sechs 23: Die Mischvorwärmer-23 079 und 080 der Maschinenfabrik Esslingen sowie 23 089 bis 092 von Jung. Mit diesen sechs Loks war ein vollständiger Ersatz der P 8 nicht zu realisieren. Daher mussten die 23 und 38^{10} gemeinsam eingesetzt werden: Im Dienstplan 01, gültig ab 1. Juni 1958, wurden fünf 23 planmäßig mit 389 km/Tag eingesetzt. Zwei Schnellzüge wurden befördert: D 89 Köln-Deutz – Aachen, E 293 Köln-Deutz – Nijmegen (NL) und D 366 Nijmegen (NL) – Köln-Deutz. Weitere Zielbahnhöfe waren von Krefeld aus Kleve, Dortmund, Duisburg, Linz (Rh), Mönchengladbach und Neuss. Die 38^{10} liefen im 8-tägigen Dienstplan 02 mit 326 km/Tag ausschließlich vor Personen- und Eilzügen. Obwohl die Krefelder 23 bei weitem nicht vor so vielen hochwertigen Zügen liefen wie die Mönchengladbacher 23 erreichten sie wie ihre Mönchengladbacher Schwestern dennoch respektable monatliche Höchstleistungen:

Lok-Nr.	Monat	km	Kohlenverbrauch t/ 1.000 km	1 Mio. Lok-leistungs-tkm	Zuglast [t] Ø
23 079	02.62	13.369	14,83	44,18	298
23 080	04.58	11.270	12,60	46,34	368

Es fällt auf, dass die Höchstleistung von 23 080 im April 1958 mit einer relativ hohen durchschnittlichen Zuglast verbunden war. Vermutlich wurde sie überwiegend im Dienstplan 01 mit einigen schweren Schnellzügen eingesetzt. An den genannten beiden D-Zügen lag es nicht: D 89 hatte fünf, bei Bedarf bis neun Wagen, D 366 nur drei Wagen.

1958 ereignete sich ein schwerer Unfall mit einer Krefelder 23: Am 24. September 1958 stieß kurz nach 6:00 Uhr die leer zum AW Trier fahrende 23 080 (Lz 17130) auf der Eifelbahn bei Urft frontal mit 38 2965 (Bw Köln-Deutzerfeld) vor P 3515 (Jünkerath – Köln-Deutz) zusammen, wobei acht Tote und 17 Verletzte zu beklagen waren. Die alte Länderbahnmaschine wurde durch das unfreiwillige Rencontre so massiv und irreparabel beschädigt, dass sie noch im selben Jahr ausgemustert wurde. 23 080 dagegen, deren moderne Struktur die gewaltigen Kräfte des Aufpralls vergleichsweise gut abgebaut hatte, wurde ein volles Jahr im AW Nied vom 6. April 1959 bis 6. April 1960 im Rahmen einer L 3 mit Kesseluntersuchung wieder ausgebessert. Da Krefeld inzwischen durch den Zugang der fabrikneuen Mischvorwärmer-23 093 aus der letzten Lieferserie von Jung wieder sechs 23 im Bestand hatte, wechselte 23 080 nach dem AW-Aufenthalt direkt zum Bw Oldenburg Hbf.

Im Sommerfahrplan 1961 blieben für den kleinen Krefelder 23-Bestand drei

Bild 212 ▷ Die Krefelder Mischvorwärmer-**23 080** rollt auf der Kölner Hohenzollernbrücke von Deutz kommend zum Hauptbahnhof (Aufnahme aus dem Jahr 1958). Der Wiederaufbau der zweiten Brückenhälfte dauert noch an. Kurze Zeit später prallte die Lok auf der Eifelbahn frontal mit einer P 8 zusammen (siehe Bild unten). Nach einem einjährigen AW-Aufenthalt kam 23 080 wieder in den Betrieb.

Aufnahme: Robin Fell, Eisenbahnstiftung

Bild 213 ▷ Am 24. September 1958 stieß kurz nach 6.00 Uhr die als Lz 17130 zum AW Trier fahrende **23 080** vom Bw Krefeld auf der Eifelbahn bei Urft frontal mit 38 2965 (Bw Köln-Deutzerfeld) vor P 3515 (Jünkerath – Köln-Deutz) zusammen. Der Unfall forderte 8 Tote und 17 Verletzte. Während die alte Länderbahnlok so schwer beschädigt wurde, dass sie ausgemustert werden musste, baute der moderne Rahmen der 23 die gewaltigen Kräfte des Aufpralls relativ gut ab, sodass die Lok im AW Nied wieder aufgebaut werden konnte.

Aufnahme: DB, Sammlung Georg Dollwet

◁ **Bild 214**
Die Krefelder 23 waren regelmäßige Gäste im niederländischen Grenzbahnhof Nijmegen. Am 2. April 1965 steht **23 093** vor E 294 (Nijmegen 16:51 Uhr – Krefeld 18:26 Uhr) zur Abfahrt bereit. Einen Monat später endete der Einsatz der Krefelder 23.

Aufnahme: Rein van Putten

◁ **Bild 215**
Die Beförderung von Schnellzügen zwischen Köln und dem niederländischen Grenzbahnhof Nijmegen war jahrelang die bedeutendste Leistung der Krefelder 23. Einen dieser Züge hat **23 090** im Kölner Hbf übernommen, aufgenommen 1959.

Aufnahme: M. C. Mugridge, Eisenbahnstiftung

◁ **Bild 216**
Der Gelenkwasserkran in Köln Hbf ragt gefährlich in das Lichtraumprofil der Krefelder **23 079**, die am 28. Juni 1958 den D 89 von Deutz nach Aachen bringt. Der Heizer steigt gerade ab, um das Problem zu beheben. Die Trümmer auf dem Bahnsteig deuten auf eine augenscheinlich rege Bautätigkeit hin.

Aufnahme: Hans Schmidt, Sammlung EK-Verlag

Bild 217 ▷ Die blaue Stunde bot dem Fotografen im Winter 1964 die Gelegenheit, eine schöne Dämmerungsstudie der Krefelder **23 092** mit E 4541 vor der Bahnhofshalle von Krefeld Hbf einzufangen.

Aufnahme: Gerd Kleinewefers

Züge des sogenannten Schnellverkehrs übrig:

D 307	Kleve – Nijmegen (gemeinsam mit BR 38^{10})
D 366	NIjmegen – Krefeld – Köln
Expr 3006	Neuß – Köln (Fahrzeit für BR 03)

23.07.1962 (6)

23 079 089 090 091 092 093

Zwischen 1962 und 1964 stiegen die Krefelder 23 sogar auf Platz 2 und 3 in der Rangliste der schnellsten mit Baureihe 23 bespannten Züge auf:

1963/64	D 365	tgl.	Krefeld – Kleve	95,12 km/h
1962	D 366	tgl.	Krefeld – Kleve	95,12 km/h

Am 27. Mai 1962 eröffnete die DB auf der 23-Stammstrecke Köln – Neuss den elektrischen Betrieb. Daraufhin sank der Planbedarf im Sommerfahrplan 1962 auf fünf 23, die immerhin noch 401 km/Tag überwiegend vor Eil- und Personenzügen liefen. Zwei Holland-Schnellzüge waren noch im Umlauf: D 366 (Nijmegen – Köln-Deutz) und D 307 nur noch im Abschnitt Kleve – Nijmegen. Die P 8 wurden noch in einem 4-tägigen Umlauf auf die Strecke geschickt, allerdings verlangte man von ihnen nur 271 km/Tag vor Personen- und Eilzügen. Die nächste 23-Strecke, die auf elektrischen Betrieb umgestellt wurde, war am 25. Mai 1963 der

Deutsche Bundesbahn

Laufplan der Triebfahrzeuge

BD Köln · MA Krefeld · Bw Krefeld

gültig vom 1. Juni 1958 an · ungültig vom .... 19..... an

Dpl Nr	Baureihe	Tag	Leistungen (0–24 Uhr)	Kilometer
01	23	1	5261, 4136, DFR, 3230, Lz, 3245, Bbf, 14731, 3266, Lz, 3281, Ddf-R, 1110	402
		2	Bbf, 15706, Dt, 14698, 3217, 1419, Kl, 2935, Dortm, 2946, M.Gl, 3296	451
		3	Dt, 89, Rla, 4331, Dt, 4545, 3131, DFR, 3132	263
		4	4520, Dt, 293, Nym, 366, Dt, 4541, Kl	479
		5	Kl, 4522, 3105, 4752, 3250, Lz, 3267, Ne, 15375, E, 15390	349
				1944
02	38	1	Kl, 1404, 2250, M.Gl, 4811, Dbg, 4814, Rla, 3637, DFR, 3642, M.Gl, 14325	389
		2	2982, Kl, 1436, 3268, Nl, 15298, Ol	275
		3	Ol, 12231, Nl, 3235, Dt, 3249, 2928, Kl, 1448, Dl, 15721	352
		4	Dt, 1411, 4530, Dt, 3253, 2020, Kn, 2021, 3286, Dt	288
		5	Dt, 1407, 4522, Dt, 3237, 4525, Kl, 1442, 3127, De, Ddf, 4756, Kl	428
		6	Kl, 1406, Ne, 1414, Dt, 1457, Kl	244
		7	Kl, 1412, Ne, 1425, 1432, Dt, 3079, M.Gl, 4580, Dt, 4549	335
		8	1404, Dt, Lr, 495, M.Gl, 3078, Dt, 1455, Kl	297
				2608

△ **Bild 218** • Laufplan des Bw Krefeld für den Sommerfahrplan 1958.

Abbildung: Sammlung Ronald Krug

△ **Bild 219 • 23 091** (Bw Krefeld) in einer eindrucksvollen Seitenstudie. Die letzten Lieferserien mit Mischvorwärmer und Rollenlagern stellen nach Meinung des Verfassers zusammen mit den 01 mit Hochleistungskessel die optisch gelungensten Dampflokomotiven der DB dar. AUFNAHME: CARL BELLINGRODT, SAMMLUNG JÖRG SAUTER

▽ **Bild 220 •** Im Bw Köln-Deutzerfeld trafen sich täglich Dampflokomotiven mehrerer Bahnbetriebswerke. Im Frühjahr 1965 stehen **23 090** (Bw Krefeld) und 03 107 (Krupp 1933) vom Bw Mönchengladbach zum Einsatz bereit. Hinter der 03 schaut noch die Mönchengladbacher **23 043** hervor, dahinter eine weitere 23.
AUFNAHME: WALTER HANOLD, ARCHIV JÖRG SAUTER

△ **Bild 221** • Ein Panorama der besonderen Art bietet am 16. September 1963 der Blick in das Bw Krefeld. Von links nach rechts haben Loks von vier verschiedenen Bahnbetriebswerken Aufstellung genommen: **23 093** (Bw Krefeld), die Wannentender-38 3362 (Bw Düsseldorf Hbf), 38 3417 (Bw Krefeld), 03 1022 (Bw Hagen-Eckesey), **23 092** (Bw Krefeld) und 56 604 (Bw Kleve). Mit Ausnahme der beiden 23 überlebte keine Maschine das Jahr 1967. AUFNAHMEN (2): HANS BONES

Abschnitt Neuss – Krefeld, gefolgt von Duisburg – Krefeld – Mönchengladbach am 26. Mai 1964. Somit blieb den Krefelder 23 nur noch die Strecke Krefeld – Kleve – Nijmegen. Dafür durften die 23 vor beiden Schnellzugpaaren (D 307/308 und 366/367) im höheren Geschwindigkeitsbereich laufen. Zeitgleich erschienen immer mehr fabrikneue V 100^{10} und V 100^{20} in Krefeld, sodass den 23 Konkurrenz von der Dieseltraktion erwuchs. Auch die 38^{10} versammelten sich jetzt nach und nach auf den Abstellgleisen, doch – Ironie der Planung, die dann doch nicht so eintrat: Die letzten P 8, die eigentlich schon 1957/58 von den 23 vollständig abgelöst werden sollten, hielten sich mit zwei Exemplaren (38 2202 und 2967) noch bis zum November 1965, und damit länger als die 23, die bereits zum Sommerfahrplan im Mai und Juni 1965 Krefeld verließen (23 079, 089, 090 und 093 nach Bestwig, 23 091 und 092 nach Mönchengladbach). Die beiden D-Zugpaare (laut Zugbildungsplan nur drei bzw. fünf Wagen) und die Eilzüge zwischen Krefeld und Nijmegen wurden von drei Loks der Baureihe 03 und einer V 100 übernommen. Nach dem Abgang der 23 und 38^{10} gab das Bw die Dampflokunterhaltung auf und baute den Einsatz moderner Dieselloks aus.

Bw Krefeld			
23 079	06.11.57	–	19.05.65
23 080	19.12.57	–	05.04.59
23 089	24.02.58	–	19.05.65
23 090	08.03.58	–	24.05.65
23 091	30.03.58	–	09.06.65
23 092	30.04.58	–	09.06.65
23 093	01.07.59	–	23.05.65

▽ **Bild 222 • 23 092**, kurz zuvor aus einer L 2 im AW Nied zuruckgekehrt, am 16. September 1963 im Heimat-Bw Krefeld. Links ist noch der angeschnittene Tender mit Kohlenkastenabdeckung der Eckeseyer 03 1022 zu sehen.

△ **Bild 223 • 23 033** (Bw Mönchengladbach) durchfährt im Mai 1958 den Bahnhof Remagen an der linken Rheinstrecke. Sie bespannt bis Koblenz den aus Den Haag kommenden D 264 „Jugoslavia-Express". Angesichts des dichten Zugverkehrs ist die hinten sichtbare Apollinaris-Kirche kaum noch ein Ort der Ruhe. Wenige Tage später wurde zwischen Mainz und Remagen (wenigstens im Nahverkehr) elektrisch gefahren.
AUFNAHME: CARL BELLINGRODT/EK-VERLAG

Bw Mönchengladbach

Der industrielle Aufstieg der im Niederrheinischen Tiefland im Südwesten Nordrhein-Westfalens liegenden Stadt wurde vom 19. Jahrhundert bis zur Mitte des 20. Jahrhunderts durch die Entwicklung der Textilindustrie, später durch den Maschinenbau geprägt. Am Ende des Zweiten Weltkrieges war Mönchengladbach nach zahlreichen schweren Luftangriffen zu zwei Dritteln zerstört. Seit Inkrafttreten der Gebietsreform am 1. Januar 1975, bei der Mönchengladbach mit Rheydt vereinigt wurde, ist Mönchengladbach die einzige Stadt Deutschlands, die zwei Hauptbahnhöfe hat: Mönchengladbach Hauptbahnhof und Rheydt Hauptbahnhof. Diese liegen an den Strecken Köln – Venlo (NL), Duisburg – Mönchengladbach und Aachen – Düsseldorf.

Das Bahnbetriebswerk befindet sich nördlich des Hauptbahnhofes, an der Gabelung der Strecken nach Viersen und Neuss. Der Wasserturm wurde zwischen Dezember 1978 und Januar 1979 stückweise abgetragen. Teile des Ringlokschuppens und die Grube der Drehscheibe sind noch vorhanden.

Die dominante Personenzuglok war, wie in vielen Bahnbetriebswerken, die Baureihe 38^{10} (preußische P 8), von der 1954 insgesamt zwölf Exemplare im Bw Mönchengladbach stationiert waren. Schnellzugleistungen wurden mit ihnen jedoch kaum gefahren. Außerdem hatte das Bw 1954 13 Lokomotiven Baureihe 41 im Bestand, die auch im Schnellzugdienst liefen. Zur Steigerung der Reisegeschwindigkeiten sollten vor hochwertigen Reisezügen zukünftig auch die 110 km/h schnellen 23 eingesetzt werden. Von Oktober bis Dezember 1954 erhielt das Bw daher aus einem Henschel-Baulos fabrikneu die Oberflächenvorwärmer-23 035 bis 042. Der akute Mangel an Pacifics der Baureihen 01 und 03 veranlasste den Fahrplandezernenten der Oberbetriebsleitung West in seiner

◁ **Bild 224**
Zu den prestigeträchtigen Leistungen des Bw Mönchengladbach gehörte der „Loreley-Express" (Hoek van Holland – Basel), den **23 037** im Abschnitt Venlo – Köln im November 1955 beförderte und mit dem sie in Mönchengladbach Hbf zur Weiterfahrt bereit steht. Hinter der Lok läuft ein blauer Schürzenwagen. Eigentlich nicht der Rede wert, dass die Lok vor einem solchen Zug besonders gepflegt ist.

AUFNAHME: HANS SCHMIDT, SAMMLUNG JÖRG SAUTER

Not, die neuen Mönchengladbacher 23 bereits im Winterfahrplan 1954/55 in einem 6-tägigen Schnellzug-Umlauf mit 374 km/Tag einzusetzen. Im Sommerfahrplan 1955 wurde die Tagesleistung für acht Lokomotiven (Mischplan Baureihe 23 und 41) auf 492 km gesteigert. Die Loks liefen vor folgenden Zügen des Schnellverkehrs, die zeitweise zwölf Wagen mit über 500 t Gesamtgewicht auf die Waage brachten: F 9/F 10 zwischen Köln und Venlo (NL), F 163, F 164, F 251 (nur bis/ab Kaldenkirchen)/F 252, D 76, D 79, D 81, D 181 zwischen Aachen – Köln Deutz, D 215/D 218 auf der linken Rheinstrecke Köln – Koblenz, D 465/ D 466 Köln – Münster, D 218 Hamm – Mönchengladbach. So lag die von der OBL West angesetzte Soll-Leistung im Juli 1955 bei 12.944 km/Lok. Erreicht haben die Mönchengladbacher Neubaulokomotiven 12.310 km/Lok (95,2 %). Augenscheinlich wurden die 23 noch sehr benötigt! Vielleicht waren die Steigerungen im Sommer 1955 dann aber doch etwas zu stark. Bei den Zugförderungsbesprechungen zur Lokdienstregelung für den Jahresfahrplan 1955/56 heißt es dazu in der Niederschrift vom 18. Mai 1955:

„Die bisherigen Pläne mit zusammen 8 Lok BR 23 und 41 werden auf einen Plan mit 6 Lok R 23 beschränkt; alle Züge, die nicht unbedingt mit dieser Lok bespannt werden müssen, kommen in andere Pläne. Die Fertigstellung des Dreiecks in Kaldenkirchen wirkt sich noch nicht voll aus; nach wie vor fallen durch die ungünstige Zuglage mehrere Leerfahrten zwischen M-Gladbach und der holländischen Grenze an. Da die BR 23 in Venlo drehen kann, ist jetzt allerdings der kurze Übergang F 9/F 252 möglich. Einige Zugpaare nach Hamm sind neu hinzugekommen; dagegen wurden die belgischen Urlauberzüge Aachen – Siegen, die für Bw M-Gladbach wegen der erforderlichen Fahrgastfahrten wenig günstig lagen, dem Bw Köln-Eifeltor, das eine neue Gruppe mit Lok BR 41 erhalten muss, übertragen.“

Nach weiteren Zugängen im Juli 1955 von 23 023 aus Mainz (bereits am 24. Juli 1955 weiter nach Paderborn) und 23 043 sowie 23 033 und 034 im Oktober 1956 aus Paderborn hatte sich ein 23-Bestand herausgebildet, der über neun Jahre bis 1965 stabil blieb. Im Sommer 1956 liefen sechs 23 mit 392 km/Tag.

01.12.1956 (11)

23	033	034	035	036	037
	038	039	040	041	042
	043				

Weiterhin war der Anteil der hochwertigen Reisezüge, besonders der F-Züge, hoch:

Bespannungsübersicht (nur F-, D-, E- und Expresszüge)

Sommer 1957

F 9	Köln – Venlo
F 10	Venlo – Köln
F 163	Köln – Venlo
F 164	Kaldenkirchen – Köln
D 195	Mönchengladbach – Hamm Fahrzeit für BR 03
D 196	Hamm – Mönchengladbach Fahrzeit für BR 03
D 217	Mönchengladbach – Hamm
F 251	Köln – Kaldenkirchen
F 252	Venlo – Köln
E 342	Hagen – Mönchengladbach
D 404	Hamm – Mönchengladbach Fahrzeit für BR 38^{10}
E 501	Mönchengladbach – Hamm Fahrzeit für BR 03

Bemerkenswert, dass die 23 vor D 195, D 196 und E 501 im Abschnitt Mönchengladbach – Hamm die Fahrzeiten der Bau-

△ **Bild 225** • Der Kölner Dom (offiziell Hohe Domkirche Sankt Petrus) ist eine der größten Kathedralen im gotischen Baustil. Sein Bau wurde 1248 begonnen und erst 1880 vollendet. Seit 1996 gehört der Dom zum UNESCO-Weltkulturerbe. Das Bauwerk dominiert die Szene im Kölner Hauptbahnhof im Oktober 1956: Zwei Mönchengladbacher Loks, **23 042** und 38 1507, stehen zur Abfahrt bereit. Die P 8 hat auffallend hoch angebrachte Wittebleche. AUFNAHME: LUDWIG ROTTHOWE, EISENBAHNSTIFTUNG

◁ **Bild 226**
Die Beförderung von Schnellzügen, darunter solche Hochkaräter wie F 9/F 10 „Rheingold-Express", „Loreley-Express", „Austria-Express" und „Basel-Hoek-Express", zwischen Köln und dem niederländischen Grenzbahnhof Venlo gehörte jahrelang zum Programm der Mönchengladbacher 23. Die Fahrzeit für einige dieser Züge war für die Baureihe 03 berechnet – kein Problem für die 23. **23 034** steht vor einem Schnellzug in Venlo bereit zur Abfahrt nach Köln, aufgenommen 1957.

Aufnahme: Robin Fell, Eisenbahnstiftung

reihe 03 halten mussten – und auch hielten! Die Anfahrzugkraft der 23 war der 03 mindestens ebenbürtig. In diesem Sommerfahrplan 1957 wurden sogar zwei Pläne für neun Lokomotiven und 398 km bzw. 365 km/Tag aufgestellt.

Im Sommerfahrplan 1958, gültig ab 1. Juni 1958, bestanden drei Laufpläne: Im Dienstplan Nr. 01 waren vier 23 zwischen Venlo, Köln, Kaldenkirchen und Koblenz mit 373 km/Tag unterwegs. Die prestigeträchtigen Züge waren wiederum F 9, F 10, F 163 und F 164. Der Dienstplan Nr. 02 forderte von drei Loks 436 km/Tag. Neben D 70, D 182 und dem Expressgutpaar 3053/3054 waren einige Eil- und Personenzüge zwischen Hamm, Dortmund, Wanne-Eickel, Köln, Kevelaer, Aachen und Mönchengladbach zu fahren. Im Dienstplan Nr. 03 fanden zwei Lokomotiven Beschäftigung mit 416 km/Tag vor Schnell-, Eil- und Personenzügen zwischen Mönchengladbach, Hamm, Aachen, Hagen und Venlo. D 404 ab Hamm war in anspruchsvollen 22 Minuten nach Dortmund zu fahren (Reisegeschwindigkeit 85,1 km/h). Insgesamt liefen neun Lokomotiven in den Plänen.

Das war die große Zeit der 23! Sie waren im Westen der Bundesrepublik praktisch überall anzutreffen: Paderborner 23 kamen bis nach Mönchengladbach, teilweise wurde von Mönchengladbacher auf Paderborner 23 und umgekehrt umgespannt, z. B. in Hamm. Im Ruhrgebiet waren neben Mönchengladbacher und Paderborner auch Siegener 23 unterwegs, in Köln dampften 23 aus Mönchengladbach, Siegen, Koblenz-Mosel und Krefeld.

Deutsche Bundesbahn

ED Köln
MA Krefeld
Bw M-Gladbach

Laufplan der Triebfahrzeuge

gültig vom 1. Juni 1958 an

Dpl Nr	Baureihe	Tag	0–24 Uhr (Leistungen)	Bem
01	23	1	751 Ve 164 Dt 1765 … 1775 Köln 1796 D'feld 1331 KNs	307
		2	KNs 5549 Kn 1744 1749 Ve F10 Dt 3069 … 14355 Venlo 252 Dt	425 D
		3	D'feld 1270 Ko 1265 K D'feld 163 Ve 752 1789	342
		4	Kaldenk 5080 Köln Bbf 251 Ve 864 4572 Dt 1514 Bbf F9 Ve 14356	418 D
				1492 km / 373 km/Tg
02	23	1	3053 Hamm 3054 764 Dor 4663 2942 1338 Erkelenz 2339 4835 WE	506 D
		2	Wanne-E 4804 A 70 Dt 182 A 2351 14325 Kref 2272 Dbg 2273	450 D
		3	Kevelaer 2911 Dortm. 2940 3053	352
				1308 km / 436 km/Tg
03	23	1	501 Hamm 404 Aachen 519 Dbg	478 D
		2	3611 Hg 349 2255 14326 1761 Ve 496 863 Ve 752	354 D
				832 km / 416 km/Tg
31	92	1	Rangierdienst M-Gladbach – MF Rgdst. MF	158 km

△ **Bild 227** • Laufplan des Bw Krefeld für den Sommerfahrplan 1958.

Abbildung: Sammlung Hans-Jürgen Wenzel

Nicht überraschend fielen die höchsten Laufleistungen und der Kohleverbrauch in den fünfziger Jahren überzeugend aus:

Lok-Nr.	Monat	km	Kohleverbrauch t/ 1.000 km	Kohleverbrauch 1 Mio. Lok-leistungs-tkm	Zuglast [t] Ø
23 036	08.55	13.489	12,95	30,38	234
23 037	08.55	13.546	11,74	27,99	238
23 038	08.55	13.430	13,49	33,13	238
23 039	07.59	12.649	12,34	32,00	259
23 040	05.56	12.355	13,23	34,55	261

Es fällt auf, dass drei der höchsten Monatsleistungen im Sommerfahrplan 1955 gefahren wurden, als die OBL West die Soll-Leistung noch einmal erhöhte.

1958 heißt es in einer Zusammenstellung der Bahnbetriebswerke im Bezirk der BD Köln u. a. zu den elf 23 beim Bw Mönchengladbach etwas voreilig: „Dampf wird abgefahren". Dass die Mönchengladbacher 23 gerade in diesem Jahr ihre beste Zeit hatten, war zum Verfasser der Liste offenbar noch nicht durchgedrungen.

1959 hatte die 23 die 38^{10} vollständig aus Mönchengladbach verdrängt, von einer kurzen Episode zwischen 1965 und 1967 abgesehen, als fünf P 8 hier bis zur z-Stellung in Reserve standen. Dafür erwuchs den 23 ab Mai 1959 Konkurrenz durch sieben im Bw Köln Bbf wegen der Elektrifizierung der Rheinstrecken nicht mehr benötigte Pacifics: 03 055, 072, 074, 077, 079, 094 und 107. Dennoch traten die Mönchengladbacher 23 auch im Sommerfahrplan 1961 vor attraktiven Fernzügen in Erscheinung, wenn auch nur auf der steigungsreichen Strecke zwischen Köln und Venlo (NL), wo sie dank ihrer Anzugskraft immer noch den Vorzug vor den 03 erhielten:

F 9	Köln – Venlo
F 10	Venlo – Köln
F 163	Köln – Venlo
F 164	Venlo – Köln
D 251	Köln – Venlo
D 252	Venlo – Köln
D 751	Köln – Venlo (Fahrzeit für BR 03)
D 752	Venlo – Köln (Fahrzeit für BR 03)
E 763	Duisburg – Mönchengladbach (Fahrzeit für BR 38^{10})
E 853	Köln – Venlo
E 854	Venlo – Köln
E 865	Köln – Venlo
E 866	Venlo – Köln
E 867	Köln – Venlo
E 868	Venlo – Mönchengladbach
E 869	Köln – Venlo
E 870	Venlo – Mönchengladbach
E 872	Venlo – Köln
Expr 3829	Mönchengladbach – Hagen
Expr 3830	Hagen – Mönchengladbach (Fahrzeit für BR 38^{10})

△ **Bild 228** • Im Oktober 1956 rollt **23 036** (Bw Mönchengladbach) von Deutz kommend mit einem Personenzug über die Hohenzollernbrücke in den Kölner Hbf hinein. Auf der Pufferbohle ist das Datum der Abnahme zu erkennen: AW Göttingen 13.10.54.

Aufnahmen (2): Ludwig Rotthowe, Stiftung Eisenbahnmuseum Bochum

△ **Bild 229** • Vor dem Kölner Dom, Weltkulturerbe und Wahrzeichen der Stadt, fährt **23 042** (Bw Mönchengladbach) im August 1957 aus dem Hauptbahnhof in Richtung Deutz.

△ **Bild 230** • Drei Baureihen, drei Epochen im Bw Köln-Deutzerfeld, 1964: Die Konzeption von 39 198 (Bw Jünkerath) stammt noch von der preußischen Staatsbahn KPEV, **23 041** (Bw Mönchengladbach) ist die Vertreterin der modernen DB-Neubauloks und 01 212 (Bw Köln-Deutzerfeld) repräsentiert die Einheits-Schnellzuglok der Deutschen Reichsbahn. Die unterschiedlichen Kesseldimensionen treten deutlich hervor. Aufnahme: Eduard Bündgen, Sammlung Stefan Carstens

▽ **Bild 231** • Die preußische P 8 und ihre Nachfolgerin im Bw Köln-Deutzerfeld am 4. März 1961: 38 1646 (Bw Krefeld) mit Wannentender neben **23 040** (Bw Mönchengladbach). Während die 23 noch bis 1975 in Betrieb war, wurde die 38^{10} bereits 1962 ausgemustert. Aufnahme: Herbert Schambach, Sammlung Ulrich Budde

△ **Bild 232 • 23 038** (Bw Mönchengladbach) verlässt im Mai 1963 den Kölner Hauptbahnhof und wird gleich über die Hohenzollernbrücke die „Schäl Sick" (falsche Seite) in Deutz erreichen, wie die Urkölner wenig charmant das rechte Rheinufer nennen. Das Ganze hat seinen Ursprung möglicherweise in der Römerzeit, als der Rhein die Grenze zwischen dem christlichen römischen Teil und den unkultivierten germanischen Barbaren bildete. Aufnahme: Robin Fell, Eisenbahnstiftung

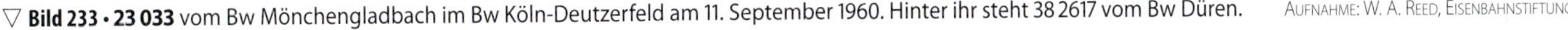

▽ **Bild 233 • 23 033** vom Bw Mönchengladbach im Bw Köln-Deutzerfeld am 11. September 1960. Hinter ihr steht 38 2617 vom Bw Düren. Aufnahme: W. A. Reed, Eisenbahnstiftung

△ **Bild 234 •** Kurz vor dem Ende der 23-Beheimatung konnte der Fotograf der BD Köln **23 041** im Frühjahr 1967 vor dem Schuppen des Bw Mönchengladbach portraitieren. Auf dem Wasserturm die lange gebräuchliche Schreibweise „Bw M-Gladbach".

Aufnahme: BD Köln, Stiftung Eisenbahnmuseum Bochum

▽ **Bild 235 • 23 034** (Bw Mönchengladbach) ist im Jahr 1960 mit einem Schnellzug aus Venlo/NL in Köln Hbf eingetroffen. Die imposante Bahnhofshalle, an deren Frontseite das Eau de Cologne 4711 („Immer dabei") grüßt, wölbt sich über einem weiteren interessanten Fahrzeug, einem VT 11^5, der als TEE 19 nach Oostende weiterfahren wird.

Aufnahme: Ernst Winter, Eisenbahnstiftung

△ **Bild 236 • 23 041** (Bw Mönchengladbach) steht am 10. April 1965 vor dem E 853 nach Venlo/NL und Eindhoven vor der Bahnhofshalle des Mönchengladbacher Hauptbahnhofes aus dem Jahr 1908. AUFNAHME: HERBERT E. STEMMLER

Erneut waren die Fahrzeiten für D 751 und D 752 im Abschnitt Köln – Venlo für die Baureihe 03 berechnet.

Im Sommerfahrplan 1962 wurden werktags noch planmäßig acht 23 eingesetzt, die neben Eil- und Personenzügen immer noch die Fernzüge D 198, D 251/ D 252 und F 163/F 164 zogen.

1965 war der Wendepunkt für die Mönchengladbacher 23: Zum Sommerfahrplan wurde die Strecke nach Düsseldorf elektrifiziert, ein Jahr zuvor war bereits die Verbindung nach Duisburg umgestellt worden. Auch auf der Stammstrecke Köln – Venlo verloren die 23 fast alle Leistungen an Krefelder V 100^{10} und V 100^{20}. Die früheren Paradezüge D 251/163/164/252 (D 163/164 war zuvor ein Fernschnellzugpaar) wurden nun von zwei V 100 in Doppeltraktion gefahren! Der Laufplan sah noch fünf 23 plus eine Lok (Di/Mi) im Umlauf mit 240 km/Tag.

Vom Glanz früherer Jahre war nichts mehr übrig, jetzt galt es Personenzüge pünktlich ans Ziel zu bringen. Wendebahnhöfe waren Aachen Hbf, Korschenbroich, Dalheim, Kaldenkirchen und Deutzerfeld. Am Tag 3 stand von 8 bis 11 Uhr Rangierdienst auf dem Plan …

Der bis dahin stabile 23-Bestand kam 1965 kräftig in Bewegung: Am 10. Juni 1965 trafen die beschäftigungslos gewordenen Mischvorwärmer-23 091 und 092 aus Krefeld ein, die man bereits drei Wochen später am 3. Juli 1965 in Richtung Osnabrück Rbf verabschiedete, wo Mischvorwärmer-23 eher wohlgelitten waren. Als Gegenleistung erhielt das Bw am 8. Juli 1965 23 048 vom Bw Osnabrück Rbf und tags darauf am 9. Juli 1965 23 049 vom Bw Oldenburg Rbf, die jedoch bereits am 4. August 1965 nach Bestwig weitergereicht wurden. Zum Beginn des Winterfahrplans 1965/66 gab man schließlich im September 23 042 und 043 nach Bestwig ab, sodass sich der Bestand nach dieser erstaunlichen Durchmischungsaktion wie folgt darstellte:

01.10.1965 (9)

23	033	034	035	036	037
	038	039	040	041	

Bis auf die abgewanderten 23 042 und 043 war das exakt der Bestand vom 1. Dezember 1956.

Im Mai 1966 konnte auf der Strecke Köln – Aachen der elektrische Betrieb aufgenommen werden. Außerdem waren inzwischen neun 03 in Mönchengladbach, die nach Aachen, Köln und Düsseldorf liefen. Zusätzlich erschienen neue V 160 vom Bw Köln-Nippes im Mönchengladbacher Raum. Für fünf 23 blieben noch einige Personenzüge in Tagesrandlagen übrig, die P 1743/1754 und P 1785/1794 nach Kaldenkirchen. Den bereits seit 1965 obligatorischen Rangierdienst in Mönchengladbach von 8 bis 11 Uhr in einem Köf-Plan ließ man den gerade einmal zwölf Jahre alten Neubaulokomotiven noch …

Angesichts der kärglichen Restleistungen konnten zwei Loks noch 1966 abgegeben werden: 23 040 am 2. Mai 1966 zur L 3 in das AW Trier (danach Saarbrücken) und 23 038 am 14. Dezember 1966 zur L 3 in das AW Trier (ebenfalls Saarbrücken). Zum Sommerfahrplan 1967 wurde der 23-Planeinsatz beendet, die Leistungen wurden von 03, die inzwischen mit 16 Exemplaren im Bw vertreten waren, und Dieselloks übernommen. Somit wechselten die letzten sechs 23 nach Saarbrücken (23 033, 034, 036, 037) und Crailsheim (23 039 und 041).

Bw Mönchengladbach			
23 023	19.07.55	–	23.07.55
23 033	10.10.56	–	18.05.67
23 034	12.10.56	–	18.05.67
23 035	09.10.54	–	26.09.67
23 036	14.10.54	–	20.03.67
23 037	29.10.54	–	24.09.61
	16.11.61	–	07.06.67
23 038	07.11.54	–	14.12.66
23 039	20.11.54	–	31.05.67
23 040	01.12.54	–	02.05.66
23 041	10.12.54	–	31.05.67
23 042	21.12.54	–	23.09.65
23 043	24.07.55	–	23.09.65
23 048	08.07.65	–	04.08.65
23 049	09.07.65	–	04.08.65
23 091	10.06.65	–	03.07.65
23 092	10.06.65	–	03.07.65

△ **Bild 237** • Vom Einsatz der 23 beim Bw Bingerbrück gibt es nur wenige Bilddokumente. Die Bingerbrücker 23 waren zeitweise die wichtigsten Reisezugloks auf den Strecken von Bad Kreuznach nach Kaiserslautern und durchs Nahetal nach Saarbrücken. Hier steht im Frühjahr 1959 im Bahnhof Bad Kreuznach **23 061** zur Fahrt nach Saarbrücken bereit, während **23 069** als Lz nach Bingerbrück zurückkehren wird. AUFNAHME: CARL BELLINGRODT/EK-VERLAG

BD Mainz

Bw Bingerbrück

Bingerbrück, im Volksmund auch „Kaltnaggisch" genannt, ist seit 1969 ein Stadtteil von Bingen, der links der Nahe und des Rheins gelegen ist. Der Rundlokschuppen mit Drehscheibe des Bahnbetriebswerkes entstand bereits 1886. Er bot Platz für über 20 Lokomotiven.

Im Zweiten Weltkrieg steuerten die alliierten Bomberverbände wiederholt Bahnhof und Bahnbetriebswerk an. Nach dem Wiederaufbau war Bingerbrück ab 1950 die Heimat von bis zu 100 Dampflokomotiven, hauptsächlich Güterzuglokomotiven (Baureihen 42 und 50). Die Elektrifizierung der Rheinstrecken im Jahr 1958 war der Anfang vom Ende: 1966 wurde das Bw aufgelöst. Der Abriss der Reste des Rundschuppens läutete 1988 auch den Rückbau des Rangierbahnhofes Bingerbrück ein. Der Bahnhof wurde 1993 in „Bingen (Rhein) Hbf" umbenannt. Ab 2005 entstand auf dem Gelände des ehemaligen Rangierbahnhofes der „Park am Mäuseturm" als Teil der Landesgartenschau 2008 in Bingen.

Bingerbrück erhielt im November und Dezember 1958 die durch die Elektrifizierung in Mainz freigewordenen Loks: 23 024, 025 und 060 bis 075. Im Mai und Juni 1959 wechselten 23 073 bis 075 zum Bw Oldenburg Hbf, dafür kamen die Kaiserslauterner Mischvorwärmer-23 053 bis 059. Somit verfügte das Bw über einen stattlichen Bestand an Mischvorwärmer-23 und die beiden Versuchs-23 mit MVC-Mischvorwärmer.

Die neuen 23, auf denen Bingerbrücker Personale schon seit Jahren fuhren, wurden im Sommerfahrplan 1959 (gültig ab 31. Mai 1959) in zwei Dienstplänen mit je

◁ **Bild 238**
23 060 (Bw Bingerbrück) verlässt am 30. August 1959 mit P 3648 Worms. Im Hintergrund der Wormser Dom St. Peter aus den Jahren 1130 bis 1181, dem kleinsten der drei rheinischen Kaiserdome. Die Wagengarnitur wirkt auch in den fünfziger Jahren wie aus der Zeit gefallen. Die Lok weist die optisch sehr ansprechende Variante mit dem DB-Logo auf der Rauchkammertür auf, die nur die Krupp-Loks der 5. Bauserie (23 053 – 064) hatten.

AUFNAHME: HELMUT RÖTH, EISENBAHNSTIFTUNG

Bild 239 ▷ Das Bild zeigt die gepflegte **23 025** an unbekanntem Ort auf den Rheinstrecken im Jahr 1959.

Aufnahme: Carl Bellingrodt/EK-Verlag

sechs Loks eingesetzt: Im Dienstplan 01 standen 289 km/Tag zu Buche mit der Spitze am Tag 3 mit 406 km, im Dienstplan 02 nur 257 km/Tag. Weiterhin waren auch Mainzer Personale auf den Loks. Saarbrücken, Pirmasens und Alzey waren im Plan 01 die Wendepunkte. Mit dem D 504 wurde auch ein Schnellzug gefahren, allerdings nur zwischen Wiesbaden und Mainz. Im Plan 63 mit Wormser Personal fällt der 101-km-Durchlauf Darmstadt – Worms – Kaiserslautern am P 3644 auf.

30.04.1960 (22)

23	024	025	053	054	055
	056	057	058	059	060
	061	062	063	064	065
	066	067	068	069	070
	071	072			

Die Bingerbrücker Umlaufpläne enthielten überwiegend Personenzugleistungen auf der linken Rheinstrecke, über Bad Kreuznach und Kaiserslautern nach Saarbrücken, von Kaiserslautern aus über Langmeil nach Worms und weiter bis Darmstadt sowie über Neustadt/Weinstraße nach Ludwigshafen bzw. Landau/Pfalz. Damit entsprach das Einsatzgebiet weitgehend den Kaiserslauterner und Mainzer Umlaufplänen. Im 4-tägigen Dienstplan Nr. 1, gültig ab 2. Oktober 1960, legten die Loks im Schnitt 371 km/Tag zurück, mit der Spitze an Tag 4 mit 461 km. Wendebahnhöfe waren Saarbrücken (vor D 142, D 217, E 547, 548, 590 und 591), St. Wendel, Bad Münster am Stein und Kaiserslau-

▽ **Bild 240** • Die Kaiserslauterner 23 kamen regelmäßig nach Bingerbrück. Am 23. August 1964 steht **23 066** auf der Drehscheibe des Bw, ihrer Heimatdienststelle von 1958 bis 1961.

Aufnahme: Albert Schöppner, Archiv Jörg Sauter

◁ **Bild 241**
Bei Spay an der linken Rheinstrecke ziehen **23 065** (Bw Bingerbrück) und 50 007 (Bw Oberlahnstein) im Frühjahr 1961 einen Personenzug südwärts, dessen Wagen aus der Länderbahnzeit übriggeblieben sind.

Aufnahme: Carl Bellingrodt, Slg. Hans-Jürgen Wenzel

◁ **Bild 242**
23 024 (Jung 11838/53) vom Bw Bingerbrück, eine der beiden Versuchslokomotiven mit Henschel MVC-Mischvorwärmer, am 25. Mai 1960 in Mainz Hbf. Hinter ihr steht die noch recht junge E 41 115 (Krupp/AEG 1959) vom Bw Koblenz-Mosel.

Aufnahmen (2): Hans Schmidt, Sammlung EK-Verlag

◁ **Bild 243**
23 063 vom Bw Bingerbrück ist am 19. Februar 1961 abfahrbereit, um den D 142 von Bingerbrück nach Saarbrücken zu befördern. Sie ist im vierten Tag des 4-tägigen Dienstplans Nr. 1 eingeteilt, der 461 km Tagesleistung vorsieht. Ihr Kessel ist bereits auf den Mischvorwärmer Bauart 1957 umgebaut. Angemessen für die Bespannung eines Schnellzuges trägt sie das stolze DB-Logo auf der Rauchkammertür.

△ **Bild 244** • Mit dem schönen DB-Emblem auf der Rauchkammer zeigt sich die 1955 bei Krupp gebaute Mischvorwärmer-Lok **23 060** am 10. März 1960 im Heimat-Bahnbetriebswerk Bingerbrück. Aufnahme: Hans Schmidt, Sammlung Stefan Lauscher

tern. Im 4-tägigen Dienstplan Nr. 2, der überwiegend nur Personenzugleistungen bot, ebenfalls gültig ab 2. Oktober 1960, waren die Bingerbrücker 23 im Schnitt nur 274 km/Tag unterwegs mit der Spitze von 301 km an Tag 4. Wendebahnhöfe waren Bad Kreuznach und Kaiserslautern. In einem weiteren 6-tägigen Dienstplan (Nr. 63) standen im Schnitt 230 km/Tag zu Buche mit der Spitze an Tag 1 mit 331 km und den Zielbahnhöfen Worms, Langmeil, Darmstadt, Kaiserslautern, Bad Kreuznach und Lauterecken. In diesem Umlauf fuhren Wormser Personale.

Bw Bingerbrück			
23 024	15.12.58	–	27.05.61
23 025	15.12.58	–	27.05.61
23 053	11.06.59	–	27.05.60
23 054	01.06.59	–	01.06.60
23 055	01.06.59	–	27.05.60
23 056	01.06.59	–	28.09.60
23 057	01.06.59	–	31.05.61
23 058	01.06.59	–	27.05.61
23 059	01.06.59	–	04.05.61
23 060	13.12.58	–	27.05.61
23 061	15.12.58	–	27.05.61
23 062	15.12.58	–	27.05.61
23 063	15.12.58	–	27.05.61
23 064	15.12.58	–	27.05.61
23 065	11.12.58	–	27.05.61
23 066	15.12.58	–	28.05.61
23 067	15.12.58	–	27.05.61
23 068	15.12.58	–	27.05.61
23 069	11.12.58	–	22.05.61
23 070	15.12.58	–	08.05.61
23 071	15.12.58	–	27.05.61
23 072	15.12.58	–	27.05.61
23 073	26.11.58	–	28.06.59
23 074	15.12.58	–	28.05.59
23 075	15.12.58	–	01.06.59

Die Dominanz von Personenzugleistungen sorgte dafür, dass die Übersicht der höchsten monatlichen Laufleistungen der Bingerbrücker 23 überschaubar ausfällt.

Lok-Nr.	Monat	km	Kohlenverbrauch t/ 1.000 km	1 Mio. Lok-leistungs-tkm	Zug-last [t] Ø
23 069	07.60	10.843	12,70	31,79	251
23 070	08.60	10.682	14,20	38,68	272

Das Jahr 1960 verzeichnete erste Abgänge zum Bw Koblenz-Mosel: 23 053 am 27. Mai 1960, 23 054 am 1. Juni 1960, 055 am 27. Mai 1960 und 056 am 28. September 1960.

01.10.1960 (18)

23	024	025	057	058	059
	060	061	062	063	064
	065	066	067	068	069
	070	071	072		

Nach nur 2 ½ Jahren wurde schließlich der gesamte 23-Bestand mit Beginn des Sommerfahrplans 1961 abgegeben: Mit Ausnahme von 23 057, die am 31. Mai 1961 zum Bw Oldenburg Hbf wechselte, übernahm das Bw Kaiserslautern den gesamten Bestand der Bingerbrücker Mischvorwärmer-23.

△ **Bild 245** • Eine bunte Fuhre haben **23 060** (Bw Bingerbrück) und 50 2765 (Bw Kaiserslautern) am 23. Juni 1960 in Koblenz Hbf am Zughaken. Im Kessel der Krupp-23 arbeitet noch der Heinl-Mischvorwärmer, der Umbau in die Mischvorwärmeranlage 1957 erfolgte knapp zwei Monate später. Aufnahme: Hans Schmidt, Sammlung EK-Verlag

△ **Bild 246 •** Die noch mit DB-Schild auf der Rauchkammertür ausgerüstete **23 058** (Bw Kaiserslautern) legt am 16. September 1961 mit P 1942 (Ludwigshafen – Homburg/Saar) einen Zwischenhalt in Limburgerhof ein. Vor einem guten Jahr wurde statt des Heinl-Mischvorwärmers ein Mischvorwärmer Bauart 1957 eingebaut, erkennbar am fehlenden Warmwasserspeicher unter der Rauchkammer. Aufnahme: Helmut Röth, Eisenbahnstiftung

Bw Kaiserslautern

Kaiserslautern (31. Dezember 2019: 100.030 Einwohner) am nordwestlichen Rand des Pfälzerwaldes liegt an der Strecke Mannheim – Saarbrücken, die aus der Pfälzischen Ludwigsbahn Ludwigshafen – Bexbach hervorging. Nach Süden führt die Biebermühlbahn bis Pirmasens, nach Norden die Lautertalbahn bis Lauterecken und nach Nordosten die Strecke nach Enkenbach. Im Westen befindet sich der Rangierbahnhof Einsiedlerhof, der in den letzten Jahrzehnten an Bedeutung verloren hat. Durch mehrere große Luftangriffe 1944/45 wurde die Stadt zu zwei Dritteln zerstört. Nach dem Krieg lag die Stadt in der französischen Besatzungszone. Die Nachkriegszeit war durch einen „verkehrsgerechten“ Wiederaufbau und den Zuzug Tausender Vertriebener geprägt. Zugleich wurde der gesamte Raum Kaiserslautern zur größten US-Garnison außerhalb der USA.

Das Bw (heute Betriebshof) Kaiserslautern nordwestlich des Hauptbahnhofes unweit der Lautertalbahn wurde Mitte der zwanziger Jahre neu errichtet und 1932 fertiggestellt. Zu dieser Zeit waren 800 Eisenbahner im Bw beschäftigt, das etwa 120 Güterzug- und Rangierlokomotiven beheimatete. Im Nationalsozialismus beschäftigte das Bw 1.100 Mitarbeiter, die mit 170 Lokomotiven auch am Bau des sogenannten „Westwalls“ in der Pfalz beteiligt waren. Anfang 1958 erhielt das Bw seine erste Diesellokomotive, eine V 60. Am 31. Dezember 1962 hatte Kaiserslautern einen Bestand von 93 Dampflokomotiven, darunter zehn preußische P 10 (Baureihe 39), fünf V 60 und die vier Lazarett-Triebwagen der US-Army (VT 08.8). Im Sommer 1966 wurden dem Bw Loks der Baureihe E 52 zugeteilt. Sie sollten die einzigen elektrischen Fahrzeuge bleiben, die jemals in Kaiserslautern stationiert waren. Bereits im August 1972 schieden die letzten der Stangenantrieb Oldtimer aus.

Die Beheimatung der Baureihe 23 in Kaiserslautern lässt sich in drei Zeitabschnitte einteilen, in denen Lokomotiven unterschiedlicher Bauformen in der Pfalz Dienst taten. Die ersten sieben 23 waren zwischen April und Juni 1958 die durch die Elektrifizierung in Mainz freigewordenen Mischvorwärmer-23 053 bis 059. Für diese Maschinen bestand im Winterfahrplan 1958/59, gültig ab 28. September 1958, täglich der 6-tägige Dienstplan Nr. 3 mit 316 km/Tag. Die Spitzenleistung wurde am Tag 6 mit 420 km gefahren.

01.12.1958 (8)

23	053	054	055	056	057
	058	059	060		

Diese Werte reichten nicht an die preußischen P 10 (Baureihe 39) heran, die im Dienstplan Nr. 1 386 km/Tag liefen. Gewendet wurde mit Baureihe 23 in Bad Kreuznach, Bingerbrück, Frankfurt/M., Mainz, Gau Algesheim, Bad Münster am Stein, Saarbrücken, Pirmasens und Lauterecken. Angesichts des geringen 23-Bestandes dürften in diesem Laufplan häufig 39er gefahren sein. Bereits zum Sommerfahrplan 1959 endete diese erste Phase der 23 in Kaiserslautern mit der Abgabe sämtlicher 23 nach Bingerbrück. Nun war wieder die 35 Jahre alte preußische P 10 die Lok der Wahl in Kaiserslautern.

Zwei Jahre später zum Sommerfahrplan 1961 begann die zweite Phase der 23 in Kaiserslautern: Die MVC-Loks 23 024 und 025 sowie die Mischvorwärmer-23 058 bis 072 kehrten von ihrem kurzen Intermezzo in Bingerbrück nach Kaiserslautern zurück. Damit verfügte das Bw über einen reichlichen Bestand von 17 Mischvorwärmer-Loks, die sogleich ab 28. Mai 1961 täglich in drei Dienstplänen eingesetzt wurden:

Dienstplan Nr. 3	5 Loks	382 km/Tag
Dienstplan Nr. 4	4 Loks	334 km/Tag
Dienstplan Nr. 5	5 Loks	225 km/Tag
Gesamt:	**14 Loks**	**300 km/Tag**

Erneut kamen sie mit diesen Parametern außer im Dienstplan Nr. 3 nicht an die P 10 heran, die im Dienstplan Nr. 1 367 km/Tag liefen. Rückblickend bleibt erstaunlich, dass in Kaiserslautern der veralteten Baureihe 39 der Vorzug vor der Neubaulok ge-

△ **Bild 247 • 23 024** (Bw Kaiserslautern) am 8. Juli 1962 vor E 582 bei der Ausfahrt aus Schifferstadt. Neben 23 025 war 23 024 ein Erprobungsträger für neue Komponenten der 23er-Folgeserien mit einem Mischvorwärmer der Bauart Henschel MVC mit großem Mischbehälter unter der Rauchkammer, Saugzuganlage mit Kylchap-Blasrohr, neuem Führerhaus mit im Dach eingelassener Belüftung, geknickten Schiebetüren, rotierenden Klarsichtscheiben in den Frontfenstern und Wälzlagern in den Stangen.

△ **Bild 248** • Mit dem charakteristischen Dampfkranz über der Rauchkammer und schönem DB-Logo auf der Rauchkammer eilt **23 054** (Bw Kaiserslautern) mit D 614 am 7. März 1964 bei Frankenstein durch den spätwinterlichen Pfälzer Wald.

AUFNAHMEN (2): HELMUT RÖTH, EISENBAHNSTIFTUNG

△ **Bild 249** • Im Vergleich zum Kessel der Franco Crosti-50 4001 (Bw Hamm G) wirken die Dampferzeuger von **23 056** und **23 058** im Bw Bingerbrück (aufgenommen am 16. April 1964) ziemlich mächtig. Der Winkel des Pumpenträgers von 23 056 ist etwas steiler ausgeführt.

▽ **Bild 250** • Am 18. Juni 1964 ist bei **23 060** vom Bw Kaiserslautern noch die Platte auf der Rauchkammertür erkennbar, auf der das DB-Schild angebracht war. Hinter ihr steht im Bw Saarbrücken eine französische 141 R.

Aufnahmen (2): Hermann Kuom

Bild 251 ▷ Die zweite Versuchsträgerin war **23 025**, die hier am 5. Mai 1962 mit E 582 durch Ludwigshafen-Mundenheim rauscht. Das verbesserte Führerhaus wurde ab 23 026 serienmäßig eingebaut.

Aufnahme: Helmut Röth, Eisenbahnstiftung

geben wurde. Das mag daran gelegen haben, dass die 23 zwar über eine höhere indizierte Leistung als die 39 verfügte (1.785 PS gegenüber 1.620 PS der P 10), bei der indizierten Zugkraft mit 14,6 t gegenüber der vierfach gekuppelten 39 mit 17,1 t aber den Kürzeren zog. Die 23er wendeten in Türkismühle, Idar-Oberstein, Bingen, Bingerbrück, Bad Kreuznach, Saarbrücken, St. Wendel, Gau Algesheim, Worms, Landau/Pfalz, Ludwigshafen, Darmstadt, Alzey, Armsheim, Pirmasens und Mainz, u. a. vor folgenden Eil-Zügen:

E 145	Türkismühle – Bingerbrück
E 146	Bingerbrück – Saarbrücken
E 216	Bingerbrück – Saarbrücken
E 547	Saarbrücken – Bingerbrück
E 548	Bingerbrück – Saarbrücken
E 590	Bingerbrück – Saarbrücken
E 591	Saarbrücken – Bingerbrück
E 592	Bingerbrück – Idar-Oberstein
E 593	Saarbrücken – Bingerbrück

31.08.1961 (17)

23	024	025	058	059	060
	061	062	063	064	065
	066	067	068	069	070
	071	072			

Nach verschiedenen Zu- und Abgängen vollzog sich 1966 ein kompletter Austausch des 23-Bestandes: Die auch in Kaiserslautern allenfalls mittelmäßig wertgeschätzten Mischvorwärmer-23 verließen zwischen April und Juli 1966 das Bw geschlossen nach Crailsheim, das Ersatz für seine alternden 38^{10} benötigte. Ob der Crailsheimer Dienststellenleiter spürbar begeistert war, seine bewährten P 8 gegen die empfindlichen Mischvorwärmer-23 eintauschen zu müssen ist nicht überliefert, darf jedoch bezweifelt werden.

So begann unmittelbar zwischen Juni und September 1966 die dritte Phase der 23 in Kaiserslautern. Vom Bw Siegen wurden sämtliche 23 übernommen: 23 006 bis 012. Zusätzlich kamen aus Gießen vier weitere Loks: 23 028, 029, 031 und 046. Damit hatte Kaiserslautern nun einen reinen Bestand von Oberflächenvorwärmer-Loks.

Bild 252 ▷ Im Jahr 1963 in Ludwigshafen Hbf, trägt **23 064** noch das schöne DB-Logo auf der Rauchkammertür. Lange sollte sie es nicht mehr behalten.

Aufnahme: Peter Konzelmann, Sammlung Jürgen Rippin

△ **Bild 253** • Die Kaiserslauterner **23 046** wendet im August 1968 auf der Drehscheibe im Bw Bingerbrück. Auf der Heizerseite befindet sich der 2. Indusi-Magnet für Rückwärtsfahrt, der im Oktober 1967 angebaut wurde.
Aufnahme: Peter Lösel, Sammlung Frank Lüdecke

01.10.1966 (11)

23	006	007	008	009	010
	011	012	028	029	031
	046				

Doch die beste Zeit hatten die 23 in Kaiserslautern nun hinter sich. Im Sommerfahrplan 1967 waren acht V 200⁰ vom Bw Limburg nach Kaiserslautern verlegt worden und verdrängten die 23 aus verschiedenen Leistungen auf den Strecken Kaiserslautern – Frankfurt/M., Bingerbrück – Kaiserslautern und Bingerbrück – Kirn – Saarbrücken.

Damit bestand noch ein Planbedarf von acht Loks, die nur noch 170 km/Tag zurücklegten. Wendebahnhöfe waren Bad Kreuznach, Bingerbrück, Alzey, Altenglan und Worms. Saarbrücken wurde nicht mehr erreicht. Im Sommerfahrplan 1968 liefen noch sechs Loks Dienstag bis Freitag im Dienstplan 3 mit 176 km/Tag zwischen den Wendebahnhöfen Bad Kreuznach, Bingerbrück, Alzey und Worms. Personal stellten das Heimat-Bw und Bingerbrück.

01.10.1968 (10)

023	007	008	009	010	011
	012	028	029	031	046

1969 verließen sechs 023 das Bw: 023 012, 028, 029, 031 und 046 nach Crailsheim und

◁ **Bild 254**
023 008 im August 1971 im Heimat-Bw Kaiserslautern. Als letzte 23 erhielt sie erst ein knappes Jahr später am 28. Mai 1972 Indusi auf der Heizerseite für Rückwärtsfahrt.
Aufnahme: Werner Eggebrecht, Sammlung Michael Behr

am 14. Dezember 1969 die ehemalige Emder Mischvorwärmer-023 093 nach Saarbrücken, die ohnehin nur vier Wochen in Kaiserslautern geduldet wurde. Damit war der Bestand mit Beginn des Sommerfahrplans 1970 drastisch geschrumpft. Die monatlichen Laufleistungen fielen in der dritten Einsatzphase deutlich: 023 008 August 1969 5.300 km, 23 012 Januar 1967 5.539 km.

31.05.1970 (4)
023 008 009 010 011

Das reichte Dienstag bis Freitag noch für einen Laufplan mit zwei Loks, die immerhin wieder 241 km/Tag nach Bad Kreuznach und Bingerbrück zurücklegten. 1974 stieg der Planbedarf sogar wieder auf drei Loks.

15.08.1974 (5)
023 008 009 010 011 036

Dieser kleine Bestand, verstärkt durch einige späte Zugänge, hielt sich erstaunlich zäh. Im Sommer 1972 wurde der D 257 bei Ausfall der planmäßigen 220 bzw. bei starker Verspätung infolge Streik bei der SNCF zwischen Kaiserslautern und Frankfurt/M. mit 023 bespannt. Im Sommerfahrplan 1973 fuhren die 023 samstags letztmals planmäßig einen Schnellzug: den nicht im Kursbuch enthaltenen D 13847 von Kaiserslautern nach Bingerbrück.

Am 12. Januar 1975 endete der planmäßige Einsatz der Kaiserslauterner 023 und die letzten Lokomotiven 023 008, 009, 011 und 036 wechselten nach Saarbrücken. Zwischen dem 13. Januar und 5. Februar

△ **Bild 255 • 023 009** (Bw Kaiserslautern) begrüßt am 2. Januar 1974 mit einem „Prosit 1974" auf der Rauchkammertür vor N 36 367 in Bad Münster am Stein das neue Jahr. Aufnahme: Bernd Filius

Bild 256 ▷ Sozusagen in letzter Minute gelang Wolfgang Feuerhelm am 10. Januar 1975 im Bahnhof Altenglan diese beeindruckende Nachtaufnahme der beiden Kaiserslauterner **023 036** und **023 008** vor dem Ng 65 807 (Altenglan 19:30 Uhr – Einsiedlerhof 20:30 Uhr). Zwei Tage später endete der planmäßige Einsatz der Baureihe 023 beim Bw Kaiserslautern.

Aufnahme: Wolfgang Feuerhelm

◁ **Bild 257** • Im Nahetal bei Bad Kreuznach führt die Kaiserslauterner **023 014** am 20. April 1974 den kurzen N 36367 (Bad Kreuznach 13:14 Uhr – Kaiserslautern 14:23 Uhr). Drei Wochen später erlosch das Feuer in ihrem Kessel. Aufnahmen (3): Bernd Filius

1975 wurde noch ein Dieselersatzplan mit 023 von Kusel nach Kaiserslautern (N 5941 und N 5980) und eine Vorspannfahrt vor einer 050 mit dem abendlichen Ng 65807 von Altenglan nach Einsiedlerhof (bei Kaiserslautern) gefahren. In Ermangelung eigener 023 fielen diese Leistungen ehemaligen Kaiserslauterner 023 zu, die seit 12. Januar 1975 alle zum Bw Saarbrücken gehörten. Am 5. Februar 1975 fuhr 023 008 (Bw Saarbrücken) zum letzten Mal in diesem Plan.

Die höchsten monatlichen Laufleistungen fielen in der zweiten Einsatzphase vor dem Hintergrund des beschränkten Einsatzgebietes akzeptabel aus. Und das waren nur Mischvorwärmer-Loks!

Lok-Nr.	Monat	km	Kohlenverbrauch t/ 1.000 km	Kohlenverbrauch 1 Mio. Lok-leistungs-tkm	Zuglast [t] Ø
23 060	01.57	11.295	12,81	35,68	278
23 062	12.62	11.299	16,60	45,27	273
23 063	03.63	10.766	15,77	42,96	272
23 067	08.61	10.923	14,00	38,26	272
23 069	08.62	10.074	14,72	41,14	280
23 070	08.63	10.676	13,56	40,84	301
23 072	12.64	10.425	14,51	48,10	331

◁ **Bild 258** • Noch einmal **023 014** (Bw Kaiserslautern), im Bild am 10. Dezember 1973 bei der Ausfahrt in Bad Münster am Stein mit N 36 367 nach Kaiserslautern.

▽ **Bild 259** • Die Baujahre liegen nur 15 Jahre auseinander, und doch repräsentieren beide Maschinen völlig unterschiedliche Technologien: **023 008** (Henschel 28618/51) mit dem Leerpark für N 36 364 und 216 079 (Deutz 57975//66) am 3. April 1974 in Bad Kreuznach. Beide Loks gehören zum Bw Kaiserslautern.

Bw Kaiserslautern				
23 004	15.12.69	–	12.03.70	
23 006	01.06.66	–	16.07.68	
23 007	02.06.66	–	17.03.70	
23 008	01.06.66	–	11.01.75	
23 009	28.07.66	–	11.01.75	
23 010	02.06.66	–	29.12.74	z
23 011	14.07.66	–	06.09.71	
	27.05.72	–	11.01.75	
23 012	02.09.66	–	09.06.69	
23 014	30.09.70	–	06.09.71	
	11.07.72	–	10.05.74	z
23 024	28.05.61	–	31.05.64	
23 025	28.05.61	–	02.06.64	
23 028	02.06.66	–	29.08.69	
23 029	02.06.66	–	29.05.69	
23 031	20.06.66	–	29.08.69	
23 036	03.10.74	–	11.01.75	
23 046	02.06.66	–	09.06.69	
23 049	27.05.72	–	31.12.72	z
23 053	26.04.58	–	24.05.59	
	27.05.62	–	03.06.65	
	26.06.65	–	22.05.66	
23 054	08.05.58	–	31.05.59	
	28.05.62	–	21.07.66	
23 055	03.06.58	–	31.05.59	
	06.02.62	–	21.07.66	
23 056	01.06.58	–	31.05.59	
	06.02.62	–	02.06.66	
23 057	18.06.58	–	31.05.59	
23 058	03.06.58	–	31.05.59	
	28.05.61	–	02.06.66	
23 059	02.06.58	–	31.05.59	
	12.06.61	–	12.06.66	
23 060	08.11.58	–	13.12.58	
	28.05.61	–	09.06.66	
23 061	28.05.61	–	06.06.66	
23 062	17.04.58	–	08.05.58	
	28.05.61	–	06.06.66	
23 063	28.05.61	–	02.06.66	
23 064	28.05.61	–	06.06.66	
23 065	28.05.61	–	09.06.66	
23 066	29.05.61	–	18.04.66	
23 067	28.05.61	–	18.04.66	
23 068	28.05.61	–	18.04.66	
23 069	14.06.61	–	19.05.66	
23 070	31.05.61	–	19.05.66	
23 071	28.05.61	–	18.04.66	
23 072	28.05.61	–	19.05.66	
23 093	16.11.69	–	14.12.69	

Bild 260 △
023 009 (Bw Kaiserslautern) ist am 8. Juli 1974 pünktlich um 7:27 Uhr mit N 4407 aus Lauterecken-Grumbach in Kaiserslautern auf Gleis 100 eingetroffen. Die Pendler strömen zu ihren Arbeitsplätzen. Nach wie vor trägt die Lok das kleine senkrechte Blech auf dem vorderen Umlauf zum Schutz des Rahmens vor Lösche aus der Rauchkammer.

Aufnahme: Reinhard Gumbert

Bild 261 ▷
Am 11. Januar 1975 nahm **023 011** „Abschied von Kaiserslautern und der Pfalz".

Aufnahme: Wolfgang Feuerhelm

Von Mai 1961 bis Januar 1975 waren über einen Zeitraum von 13 Jahren und 8 Monaten ununterbrochen Loks der Baureihe 23 in Kaiserslautern beheimatet. Auch ohne Berücksichtigung der ersten Phase von April 1958 bis Mai 1959 ist Kaiserslautern damit das Bw mit der längsten 23-Stationierung!

Bild 262 ▷
023 014, erst vor vier Wochen nach einer L 0 im AW Trier vom Bw Saarbrücken in Kaiserslautern eingetroffen, ist im August 1972 um 14:52 Uhr mit dem E 1902 von Kaiserslautern in Bingen angekommen. Der Meister ist abgestiegen und überprüft die Luftpumpe. Mit guten Augen ist am Zugschluss ein Akku-Triebwagen der Baureihe 515 zu erkennen. Eine halbe Stunde später wird die Lok die Leergarnitur nach Bingerbrück zurückdrücken.

Aufnahme: Bernd Filius

Bw Koblenz-Mosel

Koblenz (113.000 Einwohner) gehört zu den ältesten Städten Deutschlands und liegt am Deutschen Eck, einer durch Mosel und Rhein gebildeten Mündungsspitze. Teile der Stadt gehören zum UNESCO-Welterbe. Im Zweiten Weltkrieg wurde Koblenz, insbesondere das Zentrum, durch alliierte Luftangriffe zu 87 % zerstört. Bis Ende der achtziger Jahre war Koblenz die größte Garnisonsstadt Europas. Der Koblenzer Hauptbahnhof liegt an der linken Rheinstrecke zwischen Bonn und Mainz. Die Hauptstrecke am rechten Rheinufer (Wiesbaden – Köln) wird in Niederlahnstein oder Neuwied erreicht. In Koblenz zweigen die Moselbahn über Cochem nach Trier (und weiter nach Saarbrücken und Luxemburg), ferner die Lahntalbahn Koblenz – Wetzlar ab.

Das Bahnbetriebswerk lag zwischen Beatusstraße/Bogenstraße und der Moselstrecke zwischen den Stadtteilen Moselweiß und Goldgrube. Es wurde um 1900 in Betrieb genommen und 1902 fertiggestellt. Kernstück der Anlage war auf westlicher Seite ein 30-ständiger Ringlokschuppen mit einer 23-m-Drehscheibe. Nach der Zerstörung aller Brücken in Koblenz durch alliierte Luftangriffe am 7. März 1945 kam der Betrieb im Bw völlig zum Erliegen. Nach Beseitigung der gröbsten Kriegsschäden blieben vom Ringlokschuppen noch 25 Stände übrig, fünf Stände hatten keine Überdachung mehr. Mit der Elektrifizierung der Rhein- und Moselstrecken verlor das Bw nach und nach seine frühere Bedeutung. Nachdem am 1. Mai 1982 am Hauptbahnhof die Großdienststelle Betriebswerk Koblenz ihren Betrieb aufgenommen hatte, wurden die meisten Mitarbeiter und Fahrzeuge aus Koblenz-Mosel abgezogen. Die letzten Triebwagen verließen am 28. Mai 1988 das Bw. Die Betriebsgebäude waren seither verlassen und wurden bis 2007 abgerissen. An derselben Stelle errichtete die trans regio Deutsche Regionalbahn GmbH 2008 ein eigenes Betriebswerk Koblenz-Mosel.

Als das nur 12 km entfernte Bw Oberlahnstein im Mai 1955 seine Personenzuglok-Gruppe auflöste, teilte die BD Mainz 23 001 bis 005 und 047 bis 050, im Laufe des Jahres auch die zwischenzeitlich in Mainz stationierten 23 051 und 052 dem Bw Koblenz-Mosel zu. Damit waren am 1. Dezember 1955 neben dreizehn 01 nun auch elf Lokomotiven der Baureihe 23 dort zu finden, die im 8-tägigen Dienstplan Nr. 2, gültig ab 2. Oktober 1955, mit 345 km/Tag und der Höchstleistung von 620 km am Tag 1 gefahren wurden. Dieser Spitzentag 1 enthielt Leistungen zwischen Koblenz, Niederlahnstein, Köln und Linz (Rhein). Weitere Wendebahnhöfe dieses Umlaufplans waren Wiesbaden, Unkel, Limburg, Remagen und Köln-Deutzerfeld. Auch in den Sommerfahrplänen 1956 und 1957 bestand ein Planbedarf von acht 23 mit vergleichbaren Kilometerleistungen. Die Tagesspitzenleistungen können freilich nicht darüber hinwegtäuschen, dass die 23 im Schatten der großen Pacifics standen, die fast vollständig den hochwertigen Reisezugdienst abdeckten. Die monatlichen Kilometerleistungen der 23 überschritten in Koblenz nie die 10.000-km-Marke. So blieb den Koblenzer 23 im Sommerfahrplan 1957 nur je ein Schnellzug und ein Eilzug:

D 717	Koblenz – Düsseldorf	Fahrzeit für BR 03
E 718	Düsseldorf – Koblenz	Fahrzeit für BR 03

Dass sie flott fahren konnten, zeigt sich daran, dass von ihnen die für Baureihe 01 und 03 berechneten Fahrzeiten verlangt wurden!

Verschiedene Abgänge, u. a. 23 001 bis 005 nach Trier, schlugen sich im Bestand vom 28. September 1958, dem Beginn des Winterfahrplans 1958/59, nieder:

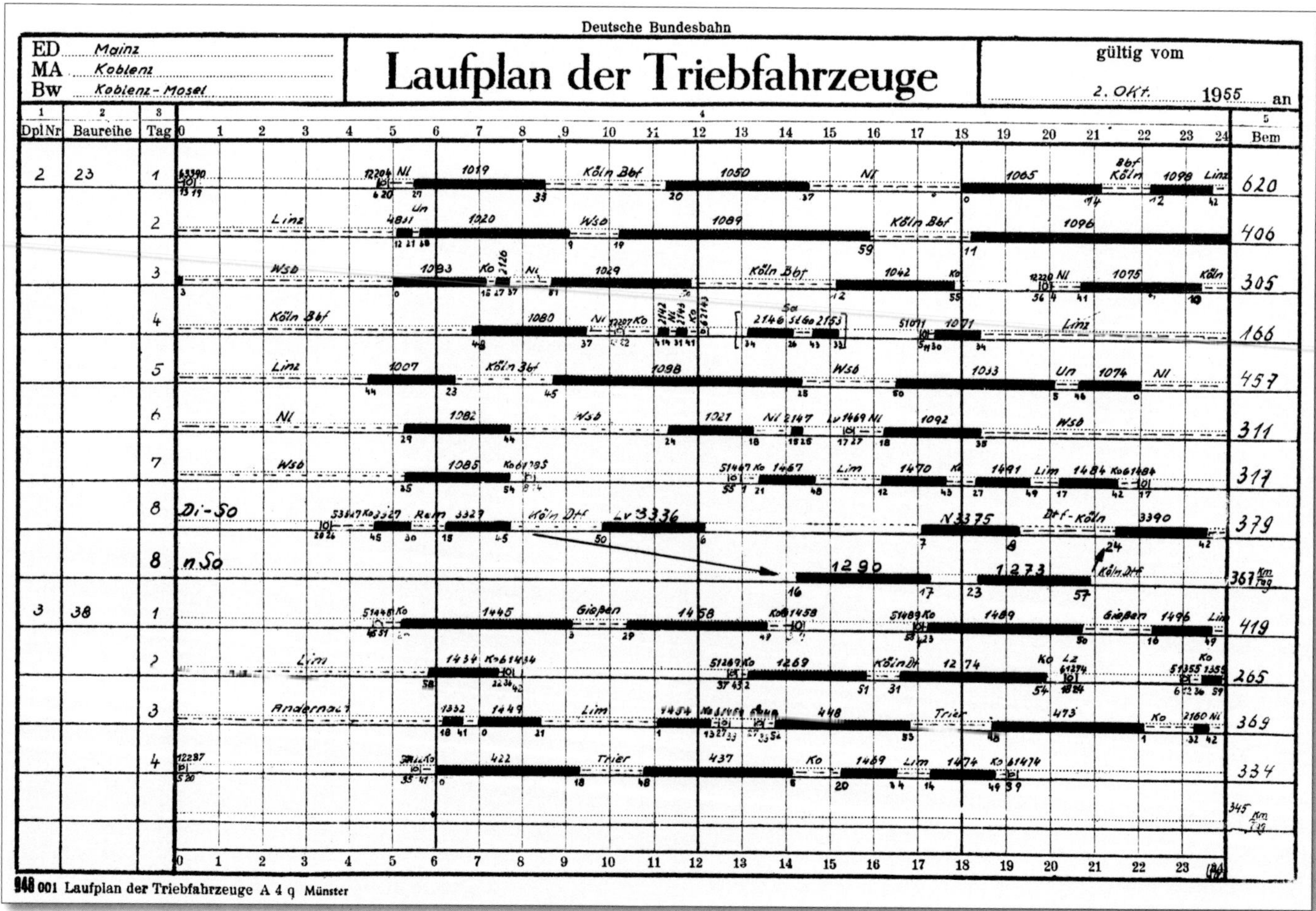

Deutsche Bundesbahn

ED Mainz
MA Koblenz
Bw Koblenz-Mosel

Laufplan der Triebfahrzeuge

gültig vom 2. Okt. 1955 an

DplNr	Baureihe	Tag	Bem
2	23	1	620
		2	406
		3	305
		4	166
		5	457
		6	311
		7	317
		8 Di-So	379
		8 n.So	367 km/Tag
3	38	1	419
		2	265
		3	369
		4	334
			345 km/Tag

948 001 Laufplan der Triebfahrzeuge A 4 q Münster

△ **Bild 263** • Laufplan des Bw Koblenz-Mosel für den Winterfahrplan 1955.

Abbildung: Sammlung Hans-Jürgen Wenzel

△ **Bild 264 • 23 048** (Bw Koblenz-Mosel) am 18. September 1959 vor einem Schnellzug bei Oberlahnstein an der rechten Rheinstrecke. Inzwischen hat sie Indusi erhalten.

Aufnahme: Uwe Keil

△ **Bild 265 • 23 050** (Bw Koblenz-Mosel) verlässt im Jahr 1959 mit einem Personenzug den Kölner Hauptbahnhof in Richtung Deutz. Aufnahme: Robin Fell, Eisenbahnstiftung

◁ **Bild 266**
23 048 vom Bw Koblenz-Mosel fährt im Jahr 1958 mit einer unerkannt gebliebenen preußischen P 8 im Schlepp auf der Hohenzollernbrücke in Köln Hbf ein. Der viergleisige Wiederaufbau der im Krieg von der Wehrmacht zerstörten Brücke unter der Regie von Krupp Stahlbau in Rheinhausen wird noch bis 1959 in Anspruch nehmen.

Aufnahme: Robin Fell, Eisenbahnstiftung

◁ **Bild 267**
Ab 1959 war die im Krieg von der Wehrmacht zerstörte Hohenzollernbrücke in Köln wieder viergleisig befahrbar. **23 052** (Bw Koblenz-Mosel), die letzte Lok mit Oberflächenvorwärmer, rollt in diesem Jahr von Deutz kommend mit einer Länderbahn-Garnitur in Köln Hbf ein.

Aufnahme: Ludwig Rotthowe, Stiftung Eisenbahnmuseum Bochum

Bild 268 ▷ **23 048** (Bw Koblenz-Mosel) steht am 8. Juli 1960 in Koblenz Hbf abfahrbereit vor einem Personenzug nach Köln.

AUFNAHME: HANS SCHMIDT, SLG. HANS-JÜRGEN WENZEL

28.09.1958 (9)

23 044 045 046 047 048
049 050 051 052

In diesem Fahrplanabschnitt fuhren die 23 in zwei Laufplänen: im Dienstplan Nr. 2 wurden drei Loks auf die Strecke geschickt mit 387 km/Tag und der Spitze am Tag 2 mit 446 km. Der 4-tägige Dienstplan Nr. 3 erforderte 347 km/Tag. Damit wurden noch sieben Loks planmäßig eingesetzt. Nun wurde auch bis nach Trier und Gießen gefahren. Im Sommerfahrplan 1959 sank der Planbedarf auf sechs Loks, die 366 km/Tag mit der Spitze von 488 km am Tag 4 unterwegs waren und dabei auch Schnellzüge zogen, z. B. D 708 zwischen Koblenz und Wiesbaden und D 57 zurück nach Koblenz. In diesem Umlauf tauchen sie Montag bis Freitag in der Rangliste der schnellsten mit Baureihe 23 bespannten Züge mit einer für Ellok berechneten Reisegeschwindigkeit von 65 km/h vor P 1308 (Koblenz – Boppard) auf.

Die Elektrifizierung der Rheinstrecken hinterließ ihre Spuren in der Beschäftigung der Dampfloks. Weiter abwärts mit den 23 ging es daher im Sommerfahrplan 1960: Zwar kam Verstärkung in Gestalt der Bingerbrücker Mischvorwärmer-23 053 bis 056, um die Abgänge von 23 045 und 046 (nach Gießen) sowie 23 047 nach Trier auszugleichen. 23 053 bis 056 waren die einzigen Mischvorwärmer-23, die Koblenz-Mosel jemals hatte.

29.05.1960 (8)

23 047 048 049 050 051
052 053 055

△ **Bild 269** • In Köln Hbf stehen **23 048** (Bw Koblenz-Mosel) vor einem Personenzug von Köln-Deutz nach Koblenz und die Krefelder 38 3557 am 23. November 1957 Seite an Seite. Die 23 läuft im Vorspann vor einer weiteren P 8.

AUFNAHME: HANS SCHMIDT, SAMMLUNG EK-VERLAG

△ **Bild 270** • Wenige Tage, bevor sie nach Trier umstationiert wurde, steht **23 047** am 6. Mai 1960 im Heimat-Bw Koblenz-Mosel. AUFNAHME: HANS SCHMIDT, SAMMLUNG HANS-JÜRGEN WENZEL

Bw Koblenz-Mosel			
23 001	12.05.55	–	21.05.58
23 002	22.05.55	–	04.06.58
23 003	22.05.55	–	01.06.58
23 004	22.05.55	–	01.06.58
23 005	01.04.55	–	04.06.58
23 044	31.05.58	–	22.12.58
23 045	31.05.58	–	28.05.60
23 046	28.05.58	–	28.05.60
23 047	19.10.55	–	01.06.60
23 048	22.05.55	–	28.08.60
23 049	22.05.55	–	26.05.62
23 050	22.05.55	–	26.05.62
23 051	03.06.55	–	26.05.62
23 052	01.12.55	–	27.05.62
23 053	28.05.60	–	26.05.62
23 054	02.06.60	–	27.05.62
23 055	28.05.60	–	05.02.62
23 056	29.09.60	–	05.02.62

◁ **Bild 271**
Die Koblenzer **23 054** wartet am 8. Juli 1961 in Frankfurt/M. Hpbf auf die Abfahrt vor E 2427 nach Koblenz. Das DB-Logo trägt die Krupp-Lok ab Werk. In ihrem Kessel arbeitet seit 1960 anstatt des Heinl-Mischvorwärmers ein Mischvorwärmer Bauart 1957.

AUFNAHME: HANS SCHMIDT, SAMMLUNG EK-VERLAG

◁ **Bild 272**
23 048 (Bw Koblenz-Mosel) im Kölner Hauptbahnhof, Frühjahr 1956. Auf der Pufferbohle ist noch das Abnahmedatum angeschrieben: AW Mülheim-Speldorf (Msp) 27.8.54. Die Fahrgäste nutzen die Zeit für eine kurze Pause auf dem Bahnsteig in der Frühlingssonne.

AUFNAHME: SAMMLUNG GERD HARBERS

△ **Bild 273** • Kurz bevor das Bw Koblenz-Mosel im Mai 1962 seine 23 an andere Bw abgab, fährt **23 053**, die erste Lok mit Mischvorwärmer, am 24. März 1962 vor E 2427 in Frankfurt-Höchst aus. AUFNAHME: HELMUT RÖTH, EISENBAHNSTIFTUNG

Doch der Dienstplan Nr. 02 sah nur noch einen Planbedarf von fünf 23 vor, die 384 km/Tag leisteten. Die Spitze wurde am Tag 2 mit 562 km zwischen Linz (Rhein), Köln, Frankfurt/M. und Wiesbaden ausgefahren.

Im Sommerfahrplan 1961, gültig ab 28. Mai 1961, schickte das Bw ebenfalls fünf Lokomotiven planmäßig auf die Strecke mit einer Zusatzlokomotive, die vom 15. Juli bis 2. September 1961 D 10, D 70 und D 673 zwischen Koblenz und Wiesbaden beförderte. Gefahren wurden die Lokomotiven von Personalen der Bw Koblenz-Mosel und Mainz. Einige wenige hochwertige Leistungen waren noch im Plan:

D 70	Koblenz – Wiesbaden	Saisonzug
D 123	Wasserbillig – Koblenz	
D 228	Koblenz – Wasserbillig	
D 673	Wiesbaden – Koblenz	Fahrzeit für BR 01

Als am 27. Mai 1962 der durchgehende elektrische Betrieb auf der gesamten rechten Rheinstrecke möglich war, löste das Bw nicht nur im Laufe des Jahres nach und nach seinen 01-Bestand auf, sondern gab auch seine 23 ab: 23 053 bis 056 nach Kaiserslautern, 23 050 bis 052 nach Trier und 23 049 nach Gießen. Gleichwohl liefen Saarbrücker 23/023 noch bis 1971/72 über die Moselstrecke Koblenz an.

Bw Mainz Hbf

Mit der Verlegung des Centralbahnhofs in den Westen der Stadt wurde das Bahnbetriebswerk am 15. Oktober 1884 in Betrieb genommen. Die Anlagen bestanden hauptsächlich aus 40 überdachten Ständen in Rechteckhallen mit Schiebebühne. Das an der südlichen Ausfahrt des Bahnhofs gelegene Bahnbetriebswerk war durch den Personenbahnhof und die Festungsanlagen

Bild 274 ▷ Blanke Kesselbleche und saubere Kesselringe waren für die Bahnbetriebswerke in den fünfziger Jahren Ehrensache! **23 054** vom Bw Mainz hat am 4. Juli 1957 für den Fotografen vor der Halle des Wiesbadener Hauptbahnhofes Aufstellung genommen. Das schöne DB-Logo tut sein Übriges für den stolzen Gesamteindruck der Lok.

AUFNAHME: DR. ROLF BRÜNING

der Stadt, die damals noch als unverzichtbar galten, in seinen räumlichen Ausdehnungsmöglichkeiten stark eingeschränkt. Trotz der äußerst beengten Verhältnisse wurden in den zwanziger Jahren eine zweite Schiebebühne und eine zweite Drehscheibe mit 20 m Durchmesser errichtet. In dieser Grundform blieb das Werk bis zu seinem Teilabriss in den achtziger Jahren erhalten.

Wie die meisten Bahnanlagen im Deutschen Reich war auch das Bw Mainz Hbf im Zweiten Weltkrieg Ziel alliierter Bomberverbände. Bereits in den Nächten vom 11. auf den 12. und vom 12. auf den 13. August 1942 entstanden durch Luftangriffe schwere Schäden an den Mainzer Bahnanlagen. Beim letzten Angriff am 27. Februar 1945 wurde das bereits schwer beschädigte Direktionsgebäude dem Erdboden gleich gemacht. Auch die Felder 3 und 4 der Rechteckhalle sowie weitere Hochbauten des Bahnbetriebswerkes sanken in Schutt und Asche. Am 17. und 18. März 1945 räumte die Reichsbahn die Dienststellen im Raum Mainz, zugleich wurden die Rheinbrücken von zurückweichenden Einheiten der Wehrmacht gesprengt. Wenige Tage später besetzten US-Truppen Mainz. Das Reichsverkehrsministerium in Berlin löste schließlich die Reichsbahndirektion Mainz am 9. April 1945 auf.

Für die Wiederaufnahme des Betriebes nach Kriegsende stellte sich die Tatsache als außerordentlich hinderlich heraus, dass ein Großteil der Mainzer Lokomotiven kurz vor dem Zusammenbruch in das rechtsrheinische Gebiet der Direktion Frankfurt (Main) gebracht worden war. Während Mainz nun in der französischen Besatzungszone lag, befand sich die Direktion Frankfurt (Main) in der US-Zone. An eine Rückgabe der Lokomotiven war zunächst nicht zu denken. Trotz der umfassenden Zerstörungen konnte bereits am 10. September 1945 ein zwar äußerst eingeschränkter, aber dennoch planmäßiger Eisenbahnverkehr wieder aufgenommen werden. Die während des Krieges beschädigten Baulichkeiten des Bw wurden zunächst nur provisorisch wiederhergerichtet. Es sollte bis zum Ende des Dampfbetriebes und zur Elektrifizierung Ende der fünfziger Jahre dauern, bis die Anlagen grundlegend erneuert und durch Neubauten ergänzt wurden. Bereits vor der Auflösung als eigenständige Dienststelle am 1. Januar 1990 begann der Teilabriss der Anlagen: Die 23-m-Drehscheibe wurde 1988 ausgebaut. Heute bedeckt ein Parkhaus das Areal des ehemaligen Bahnbetriebswerkes Mainz Hbf.

Das Bw Mainz war stets ein wichtiger Leistungsträger auf der linken Rheinstrecke. Man denke nur an die Bespannung des FFD 101/102 „Rheingold" zwischen Mannheim und Emmerich mit Mainzer S 3/6 (Baureihe 18^{4-5}) vor dem Zweiten Weltkrieg. Diese Tradition hochwertiger Einsätze setzte sich bei der Deutschen Bundesbahn nach dem Krieg zunächst fort. Am 20. Mai 1952 beherbergte das Bw 13 Lokomotiven der Baureihe 03. Die Mainzer Schnellzugleistungen wanderten jedoch nach und nach zu anderen Bw der Direktion Mainz, vor allem Ludwigshafen mit den 03^{10} und Koblenz-Mosel mit der Baureihe 01. Das Bw Mainz, immerhin Sitz der Bundesbahndirektion, erhielt zum Ausgleich im November und Dezember 1952 fabrikneu aus einem Baulos der Maschinenfabrik Jung die Lokomotiven 23 016 bis 023. Derselbe Hersteller lieferte zwischen Oktober 1953 und März 1954 die Maschinen 23 025 (MVC-Mischvorwärmer) sowie 23 028 und 029 nach Mainz. Die neuen Maschinen wurden ab 2. Januar 1953 im 6-tägigen Dienstplan Nr. 02 mit 403 km/Tag und der Spitze am Tag 6 mit 514 km eingesetzt. Wendebahnhöfe waren Ludwigshafen, Frankfurt/M., Remagen, Neubrücke, St. Wendel, Koblenz, Bingen, Bingerbrück, Deutzerfeld, Gereon, Alzey, Gau Algesheim und Baumholder. Besondere Leistungen waren der D 1117 im Abschnitt Ludwigshafen – Mainz, F 22/21 „Rhein-Pfeil" zwischen Mainz und Frankfurt/M. und die Schnellgüterzüge Sg 5033 auf der linken Rheinstrecke nach Gereon und Sg 5096 zurück von Deutzerfeld nach Mainz.

Auch in den folgenden Jahren kam das Bw bei der Zuteilung fabrikneuer 23 zum Zug: Zwischen Juli 1954 und Dezember

▽ **Bild 275** • Im Jahr 1953 ist die Mainzer **23 020** mit einem Personenzug auf der linken Rheinstrecke in St. Goar unterwegs. Unmittelbar neben der Lok erhebt sich die neugotische Katholische Kirche St. Goar und St. Elisabeth vom Ende des 19. Jahrhunderts. Durchaus vorstellbar, dass die Gottesdienste regelmäßig von kräftigen Auspuffschlägen der Dampfloks begleitet wurden! AUFNAHME: KAUBE, EISENBAHNSTIFTUNG

△ **Bild 276 • 23 057** (Bw Mainz), aus der 5. Lieferserie von Krupp (23 053 – 064), die ab Werk mit dem DB-Logo auf der Rauchkammertür ausgestattet war, im April 1956 an der Mainbrücke in Frankfurt-Niederrad.

Aufnahme: DB/Reinhold Palm, Eisenbahnstiftung

△ **Bild 277 • 23 020** auf ihrer Abnahmefahrt am 29. November 1952 an der Mosel. Das Motiv verwendete Jung später in einer Werbeanzeige.

Aufnahme: Sammlung Steffan Lauscher

▽ **Bild 278** • Der F 21/22 „Rheingold-Express" nach Innsbruck wurde 1953 zwischen Mainz und Frankfurt/M. von Mainzer 23 gezogen, im Bild die noch recht junge **23 017** im Mainzer Hauptbahnhof. Die Adjustierung der hell gekleideten Dame mit Kopfbedeckung ist dem exklusiven Charakter des Zuges angemessen.

Aufnahme: Robin Fell, Eisenbahnstiftung

◁ **Bild 279**
Immer wieder erstaunlich ist, wie alt der Wagenpark der DB in den frühen fünfziger Jahren war. **23 020** (Bw Mainz) verlässt am 19. April 1953 mit dem P 1231 den Bahnhof Bingerbrück.

Aufnahme: Carl Bellingrodt, Slg. Hans-Jürgen Wenzel

1954 erschienen 23 043 bis 23 046. Inzwischen bestanden ab 23. Mai 1954 zwei Laufpläne mit einem Planbedarf von zwölf Loks mit 397 bzw. 388 km/Tag. F 21/22 entfielen, dafür war F 251 zwischen Mannheim und Mainz neu im Plan. Zusätzlich liefen die 23 in einem 4-tägigen Mischplan mit der Baureihe 38^{10-40} mit 309 km/Tag.

Die ersten Loks mit Heinl-Mischvorwärmer trafen zwischen April und November 1955 in der Domstadt ein: 23 053 bis 066 und 068 bis 070. Mit den bereits im Mai 1955 aus Oberlahnstein eingetroffenen 23 051 und 052 hatte Mainz damit den bei weitem größten 23-Bestand. Durch die üppige Ausstattung mit 23ern konnte das Bw bis 1955 seine 03 zu anderen Bw abgeben. Die am 28. Mai 1953 noch mit fünf Exemplaren im Bw Mainz vertretenen 38^{10} (preußische P 8) konnten ebenfalls bis 1954 von der 23 ersetzt werden. Letzte P 8 war 38 2621, die am 12. Juli 1954 Mainz verließ.

Zu den besonderen Leistungen zählte im Sommerfahrplan 1955 weiterhin die Beförderung des F 251 im Abschnitt Mannheim – Mainz, des F 552 auf dem kurzen Teilstück Mainz – Frankfurt/M. und des D 1116 (Mainz – Ludwigshafen). Auf den Lokomotiven fuhren Personale der Bw Bingerbrück und Mainz. Bisherige Personenzugleistungen des Bw Kaiserslautern mit Baureihe 38^{10} wurden den Mainzer 23 mit entsprechend kürzeren Fahrzeiten übertragen.

Deutsche Bundesbahn

BD Mainz
MA Mainz
Bw Mainz

Laufplan der Triebfahrzeuge

gültig vom 3. Juni 1956 an
ungültig vom ... 19... an

1 Dpl Nr	2 Baureihe	3 Tag	4 (0–24 Uhr)	5 Kilometer
1	R23	1	Hbg 38 – 5511 – 7 Gereon 12 – 5096 – 2; Lv 2817 39 53 Wb 29 – 726 – 45 Luh 25 – 733 – 43 Wb Lv 1116 13/24; 1560 37	590
		2	1560 52 Wbr 20 – 12720 – 11 Mhm 54 – 251 – 56; 79 – 1224 – 1 Kebst 21 – 1215 – 59; 45 – 4224 – 35 Ffm 34 – 4225 – 25; 7 – 1242 – 59	323
		3	Frankfurt 21 – E548 – 40 Saarbrücken 2 – 547 – 26 Bg 15 – 1242 – 54	373
		4	31 – 4204 – 23 Ffm 27 – 1203 – 37 Kh 40 – 1230 – 23 Ffm 30 – 1227 – 28 Bingerbrück	367
		5	nS 51 – 12103 – 53 Bk 33 – 1331 – 53 Kh 21 – 1284 – 15 Ffm 46 – 1211 – 33 Bk 2 – 1232 – 53 58 – 4374 – 30 Alzey	343
		6	Alzey 52 – 4057 – 57 2 – 4208 – 11 Ffm 6 – 1205 – 44; 30	161
		7	30; 30 – 4216 – 23 Ffm 14 – 4217 – 14; 23 – 4220 – 29 Ffm 20 – 746 – 33 Tü 7 – 12046 – 20	312
		8	St. Wendel 46 – 12145 – 4 Tü 27 – 145 – 39 Ffm 26 – 590 – 21 Bh 8099 35/51 Hb 15050 Wbr 15049 8/18 28/38 Hb 15043 10/22 Bh 58 – 593 – 55 Ffm 39 – 734 – 12	500
		9	6 – 1265 – 35 Kh 50 – 1338 – 8 Bk 16 – 1286 – 20 Ffm 42 – 723 – 1/3 Kh 1353 – 3 Remagen	390
		10	Remagen 2 – 1330 – 48 Kh 25 – 1212 – 21; 37 – 1770 – 29 Ksl 34 – 1785 – 15 Ga 46 – 12126 – 6; 58 – 5374 – 44 Da	370
				3730 :10 373 km/Tg
Sonderlok R 23			vom 3.6. – 29.6. und ab 3.9.56: 5549 58 Köln-Nippes 7 – 14106 – 12; 46 – 14184 – 4 Bm 44 – 5549	372
			vom 30.6. – 2.9.1956: Köln Bbf 26 – Lz im Pl. 3006 – 13; 22 – 14180 – 40 Bm 22 – 5545 – 22 Gereon	

948 I 01 Laufplan der Triebfahrzeuge A 4 q (Transpar ... iz VII 55 8 000 W & W

△ **Bild 280** • Laufplan des Bw Mainz für den Sommerfahrplan 1956.

Abbildung: Sammlung Hans-Jürgen Wenzel

Bild 281 ▷
23 021 (Bw Mainz) mit P 1358 und preußischen Abteilwagen beim Verlassen der Mainzer Südbrücke mit ihren mächtigen Wehrtürmen am 27. März 1953. Noch fehlt das dritte Spitzenlicht.

Aufnahme: Carl Bellingrodt/ EK-Verlag

30.11.1955 (30)

23 016	017	018	019	020
021	022	024	025	044
045	046	053	054	055
056	057	058	059	060
061	062	063	064	065
066	067	068	069	070

Im Winterfahrplan 1956/57 wurden die Mainzer 23 in insgesamt vier Dienstplänen eingesetzt, für die ein Planbedarf von 21 Loks bestand. Der km-intensivste war Dienstplan Nr. 2, in dem pro Tag 380 km zurückgelegt wurden. Die Spitze wurde am Tag 1 mit 653 km herausgefahren. Eine stolze Leistung für eine 1'C 1'-Personenzuglokomotive mit 1.750 mm Treibraddurchmesser! An diesem Tag stand u. a. der Schnellgüterzug Sg 5511 von Darmstadt (ab 1:54 Uhr), nS ab Heidelberg (0:38 Uhr) nach Köln-Gereon (an 5:07 Uhr) auf dem Programm. Da musste erstklassiges Lokpersonal auf dem Führerstand arbeiten.

Weitere Wendebahnhöfe dieses Dienstplans waren Deutzerfeld, Worms, Ludwigshafen, Frankfurt/M., Saarbrücken, Bingerbrück, Kaiserslautern, Wiesbaden und Remagen. Kurios der im Laufplan 4 verzeichnete Wendepunkt Werlau bei N 1348/1351, eine Blockstelle 2 km südlich Hirzenach.

Im Sommerfahrplan 1957 waren werktags auch 21 Mainzer 23 in vier Laufplänen vor einigen schnellen Zügen mit durchschnittlich 386 km/Tag unterwegs:

E 145	Neubrücke – Frankfurt/M.
E 146	Frankfurt/M. – Neubrücke
F 251	Heidelberg – Mainz
E 590	Frankfurt/M. – Heimbach

△ **Bild 282** • Für den Sonderzug zur Eröffnung des neuen Heidelberger Hauptbahnhofs am 5. Mai 1955 hat der Dezernent 21 der BD Mainz seine Uniformjacke angelegt und blickt stolz vom Führerstand der fabrikneuen **23 068**, an der noch keine BD- und Bw-Schilder angebracht sind. Aufn. (2): Adolf Dormann, Eisenbahnstiftung

Bild 283 ▷
Der Dezernent 21 der BD Mainz Dormann und der Bw-Chef blicken im November 1952 vor der fabrikneuen **23 016** (Bw Mainz) mit einigem Stolz in die Kamera.

△ **Bild 284** • Eine stimmungsvolle Hallenaufnahme in Frankfurt/M. Hpbf vom September 1957 zeigt die soeben eingetroffene **23 067** vom Bw Mainz. Auffallend ist, dass sie noch kein drittes Spitzenlicht trägt.
Aufnahme: Ludwig Rotthowe, Stiftung Eisenbahnmuseum Bochum

△ **Bild 285** • Mit stolzem DB-Logo steht im Jahr 1958 die Krupp-Lok **23 061** vor P 1218 in Mainz Hbf zur Abfahrt bereit. Auf der Pufferbohle ist noch das Datum der Abnahme zu entziffern: AW Mülheim-Speldorf 28.7.55.
Aufnahme: Slg. Gerd Harbers

△ **Bild 286** • Gut gemeint ist nicht immer gut gemacht. Am 5. Mai 1955 ist **23 068** nach erfolgreicher Abnahme durch das AW Trier im Bw Mainz angekommen. Über den Schmuck an der Rauchkammertür kann man unterschiedlicher Meinung sein.
Aufnahmen (2): Adolf Dormann, Eisenbahnstiftung

△ **Bild 287** • In einer Nacht im Oktober 1955 kam es in Mainz bei Rangierarbeiten zu einem Aufstoß, der einige Güterwagen zum Entgleisen brachte und deren Ladung sich in den Schotter ergoss. Beteiligt war auch die fast neue **23 061** vom Bw Mainz, die erst wenige Wochen zuvor in Dienst gestellt wurde.

Bild 288 ▷
Bei Werlau auf der linken Rheinstrecke rollt am 20. Juli 1955 die gut zwei Monate alte Mainzer **23 068** mit dem aus preußischen Abteilwagen gebildeten P 1342 in Richtung Mainz. Es ist Hochsommer, die Führerhaustür ist geöffnet. Auf der gegenüber liegenden Rheinseite erhebt sich die kurtrierische Burg Maus aus den Jahren 1362 bis 1388, die nie zerstört wurde.

Aufnahme: Carl Bellingrodt, Sammlung Jörg Sauter

Bild 289 ▷
Am Mühlbad in Boppard auf der linken Rheinstrecke rollt **23 023** vom Bw Mainz am 18. April 1953 vor der bekannten altertümlichen Garnitur des P 1231 in Richtung Norden.

Aufnahme: Carl Bellingrodt, Slg. Hans-Jürgen Wenzel

Bild 290 ▷
Blick vom Kölner Trümmerberg auf die am Betriebsbahnhof südwärts fahrenden **23 070** (Bw Mainz) und 03 276 (Bw Köln-Deutzerfeld) am 2. März 1957. Am Haken haben sie den D 302, der von Amsterdam CS (Abfahrt 12:45 Uhr) über Köln – Frankfurt/M. – Würzburg – Passau nach Wien Westbf (Ankunft 7:30 Uhr) verkehrt, weswegen hinter den Loks zwei Vorkriegs-Schlafwagen der DSG laufen. Die 03 hat Indusi, die führende 23 nicht …

Aufnahme: Carl Bellingrodt/EK-Verlag

◁ **Bild 291** • Eine Mainzer Oberflächenvorwärmer-23 überquert vor einem Militärschnellzug der US-Army, vermutlich aus Baumholder oder Kaiserslautern kommend, in Fahrtrichtung Bingerbrück/Mainz die nach der Zerstörung im Krieg eingleisig wieder aufgebaute Nahebrücke bei Bad Münster am Stein. Die Lok ist noch recht neu, das Bild dürfte daher um 1955 entstanden sein. Mit Ausnahme des aus einer Nachkriegsproduktion stammenden Salonwagens an vorletzter Stelle besteht der Zug aus Schlafwagen der Vorkriegsbauart bzw. aus Schürzenwagen. Im Hintergrund erhebt sich das Wahrzeichen von Bad Münster am Stein: Die Burgruine Rheingrafenstein in 245 m Höhe auf dem Porphyrfelsen. AUFNAHME: SAMMLUNG NORMAN KAMPMANN

E 591 Mainz – Frankfurt/M.
E 593 Baumholder – Mainz
E 676 Wiesbaden – Ludwigshafen

△ **Bild 292** • Wir werfen im Januar 1957 einen Blick in die beengten Raumverhältnisse des Bw Mainz, wo die Mischvorwärmer-**23 053** (vorne) und **23 018** auf ihre nächsten Leistungen warten. Beide Loks haben noch blanke Kesselringe. AUFNAHME: KURT ECKERT, SAMMLUNG HANS-JÜRGEN WENZEL

Auch die Mainzer Spezialleistung, die nächtlichen Schnellgüterzüge Sg 5511 linksrheinisch von Darmstadt nach Gereon und die Rückleistung vor Sg 5096 rechtsrheinisch von Deutzerfeld nach Wiesbaden, waren nach wie vor im Plan. Das war die höchste jemals erreichte Zahl von planmäßig bei einem Bw eingesetzten 23. In keinem anderen Bw wurden auch nur annähernd so viele 23 auf die Strecke geschickt!

Zwischen Dezember 1957 und Januar 1958 breitete sich die Streckenelektrifizierung aus dem Rhein-Neckarraum über Darmstadt bis Mainz und Frankfurt/M. aus, was zum teilweisen Verlust der Traktionsleistungen in Richtung Ludwigshafen – Mannheim führte. Dies war der Anlass für eine erste Bestandsreduzierung: 23 016 bis 020 (zum Bw Gießen) und 062 (nach Kaiserslautern) verließen im April 1958 Mainz, 23 062 jedoch nur vorübergehend; im Mai 1958 kehrte sie noch einmal für ein halbes Jahr zurück. Bemerkenswert, dass man in Mainz zuvorderst auf Oberflächenvorwärmer-Loks verzichtete und an den Mischvorwärmer-Loks festhielt. Manch anderes Bw ging exakt entgegengesetzt vor.

Am 1. Juni 1958 eröffnete die DB den elektrischen Betrieb auf den Strecken Mannheim – Ludwigshafen – Mainz und Mainz – Koblenz – Remagen. Im Sommerfahrplan 1958 war der erwähnte Sg 5511 zwischen Darmstadt und Köln-Gereon und die Rückleistung vor Sg 5096 auf der rechten Rheinstrecke nach Wiesbaden die einzige Leistung der Mainzer 23 auf den Rheinstrecken. Inzwischen war die Zahl der Mainzer 23 bereits deutlich geschrumpft.

30.09.1958 (18)

23	024	025	060	061	062
	063	064	065	066	067
	068	069	070	071	072
	073	074	075		

Dennoch stellte das Bw noch einmal drei Dienstpläne auf, für die werktags außer samstags noch zwölf Maschinen benötigt wurden. Kilometerintensiv war immer noch der Dienstplan Nr. 01 mit vier Plantagen und durchschnittlich 415 km/Tag. Die Höchstleistung von 530 km markierte Tag 4 zwischen St. Wendel, Türkismühle, Frankfurt/M. und Bingerbrück. Die Schnellgüterzugleistung vor Sg 5096 auf der rechten Rheinstrecke von Deutzerfeld (ab 8:18 Uhr) nach Wiesbaden (an 12:02 Uhr) wurde noch gefahren. Für den Verlust an Leistungen beim Bw Bingerbrück fuhren Personale dieses Bw auf fünf Mainzer 23.

Ab 17. November 1958 wurde zwischen Remagen und Köln elektrisch gefahren und ab 15. Dezember 1958 auch zwischen Mainz und Frankfurt/M. Damit war ein sinnvoller Einsatz der 23 nicht mehr möglich. Die letzten Loks wechselten am 14. Dezember 1958 geschlossen zum nur 30 km entfernten Bw Bingerbrück. Wen mag es wundern: Die höchsten Monatslaufleistungen der Mainzer 23 entsprachen dem Anforderungsprofil einer modernen Personenzuglok.

Lok-Nr.	Monat	km	Kohlenverbrauch t/ 1.000 km	Kohlenverbrauch 1 Mio. Lokleistungs-tkm	Zuglast [t] Ø
23 016	08.54	12.099	14,85	42,66	287
23 024	08.58	13.433	13,89	35,60	256
23 025	07.55	12.664	12,31	35,30	287
23 054	07.57	13.482	13,08	34,17	301
23 055	12.55	11.427	15,25	42,86	281
23 057	09.57	12.664	12,91	33,12	257
23 060	01.57	11.295	12,81	35,68	278
23 063	10.57	12.197	13,86	39,21	283
23 064	08.57	12.724	13,33	38,39	288
23 067	10.55	12.011	14,13	37,89	268
23 070	08.55	13.092	12,09	34,94	289

Bw Mainz Hbf

Lok	von		bis	Lok	von		bis
23 016	12.11.52	–	16.04.58	23 057	21.06.55	–	19.05.58
23 017	12.11.52	–	16.04.58	23 058	11.06.55	–	02.06.58
23 018	16.11.52	–	21.04.58	23 059	21.06.55	–	01.06.58
23 019	26.11.52	–	21.04.58	23 060	01.07.55	–	07.11.58
23 020	30.11.52	–	21.04.58	23 061	30.07.55	–	14.12.58
23 021	05.12.52	–	22.05.58	23 062	03.08.55	–	16.04.58
23 022	13.12.52	–	22.05.58		09.05.58	–	14.12.58
23 023	20.12.52	–	18.07.55	23 063	09.08.55	–	14.12.58
23 024	16.04.54	–	14.12.58	23 064	11.11.55	–	14.12.58
23 025	14.10.53	–	14.12.58	23 065	22.03.55	–	10.12.58
23 028	23.02.54	–	22.04.54	23 066	05.04.55	–	14.12.58
23 029	08.03.54	–	13.05.54	23 067	29.06.55	–	14.12.58
23 043	30.12.54	–	30.06.55	23 068	06.05.55	–	14.12.58
23 044	20.08.54	–	30.05.58	23 069	21.05.55	–	09.09.57
23 045	10.07.54	–	30.05.58		03.12.58	–	10.12.58
23 046	01.09.54	–	27.05.58	23 070	29.05.55	–	14.12.58
23 051	21.05.55	–	02.06.55	23 071	21.04.58	–	14.12.58
23 052	21.05.55	–	09.11.55	23 072	17.04.58	–	14.12.58
23 053	11.06.55	–	25.04.58	23 073	17.04.58	–	25.11.58
23 054	21.05.55	–	07.05.58	23 074	21.04.58	–	14.12.58
23 055	14.07.55	–	02.06.58	23 075	21.04.58	–	14.12.58
23 056	28.05.55	–	31.05.58				

△ **Bild 293 • 23 003**, nach den Reparaturen am Dom erst seit 31. Januar 1953 beim Bw Oberlahnstein wieder in Betrieb, mit P 1467 am 12. April 1953 im schönen Lahntal bei Friedrichssegen. Hinter der Lokomotive läuft ein Gefangenentransportwagen. Das alte E-Werk im Hintergrund ist heute ein technisches Denkmal.

AUFNAHME: CARL BELLINGRODT/EK-VERLAG

△ **Bild 294 •** Die frühere Kemptener **23 005**, seit 2.2.1953 beim Bw Oberlahnstein, zieht am 3. April 1953 den P 1467 durch Niederlahnstein. AUFN.: CARL BELLINGRODT, SLG. JÖRG SAUTER

Bw Oberlahnstein

Bis 1969 war Oberlahnstein am rechten Rheinufer an der Mündung der Lahn in den Rhein eine selbständige kreisangehörige Stadt; seitdem ist der Ort ein Stadtteil von Lahnstein (31. Dezember 2020: 18.030 Einwohner). Der Bahnhof Oberlahnstein, 5 km südlich von Koblenz, liegt an der rechten Rheinstrecke Wiesbaden – Köln. Die Lahntalbahn verbindet Lahnstein und das Rheintal mit Limburg.

Die 1910 errichtete Eisenbahnbrücke über die Lahn wurde am 18. März 1945 von der Deutschen Wehrmacht gesprengt, um das Vorrücken der Alliierten aufzuhalten. Im Dezember 1945 betrug der Dampflokbestand des Bw 19 Loks, davon waren aber nur zehn betriebsfähig. Die Lahnbrücke wurde am 30. Januar 1946 gehoben und nach provisorischer Reparatur zweigleisig Ende 1946 wieder in Betrieb genommen. Damit kam allmählich wieder ein geordneter Betrieb in Gang.

Der große 18-ständige 180°-Ringlokschuppen des Bahnbetriebswerkes entstand ab 1914. Nachdem das Bw als eigenständige Dienststelle bereits im August 1962 aufgelöst wurde, fiel das Bauwerk noch im selben Jahr dem Abriss zum Opfer.

Das Bw Oberlahnstein hatte für seine Zugförderungsaufgaben auf der rechten Rheinstrecke von Wiesbaden bis Köln am 28. Mai 1953 sieben 38^{10} im Bestand. Zwischen Januar und Mai 1953 trafen die fünf ehemaligen Kemptener 23 001 bis 005, die zuvor bei Henschel umfangreichen Reparaturen am Dom unterzogen worden waren, in Oberlahnstein ein. Für die P 8 bewirkten die Neuankömmlinge sogleich erste Leistungsverluste; fünf der alten Preußen wichen den Neubauloks noch 1953. Für die fünf Oberlahnsteiner 23 wurde zum Sommerfahrplan 1954, gültig ab 23. Mai 1954, ein 4-tägiger Laufplan aufgestellt mit 397 km/Tag und der Spitze am Tag 1 mit 457 km. Start- und Endbahnhöfe waren Linz (Rhein), Unkel, Wiesbaden, Köln und Koblenz. Angesichts des knappen 23-Bestandes dürften in diesem Umlauf auch P 8 gefahren sein. Daneben hatte der Dienstplan Nr. 2 für vier 38^{10} („bzw. 23", so der Laufplan) eine Tagesleistung von 309 km. In diesem Umlauf wurde auch Limburg, Trier und Andernach erreicht. Dafür hatte Oberlahnstein noch sieben P 8. Zum Winterfahrplan 1954/55 erhielt das Bw zusätzlich aus einem Krupp-Baulos fabrikneu die letzten Oberflächenvorwärmer-Lokomotiven: 23 047 bis 052. Somit konnten die letzten P 8 abgegeben werden. Bei 23 047 bis 052 fällt auf, dass die durchschnittliche Zuglast in Höhe von 310 t um etwa 13 % über dem Wert anderer Bw lag.

Im Mai 1955 wurde die Personenzuglok-Gruppe aufgelöst und das Bw zu einem reinen Güterzuglok-Bw, in dem von 1958/59 bis 1962 sogar Franco-Crosti-Loks der Baureihen 42^{90} und 50^{40} stationiert waren.

Die elf 23 wechselten ins benachbarte Bw Koblenz-Mosel (23 001 bis 005, 047 bis 050) und nach Mainz (23 051 und 052).

Obwohl im Oberlahnsteiner Einsatzgebiet nur Personenzüge und wenige Eilzüge zu befördern waren, sind die höchsten monatlichen Laufleistungen durchaus zufriedenstellend, während der Kohleverbrauch auf 1 Mio. Lokleistungskilometer überdurchschnittlich ausfiel:

Lok-Nr.	Monat	km	Kohlenverbrauch t/1.000 km	1 Mio. Lokleistungs-tkm	Zuglast [t] Ø
23 001	07.54	11.373	15,18	49,84	328
23 002	12.53	11.416	15,23	40,20	264
23 004	05.53	10.316	16,10	44,19	275
23 047	03.55	10.273	14,84	45,79	309
23 048	11.54	10.461	14,31	44,36	310
23 050	12.54	11.005	13,98	42,23	302
23 051	03.55	10.926	14,09	43,21	307

Bw Oberlahnstein			
23 001	12.05.53	–	11.05.55
23 002	21.05.53	–	21.05.55
23 003	31.01.53	–	21.05.55
23 004	14.02.53	–	21.05.55
23 005	02.02.53	–	31.03.55
23 047	30.09.54	–	21.05.55
23 048	27.08.54	–	21.05.55
23 049	24.09.54	–	21.05.55
23 050	09.10.54	–	21.05.55
23 051	17.09.54	–	20.05.55
23 052	24.11.54	–	20.05.55

Deutsche Bundesbahn

BD Mainz
MA Koblenz
Bw Oberlahnstein

Laufplan der Triebfahrzeuge

gültig vom 23.5. 1954 an

△ **Bild 295 •** Laufplan des Bw Oberlahnstein für den Sommerfahrplan 1954. ABBILDUNG: SAMMLUNG HANS-JÜRGEN WENZEL

△ **Bild 296 • 23 075** (Bw Emden) lässt am 31. August 1967 bei der Abfahrt in Ibbenbüren zwischen Osnabrück und Rheine die Lok 223 der Teutoburger Wald-Eisenbahn (TWE) hinter sich.

Aufnahme: Herbert E. Stemmler

BD Münster

Bw Emden

Emden (1940: 37.000 Einwohner, 2020: 49.874), an der Emsmündung am Nordufer des Dollarts gelegen, ist seit dem 17. Jahrhundert eine der wichtigsten Industrie- und Hafenstädte Ostfrieslands.

Der wichtigste Emder Personenbahnhof ist der Hauptbahnhof, bis Herbst 1971 Emden West genannt, an der Emslandstrecke. Am Bahnhof in Emden-Außenhafen legen die Fähren nach Borkum ab. Der früher bedeutende Rangierbahnhof dient heute nur noch dem örtlichen Güterverkehr und dem Schienentransport der in Emden verladenen Autos. Der einstmals große Verladebahnhof am Erzkai wird heute kaum noch genutzt. Am Emder Hauptbahnhof steht seit 6. Dezember 1981 die Denkmallok 043 903.

1965 verfügte das Bw Emden noch über einen kleinen Bestand von preußischen P 8 (Baureihe 38^{10}) und T 18 (Baureihe 78), der wegen Überalterung dringend der Ablösung bedurfte. Darüber hinaus galt es, für die relativ jungen Oldenburger 23, die durch frühzeitige Verdieselung ihr Einsatzgebiet teilweise verloren hatten, im Bereich der BD Münster ein neues Betätigungsfeld zu finden. Die erste 23 in Emden war am 22. April 1965 die Lok 23 076 vom Bw Oldenburg Rbf. Zwischen Mai und September 1965 trafen 23 045, 057, 073, 074, 075, 077, 078, 079, 080, 089 und 093 (079, 089 und 093 aus Bestwig, alle anderen vom Bw Oldenburg Rbf) in Emden ein. 23 045, die einzige Oberflächenvorwärmer-Lok, die jemals in Emden beheimatet war, wurde schon am 3. Juni 1965 nach Bestwig weitergereicht. Damit hatte das Bw Ende 1965 einen reinen Bestand von elf Mischvorwärmer-23. Folglich konnten die letzten Länderbahnloks aus dem Betrieb genommen werden: 38 1853, 2530 und 2896 standen ab 13. September 1965 auf z, 38 2700 ab 21. September 1965, 78 528 wurde am 20. August 1965 z-gestellt, 78 025, 263 und 436 wechselten im Herbst 1965 zum Bw Gronau.

31.10.1965 (11)

23	057	073	074	075	076
	077	078	079	080	089
	093				

Offenbar kam man in Emden mit den Mischvorwärmer-Loks besser zurecht als andernorts, vielleicht weil man durch die langjährig in Emden beheimatete Baureihe 82 mit der Handhabung des Mischvorwärmers vertraut war.

Im 7-tägigen Laufplan für den Sommerfahrplan 1967, gültig ab 28. Mai 1967, kamen die Emder 23 auf durchschnittlich 333 km/Tag. Der höchste Tageswert wurde am Tag 5 mit 426 km zwischen Rheine, Osnabrück und Papenburg erreicht. Weitere Wendebahnhöfe waren Leer, Norden, der Kopfbahnhof Emden Süd, Emden West, Münster, Meppen, Norddeich Mole und Oldenburg. Damit kamen die Emder 23 immer noch in ihr einstiges Oldenburger Einsatzgebiet.

Die von Beginn an ohnehin niedrigen monatlichen Laufleistungen der Emder 23 sanken von Jahr zu Jahr weiter ab (Angaben im Durchschnitt):

1965	6.601 km
1966	5.223 km
1967	4.472 km
1968	3.023 km

Diese bescheidenen Leistungsparameter waren auch eine Folge des hohen Lokbestandes, der im Juli 1967 sein Allzeit-Hoch erreichte:

31.07.1967 (15)

23	057	073	074	075	077
	078	079	080	081	082
	089	093	094	095	096

Eine Emder Eigenart soll nicht unerwähnt bleiben: Bei Loküberhang pflegte das Bw die 23/023 mit der nicht zu übersehenden

Bild 287 ▷ Ein Winterspaziergang im Dezember 1967 am Bahndamm nach frisch gefallenem Schnee bei Sonnenschein, warm eingepackt – und eine 23 donnert vorbei. Das möchte man sich noch einmal wünschen! **23 077** (Bw Emden) vor einem Eilzug bei Rheine in Richtung Osnabrück.

Aufschrift „r" (für Reserve) abzustellen. Im Gegensatz zu den Emder 82, die auf Reserve teilweise jahrelang nicht einen Meter fuhren, währte dieses Dämmerdasein meist nur einige Monate. Zwischen November 1967 und Januar 1968 wurden fünf 23 wegen Loküberhang vorübergehend auf Reserve abgestellt:

23 073	ab 15.11.67 bis Anfang März 1968
23 074	ab Anfang Januar 1968 bis März 1968
23 089	ab 01.11.67 bis 31.8.68
23 093	ab 01.11.67 bis Anfang Mai 1968
23 096	ab 01.11.67 bis 01.05.68

Einige Abgänge, sei es durch Umbeheimatungen oder z-Stellungen, konnten nur teilweise durch Zugänge ausgeglichen werden:

23 082	28.05.67 von Osnabrück Rbf
23 094	01.07.67 von Osnabrück Rbf
23 095	01.07.67 von Osnabrück Rbf
23 096	01.07.67 von Osnabrück Rbf
023 080	08.04.68 zur L 0 im AW Trier, danach Saarbrücken Hbf
023 082	08.04.68 nach Saarbrücken Hbf
023 077	12.05.68 zur L 0 im AW Trier, danach Saarbrücken Hbf
023 073	25.05.68 nach Saarbrücken Hbf
023 075	25.05.68 nach Saarbrücken Hbf
023 074	08.08.68 zur L 3 im AW Trier, danach Crailsheim
023 096	03.09.68 nach Bestwig
023 090	29.09.68 von Osnabrück Rbf
023 091	29.09.68 von Osnabrück Rbf
023 092	29.09.68 von Osnabrück Rbf (ab 21.10.68 auf „r" abg. bis 12.68)
023 057	z 01.10.68 (letztmals im Einsatz Mitte August 1968, September auf „r")
023 081	z 20.05.69

△ **Bild 288** • Im Dezember 1967 lag auch im norddeutschen Flachland reichlich Schnee. Der im Emsland vorherrschende starke Wind tat sein Übriges, um die Emder **23 075** völlig zu vereisen – kein Vergnügen für das Personal, schon gar nicht bei der Nachschau. Bei der Ausfahrt in Rheine hat sie einen Durchgangsgüterzug am Haken.

Aufnahmen (2): Peter Große

◁ **Bild 289**
Kein Knick in der Optik, sondern tatsächlich ein etwas abschüssiges Gleis, auf dem **23 095** (Bw Emden) im September 1967 im Bw Rheine abgestellt ist.
Noch hat sie keine Indusi auf der Heizerseite für Rückwärtsfahrt.

Aufnahme:
Peter Große

◁ **Bild 290**
23 057 vom Bw Emden am 27. Juli 1967 vor P 2257 in Rheine. Bereits im August 1968 abgestellt, wurde bei ihr auf den Anbau des zweiten Indusimagneten für Rückwärtsfahrt verzichtet.

Aufnahme:
Detlef Schikorr,
Sammlung Rolf Schulze

◁ **Bild 291**
Zwei 023 werden am 9. September 1969 im Bw Emden mit frischer Kohle versorgt: **023 090** und dahinter 023 091. Bereits vier Wochen später am 10. Oktober 1969 kam für **023 090** die z-Stellung

Aufnahme:
Ulrich Budde

Bild 292 ▷
Mit der Seilwinde wird die kalte **23 078** auf die Drehscheibe des Bw Emden gezogen (Juni 1967). Im Hintergrund wartet am Rundstand eine der Emder Neubauloks der Baureihe 82.

AUFNAHME: JÜRGEN ZEUG, SLG. WOLFGANG KRECKLER

Bild 293 ▷
Im Sommer 1969 setzte das Bw Emden nur noch drei Loks planmäßig ein, mit der Folge, dass zahlreiche 023 im Bw abgestellt waren wie **023 090** am 7. September 1969.

AUFNAHME: HERBERT E. STEMMLER

Bild 294 ▷
23 081 (Jung 12751/57), bereits im Mai 1969 z-gestellt, erreichte nur eine Betriebsdauer von elf Jahren und sieben Monaten. In diesem kurzen Zeitraum konnte sich die Investition nicht amortisieren. Das Bild zeigt sie im Jahr 1968 in ihrem dominierenden Betriebszustand in Emden: Unter Dampf in Bereitschaft. Auch diese Lok war mit Glocke ausgerüstet.

AUFNAHME: REIN VAN PUTTEN

△ **Bild 295 • 023 095** auf dem Ausschlackkanal des Heimat-Bahnbetriebswerkes Emden, 7. September 1969. Aufnahme: Herbert E. Stemmler

△ **Bild 296 •** Nachdem sie am 28. Januar 1970 im AW Trier ihre letzte L2-Untersuchung erhalten hat, wird **023 094** im Februar 1970 im Bw Koblenz-Mosel auf der Rücküberführung zum Bw Emden mit frischen Vorräten versorgt. Aufnahme: Peter Sikora

△ **Bild 297 •** Vor dem Schuppen des Bw Emden stehen am 9. September 1969 **023 091** (Bw Emden) und 082 024, eine der wenigen Emder 082 mit regelmäßigen Einsatzzeiten. Die 082 ist schon seit 1953 in Emden zu Hause, während die 023 erst im September 1968 vom Bw Osnabrück Rbf an die Nordsee kam. Aufnahme: Ulrich Budde

△ **Bild 298** • Der Urlauberzug, den **23 095** und **23 078** am 10. August 1968 in Norddeich Mole am Haken haben, ist so lang, dass er über das Ausfahrtsignal hinausreicht. Die Abfahrt wird mittels eines Befehls erfolgen müssen. Die Ansammlung unterschiedlicher zeitgenössischer Personenkraftwagen von VW-Käfer, Ford, BMW und Opel erinnert daran, wie bescheiden wir uns seinerzeit fortbewegt haben.

△ **Bild 299** • Bewundernde Blicke der beiden jungen Herren zieht **23 095** vom Bw Emden am 10. August 1968 in Norddeich Mole auf sich. Die Lok ist kurz zuvor im Juli 1968 auf den Nassdampfregler umgebaut worden und trägt, wie zahlreiche Emder 23, eine Glocke.

Aufnahmen (2): Ludwig Rotthowe, Stiftung Eisenbahnmuseum Bochum

△ **Bild 300 • 023 094** hat am 14. März 1970 vor P 3122 Leer um 6:48 Uhr verlassen und rollt nun bei Bentlage die letzten Kilometer Rheine entgegen, wo der Zug um 8:34 Uhr eintreffen wird.

Aufnahme: Rein van Putten

▽ **Bild 301** • Mit nur leicht geöffnetem Regler räuchert **023 094** (Bw Emden) am 10. April 1971 bei Kluse den Zug und sich selbst kräftig ein.

Aufnahme: Albert Schöppner, Archiv Jörg Sauter

△ **Bild 302 • 023 092** (Bw Emden) am 25. Juli 1971 vor einem stattlichen Eilzug auf der Emslandstrecke bei Kluse. Die Weite der norddeutschen Tiefebene kann den an Berge gewöhnten Alpenländer gelegentlich in Melancholie versetzen. Ein Bonmot von Hauptlokführer Rolf Dresemann vom Bw Rheine gefällig? „Woran erkennt man den Beginn von Ostfriesland? Daran, dass die Kühe im Winter Mäntel tragen!" Aufnahme: Hans-Jürgen Eggerstedt, Archiv Jörg Sauter

▽ **Bild 303 • 023 103** (Bw Emden) am 10. April 1971 im Bw Rheine. Sie kam erst im Januar 1970 von Hameln an die Nordsee und erhielt daher nicht mehr die bei etlichen Emder 23 obligatorische Glocke. Aufnahme: Albert Schöppner, Archiv Jörg Sauter

◁ **Bild 304**
Die recht gebraucht wirkende **23 075** (Bw Emden) fährt im April 1968 vor sehenswerten Vorkriegs-Eilzugwagen in Rheine ein.
Die Neubauloks lösten auf der Emslandstrecke 1965 die Länderbahnloks der Baureihen 38^{10} und 78 ab, bis der Rheiner 012-Bestand durch Zugänge aus Hamburg-Altona groß genug war, um auch diese Leistungen mit der 01^{10} zu fahren.

Aufnahme: Robin Fell, Eisenbahnstiftung

◁ **Bild 305**
Vor P 2240 nach Rheine ist die Emder **23 057** im Bahnhof Leer zum Stehen gekommen, August 1967. Die Kalkspuren am Kessel deuten auf eine undichte Lichtmaschine hin.

Aufnahme: Chris France, Eisenbahnstiftung

◁ **Bild 306**
Dampflok-Hochburg Emden! Am 1. Juli 1968 wird die Emder **23 079** auf der Drehscheibe gewendet; vor dem Schuppen stehen 44 1565 und die mit Schürze ausgerüstete 44 593 (beide Bw Rheine), rechts eine 50. Die neuen Computernummern sind bereits seit einem halben Jahr in Kraft, trotzdem ist noch keine Lok umgezeichnet.

Aufnahme: P. Driesch, Sammlung Stefan Carstens

Bild 307 ▷ Der bekannte Lathener Einschnitt auf der Emslandstrecke war ein idealer Fotostandort, um vom Liegestuhl aus die Kultur des Wartens zu leben: Welche Dampflok kommt als nächstes? Am Aufnahmetag, dem 17. Oktober 1970, konnte sich Jan van Barneveld auf die Baureihen 011, 012, 023, 042, 043, 044 und 050-053 freuen. Im Bild die Emder **023 078** vor dem P 2230 nach Rheine.

Aufnahme: Jan van Barneveld

Bild 308 ▷ Dichter schwarzer Qualm dringt bei der Abfahrt am 5. November 1967 von **23 095** in Rheine aus dem Schornstein. Der Heizer hat offenbar etliche Schaufeln Kohle in die Feuerbüchse befördert, der Feuerschicht aber zu wenig Zeit gegeben, auch nur annähernd durchzubrennen. Lehrlokführer Bönte vom Bw Rheine pflegte bei solchen Anlässen dem Jungheizer ein knappes „Nicht qualmen!" entgegenzurufen. Im Hintergrund eine V 160 vom Bw Oldenburg Hbf.

Aufnahme: Robin Fell, Eisenbahnstiftung

Bild 309 ▷ Der Blick von der Drehscheibe auf den Rundstand im Bw Emden am 24. Mai 1969 eröffnet für den Fotografen das ganze Panorama des Emder Dampfbetriebes im Jahr 1969 (v. l. n. r.): 042 097, **023 092**, 051 540, **023 089**, 044 326 und 044 071. Außer der Rheiner 042 097 gehören alle Loks zum Bw Emden.

Aufnahme: Rein van Putten

△ **Bild 310** • Die für Emder Verhältnisse ungewöhnlich gepflegte **23 073** am 22. April 1968 im Bw Rheine. Die Lok war vom 15. November 1967 bis Anfang März 1968 wegen Loküberhang auf Reserve („r") abgestellt und erst kurz vor der Aufnahme wieder in Dienst gestellt worden. AUFNAHME: ULRICH BUDDE

Im Sommer 1968 bestand noch ein 6-tägiger Dienstplan mit 185 km/Tag.

Auch 1969 verbrachten einige Emder 23 mehrere Wochen in Reserve auf dem Abstellgleis, u. a. 023 079 im Juli und August und 023 093. Im Winterfahrplan 1968/69 liefen die Emder 023 täglich vor folgenden Eilzügen:

E 353	Leer – Norddeich
E 354	Emden West – Leer
E 585	Leer – Norddeich
E 588	Norddeich – Leer
E 674	Emden Süd – Leer
E 678	Norddeich – Leer
E 731	Emden – Norddeich
E 732	Norddeich – Emden
E 738	Norden Stadt – Emden

01.06.1969 (9, 1 z)

023 078 079 081 z 089 090
091 092 093 094 095

Im Sommer 1969 wurden nur noch drei Loks mit 202 km/Tag eingesetzt. Anfang Juni 1969 ging 023 094 wegen Fristablauf aus dem Betrieb.

Da ohnehin nach wie vor zu viele 023 unbeschäftigt waren, hatte das Bw es nicht besonders eilig, die Lokomotive zur fälligen Untersuchung anzumelden. Erst Ende November 1969 kam die Lok in das AW Trier, wo die L 2/H 2.1-Untersuchung bis zum 28. Januar 1970 abgeschlossen wurde und die Lokomotive nach Emden zurückkehrte.

01.02.1970 (9)

023 078 079 089 091 092
094 095 102 103

Im Winterfahrplan 1969/70 war die Nutzung der Emder 023 weiter deutlich reduziert (Di – Fr): Tag 1 Emden Süd Vorspann E 2014 nach Leer, N 3122 Rheine, N 2228 Münster, N 1585 Rheine, N 1812 Münster, N 2261 Leer, Güterzug Emden. Tag 2 Personenzüge und Eilzüge zwischen Norddeich Mole und Leer.

Inzwischen hatten auch die Rheiner 012, seltener die Baureihe 011, die meisten Schnell- und Eilzüge übernommen. Erst mit dem Anziehen der Konjunktur zu Beginn der siebziger Jahre stellte sich ein empfindlicher Lokmangel ein, sodass die Emder 023 mit den Zugpaaren P 2212/E 1631, E 1562/P 2225, P 2242/P 2261 und P 1812/P 2271 im Sommerfahrplan 1970 wieder viermal täglich nach Münster kamen. Dafür wurden dem Bw letztmals zwei 023 neu zugeteilt: 023 102 und 103, beide am 30. Januar 1970 aus L 2-Untersuchungen im AW Trier (zuvor Hameln). Die monatlichen Laufleistungen blieben dennoch auf dem gewohnt niedrigen Niveau: 1970 waren die letzten Emder 023 im Durchschnitt nur 3.047 km pro Monat auf Strecke.

Im Winterfahrplan 1970/71 verkehrten die Emder 23 u. a. auf dem Streckenabschnitt Rheine – Coesfeld (Westf) und umgekehrt vor P 2612, Rheine ab 12:11 Uhr und P 2621, Rheine an 16:57 Uhr.

Eine ehemalige Emder 023 kam auf untypische Weise außerhalb der BD Münster sozusagen „zum Einsatz": Die am 1. September 1970 wegen Ablauf der Zeitfrist z-gestellte 023 079 wurde ab 18. Dezember 1970 als Heizlok in Hamburg Hbf (buchmäßig Bw Hamburg-Rothenburgsort) verwendet.

Mit Beginn des Frühjahrs 1971 bestand kein Bedarf mehr für die gerade einmal knapp 13 Jahre alte Neubaulok. Bis zur Verschrottung in Lübeck Ende 1973 stand sie rostend im Bw Hamburg-Rothenburgsort unter zahlreichen 094.

Bw Emden				
23 045	20.05.65	–	03.06.65	
23 057	25.05.65	–	01.10.68	z
23 073	02.08.65	–	25.05.68	
23 074	29.07.65	–	08.08.68	
23 075	15.07.65	–	25.05.68	
23 076	22.04.65	–	09.11.66	
23 077	08.09.65	–	12.05.68	
23 078	24.09.65	–	25.03.71	z
23 079	23.09.65	–	01.09.70	z
23 080	27.07.65	–	08.04.68	
23 081	23.05.66	–	20.05.69	z
23 082	28.05.67	–	08.04.68	
23 089	23.09.65	–	18.04.71	z
23 090	29.09.68	–	10.10.69	z
23 091	29.09.68	–	20.02.71	z
23 092	29.09.68	–	03.10.71	z
23 093	04.06.65	–	15.11.69	
23 094	01.07.67	–	13.09.71	
23 095	01.07.67	–	13.09.71	
23 096	01.07.67	–	03.09.68	
23 102	30.01.70	–	23.09.71	
23 103	30.01.70	–	23.09.71	

Bild 311 ▷
Eine der letzten 023 des Bw Emden war **023 103**, die am 5. August 1971 von der Drehscheibe des Heimat-Bw rollt. Hinter dem linken Windleitblech befindet sich der Schwimmerstoßdämpfer (SSD), auch Druckwindkessel genannt. Die chronische Unterbeschäftigung der Emder Loks ließ ihr nur etwas über 160 km Laufleistung pro Tag. Im September 1971 wechselte sie zum Bw Saarbrücken Hbf.

Aufnahme: Bernd Melcher, Sammlung Georg Dollwet

01.06.1971 (5)

023 092 094 095 102 103

Als das Bw Rheine im Sommer 1971 acht 012 vom Bw Hamburg-Altona erhielt, besiegelten die Pacifics das Ende der 023 in Ostfriesland. Denn die 012 waren damit in ausreichender Zahl für die Emslandstrecke verfügbar und übernahmen nun auch Personenzugleistungen, die früher der 023 vorbehalten waren. Für die 023 blieb nur noch ein zweitägiger Laufplan, in dem die Münsteraner Leistungen weggefallen waren. Nicht überraschend weisen die Leistungsparameter im letzten Betriebsjahr 1971 auf die bekannte chronische Unterbeschäftigung hin: 023 092 hatte immerhin 184 Betriebstage (67,4 % Verfügbarkeit), an denen sie aber nur 149 km/Tag unterwegs war. Sie war jeden Monat in Betrieb. Die Kohleverbrauchswerte wurden schon lange nicht mehr dokumentiert, dürften aber bei der Relation von zahlreichen Betriebstagen gegenüber niedrigen Kilometerleistungen hoch gewesen sein. Insgesamt kam sie noch auf 27.500 km (3.055 km/Monat). 023 103 war 1971 ebenfalls jeden Monat insgesamt 187 Tage in Betrieb (Verfügbarkeit 70,3 %). Bis zur Abgabe nach Saarbrücken leistete sie noch 31.000 km (166 km/Tag, 3.444 km/Monat).

Mit Beginn des Winterfahrplans 1971/72 endete schließlich der Einsatz der Baureihe 023 in Emden nach 6 ½ Jahren endgültig:

023 091 z 20.02.71
023 078 z 25.03.71
Letzter Monat im Betrieb: März 1971 mit 1.900 km
023 089 z 18.4.71
023 094 13.09.71 nach Dillingen/Saar
023 095 13.09.71 nach Dillingen/Saar
023 102 23.09.71 nach Saarbrücken Hbf
023 103 23.09.71 nach Saarbrücken Hbf
023 092 z 03.10.71
Letzter Monat im Betrieb: September 1971 mit 3.200 km

Mit hohen Laufleistungen fielen die Emder 23 nicht auf, wohl aber mit einigen Plätzen in der Rangliste der schnellsten mit Baureihe 23 (023) beförderten Züge (siehe folgende Tabelle).

Fahrplan	Zug-Nr.	Verkehrstage	Bespannungsabschnitt	km/h	Bemerkungen
1968/69	E 354	tgl	Emden West – Leer	90,00	
1967/68	E 601	a	Rheine – Osnabrück	89,25	Halt in Ibbenbüren
1970 So	P 3137	Sa	Rheine – Leer	68,52	V_{max} 100 km/h
1971 So	P 3102	tgl	Norden – Emden West	68,16	V_{max} 90 km/h
1971 So	P 3104	tgl	Emden West – Leer	67,25	V_{max} 90 km/h
1971 So	P 2038	tgl außer Sa	Leer – Emden Süd	66,26	100 km/h, Sa mit 042
1970/71	P 3122	tgl	Leer – Rheine	65,26	
1967 So	P 2220	So	Leer – Rheine	64,64	

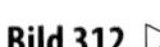
Bild 312 ▷
Nicht nur die Reserve, sondern auch die z-Stellung ließ der Bw-Chef in Emden unübersehbar an den Zylindern weiß anschreiben. **023 091** (Jung 1958) ist am 20. Mai 1971 nach nur zwölf Jahren und elf Monaten am Ende ihrer Betriebszeit angelangt. Die Siebdruckschilder hängen noch an der Lok.

Aufnahme: Helmut Philipp

◁ **Bild 313**
023 095 (Bw Emden) hat am 9. Juli 1969 in Rheine den P 2228 übernommen, der um 8:59 Uhr nach Münster abfahren wird. Neben ihr stehen zwei Triebwagen-Spezialitäten: Einer der letzten Rheiner Dieseltriebwagen der Baureihe 660 und ein Akku-Triebwagengespann der Baureihe 515/815, ebenfalls aus Rheine.

Aufnahme: Rein van Putten

◁ **Bild 314**
023 091 (Bw Emden) am 30. Juli 1970 in Rheine ausfahrend vor N 2610. Daneben ein Dieseltriebwagen der Baureihe 624 vom Bw Osnabrück Rbf.

Aufnahme: Klaas Vijfschagt

Bild 315 ▷ Am 29. Mai 1969 rangiert **023 093** mit einem Nahgüterzug im Bahnhof Aurich (Ostfriesland), rechts steht ein DKW „Junior". Der Personenverkehr auf der Strecke Emden West – Abelitz – Aurich war bereits zwei Jahre zuvor eingestellt worden, der Güterverkehr endete 1996.

Aufnahme: Dieter Junker, Eisenbahnstiftung

Bild 316 ▷ **023 089** (Bw Emden) legt am 5. Mai 1970 vor dem P 2261 (Münster 17:30 Uhr – Leer 20:09 Uhr) einen Halt in Rheine ein. Am selben Bahnsteig übergibt gerade der Zugführer den Bremszettel an den Lokführer der Hannoveraner 220 070 (Krauss-Maffei 1959).

Aufnahme: Jan van Barneveld

Bild 317 ▷ Die zum Bw Emden gehörende **023 102** (Jung 1959) wendet im April 1971 im Bw Rheine. Ihr ursprünglicher Heißdampfregler wurde im Januar 1970 durch einen Nassdampfregler ersetzt. Der farbliche Grundton schwankt zwischen grau und braun.

Aufnahme: Robin Fell, Eisenbahnstiftung

Bw Oldenburg Hbf

Oldenburg, Universitätsstadt und drittgrößte Stadt Niedersachsens (31. Dezember 2019: 169.077 Einwohner) liegt am Kreuzungspunkt der Strecken nach Bremen, Leer, Wilhelmshaven und Osnabrück.

Das auf der Nordseite der Gleisanlagen 21.000 m² umfassende Bahnbetriebswerk Oldenburg Hbf entstand in seiner später bekannten Form ab 1895. Neben einem 10-gleisigen Rechteckschuppen mit vorgelagerter Drehscheibe und innenliegender Schiebebühne befand sich im hinteren Teil der Anlage ein Ringlokschuppen mit 20 Ständen. 1941 standen 610 Eisenbahner beim Bw in Lohn und Brot. Im Zweiten Weltkrieg entstanden nur geringe Schäden an den Bahnanlagen. 1965/66 wurde der Oldenburger Hauptbahnhof umgebaut und modernisiert. Ein wesentlicher Teil des Projektes war die Hochlegung und Umgestaltung der Gleise im westlichen Bahnhofskopf. Dafür mussten ein Teil des Rechteckschuppens abgerissen und die Drehscheibe vor dem Ringlokschuppen entfernt werden. Der Ringlokschuppen war daher nur noch als Lager und Werkstatt nutzbar. Nachdem das Bw Oldenburg Rbf bereits am 1. November 1967 zu einer Außenstelle des Bw Hbf herabgestuft worden war, entfiel zum 1. Juni 1972 der Zusatz „Hbf“ in der Dienststellenbezeichnung und es gab nur noch ein Bw Oldenburg. Zum selben Zeitpunkt fiel der Raum Oldenburg/Wilhelmshaven nach der Auflösung der BD Münster an die BD Hannover.

Einen ersten Bedeutungsverlust erlitt das Bw zum Beginn des Winterfahrplans 1980/81 mit der Aufnahme des durchgehenden elektrischen Betriebes auf der Emslandstrecke von Münster über Rheine bis Norddeich Mole und auf den Abschnitten Oldenburg – Hude – Bremen und Hude – Nordenham. 1986 beschäftigte das Bw Oldenburg 730 Eisenbahner. Die Unterhaltung von Diesellokomotiven endete 1997. Die Bedeutung des Bahnhofs und des Bahnbetriebswerkes hat nach der Stilllegung und dem Abbruch des Rangierbahnhofes und des Ausbesserungswerkes weiter abgenommen.

Das Bw Oldenburg Hbf verfügte im Herbst 1956 für den Personen- und Eilzugdienst über einen Bestand von elf preußischen P 8 (Baureihe 38[10]). Zur langfristigen Ablösung der P 8 erhielt das Bw im November und Dezember 1956 als erstes Bw der BD Münster überhaupt drei 23: Die Oberflächenvorwärmer-23 030 bis 032 aus Paderborn. Dem Bw gelang es, mit diesem

◁ **Bild 318**
Der E 581 (Goslar – Norddeich) steht am 8. August 1959, geführt von der gepflegten **23 078** vom Bw Oldenburg Hbf, in Bremen Hbf zur Weiterfahrt bereit.

Aufnahme:
Hans Schmidt,
Sammlung EK-Verlag

◁ **Bild 319**
23 094 (Bw Oldenburg Hbf), noch mit Heinl-Mischvorwärmer, am 13. Juni 1959 in Osnabrück.

Aufnahme:
Peter Konzelmann,
Sammlung Jürgen Rippin

△ **Bild 320** • Die kurz zuvor am 6. Juli 1959 beim Bw Oldenburg Hbf fabrikneu in Dienst gestellte **23 096** war dem Fotografen der BD Münster am 22. Juli 1959 einen Besuch wert, bei dem dieses herrliche Portrait der formschönen Neubaulok entstand. Auch bei ihr fällt das eigenwillige Lokschild auf, das keinen Abstand zwischen Baureihen- und Ordnungsnummer hat. Aufnahme: DB/Quebe, Eisenbahnstiftung

kleinen Bestand von drei Loks und einer Leihlok (23 023) im Sommerfahrplan 1957 einige schnelle Leistungen auf den von Oldenburg ausgehenden Hauptbahnen zu fahren. Vor dem Eintreffen der 23 wurden diese Züge mit den letzten 41 (41 089, 306 und 331) des Bw gefahren:

D 385	Bremen – Leer
D 386	Leer – Bremen
E 581	Bremen – Oldenburg
E 587	Oldenburg – Emden West
E 588	Emden Bremen
E 645	Bremen – Oldenburg
E 652	Wilhelmshaven Bremen
E 653	Bremen – Leer
E 654	Leer – Bremen
E 673	Bremen – Leer
E 674	Leer – Bremen
E 675	Bremen – Wilhelmshaven
E 676	Wilhelmshaven – Bremen
E 854	Wilhelmshaven – Oldenburg

Nachdem die Paderborner 23 023 bereits vom 16. Juli bis 8. Oktober 1957 leihweise in Oldenburg lief, kam im Oktober 1957 weitere Verstärkung in Gestalt der Mischvorwärmer-23 077 und 078 aus einer Neulieferung der Maschinenfabrik Esslingen. Zusätzlich wurde 23 076 aus Bielefeld am 10. Juli 1958 dem Bw zugeteilt. Die drei Oberflächenvorwärmer-Loks 23 030 bis 032 verließen Oldenburg zwischen Mai und Juni 1959 in Richtung Gießen und Trier, gleichzeitig trafen im Sommer 1959 weitere Mischvorwärmer-23 in Olden-

▽ **Bild 321** • Die erst vor wenigen Tagen fabrikneu beim Bw Oldenburg Hbf in Dienst gestellte **23 096** muss am 22. Juli 1959 noch ohne BD- und Bw-Schilder auskommen. Aufnahme: BD Münster, Stiftung Eisenbahnmuseum Bochum

◁ **Bild 322**
In Bremen Hbf steht **23 094** vom Bw Oldenburg Hbf vor einem Eilzug zur Abfahrt bereit. Noch arbeitet in ihrem Kessel ein Heinl-Mischvorwärmer. Angesichts der schon leicht mit Patina überzogenen Lok (Abnahme am 5. Juni 1959) erscheint das Aufnahmedatum 12. September 1960 nicht schlüssig. Vermutlich entstand das Bild zur selben Zeit wie die Aufnahme von 23 078 (Bild 323, unten).

Aufnahme:
Basil Roberts,
Sammlung André Sinn

◁ **Bild 323**
Der Heinl-Mischvorwärmer von **23 078** (Bw Oldenburg Hbf) wurde am 14. November 1962 durch einen Mischvorwärmer Bauart 1957 ersetzt, erkennbar am abgebauten Warmwasserspeicher. Der Fotograf notierte im Bw Oldenburg Hbf den 12. September 1960 als Aufnahmedatum, was nicht stimmen kann. Auf der Pufferbohle ist das Datum einer L 2 im AW Nied am 27. Juli 1960 erkennbar. Die Aufnahme dürfte daher nach dem November 1962 entstanden sein.

Aufnahme:
Basil Roberts,
Sammlung André Sinn

◁ **Bild 324**
Inzwischen auf MV 57 umgerüstet präsentiert sich **23 096** (Bw Oldenburg Hbf) im Dezember 1963 im Bw Wilhelmshaven. Das raue Küstenklima hat die Lok bereits mit einem deutlichen „Betriebsgrau" überzogen.

Aufnahme:
Jürgen Zeug,
Sammlung Wolfgang Kreckler

Bw Oldenburg Hbf				
23 023	leihweise	16.07.57	–	08.10.57
23 030		08.11.56	–	17.06.59
23 031		09.12.56	–	04.07.59
23 032		06.11.56	–	27.05.59
23 037		25.09.61	–	15.11.61
23 049	leihweise	26.10.62	–	25.11.62
23 057		01.06.61	–	21.07.63
23 073		29.06.59	–	31.03.63
23 074		29.05.59	–	18.08.63
23 075		02.07.59	–	31.03.63
23 076		10.07.58	–	25.10.64
23 077		02.10.57	–	24.10.63
23 078		10.10.57	–	16.02.65
23 080		07.04.60	–	31.03.63
23 086	leihweise	29.05.62	–	31.07.62
23 094		09.06.59	–	22.07.63
23 095		19.06.59	–	31.03.63
23 096		06.07.59	–	25.02.64

burg ein: 23 073 bis 075 aus Bingerbrück und 23 094 bis 096 aus einer Neulieferung der Maschinenfabrik Jung. Damit hatte sich eine stabile Gruppe von Mischvorwärmer-23 herausgebildet:

01.08.1959 (9)

23	073	074	075	076	077
	078	094	095	096	

Im Sommerfahrplan 1961 bespannten die Oldenburger 23 folgende Schnell- und Eilzüge:

E 349	Bielefeld – Oldenburg
	Oldenburg – Wilhelmshaven
E 350	Wilhelmshaven – Oldenburg
	Oldenburg – Bielefeld
D 385	Bremen – Leer
D 386	Leer – Oldenburg
E 490	Leer – Bremen
E 491	Bremen – Leer
E 492	Leer – Bremen
E 493	Bremen – Leer
E 565	Osnabrück – Oldenburg
E 566	Wilhelmshaven – Osnabrück
E 581	Bremen – Oldenburg
	Oldenburg – Sande
E 587	Oldenburg – Leer
E 588	Leer – Bremen
E 675	Oldenburg – Bremen
E 781	Oldenburg – Leer
E 782	Leer – Oldenburg

Da der 23-Bestand häufig nicht ausreichte, standen zeitweise auch Leihloks in Oldenburger Diensten: 23 049 (Bw Gießen) vom 26. Oktober bis 25. November 1962 und 23 086 (Bw Bielefeld) vom 29. Mai bis 31. Juli 1962.

Von 1962 bis 1964 errangen die Oldenburger 23 sozusagen das „Blaue Band“ für den schnellsten mit Baureihe 23 bespannten Zug: Auf dem 39,8 km kurzen Abschnitt Leer – Bad Zwischenahn erreichten sie vor E 492 (täglich) eine Reisegeschwindigkeit von 95,52 km/h!

Neben den üblichen Eilzugleistungen standen im Winter 1962/63 nur vereinzelt hochwertige Reisezüge auf dem Plan:

De 5063	Di – Fr	Oldenburg – Bremen
D 183	Sa/So	Bremen – Wilhelmshaven
D 184	Sa/So	Wilhelmshaven – Oldenburg
De 5321	So	Kirchweyhe – Bremen

Weitere Zugänge brachten dem Bw Hbf ein Allzeit-Hoch von elf Lokomotiven:

31.03.1963 (11)

23	057	073	074	075	076
	077	078	080	094	095
	096				

Eine Anekdote am Rande: Die letzten preußischen P 8 des Bw (38 2430, 2925, 3528, 3954 und 3965), die von der 23 abgelöst werden sollten, hielten sich schließlich doch bis 1963!

Zum 31. März 1963 wurde die Dampflokunterhaltung im benachbarten Bw Oldenburg Rbf konzentriert (siehe dort); das Bw Hbf war somit das erste reine Diesel-Bw der BD Münster.

In den Betriebsbüchern wurde der Wechsel bei einigen Lokomotiven erst beim nächsten fälligen AW-Aufenthalt eingetragen. Der Einheitlichkeit geschuldet belassen wir es im Statistik-Teil bei den Angaben im Stammteil der Betriebsbücher.

Die Liste von hohen monatlichen Laufleistungen der Oldenburger 23 ist für ein

▽ **Bild 325** • Die Abfahrt des E 587 nach Leer im März 1965 mit **23 073**. Im Hintergrund die Oldenburger Bahnhofshalle von 1915, nach dem Krieg die einzige in ganz Niedersachsen. Nur noch zwei Monate dauert es bis zur Verdieselung der letzten 23-Einsätze beim Bw Oldenburg Rbf. AUFNAHME: PETER GROßE

△ **Bilder 326 und 327** • Am 13. Mai 1963 wurde der Grundstein gelegt für die Hochlegung der Gleise beim Pferdemarkt in Oldenburg. Der Fotograf der Bundesbahndirektion dokumentierte den Festakt, u. a. mit der **23 095** vom Bw Oldenburg Rbf, einer Musikkapelle sowie dem freundlichen Lokführer und einem unbekannten Würdenträger. Die Lok trägt noch das Bw-Schild „Oldenburg Hbf".

Aufnahme: BD Münster, Stiftung Eisenbahnmuseum Bochum

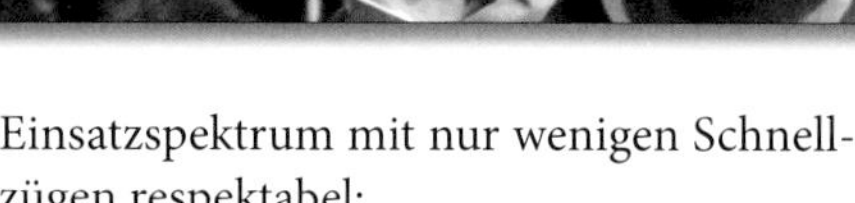

Einsatzspektrum mit nur wenigen Schnellzügen respektabel:

Lok-Nr.	Monat	km	Kohlenverbrauch t/ 1.000 km	Kohlenverbrauch 1 Mio. Lokleistungs-tkm	Zuglast [t] Ø
23 073	10.60	13.187	13,31	37,62	283
23 074	07.63	12.477	12,65	33,31	263
23 075	07.61	12.619	13,83	37,11	268
23 076	08.61	12.948	12,17	47,15	275
23 077	07.63	12.886	12,18	32,65	268
23 080	03.62	12.400	14,36	40,25	280

Die günstigen Kohleverbrauchswerte heben sich von anderen Bw deutlich ab.

Die Verdieselung begann in Oldenburg 1962 mit der Inbetriebnahme neuer V 100[20] und dem Einsatz der betagten Triebwagen VT 25.

Mit der Ablieferung der neuen Groß-Diesellokomotiven der Baureihe V 160 im Jahr 1965 endete die Zeit der 23 (im benachbarten Bw Oldenburg Rbf).

Bw Oldenburg Rbf

Der im Zuge des wirtschaftlichen Aufschwungs des Deutschen Kaiserreichs ständig wachsende Güterverkehr erforderte eine grundlegende Erweiterung der Oldenburger Bahnanlagen. So entstand 1911 entlang der Strecke nach Osnabrück ein neuer Rangierbahnhof mit einer eigenständigen Betriebswerkstätte und zunächst 32 Lokständen. Die neue Anlage wurde zur Heimat aller Oldenburger Güterzuglokomotiven. Zum 28. Mai 1967 endete die Dampflokunterhaltung im Bw Rbf. Am 1. November 1967 erfolgte die Auflösung und Herabstufung des Bw Rbf zu einer Außenstelle des Bw Oldenburg Hbf.

Mit der Auflösung der Dampflokgruppe zum 31. März 1963 im benachbarten Bw Oldenburg Hbf wurden alle Oldenburger Dampfloks (Baureihen 23, 38[10], 78 und 81) am 1. April 1963 beim Bw Oldenburg Rbf zusammengefasst. Am Einsatz der Oldenburger 23 änderte sich dadurch nichts (siehe Bw Oldenburg Hbf). Die Zusammenfassung beim Bw Oldenburg Rbf wurde im Stammteil der Betriebsbücher nicht einheitlich dokumentiert. Zur Vereinfachung wird im Statistikteil nur Bezug genommen auf die Betriebsbücher.

01.05.1965 (12)

23	045	049	057	073	074
	075	077	078	080	094
	095	096			

◁ **Bild 328**
23 019, nur von Mai bis September 1963 im Bw Oldenburg Rbf beheimatet, war eine von nur drei Oberflächenvorwärmer-23 bei diesem Bw. Sie steht am 21. Juli 1963 vor E 555 in Osnabrück Hbf.

Aufnahme: Peter Konzelmann, Sammlung Jürgen Rippin

△ **Bild 329** • Einige Oldenburger 23 waren für den Einsatz auf Nebenbahnen mit Glocke ausgerüstet, wie **23 057**, die nach dem Ende der Dampflokunterhaltung beim Bw Oldenburg Hbf nun im Bw Rbf beheimatet ist. Im August 1964 steht sie vor der 1889 erbauten Halle des Bremer Hauptbahnhofes.
Aufnahme: Heinz Krautzschick

▽ **Bild 330** • Eines der wenigen Bilder, auf dem das Bw-Schild „Oldenburg Rbf" zu erkennen ist. **23 080** sieht man im Juli 1964 die Folgen des katastrophalen Unfalls von 1958 auf der Eifelbahn nicht mehr an. Sie trägt eine Glocke und hat noch den Heißdampf-Mehrfachventilregler. Aufnahme: Ludwig Rotthowe, Stiftung Eisenbahnmuseum Bochum

Bw Oldenburg Rbf				
23 019		22.05.63	–	28.09.63
23 045		10.06.64	–	19.05.65
23 049	leihweise	06.03.64	–	07.04.64
		01.05.65	–	21.06.65
23 057		19.08.63	–	24.05.65
23 073		01.04.63	–	04.05.65
23 074		11.09.63	–	28.07.65
23 075		01.04.63	–	20.06.65
23 076		19.11.64	–	21.04.65
23 077		21.11.63	–	19.06.65
23 078		29.03.65	–	23.09.65
23 080		01.04.63	–	26.07.65
23 094		13.08.63	–	13.08.65
23 095		01.04.63	–	01.09.65
23 096		31.03.64	–	27.05.65

Weiterhin wurden ansehnliche Laufleistungen erzielt:

Lok-Nr.	Monat	km	Kohlenverbrauch t/ 1.000 km	Kohlenverbrauch 1 Mio. Lokleistungs-tkm	Zuglast [t] Ø
23 073	08.64	11.050	13,28	36,54	275
23 074	10.63	12.207	14,08	39,91	283
23 075	08.63	11.893	9,72	26,10	268
23 077	08.64	11.909	13,20	35,51	269
23 080	07.63	12.275	13,92	36,87	265

Auch beim Bw Rbf fallen die günstigen Kohleverbrauchswerte auf.

Die Oldenburger 23 waren bis zum Ende ihres Einsatzes gut beschäftigt: 23 074 war von Februar bis Juli 1965 an 139 Tagen im Betrieb (86,8 % Verfügbarkeit) und lief in dieser Zeit 40.568 km (292 km/BT).

Am 12. April 1965 wurde die erste Serien-V 160 im Bw Oldenburg Hbf in Dienst gestellt. Bis September 1965 folgten fabrikneu V 160 037 bis 046. Damit konnte die Baureihe 23 bis zum Beginn des Winterfahrplans 1965/66 vollständig abgelöst und an andere Bahnbetriebswerke abgegeben werden:

23 076	21.04.65 nach Emden
23 073	04.05.65 zur L 3 im AW Nied, danach Emden
23 045	19.05.65 nach Emden
23 057	24.05.65 nach Emden
23 096	27.05.65 nach Osnabrück Rbf
23 077	19.06.65 zur L 3 im AW Nied, danach Emden
23 075	20.06.65 zur L 0 im AW Nied, danach Emden
23 049	21.06.65 nach Mönchengladbach
23 080	26.07.65 nach Emden
23 074	28.07.65 nach Emden
23 094	13.08.65 nach Osnabrück Rbf
23 095	01.09.65 nach Osnabrück Rbf
23 078	23.09.65 nach Emden

Bw Osnabrück Rbf

Das Bahnbetriebswerk Osnabrück Rbf, nicht zu verwechseln mit dem Bw Osnabrück Hbf, lag an der Hamburger Straße im Stadtteil Fledder am ehemaligen Stahlwerk Klöckner. Die Planungen der Königlichen Eisenbahndirektion zu Münster für den Bau des Rangierbahnhofes und des Bahnbetriebswerkes gehen bis auf das Jahr 1905 zurück. Gleichzeitig mit der zwischen 1911 und 1914 durchgeführten Hochlegung aller Gleisanlagen im Stadtgebiet entstand der neue zentrale Güterbahnhof mit dem dazugehörigen Bahnbetriebswerk, dem „Bw Rangierbahnhof" (Rbf). Während der Rangierbahnhof bereits 1913 in Betrieb genommen wurde, konnte das neben der Güterabfertigung liegende Bahnbetriebswerk wegen häufiger Planänderungen erst 1914 fertiggestellt werden. Zwei große Ringlokschuppen, verbunden durch ein Verwaltungsgebäude, die jeweils über Drehscheiben mit dem Gleisnetz verbunden waren, hatten insgesamt 34 Lokomotiv-Stellplätze. Das Bw stellte die Lokomotiven für sämtliche von Osnabrück abgehenden Güterzüge und die auf der unteren Ebene verkehrenden Personenzüge. 1928 waren 273 Mitarbeiter im Bw beschäftigt, 1935 bereits 354.

Rangierbahnhof und Bahnbetriebswerk wurden im Zweiten Weltkrieg zum Ziel alliierter Bomberverbände. Beim schwersten Angriff am Palmsonntag 1945 wurden die Anlagen nahezu vollständig zerstört. Der Wiederaufbau zog sich bis in die fünfziger Jahre hin, in dessen Verlauf die beiden Drehscheiben auf 23 m Durchmesser erweitert wurden. 1946 beschäftigte das Bw 584 Mitarbeiter.

Haupteinsatzgebiet der Dampfloks des Bw Rbf war die sog. „Rollbahn" zwischen Wanne-Eickel und Hamburg. Als Flachlandstrecke mit zwei Anstiegen (Harburger Berge und ab Osnabrück hinauf nach Vehrte, 8 km mit ca. 4,5 ‰) in der norddeutschen Tiefebene stellt sie die kürzeste Verbindung zwischen dem Ruhrgebiet und der Hansestadt Hamburg her. Am 12. September 1966 wurde der Streckenabschnitt Osnabrück – Münster auf elektrischen Betrieb umgestellt. Die Strecke über Bremen nach Hamburg folgte am 29. September 1968.

Damit endete die Dampflokzeit nach 113 Jahren am 10. November 1968 mit der Abgabe der letzten Dampfloks.

Am 30. Juni 1973 wurde das Bw als eigenständige Dienststelle aufgelöst und mit dem Bw Osnabrück Hauptbahnhof zum Bahnbetriebswerk Osnabrück vereinigt.

Seit Anfang der achtziger Jahre dienten die Ringlokschuppen nur noch der Abstellung von Rangierlokomotiven, bis schließlich der Standort Fledder 1985 vollständig aufgegeben wurde.

Die westliche Drehscheibe blieb noch einige Jahre darüber hinaus in Betrieb. Der übriggebliebene Lokschuppen steht unter Denkmalschutz; es gibt Überlegungen, ihn in eine Mehrzweckhalle umzubauen.

◁ **Bild 331**
23 083 (Bw Osnabrück Rbf) im Mai 1968 vor dem Schuppen des Bahnbetriebswerkes Osnabrück Hbf; im Dunkel des Schuppens steht die spätere Museumslok 41 360.

Aufnahme: Dieter Junker, Eisenbahnstiftung

Bild 332 ▷
Beim Anblick dieses völlig verkrauteten Gleises wird offenkundig, warum auch beim Bw Osnabrück Rbf einige 23 mit Glocke ausgerüstet waren. Der Zug könnte ja auf Hornvieh treffen, dass auf den Gleisen weidet! Das Bild vom August 1965 zeigt **23 082** mit einem Nahgüterzug auf der in Ost-West-Richtung verlaufenden Nebenbahn Nienburg – Diepholz bei Wietzen. Man möchte nicht glauben, dass zum Zeitpunkt der Aufnahme noch Personenverkehr bestand. Die Geschwindigkeit des Zuges dürfte im Interesse einer entgleisungsfreien Fahrt 30 km/h nicht überschritten haben.

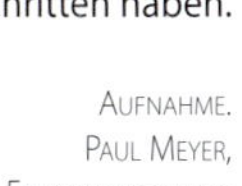

Aufnahme: Paul Meyer, Eisenbahnstiftung

Ende Mai und Anfang Juni 1965 erhielt Osnabrück Rbf die ersten Lokomotiven der Baureihe 23, mit denen die letzten vier P 8 (38 1894, 2220, 2642 und 3113) ersetzt und nach Gronau abgegeben werden konnten.

Zunächst war auch eine Oberflächenvorwärmer-Lokomotive (23 048) unter den Neuankömmlingen, doch nach deren rascher Abgabe bereits Ende Juni bildete sich eine reine Mischvorwärmer-23-Gruppe heraus.

23 048	27.05.65 von Gießen, 20.06.65 zur L 0 im AW Nied, danach Mönchengladbach
23 096	28.05.65 von Oldenburg Rbf
23 083	01.06.65 von Bielefeld
23 084	01.06.65 von Bielefeld
23 081	05.06.65 von Bielefeld
23 082	23.06.65 von Bielefeld
23 091	04.07.65 von Mönchengladbach
23 092	04.07.65 von Mönchengladbach
23 094	14.08.65 von Oldenburg Rbf
23 095	02.09.65 von Oldenburg Rbf
23 090	29.10.65 von Bestwig

Damit verfügte das Bw am 31. Oktober 1965 über zehn Mischvorwärmer-23. Das Einsatzgebiet waren die Nebenbahn von Osnabrück über Cloppenburg nach Oldenburg und die Hauptbahnen von Löhne über Osnabrück nach Rheine sowie von Osnabrück nach Bremen. Im Winterfahrplan 1966/67 erscheinen die Osnabrücker 23 vor P 3389 (täglich) im Abschnitt Osnabrück – Diepholz mit einer Reisegeschwindigkeit von 67,02 km/h sogar unter den schnellsten mit Baureihe 23 bespannten Schnell-, Eil- und Personenzügen.

Der Planbedarf in diesem Fahrplanabschnitt betrug sieben Lokomotiven mit nur 209 km/Tag vor Personenzügen. Eine nicht unbedingt 23-typische Leistung war der Einsatz vor Nahgüterzügen von Diepholz über Sulingen bis Nienburg mit Abschnitten, auf denen Brandschutzstreifen nicht vorgesehen waren, für den die Lokomotive fast einen vollen Tag lang unterwegs war. Gefahren wurden die Loks von Personalen aus Kirchweyhe, Quaken-

Bild 333 ▷
So gepflegt sich **23 096** auf diesem Bild auch präsentiert, ihre Betriebsdauer währte nur 13 Jahre und 5 Monate. Die Aufnahme entstand vermutlich im Frühjahr 1967.

Aufnahme: Herbert Schambach, Sammlung Ulrich Budde

◁ **Bild 334**
23 084 vom Bw Osnabrück Rbf im Bw Münster im Jahr 1966. Der Heißdampf-Mehrfachventilregler ist an der Betätigungsstange am Langkessel erkennbar.

Aufnahme: Wolfgang Fiegenbaum

◁ **Bild 335**
Die Osnabrücker 23 kamen auf der Hauptbahn von Löhne über Osnabrück regelmäßig nach Rheine.
23 095 wird am 20. Mai 1967 auf der Drehscheibe im Bw gewendet. Der Kessel ist gezeichnet von den Kalkspuren des undichten Kesselspeiseventils.

Aufnahme: Stefan Lauscher

◁ **Bild 336**
23 090 (Bw Osnabrück Rbf) im August 1966 am Rundstand im Bw Rheine neben 50 2751 (Bw Oldenburg Rbf), der Franco-Crosti-50 4004 vom Bw Kirchweyhe und 50 1451, ebenfalls vom Bw Oldenburg Rbf.
50 4004 wurde bereits im nächsten Jahr 1967 ausgemustert.

Aufnahme: Peter Große

△ **Bild 337** • Nach langer Abstellzeit wieder in Fahrt gekommen ist **23 092**, im Bild am 21. September 1968 auf der Rollbahn. Die Masten für die elektrische Oberleitung stehen schon länger, am 29. September 1968 erfolgt die Traktionsumstellung. Aufnahme: Hans-Jürgen Eggerstedt, Archiv Jörg Sauter

△ **Bild 338** • Im Juli 1965 rollt **23 082** (Bw Osnabrück Rbf) im Gefälle bei Ostercappeln auf der Rollbahn Osnabrück entgegen. Immer wieder beeindruckend, wie Ludwig Rotthowe es verstand, die Telegrafenmasten in seine Bildkompositionen zu integrieren.

△ **Bild 339** • Bei Vehrte auf der Rollbahn zwischen Osnabrück und Bremen begegnen sich im Juni 1967 unter gewitterverdüstertem Himmel 50 079 (Bw Wanne-Eickel) und **23 090** vom Bw Osnabrück Rbf.

Aufnahmen (2): Ludwig Rotthowe, Stiftung Eisenbahnmuseum Bochum

△ **Bild 340** • Im Bild zwei Maschinen vom Bw Osnabrück Rbf im Jahr 1968: Während 50 1750 auf der Drehscheibe gewendet wird, wartet **23 091** mit Ruhefeuer auf den nächsten Einsatz. AUFNAHME: WOLF-DIETMAR LOOS

Bw Osnabrück Rbf			
23 048	27.05.65	–	20.06.65
23 081	05.06.65	–	22.05.66
23 082	23.06.65	–	26.05.67
23 083	01.06.65	–	11.09.68
23 084	01.06.65	–	10.09.68
23 090	29.10.65	–	28.09.68
23 091	04.07.65	–	28.09.68
23 092	04.07.65	–	28.09.68
23 094	14.08.65	–	30.06.67
23 095	02.09.65	–	30.06.67
23 096	28.05.65	–	30.06.67

brück, Rahden, Löhne und Osnabrück Rbf.

Erste Abgaben 1966/67 nach Emden reduzierten den Bestand auf fünf Maschinen:

23 081	22.05.66 nach Emden
23 082	26.05.67 nach Emden
23 094	30.06.67 nach Emden
23 095	30.06.67 nach Emden
23 096	30.06.67 nach Emden

Zunehmend drangen nun Oldenburger V 160 auf die von den 23 befahrenen Strecken vor, aber auch die Baureihe 41 übernahm Personenzüge mit entsprechend verlängerten Fahrzeiten. Der letzte Laufplan für den Sommerfahrplan 1967, gültig ab 28. Mai 1967, hatte nur noch zwei Plantage mit 150 km/Tag. Ein untrügliches Zeichen für das bevorstehende Ende der 23 in Osnabrück war der verstärkte Arbeitszugdienst bei den Elektrifizierungsarbeiten auf der Rollbahn Osnabrück – Bremen – Hamburg. Angesichts des geringen Bedarfs wurde 23 091 vom 27. November 1967 bis 31. März 1968 nach Bestwig ausgeliehen.

Die Leistungsparameter der 23 fallen recht bescheiden aus. Dringend benötigt

Laufplan der Triebfahrzeuge

BD Münster · MA Osnabrück · Heimat-Bw Osnabrück Rbf

Einsatz / Personaleinsatz-Bw: Kw, Qu, Ra, Löh

gültig vom 25 September 1966 an

Triebfahrzeuge	Zahl	BR
Bedarf nach Laufplan	7	23
Laufleistung km/Tag	208	

948 1 01 Laufplan der Triebfahrzeuge A 4 q 5 b 70 Karlsruhe XI 63 10 000 B 222

△ **Bild 341** • Laufplan des Bw Osnabrück Rbf für den Winterfahrplan 1966/1967. ABBILDUNG: SAMMLUNG KLAUS HOPF

△ **Bild 342 • 23 091** vom Bw Osnabrück Rbf neben der mit Mischvorwärmer ausgerüsteten 50 3039 vom Bw Emden im Bw Rheine, 2. Juli 1968. Interessant der Vergleich der Gestaltung der Frontpartien: Etwas holprig bei der Mischvorwärmer-50, harmonisch und modern bei der 23.

▽ **Bild 343 •** Der Fotograf traf am 29. Juni 1968 in Osnabrück eine Parade dreier charakteristischer Reichsbahn- bzw. Bundesbahn-Baureihen an (v. l. n. r.): **23 084**, 50 856 (beide Bw Osnabrück Rbf), 50 1109 (Bw Löhne) und 01 211 (Bw Hannover Hgbf). Bei der 23 und der Hochleistungskessel-01 dominieren die gestalterischen Elemente der DB-Nachkriegsära.

Aufnahmen (2): Hans-Jürgen Eggerstedt, Archiv Jörg Sauter

△ **Bild 344 • 23 079** (Bw Osnabrück Rbf) rollt am 2. Juli 1968 von der Drehscheibe in den Schuppen des Bw Rheine. AUFNAHME: HANS-JÜRGEN-EGGERSTEDT, ARCHIV JÖRG SAUTER

Lok-Nr.	Zeitraum	BT	km-Leistung gesamt	km/BT	km/Monat	Bemerkungen
23 081	01.01. – 22.05.66	62	11.948	193	2.390	
23 083	01.06. – 31.12.65	141	26.389	187	3.770	
	1966	192	35.148	183	2.929	
	1967	222	30.364	137	2.530	
	01.01. – 11.09.68	122				
23 083	01.06. – 31.12.65	133	24.266	182	3.467	
	1966	231	41.387	179	3.449	
	1967	80	13.842	173	1.154	abgestellt von Mai bis Oktober 1967
	01.01. – 10.09.68	22	1.200	55		abgestellt von Januar bis Mai 1968
23 084	01.01. – 28.09.68	131	26.700	204	2.967	abgestellt Februar 1966 bis September 1967 nach L 0 ab 02.10.1967 wieder in Betrieb

△ **Bild 345** • Anlässlich der Umstellung der Rollbahn auf elektrischen Betrieb hat man die Osnabrücker **23 092** am 29. September 1968 festlich geschmückt. Das schwarze Tuch könnte auch als Trauerflor verstanden werden. AUFNAHME: LUDWIG ROTTHOWE, STIFTUNG EISENBAHNMUSEUM BOCHUM

wurden die kaum zehn Jahre alten Loks hier nicht mehr (siehe Tabelle oben).

Ein einziger Kohleverbrauchswert ist dokumentiert: In der Feuerbüchse von 23 083 verbrannten vom 1. Juni bis 31. Dezember 1965 15,65 t pro 1.000 km.

Die Aufstellung zeigt, dass von den letzten fünf 23 in Osnabrück Rbf zeitweise nur drei betriebsfähig waren. Man musste 1967/68 einiges Glück haben, um diese Loks noch auf der Strecke zu erleben. Die Unterbeschäftigung fand mit Beginn des Winterfahrplans 1968/69 und der Eröffnung des elektrischen Betriebes auf der Rollbahn am 29. September 1968 ein Ende mit der Abgabe der letzten 23:

023 084	10.09.68 nach Crailsheim
023 083	11.09.68 zur L 0 im AW Trier, danach Crailsheim
023 091	28.09.68 nach Emden
023 092	28.09.68 nach Emden
023 090	28.09.68 nach Emden

BD Saarbrücken

Bw Dillingen (Saar)

Die letzten vier 023 des Bw Emden, 023 094, 095, 102 und 103, waren im September 1971 zur Abgabe an das Bw Saarbrücken vorgesehen. 023 102 und 103 fanden am 23. September 1971 ohne Umwege zu ihrem neuen Heimat-Bw. 023 094 und 095 aber blieben auf der Überführungsfahrt am 13. September 1971 für sechs Wochen im Bw Dillingen (Saar) sozusagen „hängen“ und liefen im Umlauf der dort noch mit rund 20 Exemplaren vorhandenen Baureihe 050 – 053 mit. Bereits am 31. Oktober 1971 endete ihr kurzes Intermezzo und sie wechselten zum Bw Saarbrücken, wo zu diesem Zeitpunkt immer noch über 30 Loks der Baureihe beheimatet waren.

Bw Dillingen			
23 094	14.09.71	–	31.10.71
23 095	14.09.71	–	31.10.71

Bw Saarbrücken

Die heutige Universitätsstadt liegt an der Saar im äußersten Südwesten der Bundesrepublik (31. Dezember 2020: 179.349 Einwohner). Im Verlauf des Zweiten Weltkrieges wurde Saarbrücken mehrfach durch alliierte Bomberverbände der Royal Air Force (RAF) und US Army Air Force (USAF) angegriffen. Bis zu 80 % der Gleisanlagen und der beiden Bahnbetriebswerke (Hbf und Vbf bzw. Rbf) standen wegen schwerer Beschädigungen dem Betrieb nicht mehr zur Verfügung. Am 29. Juli 1945 wurde die Stadt, wie das gesamte Saargebiet, unter französische Militärregierung gestellt. Als Ersatz für die im Krieg zerstörte Hunt'sche Bekohlungsanlage ging 1951 eine neue Anlage in Betrieb. Über dem Ladegleis befanden sich Hochbehälter, ein Krangreifer entnahm die Kohlen aus dem Kohlenbunker und füllte damit die Hochbehälter. Der heute unter Denkmalschutz stehende 1876 erbaute Wasserturm mit einem Fassungsvermögen von 200 m³ war seit 1959 nicht mehr für die Versorgung der Dampflokomotiven erforderlich und dient heute als Eisenbahnfachschule.

1960 wurden die ersten Elloks in Dienst gestellt, darunter die Mehrsystemloks E 320. Am 31. Dezember 1960 betrug der Personalstand 577 Mitarbeiter. Gleichzeitig wurde im Zuge der fortschreitenden Verdieselung eine neue Tankanlage für 2 × 100.000 l Dieselkraftstoff und 5.000 l Heizöl in Betrieb genommen. Die Zeit der Dampflok im Saarland ging am 29. Mai 1976 mit der Fahrt des von 50 1446 gezogenen letzten Dampfzuges von Saarbrücken nach Trier zu Ende. Die letzten noch vorhandenen Dampflokomotiven wurden im Bw verschrottet. Der seit 1976 stillgelegte Lokschuppen fiel am 11. Januar 1989 dem Abriss zum Opfer.

Das Saarland, seit 1. April 1947 ein autonomer Staat, faktisch aber der französischen Regierung unterstellt, wurde erst am 1. Januar 1957 politisch und 1959 wirtschaftlich der Bundesrepublik Deutschland angeschlossen. Saarbrücken stieg damit zur Hauptstadt des zehnten Bundeslandes (Berlin zählte damals offiziell nicht als Bundesland) auf. Die vormaligen „Eisenbahnen des Saarlandes“ (EdS) gingen in der Deutschen Bundesbahn auf.

Saarbrücken ist ein bedeutender Eisenbahn-Knotenpunkt, an dem folgende Strecken enden bzw. beginnen:

- Pfälzische Ludwigsbahn Richtung St. Ingbert, Homburg, Kaiserslautern und Mannheim
- Bahnstrecke nach Saargemünd über Kleinblittersdorf
- Nahetalbahn nach Neunkirchen (Saar), St. Wendel, Idar-Oberstein, Bad Kreuznach und Mainz
- Saarstrecke Richtung Völklingen, Saarlouis und Trier
- Fischbachtalbahn nach Illingen (Saar) über Quierschied
- Forbacher Bahn Richtung Forbach und Metz
- Bahnstrecke über Fürstenhausen nach Großrosseln
- Bahnstrecke über Wemmetsweiler nach Neunkirchen bzw. Wadern
- Bahnstrecke über Zweibrücken Richtung Pirmasens

Die erste 23 erhielt das Bw Saarbrücken Hbf am 25. Januar 1963 aus Trier: 23 003,

△ **Bild 346 • 023 100** sonnt sich am 3. April 1971 im Bw Ehrang. Rechts unter dem Windleitblech und vor der Speisepumpe befindet sich der Schwimmerstoßdämpfer, den nur wenige Loks hatten.

Aufnahme: Manfred van Kampen, Eisenbahnstiftung

die sogleich die Leistungen einer 86 und einer 38[10] übernahm. Mit ihr sollte der Berufsverkehr beschleunigt werden. Bis zum Juni 1963 folgte ihr der gesamte Trierer 23-Bestand. Sie ersetzten nach und nach mehrere 38[10] (Bw St. Wendel und Saarbrücken Hbf), 78 (Bw Dillingen, St. Wendel, Saarbrücken Hbf) und 86 (Bw Homburg und Saarbrücken Hbf).

01.07.1963 (11)

23 001 002 003 004 005
032 044 047 050 051
052

Das waren ausschließlich Loks mit Oberflächenvorwärmer. Die ersten Mischvorwärmer-23 erschienen im Juni 1964: 23 024 und 025 aus Kaiserslautern, beide mit Rollenlagern. Für diese 13 Maschinen bestand im Winterfahrplan 1964/65 ein 8-tägiger Laufplan vor Eil – und Personenzügen mit durchschnittlich 331 km/Tag. Wendebahnhöfe waren Merzig, Türkismühle, Bingerbrück, St. Wendel, Homburg (Saar), Trier, Neunkirchen (Saar) und Dillingen (Saar). Die höchste Tagesleistung lag bei 420 km am Tag 8 zwischen Merzig, Türkismühle und Trier. Gefahren wurden die Loks von Personalen der Bw Saarbrücken Hbf und St. Wendel. An Wochenenden standen auch Schnellzüge auf dem Programm: D 227/D 228 zwischen Wasserbillig und Koblenz, D 322 zwischen Koblenz und Saarbrücken und D 612 von Saarbrücken nach Trier. Gefahren wurden diese Leistungen von Saarbrücker, Koblenzer und Trierer Personal.

23.05.1966 (14)

23 001 002 003 004 005
024 025 032 044 047
050 051 052 053

Diese Loks wurden im Sommerfahrplan 1966, gültig ab 22. Mai 1966, im 10-tägigen Dienstplan 34.06 vor Eil- und Personenzügen mit 346 km/Tag eingesetzt. Der Tag 3 setzte die Spitzenleistung mit 486 km. Wendebahnhöfe waren Trier, Merzig, Türkismühle, Bingerbrück, Idar-Oberstein, St. Wendel, Tholey, Neunkirchen (Saar) und Dillingen (Saar). Schnellzüge gab es für die Saarbrücker 23 nicht mehr, nachdem Trier diese Leistungen mit seinen 01 übernommen hatte. Darüber hinaus hatten die 1966 fabrikneu gelieferten fünf V 160 des Bw Trier die 23 aus einigen Leistungen verdrängt. Koblenz wurde nicht mehr erreicht.

Im Frühjahr und Sommer 1967 erhielt der Saarbrücker 23-Bestand weiteren Zuwachs, als fast alle ehemaligen 23 aus Mönchengladbach und drei Gießener 23 zugeteilt wurden. Zur selben Zeit stellte sich im Saarland ein empfindlicher Mangel an Wendezug-fähigen Lokomotiven ein, da zahlreiche Dillinger, St. Wendeler und Homburger Wendezug-78 wegen des Fristablaufs ausgemustert werden mussten. In diese Bresche sprangen einige Saarbrücker 23, die von 1967 bis 1969 die Einrichtung für Wendezugsteuerung aus den ausgemusterten 78 erhielten. Dadurch waren die Loks noch stärker im Berufsverkehr um Saarbrücken gebunden, was ihren Laufleistungen nicht gut bekam. Meist liefen drei bis fünf Loks mit Wendezugsteuerung.

Im Winterfahrplan 1967/68, gültig ab 24. September 1967, deutete sich ein zartes Wiederaufleben des überregionalen Einsatzes an: Im 10-tägigen Dienstplan 34.07 (311 km/Tag) tauchten die Saarbrücker vor Personenzügen (P 1585, P 1599, P 1550, P 1554) auf der Eifelbahn nach Gerolstein und Jünkerath auf. Auch auf der Moselbahn ging es wieder bis nach Koblenz. Mit dem D 96 Sarreguemines – Saarbrücken war auch ein internationaler Schnellzug vertreten. Im Wendezügen vorbehaltenen Dienstplan 34.08 liefen drei Loks um Saarbrücken herum mit 272 km/Tag, gefahren ausschließlich von Homburger Personal.

Deutsche Bundesbahn 11

BD Saarbrücken · MA Sbr · Heimat-Bw Saarbrücken Hbf · Einsatz / Personaleinsatz-Bw St Wendel

Laufplan der Triebfahrzeuge

gültig vom 22.5.66 an · ungültig vom an

Triebfahrzeuge	Zahl	BR	Zahl	BR	Zahl	BR
Bedarf nach Laufplan	10	R23				
Bedarf für Ausw./Rev.						
Gesamtbedarf						
Laufleistung km/Tag	346					

Dpl-Nr/km	Baureihe	Tag
34.06 137	R23	1
389		2
486		3
419		4
247		5
364		6
240		7
363		8
388		9
433		10
3466 [346]		

948 I 01 Laufplan der Triebfahrzeuge A 4 q 5 b 70 Karlsruhe X 64 10 000 B 222

△ **Bild 347** • Laufplan des BW Saarbrücken Hbf für den Sommerfahrplan 1966.

Abbildung: Sammlung Klaus Hopf

Bild 348 ▷ Während am 29. März 1968 auf dem Bahndamm bei Völklingen die Saarbrücker **23 024** mit dem P 2826 am km 8,9 vorbeifährt, ist auf der Bundesstraße ein französischer LKW der Marke Berliet GLR unterwegs. Der Autobauer Berliet, der noch bis 1939 Personenwagen herstellte, wurde 1966 von Citroën und schließlich 1974 von Renault übernommen. Die Marke Berliet erlosch 1980.

Aufnahme: Reinhard Gumbert

Bild 349 ▷ Ein ungewöhnliches Pärchen, bestehend aus der Saarbrücker **23 001** und einer Dillinger 78, möglicherweise 78 453, fährt am 30. Oktober 1965 vor einem Personenzug aus Völklingen/Saar ab.

Aufnahme: Wilfried Kohlmeier

Bild 350 ▷ **23 044** fährt am 7. August 1965 mit P 1850 nach Saarbrücken Hbf aus dem Bahnhof Saarbrücken-Burbach.

Aufnahme: Jörg Schulze, Eisenbahnstiftung

△ **Bild 351** • Im Sommerfahrplan 1968, hier am 1. Juni 1968, kamen Saarbrücker 023 über die Eifelbahn bis nach Köln, wo sie im Bw Köln-Deutzerfeld für die Rückfahrt vorbereitet wurden. Im Bild **23 033**, noch mit alter Nummer, die bereits im August 1968 über eine L 0 im AW Trier zum Bw Crailsheim kam. Ihre dünnen Radreifen dürften das Grenzmaß erreicht haben. Hinter der Saarbrücker 23 steht 50 1299 vom Bw Köln-Eifeltor, ebenfalls noch mit alter Nummer. Aufnahme: Wolfgang Bügel, Eisenbahnstiftung

▽ **Bild 352** • Die gepflegte **23 005** vom Bw Saarbrücken am 13. April 1968 auf der Drehscheibe des Bw Trier, noch mit Heißdampfregler, der im September 1968 durch einen Nassdampfregler ersetzt wurde. Aufnahme: Dieter Junker, Eisenbahnstiftung

Bild 353 ▷
Am 23. September 1970 ist die Saarbrücker **023 047** mit P 2683 nach Neunkirchen/Saar bei Lebach unterwegs.

Aufnahme: Robin Fell, Eisenbahnstiftung

Bild 354 ▷
23 024 (Bw Saarbrücken) in der Ausfahrt Dillingen/Saar im Mai 1968 vor P 1865 nach Saarburg. Im Bw nebenan stehen einige VT 98-Schienenbusse.

Aufnahme: John Carter, Eisenbahnstiftung

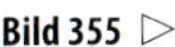

Bild 355 ▷
023 099 vom Bw Saarbrücken anlässlich einer L0-Ausbesserung am 8. April 1971 auf der Schiebebühne des AW Trier. Nachhaltigen Erfolg hat der Aufenthalt im Ausbesserungswerk nicht mehr bewirkt, denn bereits vier Monate nach dieser Aufnahme wurde die Lok z-gestellt.

Aufnahme: Wolfgang Bügel, Eisenbahnstiftung

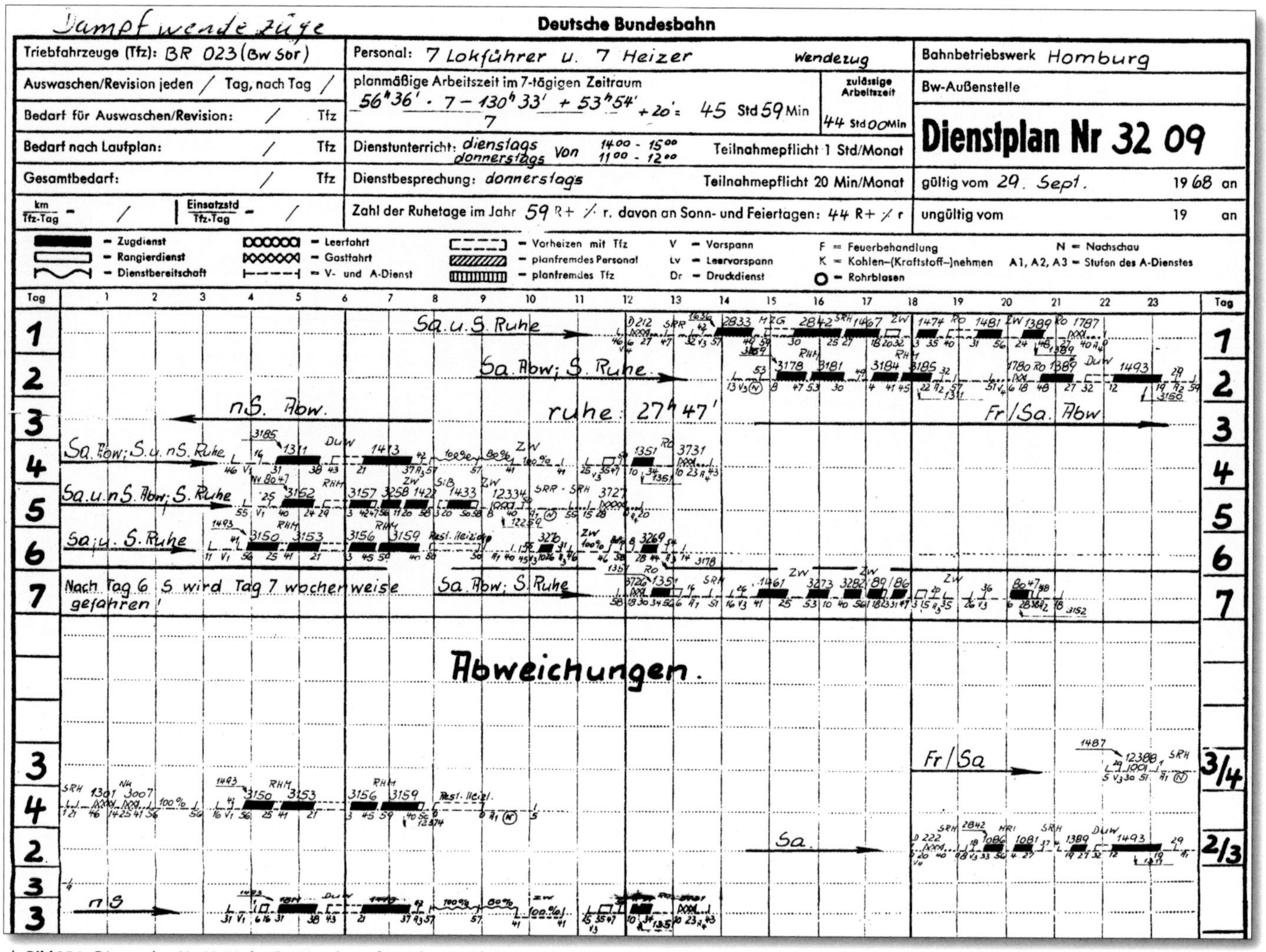

△ **Bild 356** • Dienstplan Nr. 32.09 des Bw Homburg für sieben Lokführer und sieben Heizer auf 023 des Bw Saarbrücken im Wendezugdienst, gültig ab 29. September 1968.

ABBILDUNG: SAMMLUNG GEORG DOLLWET

Im dritten Dienstplan 34.09 waren drei Lokomotiven im Saarbrücker Berufsverkehr mit 279 km/Tag unterwegs, ebenfalls mit Homburger Personal.

Zum Zeitpunkt der Umstellung auf die neuen EDV-Nummern verfügte das Bw über eine stattliche Zahl von 023, wie sie jetzt bezeichnet wurden, außer 023 024 und 025 alle mit Oberflächenvorwärmer.

01.01.1968 (22)

023 001	002	003	004	005
022	023	024	025	030
032	033	034	036	037
038	040	044	047	050
051	052			

Im Sommerfahrplan 1968 erfuhr der Saarbrücker Bestand von Mischvorwärmer-023 Verstärkung, als fünf ehemalige Emder Loks (023 073, 075, 077, 080 und 082) ihren Dienst aufnahmen.

31.05.1968 (25)

023 001	002	003	004	005
022	024	025	030	032
034	036	037	038	040
044	047	050	051	052
073	075	077	080	082

Insgesamt wurden planmäßig zwanzig 023 eingesetzt: Es bestand ein Wendezug-Laufplan für fünf Lokomotiven mit 255 km/Tag im Großraum Saarbrücken zwischen Homburg, Zweibrücken, Lebach und Dillingen (Saar), gefahren von Personalen der Bw Homburg und Dillingen. Im 8-tägigen Laufplan 34.08 kamen die Saarbrücker 023 vor Eil- und Personenzügen auf der Moselbahn bis Koblenz (336 km/Tag). Ein weiterer Laufplan für sieben Loks sah ausschließlich Leistungen rund um Saarbrücken vor.

Bereits im September 1968 war durch Ausmusterung bzw. Abgabe der letzten Lokomotiven der Baureihe 078 bei den Bw Dillingen und St. Wendel eine erhebliche Lücke bei den einsatzfähigen Triebfahrzeugen entstanden, der auch durch vermehrten Einsatz der Baureihe 211/212 nicht vollständig ausgeglichen werden konnte. Abhilfe wurde geschaffen durch die Erhöhung auf planmäßig 21 eingesetzte 023 im Winterfahrplan 1968/69. Es bestanden drei Laufpläne: Dienstplan 34.07, zwei Loks, 172 km/Tag; Dienstplan 34.08, vier Loks, 209 km/Tag mit Leistungen auf der Moselbahn bis Koblenz; Dienstplan 32.09, fünf Loks, 255 km/Tag rund um Homburg, Zweibrücken, Lebach, Merzig und Dillingen (Saar); Dienstplan 34.10, zehn Loks, 242 km/Tag.

Ein deutliches Signal, dass die Baureihe 023 sich auch im Saarland auf dem absteigenden Ast befand, war die Abstellung der ersten Saarbrücker 023 wegen Ablauf der Kesselfrist: 023 003 z 22.3.69.

Zwischen Mai und Dezember 1969 fand die größte jemals mit der Baureihe 23/023 durchgeführte Tauschaktion statt: Das Bw Saarbrücken Hbf gab elf Oberflächenvorwärmer-023 nach Crailsheim ab: 023 001, 002, 005, 023, 030, 032, 037, 038, 040, 044 und 050. Im Gegenzug erhielt Saarbrücken aus Crailsheim ebenfalls elf 023: Die Mischvorwärmer-Loks mit Mehrfachventil-Heißdampfregler 023 053, 054, 060, 062, 063, 064, 069, 076, 083, 087 und 105. Während die Mischvorwärmer-023 in Crailsheim von Anfang an nicht unbedingt Lieblinge der Personale und der Werkstatt waren, hatten die Saarbrücker offenbar weniger Berührungsängste. In Saarbrücken blieben nur die Oberflächenvorwärmer-023, die bereits zwischen 1967 und 1969 mit den Wendezugeinrichtungen der ausgemusterten 078 ausgerüstet worden waren.

△ **Bild 357 • 023 025** (Bw Saarbrücken) schiebt ihren N 4066 am 2. November 1973 nach Saarbrücken aus dem Bahnhof Hanweiler-Bad Rilchingen, Planabfahrt um 14:29 Uhr. Die Saarbrücker Wendezugloks waren in der Regel mit dem Tender am Zug gekuppelt, um dem Lokführer bei Vorwärtsfahrt die Bedienung der Lok auf der rechten Seite zu ermöglichen. Aufnahme: Dieter Kempf, Eisenbahnstiftung

▽ **Bild 358 •** Die vier Luftschläuche für die Hauptluftbehälterleitung und der Kabelstecker für die 36-polige Steuerleitung rechts unter der Pufferbohle kennzeichnen die Saarbrücker **023 034** als Wendezuglok, aufgenommen am 14. September 1969. Aufnahme: Jean Pierre Steffen, Sammlung Wolfgang Kreckler

△ **Bild 359 • 23 040** im März 1967 mit drei n-Wagen („Silberlingen") bei der Abfahrt in Saarbrücken nach Saarhölzbach. Aufnahme: Dr. Karl Gerhard Baur

▽ **Bild 360 • 023 047** (Krupp 1954) war eine der elf wendezugtauglichen 23 des Bw Saarbrücken. Im Saarbrückener Hbf wartet sie im Jahr 1971 mit verwirrender Signalbeleuchtung (Spitzenlicht mit eingeschaltetem Zugschlusssignal) vor ihrem Zug auf die Abfahrt. Aufnahme: J. R. Broughton, Eisenbahnstiftung

Bild 361 ▷ So sahen die typischen 23-Züge in der Region Saarbrücken aus: Einige By3g, geringe Zuglast und gemächliches Tempo. **023 071** ist am 12. September 1973 vor N 3654 (Lebach – Wemmetsweiler) bei Wustweiler unterwegs.

Aufnahme: Wolfgang Bügel, Eisenbahnstiftung

Bild 362 ▷ Mit einer schönen Dampffahne beschleunigt **023 064** am 26. März 1970 den P 2456 nach Trier aus dem Bahnhof Treis-Karden an der Moselstrecke. Eine angenehme Fahrt in den Frühlingsmorgen erwartet die Männer auf der Lok!

Aufnahme: Robin Fell, Eisenbahnstiftung

Bild 363 ▷ Bis zum Schluss ihrer Betriebszeit kamen die Saarbrücker 023 in den französischen Grenzbahnhof Sarreguemines. Am 13. September 1973 steht **023 073** mit dem N 4062 vor dem alten Bahnhofsgebäude.

Aufnahme: Ulrich Budde

◁ **Bild 364**
Ein langer und schwerer Güterzug hängt am 6. Oktober 1970 kurz hinter Koblenz auf der Moselstrecke an der Ehranger 044 274 und der Saarbrücker Vorspannlok **023 093**. Beide Loks fahren mit gut durchgebranntem Feuer.

Aufnahme: Peter Sikora

Im Sommerfahrplan 1969, gültig ab 1. Juni 1969, liefen in drei Dienstplänen planmäßig insgesamt 22 Loks vor Eil- und Personenzügen, davon vier im Wendezugbetrieb. Die Kilometerleistungen bewegten sich auf gewohntem niedrigen Saarbrücker Niveau zwischen 225 und 280 km/Tag. Koblenz wurde weiterhin erreicht.

Nach verschiedenen Zugängen aus Emden und Kaiserslautern stieg der Bestand im Frühjahr 1970 erstmals über die Marke von 30.

31.03.1970 (31)

023 004	007	022	024	025
034	036	047	051	052
053	054	060	062	063
064	069	073	075	076
077	080	082	083	087
093	099	100	101	104
105				

Am 11. Mai 1970 fuhr der von 023 053 geführte E 1885 bei Saarfels kurz vor dem Bahnhof Beckingen (Strecke Saarbrücken – Trier) mit hoher Geschwindigkeit auf eine abgerutschte Schlamm- und Geröllhalde. Die daraufhin entgleiste 023 053 kollidierte mit dem letzten Wagen des entgegenkommenden P 4864 (Trier – Saarbrücken), wodurch die Lok vom zehn Meter hohen Bahndamm hinab stürzte. Die in Aussicht genommene Bergung erwies

▽ **Bild 365 • 23 050** wird am 21. August 1965 im Bw Saarbrücken durch einen Kran mit Kohle versorgt.

Aufnahme: Hermann Kuom

△ **Bild 366** • Die Felswände am kleinen Bahnhof Beckingen an der Saarstrecke von Saarbrücken über Völklingen und Saarlouis nach Trier hallt am 13. Juni 1969 von den kräftigen Auspuffschlägen der ausfahrenden Saarbrücker **023 051** wider. Noch stehen die Telegrafenmasten. AUFNAHME: BERND MELCHER, SAMMLUNG GEORG DOLLWET

▽ **Bild 367** • Drei Saarbrücker 023 am 12. Dezember 1970 im Bw Ehrang: Die beiden Oberflächenvorwärmer-Loks **023 018** und **023 041** sowie die Mischvorwärmer-Lok **023 063.** 023 018 ist erst im September 1970 von Bestwig nach Saarbrücken umstationiert worden. Nach dem Umbau der Heinl-Mischvorwärmer-023 auf MV 57 und dem damit entfallenen Warmwasserspeicher ist der Unterschied der Frontpartien von Oberflächenvorwärmer- und Mischvorwärmer-Version nicht mehr so deutlich. Nur noch der Träger für die Kolbenpumpe erinnert an den Heinl-Mischvorwärmer. Dem erfahrenen Betrachter entgeht natürlich nicht der kantig ins Profil ragende Oberflächenvorwärmer bei den älteren Loks. AUFNAHME: JÜRGEN ZEUG, SAMMLUNG WOLFGANG KRECKLER

◁ **Bild 368**
Mit dem Pendelzug von Bullay nach Traben-Trarbach ist die letztgebaute 23, **023 105** vom Bw Saarbrücken, am 21. Juni 1970 auf der kombinierten Eisenbahn-Straßenbrücke über die Mosel unterwegs. Das 314 m lange Bauwerk, erbaut zwischen 1875 und 1878, wurde 1928/29 in der heute bekannten Form verstärkt.

Aufnahme: Robin Fell, Eisenbahnstiftung

sich als zu kostspielig. Daher wurde die Lok an Ort und Stelle von der Firma Ferrum zerlegt. Die z-Stellung erfolgte am 12. Mai 1970.

Ab Frühjahr 1970 war der Saarbrücker 023-Bestand stets in Bewegung. Abgänge wurden sogleich durch weitere Zugänge ausgeglichen. Im Winterfahrplan 1970/71, gültig ab 27. September 1970, waren immer noch 19 Loks von Montag bis Freitag auf der Strecke, auch bis Koblenz. Die Kilometerleistungen lagen durchschnittlich bei 246 km/Tag. Die Loks erreichten auch verschiedene Grenzbahnhöfe in Frankreich: Sarreguemines, Perl, Niedaltdorf, Überherrn und Reinheim/Saar. Auch Wasserbillig in Luxemburg stand im Plan.

Das Allzeit-Hoch des Bestandes wurde im Februar 1971 erreicht:

01.02.1971 (35)

023 004	007	018	022	024
025	026	034	036	041
047	049	051	052	054
060	062	063	064	069
073	075	076	077	080
082	083	093	096	097
099	100	101	104	105

Im Sommer 1971 hatte die 023 eine Rarität zu befördern: Den neu eingeführten E 2042 von Nassau (Lahn) nach Koblenz. Diese Kurswagenzuführung bestand aus nur einem Büm-Wagen! Davon abgesehen kannte die Zahl der Saarbrücker 023 von nun an nur noch eine Richtung: abwärts! Selbst bei der zuletzt gelieferten Dampflok der DB machte die Abstellungswelle keine Ausnahme: Am 27. Dezember 1971 erlitt 023 105 in Trier einen leichten Unfall, der angesichts des üppigen Bestandes zur umgehenden z-Stellung am 3. Januar 1972 führte. Zwischen Februar 1971 und Januar 1974 wurden nicht weniger als achtzehn 023 abgestellt!

Mit den weiteren Abstellungen wurde das Einsatzgebiet nach und nach kleiner. Zunächst entfielen die Leistungen auf der Eifelbahn, auf den von Trier ausgehenden Strecken nach Wasserbillig, Perl und Pluwig sowie auf den Stichstrecken der Moselbahn. Im Winterfahrplan 1971/72 kamen die 023 letztmals vor N 2419, 2452, 2457 und 2476 planmäßig nach Koblenz. Koblenzer 050-053 sowie Trierer 216 übernahmen im Sommer 1972 diese Züge.

Bis zum Jahreswechsel 1973/74 fielen die Wendebahnhöfe Niedaltdorf, Über-

◁ **Bild 369**
Eines der beliebtesten Motive auf der Moselstrecke war – und ist – der Pündericher Hangviadukt. **023 064** hat am 22. Dezember 1970 mit P 2456 nach Trier soeben den Prinzenkopftunnel verlassen und braust nun am Fotografen vorbei. Das Richtungsgleis nach Koblenz ist angerostet, vermutlich wegen einer Baustelle.

Aufnahme: Manfred van Kampen, Eisenbahnstiftung

Bild 370 ▷
Auf dem 786 m langen Pündericher Hangviadukt von 1880 rollt **023 049** am 8. April 1971 mit dem leichten P 2456 dem nächsten Halt im Bahnhof Pünderich entgegen.

AUFNAHME: ULRICH BUDDE

herrn, St. Ingbert, Zweibrücken, Reinheim und Homburg Hbf weg.

Durch die Elektrifizierung der Moselbahn verloren die 023 am 6. Januar 1974 nicht nur die letzten Leistungen auf der Moselbahn nach Bullay vor N 2487, sondern auch alle Leistungen nach Trier. Jetzt kamen die 023 nur noch bis Dillingen (Saar).

Letzte Lokomotive in Trier war am 6. Januar 1974, mit einem entsprechenden Spruch versehen, 023 024.

28.02.1974 (22)

023 004	007	018	024	025
026	036	051	052	054
060	062	063	064	071
072	073	074	075	076
077	080			

Der Planbedarf sank im Januar 1974 von zehn auf sieben Lokomotiven. Angesichts des hohen Bestandes fielen die Kilometerleistungen pro Lok und Monat noch weiter, und etliche Lokomotiven standen längere Zeit nur noch kalt in Reserve. Der Zustand der Loks verfiel auch äußerlich immer mehr, wiewohl die Saarbrücker Dampfloks noch nie durch übertriebenen Pflegezustand von sich Reden gemacht hatten. Das Bw hatte mit den Dampfloks gefühlt schon abgeschlossen. Selbst der Lokschuppen starrte zum Schluss vor Schmutz, sodass der Besucher selbst auch dann schwarz herauskam, wenn er nichts angefasst hatte.

Die letzten 023, die an ein anderes Bw abgegeben wurden, waren 023 018 und 024, die Weihnachten 1974 nach Crailsheim abrollten. Kurze Zeit später kam sogar noch einmal Verstärkung, als am 12. Januar 1975 die restlichen 023 des Bw Kaiserslautern in Saarbrücken beheimatet wurden. 023 008 und 009 blieben noch in einem Dieselersatz-Plan in der Pfalz und kamen erst am 11. Februar 1975 nach Saarbrücken. Damit hatte das Bw für den letzten 4-tägigen Laufplan im Winterfahrplan 1974/75 folgende Loks:

15.02.1975 (18)

023 004 (k)	007	008	009	011
026 (k)	036	051	052	054
060	062	071	072	073
075	076	077		

Darunter waren noch drei einsatzbereite Loks mit Wendezugsteuerung: 023 036,

Bild 371 ▷
023 101 (Jung 1959), die im Juli 1971 vor dem N 4866 nach Trier in Grube Luisenthal/Saar, einem Stadtteil von Völklingen, auf die Abfahrt wartet, ist ein Jahr jünger als die Saarbrücker 140 100 (Krupp/AEG 1958)! Und doch, beide Lokomotiven stellen zwei völlig unterschiedliche Entwicklungsstufen im Lokomotivbau dar: Die Technik der Dampflok aus dem 19., die Ellok aus dem 20. Jahrhundert. Die Grube Luisenthal war ein Steinkohlebergwerk, das von 1820 bis 17. Juni 2005 in Betrieb war. Die Grube wurde am 7. Februar 1962 durch das schwerste Grubenunglück der Bundesrepublik bekannt, bei dem 299 Bergleute starben.

AUFNAHME: WOLFGANG GOY

◁ **Bild 372**
Eine äußerst attraktive, dafür aber nicht ungefährliche Fotostelle befand sich auf dem Pündericher Hangviadukt: **023 080** hat am 16. Oktober 1971 mit P 2456 nach Trier soeben den 458 m langen Prinzenkopftunnel hinter sich gebracht. Der erste Wagen ist ein 1.- und 2.-Klasse-Wagen aus der Vorkriegszeit.

Aufnahme:
Joachim Claus,
Eisenbahnstiftung

◁ **Bild 373**
Im Saartal bei Saarhölzbach zieht **023 063** den NP 4833 nach Saarbrücken, 11. August 1971.

Aufnahme:
Reinhard Gumbert

△ **Bild 374** • Vor dem markanten Wasserturm des Bw Ehrang wird die Saarbrücker **023 104** am 7. April 1971 mit frischen Wasservorräten für die nächste Fahrt vorbereitet. Erst im November 1959 als vorletzte Dampflok an die DB ausgeliefert, wurde 023 104 bereits im Dezember 1971 nach nur zwölf Jahren und einem Monat Betriebsdauer abgestellt. Obwohl die Lok bereits ab Werk mit dem Mischvorwärmer MV 57 ausgerüstet war, behielt sie den funktionslosen Warmwasserspeicher unter der Rauchkammer.

Aufnahme: Ulrich Budde

◁ **Bild 375**
Bis zum Schluss war das Bw Dillingen (Saar) Personaleinsatz-Bw für die Saarbrücker 023. Am 11. Mai 1974 rollt **023 051** in den Schuppen, während **023 072** am Rundstand auf den nächsten Einsatz wartet. 023 051 war mit Wendezugsteuerung ausgerüstet, erkennbar an den vier Luftschläuchen an der Pufferbohle.

Aufnahme: Wolfgang Goy

▽ **Bild 376**
Beim Betrachten dieser Szene im Bw Saarbrücken aus dem Jahr 1973 schnuppert man förmlich den Rauch, Ruß und Qualm, der für Dampflokfreunde faszinierender Wohlgeruch ist. Auf dem Ausschlackgleis **023 063** und eine weitere 023. Im Vordergrund eine Lok der Baureihe 050-053.

Aufnahme: Hans Fazler, Sammlung Jörg Sauter

Bild 377 ▷
Am 14. April 1973 war **24 009** im Bw Ehrang zu Gast, während die Saarbrücker **023 026** auf die Drehscheibe rollt.

Aufnahme: Bernd Melcher, Sammlung Georg Dollwet

▽ **Bild 378**
Eine größere Menge Lösche hat sich in der Rauchkammer von **023 064** angesammelt (Bw Saarbrücken, 1973). Ein Bw-Arbeiter bläst die Rohre mit Druckluft frei.

Aufnahme: Hans Fazler, Sammlung Jörg Sauter

△ **Bild 379** • Zwei Mischvorwärmer-023 räuchern 1973 im Bw Saarbrücken vor sich hin: **023 064** und **023 080**. Beide Loks wurden bereits 1974 abgestellt. Im Hintergrund eine weitere Mischvorwärmer-023.
Aufnahme: Hans Fazler, Sammlung Jörg Sauter

▽ **Bild 380** • Unter der Hochbekohlungsanlage des Bw Saarbrücken steht **023 036** (2. April 1972), eine der Saarbrücker 023, die mit Wendezugsteuerung ausgerüstet waren, erkennbar am Kabelstecker für die 36-polige Steuerleitung unter der Pufferbohle.
Aufnahme: Albert Schöppner, Archiv Jörg Sauter

△ **Bild 381** • Hochbetrieb im Bw Dillingen/Saar an einem Samstagnachmittag! Am 11. Mai 1974 werden **023 036** und **023 076** mit frischen Vorräten versorgt, während am Rundstand einige 50er und eine weitere 023 abgestellt sind. AUFNAHME: WOLFGANG GOY

▽ **Bild 382** • In der allgemeinen Sonntagsruhe versammelte sich am 4. November 1973 im Bw Dillingen/Saar eine stattliche Anzahl von Saarbrücker Maschinen (v. l. n. r.): 052 386, **023 060**, **023 073**, **023 072**, **023 071**, **023 076** und 051 316. AUFNAHME: MARTIN WELZEL

◁ **Bild 383**
Das gab es nur einmal! Drei Saarbrücker 023 am 11. Juni 1974 in Lebach: **023 072** hat um 6:12 Uhr Abfahrt vor dem N 5659 von Primsweiler nach Neunkirchen, am selben Bahnsteig wird **023 075** vor E 1982 um 6:22 Uhr abfahren und im Hintergrund wird **023 073** für den N 5665 (Lebach – Neunkirchen) bereitgestellt, dessen Abfahrt um 6:42 Uhr geplant ist.

Aufnahme:
Wolfgang Goy

◁ **Bild 384**
Der große Warmwasserspeicher unter der Rauchkammer von **023 024** war ab Werk dafür vorgesehen, den Mischvorwärmer Henschel MVC aufzunehmen. Nachdem dieser sich als untauglich erwiesen hatte erfolgte zwischen 1954 und 1956 beim Hersteller Henschel in Kassel der Umbau auf den Heinl-Mischvorwärmer. Im Bild die Lok in der Endphase ihrer Einsatzzeit am 5. September 1973 in Saarbrücken Hbf.

Aufnahme:
Ludwig Rotthowe,
Stiftung Eisenbahnmuseum Bochum

Bild 385 ▷ Zug- und Lokführer beim Ausfertigen der Zugpapiere für den N 4051 am 2. November 1973 in Saarbrücken Hbf. Die frühere Versuchslok **023 025** hat das gewölbte Führerhausdach mit eingelassenen Lüftungsöffnungen. Gut zu erkennen auch die rotierende Klarsichtscheibe. Außerdem hat sie inzwischen einen Tender der neueren Bauart ohne Stützstreben.

Aufnahme: Dieter Kempf, Eisenbahnstiftung

▽ **Bild 386** • Der trostlose Zustand von **023 077** verströmt am 1. April 1975 nicht zu übersehende Signale der Verwahrlosung. Die Loks wurden, wie es im Bundesbahnsprech hieß, „abgefahren". So sahen sie auch aus. Ob sich das Bw der katastrophalen Wirkung einer solchen Lok auf die Fahrgäste bewusst war? Aufnahme: Frank Lüdecke

▽ **Bild 387** • Eine spezielle Konstruktion war der Kohlenaufzug im Bw Lebach, mittels dessen **023 077** am 25. April 1975 mit neuem Brennstoff versorgt wird. Aufn.: Wilfried Kohlmeier

◁ **Bild 388**
Die Dampfleitung zur Luftpumpe hebt sich bei **023 007** mit ihrer hellen, offenbar neu angebrachten Isolierung deutlich vom Kessel ab, aufgenommen am 26. August 1971 in Nennig bei Perl; Lokführer und Heizer blicken differenziert freundlich zum Fotografen.

Aufnahme: Bernd Melcher, Sammlung Georg Dollwet

◁ **Bild 389**
Der Niedergang ist nicht zu übersehen. Die Aufschrift auf dem Tender von **023 007** am 2. April 1975 im Bw Saarbrücken verkündet zwar hoffnungsfroh, dass die Lok „betriebsfähig kalt" sei. Aus einem Weiterbetrieb wurde aber nichts mehr: Zwei Wochen später erfolgte durch die z-Stellung am 15. April 1975 auch formal das Ende der Betriebszeit.

Aufnahme: Frank Lüdecke

023 051 und 023 052, die noch bis Mai 1975 sporadisch im Wendezug-Einsatz liefen.

Im letzten Fahrplanabschnitt hatte das Bw viereinhalb Mal so viele Loks wie benötigt wurden. Noch im Plan waren die Leistungen nach Frankreich vor N 4075/3778 und N 4085/4090 nach Sarreguemines. Außerdem liefen die 023 von Saarbrücken nach Hanweiler-Bad Rilchingen und Lebach, von Lebach nach Völklingen und Wemmetsweiler sowie von Wemmetsweiler nach Primsweiler und Neunkirchen (Saar) und zwischen St. Wendel und Tholey. Das waren meist Züge, für die ein zweiteiliger 795-Schienenbus ausgereicht hätte. Neben wenigen Leistungen vor äußerst bescheidenen Züge standen viele Saarbrücker 023 ihre letzten Monate überwiegend kalt in Reserve ab:

023 004	auf „K" abgestellt seit Februar 1974, z 06.02.75 + 16.05.75
023 007	z 15.04.75 + 26.06.75
023 008	z 25.06.75 + 26.06.75
023 009	z 25.06.75 + 26.06.75
023 011	z 25.06.75 + 26.06.75
023 026	auf „K" abgestellt seit Februar 1974, nochmals an einem Tag mit 200 km im Betrieb im Januar 1975, keine Betriebstage im Februar und März 1975, z 15.04.75 + 26.06.75
023 036	letztmals 15 Betriebstage im Mai 1975 mit 2.400 km, z 28.08.75 + 30.10.75
023 051	letztmals 20 Betriebstage im März 1975 mit 4.500 km, z 28.08.75 + 30.10.75
023 052	letztmals 11 Betriebstage im März 1975 mit 2.600 km, z 15.04.75 + 26.06.75
023 054	z 16.06.75 + 26.06.75
023 060	letztmals 4 Betriebstage im März 1975 mit 1.300 km, z 15.04.75 + 26.06.75
023 062	letztmals 11 Betriebstage im Mai 1975 mit 1.500 km, z 28.08.75 + 30.10.75
023 071	letztmals 12 Betriebstage im Mai 1975 mit 1.900 km, z 28.08.75 + 30.10.75
023 072	letztmals 1 Betriebstag im Juni 1975 mit 100 km, z 28.08.75 + 30.10.75
023 073	letztmals 3 Betriebstage im Februar 1975 mit 100 km, z 06.02.75 + 16.05.75
023 075	letztmals 20 Betriebstage im Mai 1975 mit 4.100 km, z 28.08.75 + 30.10.75
023 076	letztmals 12 Betriebstage im Mai 1975 mit 1.700 km, z 28.08.75 + 30.10.75
023 077	letztmals 1 Betriebstag im Juni 1975 mit 50 km; im Betriebsbogen 600 km im August 1975 eingetragen (?), aber ohne Betriebstage, z 28.08.75 + 30.10.75

Als vorletztes Bw beendete das Bw Saarbrücken den Plandienst mit der Baureihe 023 am 31. Mai 1975. Die letzten betriebsfähigen Loks sollten noch für Bauzugdienste eingesetzt werden. Daraus wurde jedoch nichts und die Loks standen verstreut in den Betriebsteilen Hbf und Rbf abgestellt. Die z-Stellung erfolgte am 28. August 1975.

△ **Bild 390** • Im Bahnhof Ediger-Eller an der Moselstrecke Koblenz – Trier passiert die Saarbrücker **023 083** am 19. April 1971 das stattliche Stellwerk in der Bahnhofsausfahrt. Bereits fünf Wochen später wurde die schöne Neubaulok nach nur 13 Jahren und 6 Monaten Betriebszeit abgestellt. AUFNAHME: BERND MELCHER, SAMMLUNG GEORG DOLLWET

Das Resümee: Auf der Haben-Seite steht, dass 64 Lokomotiven der Baureihe (61 %) irgendwann zwischen 1963 und 1975 in einem Zeitraum von 12½ Jahren im Bw Saarbrücken Hbf beheimatet waren, so viele wie in keinem anderen Bw! Die 23/023 war also eine richtige Saarländerin! Auf der anderen Seite gab es aber kaum ein anderes Bw, in dem die Baureihe 23/023 so unter Wert eingesetzt wurde und so geringe Laufleistungen erzielte.

In den letzten Jahren lagen die monatlichen Laufleistungen zwischen 1.500 und 3.500 km und damit deutlich unter den Lokomotiven des Bw Crailsheim.

Die höchsten Monatsleistungen sind schnell aufgezählt und stammen alle aus den Jahren 1964 bis 1966:

Lok-Nr.	Monat	km	Kohlenverbrauch t/ 1.000 km	1 Mio. Lok-leistungs-tkm	Zuglast [t] Ø
23 001	06.66	8.735			
23 003	05.65	8.840			
23 004	10.64	9.503	15,96	51,61	323
23 005	03.66	8.853			

Die geringen Leistungen lagen zum einen an der Kleinteiligkeit des Saarlandes, andererseits aber auch daran, dass die Baureihe erst ins Saarland kam, als die beste Zeit der DB-Dampflokomotiven im Allgemeinen und der 23 im Speziellen bereits vorbei war.

Bw Saarbrücken

Lok		von		bis	
23 001		24.04.63	–	22.05.69	
23 002		26.05.63	–	30.09.69	
23 003		25.01.63	–	22.01.69	z
23 004		09.04.63	–	13.11.69	
		13.03.70	–	06.02.75	z
23 005		29.05.63	–	23.05.69	
23 007		18.03.70	–	15.04.75	z
23 008		12.01.75	–	25.06.75	z
23 009		12.01.75	–	25.06.75	z
23 011		07.09.71	–	26.05.72	
		12.01.75	–	25.06.75	z
23 014		07.09.71	–	23.05.72	
23 017		22.10.64	–	15.12.64	
23 018		24.09.70	–	23.12.74	
23 022		28.04.67	–	10.08.72	z
23 023		09.09.67	–	02.12.68	
23 024		01.06.64	–	24.12.74	
23 025		03.06.64	–	03.10.74	z
23 026		26.09.70	–	15.04.75	z
23 030		12.06.67	–	18.06.69	
23 032		09.04.63	–	10.07.69	
23 033		19.05.67	–	13.08.68	
23 034		19.05.67	–	24.02.74	z
23 036		06.06.67	–	02.10.74	
		12.01.75	–	28.08.75	z
23 037		14.07.67	–	09.06.69	
23 038		20.02.67	–	09.06.69	
23 040		11.07.66	–	29.05.69	
23 041	leihweise	19.05.70	–	21.09.70	
		22.09.70	–	29.12.72	z
23 044		20.03.63	–	18.06.69	
23 047		01.04.63	–	20.08.73	z
23 049		11.12.70	–	26.05.72	
23 050		18.06.63	–	22.05.69	
23 051		10.05.63	–	28.08.75	z
23 052		24.04.63	–	15.04.75	z
23 053	leihweise	04.06.65	–	25.06.65	
		23.05.66	–	12.07.66	
		10.06.69	–	12.05.70	z
23 054		04.06.69	–	16.06.75	z
23 060		23.05.69	–	15.04.75	z
23 062		17.06.69	–	28.08.75	z
23 063		10.06.69	–	19.09.74	z
23 064		28.05.69	–	03.10.74	z
23 066	leihweise	23.10.64	–	07.12.64	
23 069		28.06.69	–	27.05.73	z
23 071		08.11.72	–	28.08.75	z
23 072		21.11.72	–	28.08.75	z
23 073		26.05.68	–	06.02.75	z
23 074		16.11.72	–	03.10.74	z
23 075		26.05.68	–	28.08.75	z
23 076		23.05.69	–	28.08.75	z
23 077		27.06.68	–	28.08.75	z
23 080		31.05.68	–	23.03.74	z
23 082		21.05.68	–	16.04.71	z
23 083		18.06.69	–	30.05.71	z
23 087		19.06.69	–	11.09.70	z
23 093		15.12.69	–	01.04.71	z
23 094		01.11.71	–	28.03.73	z
23 095		01.11.71	–	08.08.72	z
23 096		01.02.71	–	28.12.72	z
23 097		29.01.71	–	06.02.72	z
23 099		17.01.69	–	05.08.71	z
23 100		03.12.68	–	05.09.73	z
23 101		03.12.68	–	20.05.72	z
23 102		24.09.71	–	28.03.73	z
23 103		24.09.71	–	30.10.73	z
23 104		26.09.69	–	10.12.71	z
23 105		18.06.69	–	03.01.72	z

△ **Bild 391 • 023 080** (Bw Saarbrücken) verlässt am 5. Juli 1969 den Bahnhof Völklingen. Im Hintergrund die Völklinger Hütte, ein 1873 gegründetes Eisenwerk, das zum Zeitpunkt der Aufnahme noch in Betrieb war. 1986 stillgelegt, erhob die UNESCO 1994 die Völklinger Hütte als erstes Industriedenkmal aus dem Zeitalter der Industrialisierung in den Rang eines Weltkulturerbes der Menschheit.
AUFNAHME: WALTER HANOLD, ARCHIV JÖRG SAUTER

▽ **Bild 392** • Der kleine Bahnhof Karthaus bei Trier war in den sechziger und siebziger Jahren vor allem bekannt für seine zahlreichen ausgemusterten Dampflokomotiven, die dort ihrem Ende entgegendämmerten. Die Saarbrücker **23 005** hat am 4. Juni 1967 dagegen noch einige Betriebsjahre vor sich. Im Hintergrund sind einige zur Verschrottung bestimmte Loks der Baureihen 50 und 64 zu erkennen.
AUFNAHME: BERND MELCHER, SAMMLUNG GEORG DOLLWET

△ **Bild 393** • Die Trierer **23 044** erreicht am 15. Juni 1959 im Langlauf von Trier nach Gießen über 229 km mit dem E 575 (Trier – Gießen – Westerland/Sylt) Wetzlar. Im Hintergrund die Sophienhütte, von der Buderus'sche Eisenwerke AG zwischen 1870 und 1872 als Hochofenwerk erbaut. Der letzte Hochofen wurde im Oktober 1981 ausgeblasen. Aufnahme: Helmut Röth, Eisenbahnstiftung

Bw Trier Hbf

(bis 31. Dezember 1959 BD Trier)

Trier (110.000 Einwohner) im mittleren Moseltal beansprucht den Titel der ältesten Stadt Deutschlands für sich. Von der Zeit der römischen Besiedlung künden zahlreiche Baudenkmäler, u. a. die weltberühmte Porta Nigra. Seit 1986 zahlen diese Sehenswürdigkeiten zum UNESCO-Welterbe.

Von 1921 bis 1925 entstand nördlich des Hauptbahnhofs zwischen den Streckengleisen nach Ehrang und Koblenz das neue Bahnbetriebswerk Trier Hbf. Die Anlage bestand aus einer großen, beidseitig angeschlossenen Rechteckhalle mit innenliegender Drehschiebebühne. In Richtung Hauptbahnhof befand sich eine Drehscheibe. Im Zweiten Weltkrieg wurde die Lokhalle zerstört. Teile der Außenmauern blieben bis in die jüngere Vergangenheit als Torso erhalten. Nur der westliche Teil des Rechteckschuppens wurde in veränderter Form wieder aufgebaut. Im April 1941 standen 540 Eisenbahner im Bw in Lohn und Brot, im März 1949 nur noch 330. Die Dampflokunterhaltung endete im September 1968.

Im Frühjahr 1958 stützte sich das Bw bei der Beförderung von Reisezügen auf die Baureihe 38^{10-40} (preußische P 8), die in 14 Exemplaren vorhanden war. Als durch die Elektrifizierung auf den Rheinstrecken sich die Gelegenheit bot, die z. T. mehr als 40 Jahre alten Länderbahnloks durch moderne Neubau-Dampfloks anderer Direktionen abzulösen, erhielt die BD Trier, ab 31. Dezember 1959 in der BD Saarbrücken aufgegangen, von der BD Mainz zum Beginn des Sommerfahrplans 1958 die in Koblenz überflüssig gewordenen 23 001 bis 005. Im Dezember 1958 kam noch 23 044, ebenfalls aus Koblenz-Mosel. Im Sommerfahrplan 1958 lösten die fünf neuen Loks mit 441 km/Tag die betagte Baureihe 38^{10} ab. Gefahren wurde sowohl im Schnell-

△ **Bild 394** • Die Trierer **23 004**, erst vor wenigen Tagen von einer L 2-Untersuchung im AW Nied zurückgekehrt, am 6. Mai 1960 im Bw Koblenz-Mosel. Die blanken Kesselringe waren damals für die meisten Bahnbetriebswerke noch selbstverständlich. Aufnahme: Hans Schmidt, Sammlung EK-Verlag

△ **Bild 395 •** Nachtaufnahmen von Dampflokomotiven faszinieren durch das Wechselspiel zwischen Dampf, Licht und Dunkelheit. Am Abend des 12. Januar 1960 steht **23 044** (Bw Trier) in Koblenz vor E 830 nach Trier zur Abfahrt in die Winternacht bereit. AUFNAHME: HANS SCHMIDT, SAMMLUNG EK-VERLAG

zugverkehr auf der Moselbahn und nach Saarbrücken/Landau (Pfalz) als auch über längere Distanzen, u. a. vor dem bekannten „Westerland-Express“ E 575/576 (Trier – Westerland) im Abschnitt Trier – Koblenz – Gießen. Konkret bedeutete dies, dass die Trierer 23 gemeinsame Wende-Bw hatten mit den 23 aus Koblenz-Mosel, Kaiserslautern, Bingerbrück und Gießen. Auf der Eifelbahn waren sie nicht zu finden: Hier herrschten die vierfach gekuppelten preußischen P 10 (Baureihe 39) des Bw Jünkerath mit ihrer höheren Zugkraft. Nach weiteren Zugängen (23 032 aus Oldenburg zum Sommerfahrplan 1959, 23 047 im Juni 1960 und 23 050 bis 052 von Koblenz-Mosel) erreichte der 23-Bestand 1962 im Bw Trier seinen Höhepunkt.

27.05.1962 (11)

23	001	002	003	004	005
	032	044	047	050	051
	052				

Dem Dienststellenleiter gelang es, dauerhaft einen reinen Bestand von Oberflächenvorwärmer-Loks einzuhalten und die Zuteilung von Mischvorwärmer-Loks zu vermeiden, obwohl die benachbarten Bw genug davon hatten. Nun konnte die P 8 nahezu vollständig aus der Beförderung hochwertiger Reisezüge verdrängt werden.

Übersicht der mit Baureihe 23 bespannten Schnell- und Eilzüge

Sommerfahrplan 1961

D 121	Trier – Koblenz
E/D 122	Koblenz – Trier
	Trier – Saarbrücken
D 131	Saarbrücken – Landau
D 132	Landau – Saarbrücken
D 21/D 221	Wasserbillig – Trier – Koblenz
D 227	Trier – Koblenz
E 316	Koblenz – Trier
E 317	Trier – Koblenz
E 575	Trier – Gießen
E 576	Gießen – Koblenz
E 621	Saarbrücken – Landau
E 624	Landau – Saarbrücken

Im Winterfahrplan 1962/63, gültig ab 30. September 1962, bestand ein 8-tägiger Laufplan (Dienstplan Nr. 01) mit 482 km/Tag. Die höchste Leistung wurde am Tag 6 mit 606 km zwischen Koblenz, Wasserbillig und Trier vor D 123, D 224, D 227 und D 228 erzielt. Für eine 1'C 1'-Personenzuglok mit 1.750 mm Treibraddurchmesser ein sehr hoher Wert! Bei solchen Leistungen mussten Fahrplangestaltung, Werkstatt und Lokpersonal auf höchstem Niveau zusammenwirken. Gefahren wurde mit Saarbrücker, Koblenzer und Trierer Personal. Weitere Wendebahnhöfe waren Saarbrücken, Cochem, Gießen vor E 575 und Landau/Pfalz. D 121/D 122 wurden im 200-km-Durchlauf zwischen Saarbrücken und Koblenz bespannt.

Die intensive Nutzung der Trierer 23 auch vor Schnellzügen wirkte sich zur Freude der Kostenrechner in der BD Saar-

△ **Bild 396 • 23 003** (Bw Trier) am 9. April 1959 in Koblenz. Die Trierer 23 verzeichneten hohe monatliche Laufleistungen, u. a. 23 003 im Juli 1959 mit 13.945 km.
AUFNAHME: ARCHIV LUDWIG KELLER

△ **Bild 397** • Gerne möchte man sich vorstellen, wie der Fotograf an diesem Sommertag, mit Picknickkorb und Decke ausgerüstet, gemütlich darauf wartete, was im sich weiter öffnenden Lahntal bei Braunfels zwischen Weilburg und Wetzlar als nächstes vorbeikommt. Im Bild ist es am 25. Juni 1959 die Trierer **23 032** mit dem „Westerländer" E 575 (Trier – Koblenz ab 9:20 Uhr – Gießen an 11:24 Uhr – Westerland). Aufnahme: Helmut Röth, Eisenbahnstiftung

brücken in hohen monatlichen Laufleistungen und günstigen Kohleverbrauchswerten aus:

Lok-Nr.	Monat	km	Kohlenverbrauch t/ 1.000 km	1 Mio. Lokleistungs-tkm	Zuglast [t] Ø
23 001	08.62	13.609	11,49	32,59	283
23 002	03.63	14.567	12,91	38,06	294
23 003	07.59	13.945	13,16	34,58	263
23 004	10.59	13.409	12,78	37,41	293
23 005	06.61	13.654	12,01	32,86	274
23 044	06.59	12.931	12,79	37,14	290
23 047	01.63	13.078	14,57	42,07	289
23 050	09.62	11.450	12,16	35,19	289
23 051	07.62	12.978	12,89	33,77	262
23 052	07.62	13.698	11,97	34,49	288

Im Frühjahr 1963 begann das Bw Trier mit dem Aufbau einer 03-Gruppe. Dafür wurden alle 23 zwischen Januar und Mai 1963 nach Saarbrücken abgegeben, das sie weiterhin in ihrem angestammten Gebiet einsetzte.

Bw Trier Hbf			
23 001	22.05.58	–	23.04.63
23 002	05.06.58	–	25.05.63
23 003	02.06.58	–	02.01.63
23 004	02.06.58	–	20.03.63
23 005	05.06.58	–	28.05.63
23 032	28.05.59	–	08.04.63
23 044	23.12.58	–	19.03.63
23 047	02.06.60	–	31.03.63
23 050	27.05.62	–	22.04.63
23 051	27.05.62	–	31.03.63
23 052	27.05.62	–	23.04.63

△ **Bild 398** • **23 001** (Bw Trier) ist am 23. Juni 1962 vor einem Personenzug von Koblenz nach Trier in Winningen (Mosel) zur Abfahrt bereit. Noch hat sie das große Abdeckblech unter der Rauchkammer. Aufnahme: Hans Schmidt, Sammlung EK-Verlag

▽ **Bild 399** • Geschäftiges Treiben herrscht am Bahnsteig in Cochem, als die Trierer **23 003** mit einem Personenzug von Koblenz nach Trier am 11. März 1961 um 15:29 Uhr auf die Weiterfahrt wartet. Aufnahme: Hans Schmidt, Sammlung Georg Dollwet

△ **Bild 400** • Vorgängerin und Nachfolgerin: 38 3072 (Henschel 1921) am 12. Juni 1966 im Bw Lauda neben **23 070** (Jung 1955). Die 23 erreichte eine Betriebszeit von 19 Jahren, die preußische P 8 hielt sich bis zur Ausmusterung am 12. März 1968 insgesamt 47 Jahre. Aufnahme: Albert Schöppner, Archiv Jörg Sauter

BD Stuttgart

Bw Crailsheim

Crailsheim (33.000 Einwohner) an der Jagst im fränkisch geprägten Nordosten des Bundeslandes Baden-Württemberg, 32 km östlich von Schwäbisch Hall und 40 km südwestlich von Ansbach, ist eine Eisenbahnerstadt mit langer Tradition. Hier treffen die Strecken Goldshöfe – Crailsheim, Crailsheim – Heilbronn, Nürnberg – Crailsheim und Crailsheim – Lauda aufeinander.

Das bekannteste Bauwerk des Bahnbetriebswerkes ist der 21,9 m hohe Wasserturm aus dem Jahr 1912. Die genietete Stahlkugel konnte 600 m³ Wasser aufnehmen. Seit dem Ende der Dampflokzeit wurde der Wasserturm nicht mehr benötigt. Er steht unter Denkmalschutz und beherbergt heute eine Gaststätte. Ein weiteres markantes Gebäude war der 1926 im Stil eines Beton-Silos errichtete 15,85 m hohe Sandturm, der auch der Trocknung von Nasssand diente. Das Bw Crailsheim belieferte bis zum Ende der Dampflokzeit den gesamten süddeutschen Raum mit Lokomotivstreusand. Der Turm aus Stahlbeton, der die Bombenangriffe im Zweiten Weltkrieg überstanden hatte, wurde 1983 gesprengt. Ebenfalls 1926 wurde am Abstellplatz 1, auch „Wiese" genannt, eine 23-m-Drehscheibe installiert. Erst 1943 erhielt auch der Rundschuppen aus dem Jahr 1908 eine 23-m-Drehscheibe. Die Drehscheibe I („Wiese") wurde am 6. Dezember 1984 und die Drehscheibe II (Rundschuppen) am 17. Dezember 1984 ausgebaut. Der Rundschuppen wurde bereits vom 17. bis zum 20. Dezember 1979 „zurückgebaut", wie es im Bundesbahn-Sprech so schön hieß. Zwischen 1955 und 1962 wurde mit mehr als 400 Eisenbahnern der Höchststand der Beschäftigten erreicht.

Nach massiven Bombardements im Zweiten Weltkrieg kam der Betrieb nur langsam wieder in Gang. Die zerstörte Stadt wurde nicht nach historischem Vorbild, sondern nach den Baugrundsätzen der fünfziger Jahre wieder aufgebaut. Das sieht man ihr noch heute an. Bahnhof und Bahnbetriebswerk mussten sich dagegen mit notdürftigen Reparaturen bescheiden, die zum Teil bis heute Bestand haben wie das Empfangsgebäude des Inselbahnhofs. Der Dampfbetrieb endete im Bw Crailsheim 1976. Heute dienen die restlichen Gleisanlagen zum Abstellen von Lokomotiven. Im Rechteckschuppen haben der „Förderverein Bw Crailsheim" und die „DBK Historische Bahn" ihr Domizil gefunden. Der DBK ist es gelungen, an der Stelle des früheren Rundschuppens wieder eine Drehscheibe (ostdeutschen Ursprungs) zu installieren.

In den fünfziger und sechziger Jahren entwickelte sich Crailsheim zu einem Schwerpunkt des Dampfbetriebes in Nord-Württemberg. Zeitweise verfügte das Bw über 70 Dampflokomotiven, von denen etwa die Hälfte der Baureihe 38^{10} (preußische P 8) angehörte. Am 1. März 1963 beherbergte das Bw die von anderen Bahnbetriebswerken sowohl bei der DB als auch bei der DR der DDR nie erreichte Stückzahl von 41 P 8 (inklusive neun z-Loks). Damit war Crailsheim in jenen Jahren die P 8-Hochburg in Deutschland schlechthin! Die Lokomotiven bewältigten den Großteil des Eil- und Personenzugverkehrs zwischen Stuttgart, Ulm, Würzburg, Aschaffenburg, Heidelberg und Heilbronn. Die robusten und genügsamen Länderbahnloks waren bei den Lokmannschaften und der Werkstatt gleichermaßen beliebt. Doch der P 8-Bestand sank bereits Ende 1965 so weit ab, dass ein Ersatz für z-gestellte und zum Teil über 50 Jahre alte Crailsheimer 38^{10} durch Loks aus anderen Bw kaum noch möglich war. So entschied die Hauptverwaltung der DB, die wegen Fristablauf abzustellenden Crailsheimer P 8 sukzessive durch die Baureihe 23 zu ersetzen, die andernorts durch die voranschreitende Elektrifizierung überflüssig geworden war und in Crailsheim ein günstiges Einsatzgebiet vorfand. Die ersten drei Loks, die Mischvorwärmer-23 066, 067 und 068 aus Kaiserslautern, trafen am 19. April 1966 in Crailsheim ein. Zum Fahrplanwechsel am 22. Mai 1966 wurden ein 8- und ein 5-tägiger Laufplan (Durchschnitt 350 km/Tag, Höchstleistung be-

△ **Bild 401** • Drei Mischvorwärmer-23er auf dem Rundstand des Bw Crailsheim am 30. Juli 1967: **23 063**, **23 054** und **23 061**, alle mit Glocke. AUFNAHME: WOLFGANG FIEGENBAUM

achtliche 612 km/Tag) aufgestellt. Da aber erst sechs 23 zur Verfügung standen (23 066, 067, 068, 069, 070 und 072), musste der Plan zunächst als Mischplan von 38^{10} und 23 gefahren werden. Doch ab Juni folgten bis November 1966 weitere 17 Loks aus Kaiserslautern, Mönchengladbach, Saarbrücken, Minden und Emden, sodass Crailsheim am 31. Dezember 1966 über 23 Loks verfügte, die alle der zweiten Bauserie mit Mischvorwärmer und Rollenlagern angehörten.

31.12.1966 (23)

23 053	054	055	056	058
059	060	061	062	063
064	065	066	067	068
069	070	071	072	076
085	086	088		

Was niemand vorhergesehen hatte: Mit den Mischvorwärmer-23 und ihren Mehrfachventil-Heißdampfreglern hatte man in Crailsheim seine liebe Mühe! Häufige Werkstattaufenthalte, schlechtes Dampfmachen, Wasserüberreißen, Schlammabsatz im Regler und unruhiger Lauf trübten die Freude über die neuen Loks von Anfang an erheblich. Die Ursache für die Probleme hatte man in der HVB bei der Entscheidung für den neuen Standort Crailsheim nicht bedacht: Das Speisewasser von Crailsheim hatte damals einen sehr hohen Härtegrad von 30°, der auch mit Zugabe von Dosierungsmitteln nicht aus-

△ **Bild 402** • Während der Lokführer der Crailsheimer **23 086** vom langen Dienst leicht ermattet zum Fotografen blickt, strahlt der junge Heizer fröhlich von der Lok herunter. Es ist heiß, mit kurzen Ärmeln auf der Lok arbeiten bringt manchmal Verbrennungen mit sich; aufgenommen am 24. Juni 1967.
AUFNAHME: ALBERT SCHÖPPNER, ARCHIV JÖRG SAUTER

reichend reduziert werden konnte. Die große Wasserhärte in Crailsheim konnte erst in den achtziger Jahren durch den Einbau von Enthärtungsanlagen in den Wasserwerken in den mittleren Bereich gesenkt werden. Da aber nicht nur in Crailsheim, sondern auch in Lauda, Heilbronn und Ulm Wasser gefasst wurde, wo die Wasserqualität nicht ganz so problematisch war wie in Crailsheim, spielte auch die mangelnde Verfügbarkeit eines geeigneten Dosierungsmittels sowie die richtige Dosierung eine wesentliche Rolle. Bei den robusten P 8 trat dieses Phänomen nicht in Erscheinung, wohl aber bei den modernen Mischvorwärmer-23 mit ihren Heißdampfreglern. So dürfte es nicht überraschen, dass der Crailsheimer Dienststellenleiter, ernüchtert von den Erfahrungen mit den MV-23, auf die Zuteilung der weniger empfindlichen Oberflächenvorwärmer-Loks drängte. Sein Begehr wurde erhört, und die ersten sechs Loks kamen 1967 nach Crailsheim: 23 019 bis 021 (aus Gießen), 035, 039 und 041 (aus Mönchengladbach). Inzwischen hatte Crailsheim im Juli 1967 den Betrieb mit der P 8 eingestellt, so-

◁ **Bild 403**
23 020 fährt im Jahr 1967 mit einem Personenzug aus Crailsheim in Ulm ein. Oben rechts verläuft die Hauptbahn Ulm – Stuttgart, oben links die Ausfädelung der Gütergleise von der Hauptbahn nach Ulm Gbf. Die Hauptbahn wird hier von der Brenzbahn unterquert. Die 23 befährt das Gleis nach Ulm Hbf, daneben die Ausfädelung für die Güterzüge von der Brenzbahn nach Ulm Gbf. Interessant das wie ein Adlerhorst an der Güterbahn angebrachte Stellwerk.

Aufnahme: Münzenmayer, Eisenbahnstiftung

◁ **Bild 404**
Weihnachtszeit in Lauda. **23 061** heizt am 21. Dezember 1967 ihren Zug vor, auf dass es die Fahrgäste mollig warm haben.

Aufnahme: Albert Schöppner, Archiv Jörg Sauter

△ **Bild 405** • Die Crailsheimer **23 035** überquert am 4. April 1968 in der Ausfahrt Heilbronn Hbf vor E 4887 den Neckar. Das Motorboot eines Freizeit-Skippers links wird im nahenden Frühling „in See stechen".
AUFNAHME: REINHARD GUMBERT

dass als Personenzuglok allein die 23 im Bw verblieben.

31.12.1967 (30)

23 019	020	021	035	039
041	053	054	055	056
058	059	060	061	062
063	064	065	066	067
068	069	070	071	072
076	085	086	087	088

1968 erhielt der Crailsheimer Bestand Zuwachs durch vier Oberflächenvorwärmer- und drei Mischvorwärmer-Loks: 23 006, 023, 033, 048, 083, 084 und 105. Unterdessen war auch der Umbau auf die weniger empfindlichen Nassdampfregler angelaufen: Probeweise wurde 23 067 am 11. Januar 1967 im AW Trier umgerüstet. Nachdem damit eine deutliche Verbesserung erzielt werden konnte, folgten bis 1972 die meisten 23.

Die erste in Crailsheim abgestellte 023 war die erst 13 Jahre alte 023 056, die am 12. November 1968 wegen ausgeglühter Feuerbüchsdecke z-gestellt wurde.

31.12.1968 (36 + 1 z-Lok)

023 006	019	020	021	023
033	035	039	041	048
053	054	055	056 z	058
059	060	061	062	063
064	065	066	067	068
069	070	071	072	076
083	084	085	086	087
088	105			

Der vorerst letzte Zugang einer MV-023 war 023 074 am 22. Januar 1969 aus einer L 3 im AW Trier (davor Bw Emden). Sie

Bild 406 ▷ Weniger als drei Jahre war **23 041** beim Bw Crailsheim beheimatet. Am 4. Mai 1968 hat sie Ruhe im Bw Lauda. Noch hat sie den Heißdampfregler.

AUFNAHME: ALBERT SCHÖPPNER, ARCHIV JÖRG SAUTER

◁ **Bild 407**
Neben der Crailsheimer **23 087** steht am 18. Mai 1968 die bereits ihrer alten Schilder beraubten Heilbronner 064 017, die nur noch ein halbes Jahr bis zur Abstellung hat, im Bw Heilbronn.

Aufnahme:
Hans-Jürgen Eggerstedt,
Archiv Jörg Sauter

◁ **408**
Ulm war der südliche Endpunkt des Einsatzgebietes der Crailsheimer 23. Im März 1969 hat **23 069** Ruhepause im Bw. Kurze Zeit später wurde sie nach Saarbrücken versetzt, wo die Saarländer mit den Mischvorwärmerloks besser zurechtkamen.

Aufnahme:
Heinz Krautzschick

◁ **Bild 409**
Unter der Bekohlungsanlage des Bw Heilbronn war stets ein Kommen und Gehen. An einem heißen Sommertag im August 1960 haben sich die beiden Crailsheimer 44 1667 (Krupp 1943) und **23 056** eingefunden. Im Hintergrund steht eine Heilbronner P 8.

Aufnahme:
Heinz Krautzschick

△ **Bild 410 • 23 063**, eine der früh dem Bw Crailsheim zugeteilten Maschinen, am 20. April 1969 in der Ausfahrt Lauda. Fünf Wochen später wurde die Mischvorwärmer-Lok zum Bw Saarbrücken weitergereicht.

▽ **Bild 411 •** Die erste in Crailsheim abgestellte 023 war die erst 13 Jahre alte **23 056**, die am 12. November 1968 wegen einer ausgeglühten Feuerbüchse z-gestellt wurde. Am 10. Juli 1966, neu in Crailsheim stationiert, fährt sie noch vor einem Eilzug nach Heidelberg in Lauda aus. AUFNAHMEN (2): ALBERT SCHÖPPNER, ARCHIV JÖRG SAUTER

◁ **Bild 412**
023 105, die letzte für die DB gebaute Dampflokomotive, steht im März 1969 vor der Bekohlungsanlage ihres Heimat-Bahnbetriebswerkes Crailsheim, wo sie nur ein gutes Jahr beheimatet war (27. Mai 1968 – 18. Juni 1969).

Aufnahme: Jörg Schulze

war die letzte Dampflok der DB, die im Rahmen einer L 3 ausgebessert wurde. Weniger gut erging es 023 066 und 068, beides Mischvorwärmer-Loks, die im März 1969 z-gestellt wurden. Bei 023 068 war die Feuerbüchse vollständig ausgeglüht.

Zwischen Mai und Dezember 1969 fand die größte Tauschaktion in der Geschichte der 023 statt. Die HVB hatte ein Einsehen, dass Crailsheim wegen seiner extremen Wasserhärte der denkbar schlechteste Einsatzort für die MV-023 mit Heißdampfregler war. So konnte Crailsheim elf MV-023 mit Mehrfachventil-Heißdampfregler, 023 053, 054, 060, 062, 063, 064, 069, 076, 083, 087 und 105, an das Bw Saarbrücken loswerden und bekam im Gegenzug aus Saarbrücken dieselbe Anzahl an Oberflächenvorwärmer-Loks: 023 001, 002, 005, 023, 030, 032, 037, 038, 040, 044 und 050. Die hatten zwar zum Teil auch noch Heißdampfregler (023 001, 023, 030, 037, 038 und 044), waren mit ihrem Oberflächenvorwärmer aber wesentlich unempfindlicher. Die übrigen MV-023 in Crailsheim behielt man, da sie bereits auf Nassdampfregler umgebaut worden waren (023 055, 058, 059, 061, 065, 067, 070, 071, 072, 074, 084, 085 und 088). Einzig die Heißdampfregler-023 086 wurde nicht mehr umgebaut. Seit 1970 durfte sie auf BD-Anordnung wegen ihres vernachlässigten Zustandes nur noch Arbeitszüge fahren, was sich in sehr bescheidenen Leistungsparametern ausdrückte: Von April bis Dezember 1970 legte sie an 181 Betriebstagen 33.000 km zurück (182 km/Betriebstag). Von Januar bis zur z-Stellung am 2. Juni 1971 war sie an 97 Betriebstagen mit gerade einmal 11.100 km (bescheidene 114 km/Betriebstag) auf der Strecke. Ihre Schwestern kamen im selben Zeitraum auf 6.500 bis 8.000 km/Monat und 260 km/Betriebstag. Offenbar wollte man sich Unannehmlichkeiten mit dem Heißdampfregler ersparen. Die noch nicht mit Nassdampfregler ausgerüsteten Oberflächenvorwärmer-023 wurden nach und nach umgebaut. Aus heutiger Sicht ist es allerdings unverständlich, warum sich der Umbau so lange hinzog: Erst mit der z-Stellung von 023 006 am 11. Dezember 1972, die immer noch einen Heißdampfregler hatte, fand das Elend mit den Heißdampfreglern für die Crailsheimer Lokführer ein Ende.

Zu den ehemaligen P 8-Leistungen kamen für die Crailsheimer 023 ab dem Winterfahrplan 1969/70 auch die Umläufe der Heilbronner 038 hinzu. Damit liefen im Crailsheimer 023-Umlauf dienstags bis freitags 25 Loks, samstags 21, sonntags 13 und montags 22. Dies war der höchste jemals bei der DB erreichte 023-Planbedarf! Die durchschnittliche Tagesleistung betrug 312 km. Die Crailsheimer 023 hatten inzwischen die meisten Eil- und Personenzugleistungen der umliegenden Bw Aalen (Baureihe 078) und Heilbronn (Baureihen 038 und 064) übernommen. Die Schnellzugleistungen im Bereich des Bw Crailsheim waren dagegen in der gesamten Einsatzzeit der 23/023 den Würzburger V 200^0/220 und den Ulmer 003 und 215 vorbehalten. Auf den 023 fuhren Crailsheimer, Laudaer, Heilbronner und Heidelberger Personale bis Ansbach, Backnang, Schorndorf, Mannheim, Ludwigshafen, Ulm, Einsingen, Würzburg, Aschaffenburg, Heidelberg und Karlsruhe. Nie kamen die 023 weiter herum! Zu den täglichen Leistungen zählten auch Vorspanndienste vor schweren Durchgangsgüterzügen auf den Strecken Heilbronn – Crailsheim und Würzburg – Heilbronn. Mehr als ein Drittel des noch 95 Maschinen umfassenden 023-Bestandes der DB war am 31. Dezember 1969 in Crailsheim beheimatet. Mit 39 Loks war damit nicht nur das Crailsheimer Allzeit-Hoch, sondern auch die höchste jemals erreichte Stückzahl von Loks der Baureihe 023 bei einem Bahnbetriebswerk der DB erreicht!

31.12.1969 (39)

023 001	002	005	006	012
019	020	021	023	028
029	030	031	032	033
035	037	038	039	040
041	044	046	048	050
055	058	059	061	065
067	070	071	072	074
084	085	086	088	

Das Jahr 1970 sah eine Abgabe nach Saarbrücken (023 041), einen Zugang aus Bestwig (023 016) und zwei z-Stellungen

△ **Bild 413** • Die 1921 im Bw Würzburg entstandene Hochbekohlungsanlage mit einem 350 t fassenden Hochbunker nach amerikanischem Vorbild konnte gleichzeitig mehrere Lokomotiven mit Kohle versorgen. Die Anlage war in Deutschland einzigartig. Das Bild der Crailsheimer **023 088** datiert vom 3. Mai 1969. Kurze Zeit später wurde der Komplex abgerissen. Die Bekohlung der in Würzburg wendenden Dampfloks musste fortan mit dem Kran der Schlackengrube erfolgen.

Aufnahme: Hans-Jürgen Eggerstedt, Archiv Jörg Sauter

(023 084 und 088). Damit verfügte das Bw am 31. Dezember 1970 immer noch über 39 Loks, davon zwei auf z. Der Winterfahrplan 1970/71, gültig ab 27. September 1970, sah 20 Loks im Laufplan, die sowohl vom Heimat-Bw als auch vom Einsatz-Bw Heilbronn vor Eil- und Personenzügen auf die Strecke geschickt wurden und in Heilbronn, Heidelberg, Würzburg, Crailsheim, Osterburken, Ulm, Backnang und Lauda wendeten.

1971 blieb der Bestand fast konstant: Zwei Zugängen aus Bestwig (023 027 und 042) standen zwei z-Stellungen (023 085 und 086) gegenüber. Bestand am Jahresende 1971: 37 Loks. Obwohl die Neckartalstrecke Heilbronn – Eberbach – Heidelberg seit dem 21. September 1972 elektrifiziert war, kamen die 023 nach wie vor nach Heidelberg und Mannheim. Der Sommerfahrplan 1973 brachte einen erheblichen Rückgang des Planbedarfs auf elf Loks mit sich, da die Leistungen nach Aalen und Ulm vollständig an die Baureihe 215 übergingen. Im Winterfahrplan 1973/74, gültig ab 30. September 1973, lag der Planbedarf weiterhin bei nur noch elf Loks, die durchschnittlich 262 km pro Tag leisteten. Die Spitze wurde am Tag 2 mit 377 km zwischen Lauda, Würzburg, Osterburken und Heidelberg ausgefahren. Ansbach wurde vor N 4707/4714 noch erreicht. Bemerkenswert war die Vorspannleistung vor einer 050-053 vor dem Sg 5321 (Würzburg 6:33 Uhr – Osterburken 8:02 Uhr), dem bei Fotografen besonders beliebten „Fischzug", der seit Sommer 1972 verderbliche Meeresfrüchte von Bremerhaven nach Stuttgart transportierte. Im Sommer 1974 entfielen die letzten vier Eilzugleistungen, Ansbach wurde letztmals erreicht (samstags vor N 7366/N 7367).

Einige Loks, 023 002, 021, 039, 058, 067 und 070 wurden zwischen dem 25. März und Dezember 1974 zeitweise nach Rottweil ausgeliehen, wo sie im Mischplan der Baureihen 038 und 050-053, vor allem aber im Bauzugdienst bei der Elektrifizierung der Gäubahn Verwendung fanden.

Bild 414 ▷ Offene Schuppentore am 19. Oktober 1968 in Lauda, so wird die Bauweise als Durchgangsschuppen deutlich. **23 056** und **23 059** sonnen sich vor dem rußgeschwärzten Gebäude mit seinen eigenwilligen Toren. 23 056 wurde bereits drei Wochen später als erste Crailsheimer 23 – wegen ausgeglühter Feuerbüchsdecke – abgestellt.

Aufnahme: Albert Schöppner, Archiv Jörg Sauter

Deutsche Bundesbahn

Laufplan der Triebfahrzeuge

BD / MA		Verkehrstag	Laufplan Nr	04.01
Heimat-Bw: Crailsheim	Einsatz-Bw: Heilbronn	W (aS + Sa)	Triebfahrzeuge	Zahl / BR
	gültig vom 27.9.70 bis		Bedarf n. Laufpl.	20 / 23
Personaleinsatz-Bw	Heidelb. / Lauda		Laufkm/Tag	

Lpl Nr/km	Baureihe	Tag	0 … 24
		1	Cr
		2	H
		3	Wü
		4	Cr
		5	Os
		6	H
		7	H
		8	Ba
		9	L
		10	L

948 A 01 Laufplan der Triebfahrzeuge A 4 q III 100 Karlsruhe X 69 30000 A 101

Deutsche Bundesbahn

Laufplan der Triebfahrzeuge

BD: Stuttgart / MA		Verkehrstag	Laufplan Nr	04.01
Heimat-Bw: Crailsheim	Einsatz-Bw: Heilbronn	W (a.S + Sa)	Triebfahrzeuge	Zahl / BR
	gültig vom 27.9.70 bis		Bedarf n. Laufpl.	20 / 23
Personaleinsatz-Bw	Heidelb. / Lauda		Laufkm/Tag	

Lpl Nr/km	Baureihe	Tag	0 … 24
		11	L
		12	Os
		13	Hb
		14	Os
		15	Hb
		16	Cr
		17	Cr
		18	Cr
		19	Wü
		20	Os

948 A 01 Laufplan der Triebfahrzeuge A 4 q III 100 Karlsruhe X 69 30000 A 101

△ **Bilder 415 und 416** • Laufplan des Bw Crailsheim für den Winterfahrplan 1970.

ABBILDUNGEN (2): SAMMLUNG HANS-JÜRGEN WENZEL

△ **Bild 417** • Über das 41 m hohe Tullauer Viadukt von 1867 bei Schwäbisch Hall führen am 27. Juni 1970 die Mischvorwärmer-**023 084** und eine 50 den Dg 7211, den sie auf dem Abschnitt Heilbronn – Ansbach befördern. Die 023 war nur noch ein halbes Jahr in Betrieb. AUFNAHME: BURKHARD WOLLNY

Sie kehrten anschließend nach Crailsheim in den normalen Umlauf zurück oder wurden noch in Rottweil z-gestellt (023 070). Nochmals verstärkten zwei 023 Weihnachten 1974 den Bestand: 023 018 und 023 024 aus Saarbrücken. Während 023 018 noch bis August 1975 im Betrieb war, kam 023 024 in Crailsheim gar nicht mehr ins Laufen und wanderte sofort in die Abstellung. Der Sinn dieser Umstationierung erschließt sich heute nicht mehr.

Die Gegenüberstellung von Planbedarf und Bestand in den einzelnen Fahrplanabschnitten macht den wachsenden Einfluss der Auslieferung und Inbetriebnahme von Loks der Baureihe 215 ab 1969 beim Bw Ulm deutlich – siehe Tabelle rechts.

Fahrplanabschnitt	Planbedarf	Bestand	km/Tag	km-Höchstleistung
Winter 1969/70	25	39	312	
Sommer 1970	20	39		
Winter 1970/71	20	39		
Sommer 1971	21	37	317	523
Winter 1971/72	18	35		
Sommer 1972	18	34	312	502
Winter 1972/73	17	30	306	376
Sommer 1973	11	27	285	377
Winter 1973/74	11	24	262	377

In unregelmäßigen Abständen hatten die 023 auch Spezialaufgaben zu erledigen. Am 25. Mai 1971 kam 023 031 sogar über den „Weißwurst-Äquator“, gemeint ist der Main: Sie schleppte am Nachmittag einen VT 08^8 der US-Army von Heidelberg nach Frankfurt-Bonames und wurde eine Stunde später gegen 16 Uhr Lz wieder auf dem Rückweg gesehen. 023 042 als Zuglok, 023 021 als Vorspann- und 023 016 als Schublok brachten am 24. April 1975 den 1.310 t schweren amerikanischen Militärzug Dgm 92742 von Lauda nach Crailsheim. Der Kalte Krieg und die damit verbundenen ständigen Verschiebungen von Truppenteilen mit ihren Panzern be-

△ **Bild 418** • Hochbetrieb auf dem Ausschlackkanal im Bw Crailsheim am 31. März 1973: Bei **023 016** wird der Rost gesäubert, dahinter wird an der Rauchkammer einer Mischvorwärmer-023 gearbeitet. Rechts 044 339 (Borsig 1941), die im Juni 1973 nach Gelsenkirchen-Bismarck abgegeben wurde. AUFN.: H.-J. EGGERSTEDT, ARCHIV JÖRG SAUTER

◁ **Bild 419**
Auf Abwege geriet **023 037** am 26. Juni 1971 im Bw Crailsheim: Der Indusi-Magnet auf der Heizerseite und die Bahnräumer haben etwas abbekommen, auch die Drehscheibe blieb nicht verschont. Nach diesem Bild wurde im Bw ein Fotografierverbot verhängt. Die Lok musste nicht ins AW, die Schäden konnten im Bw beseitigt werden.

◁ **Bild 420**
Zwei Crailsheimer Baureihen der letzten Jahre: 064 419 (Maschinenfabrik Esslingen 1936) und **023 040** im Juli 1973 auf dem Freistand im Bw Crailsheim. 64 419 (DBK Historische Bahn e. V.) wird heute hauptsächlich auf der Schwäbischen Waldbahn von Schorndorf nach Welzheim eingesetzt.

◁ **Bild 421**
Der Bw-Arbeiter weiß was Fotografen begeistert, und lässt am 20. November 1971 das Wasser am Tender von **023 074** fotogen überlaufen. Rechts daneben der Wannentender der Heilbronner 053 097.

Aufnahmen (3): Burkhard Wollny

△ **Bild 422** • Fast könnte dieses Bild in den fünfziger Jahren entstanden sein: Eine bemerkenswert leere Straße, die Wagengarnitur aus den Dreißigern, 23-Doppeltraktion. Lediglich die Computernummer verweist auf eine spätere Epoche. Große Mühe bereitet der N 5873 (Würzburg – Lauda – Osterburken) den Zugloks **023 002** und **023 032** am 24. September 1972 nicht, die hier bei Eubigheim am Fotografen vorbeirollen.
Aufnahme: Hans-Jürgen Eggerstedt, Archiv Jörg Sauter

scherten den Dampflokomotiven damals immer wieder sozusagen gewichtige Leistungen! Im Laufplan Winter 1972/73 als Vorspann tituliert, lief die 023 am schweren D 596 hinter einer 220 als Zuglok von Würzburg nach Heilbronn.

Zum Fahrplanwechsel am 1. Juni 1975 eröffnete die DB den elektrischen Betrieb auf der Strecke Würzburg – Osterburken – Neckarelz. Damit könnte durchgehend elektrisch von Würzburg nach Heidelberg und von Würzburg über Heilbronn nach Stuttgart gefahren werden. Die Crailsheimer 023 und alle anderen Dampfloks verschwanden sogleich von diesen Strecken, wie auch die Würzburger 220, die nach Lübeck und Oldenburg abwanderten. Die Zugleistungen der Dampfloks wurden von Altbau-Elloks (Baureihen 118 Bw Würzburg, 144 der Bw Stuttgart und Würzburg sowie 193 vom Bw Kornwestheim) übernommen, die zum Teil 20 Jahre älter waren als die 023! Als letzte planmäßige Dampflok kam 023 042 am 31. Mai 1975 vor N 5882 um 17:08 Uhr in Würzburg an und kehrte anschließend Lz mit 144 126 nach Lauda zurück. Nach Heidelberg war es die festlich geschmückte und mit der Aufschrift *„Letzte Fahrt nach Heidelberg 31.5.1975"* versehene 023 018 mit dem Zugpaar N 7342/N 7351. Ab 1. Juni 1975 wurden die 023 nur noch auf den Strecken Crailsheim – Lauda, Backnang –

△ **Bild 423** • Die rechteckige Lokhalle des AW Trier erhebt sich hinter **023 058** (Bw Crailsheim), 050 428 (Bw Ulm) und **023 023** (Bw Crailsheim), 22. März 1973.
Aufnahme: Herbert E. Stemmler

△ **Bild 424** • Bei den Fotografen beliebt war der Sg 5321, auch als „Fischzug" bezeichnet, der Meeresgetier von der deutschen Nordseeküste nach Stuttgart transportierte, aber auch z. B. im Bananenwagen an der Spitze andere eilige Güter mitnahm. Zwischen Würzburg (ab 6:34 Uhr) und Heilbronn (an 8:57 Uhr) wurde er mit den Baureihen 023 und 050-053 bespannt. Das Bild zeigt **023 006** und 052 759 am 25. März 1972 in der Kurve hinter Königshofen (Baden).

▽ **Bild 425** • In der Ausfahrt von Königshofen (Baden) legt sich **023 059** am 6. Dezember 1970 vor einem Eilzug nach Heidelberg in die Kurve.

Aufnahmen (2): Albert Schöppner, Archiv Jörg Sauter

Bild 426 ▷
Der berühmte „Fischzug": **023 033** und 052 203 am 13. April 1974 vor dem schier endlosen Sg 5321 bei Sachsenflur. Die Wagen an zweiter und dritter Stelle befördern Wechselbehälter von VW als ein weiteres eiliges Gut. Der Lokführer der 023 zieht es vor, das Führerhausfenster angesichts der frostigen Temperaturen geschlossen zu halten – Frühling in Deutschland!

Aufnahme: Bernd Filius

Bild 427 ▷
Der N 7539 (Lauda 13:15 Uhr – Bad Mergentheim 13:32 Uhr) wurde im Herbst 1974 planmäßig in „Fairlie-Traktion", also Tender an Tender, bespannt. Am 16. November 1974 waren in der Ausfahrt von Königshofen (Baden) **023 019** und **023 061** am Zug.

Aufnahme: Albert Schöppner, Archiv Jörg Sauter

Bild 428 ▷
Ein Defekt an der Bremsanlage von 01 183 (Bw Hof) als Zuglok des D 1046 erforderte Vorspann durch die Crailsheimer **23 068**, die dadurch außerplanmäßig nach Stuttgart kam; August 1967.

Aufnahme: Willi Löhr, Slg. Martin Kunhäuser

△ **Bild 429** • Das war einmal Crailsheim! Am Rundstand sind zahlreiche Dampflokomotiven der Baureihen 023, 044 und 050-053 abgestellt, darunter **023 037**, 053 059 und 051 954. Auf der Drehscheibe wird gerade **023 023** gewendet, 14. April 1971.

Schwäbisch Hall-Hessental – Schwäbisch Hall und Crailsheim – Schwäbisch Hall eingesetzt. Dafür genügte ein 3-tägiger Umlaufplan mit 217 km pro Tag, für den zunächst immer noch zehn Loks zur Verfügung standen:

01.06.1975 (10)

023 002	016	018	019	021
023	029	039	042	058

Dies war auch der letzte Umlaufplan für die Baureihe 023 bei der Deutschen Bundesbahn, denn die Saarbrücker 023 hatten bereits mit dem Beginn des Sommerfahrplans 1975 ihre Leistungen verloren. Am 27. September 1975 war es schließlich so weit: Der letzte planmäßige Einsatz der Baureihe 023! 023 023 fuhr im Plantag 2 den N 7511 (Lauda 7:24 Uhr – Crailsheim 9:03 Uhr), 023 042 zog im Plantag 1 geschmückt und mit der Aufschrift „Letzte Fahrt auf der Murrbahn" den N 5715 (Backnang 10:21 Uhr – Schwäbisch Hall 11:44 Uhr) und N 7751 (Schwäbisch Hall 12:22 Uhr – Crailsheim 13:07 Uhr). 023 058 absolvierte im Plantag 3 vor N 7543 (Lauda 13:27 Uhr – Crailsheim 15:07 Uhr), ebenfalls geschmückt und mit der Aufschrift „Letzte Fahrt durchs Taubertal", die letzte planmäßige Fahrt einer 023.

Hans-Karl Kunhäuser berichtet uns: „Albert Schöppner und ich hatten die Idee gehabt, den letzten Planzug mit Dampf zwischen Lauda und Crailsheim entsprechend zu würdigen. Nach Rücksprache mit den Lokleitern in Lauda und Crailsheim bekamen wir unsere Wunschlok 23 058 in den Plan. In der Nacht von Frei-

◁ **Bild 430**
Der freundliche Gruß „Frohe Ostern wünscht das Dampflokpersonal" hat am 14. April 1971 auf dem Tender und den Windleitblechen von **023 040** im Bw Crailsheim ausreichend Platz.
Mit der Dampflokzeit ging auch die Tradition der guten Wünsche zu den wichtigsten Feiertagen zu Ende.

Aufnahmen (2): Franz Gulden

△ **Bild 431** • Der E 1643 (Neckarelz 10:36 Uhr – Würzburg 12:13 Uhr) wurde im Winterfahrplan 1973/74 nur sonntags mit einer 023 bespannt. Am 10. März 1974 passiert **023 050** mit diesem Zug die für den Fotografen geduldig auf der Brücke über den Eubigheimer Bach wartende Schafherde zwischen Hirschlanden und Uiffingen. AUFNAHME: JOACHIM CLAUS, EISENBAHNSTIFTUNG

tag auf Samstag, 26. auf 27. September, wurde die Lok zusammmen mit einigen weiteren Eisenbahnfreunden aus dem Raum Lauda geputzt und entsprechend beschriftet.

In Lauda gab es zu dieser Zeit noch fünf Lokführer, die ausschließlich Dampflok fahren konnten. Diese Herren waren für uns die „Dampfelite". Bis auf Wilhelm Kohmünch gingen alle mit dem Fahrplanwechsel in den Ruhestand. Einzig Wilhelm Kohmünch fuhr noch bis zum Jahresende mit der Baureihe 50 Rübenzüge."

Im Oktober und November 1975 fielen noch Sonderleistungen u. a. im Rahmen der Zuckerrübenernte an. Am 23. Oktober 1975 kam 023 058 als Zuglok eines Trafozuges sogar noch einmal bis nach Nürnberg Rbf. Noch unter Dampf standen 023 023, 029 und 058. Nach der z-Stellung von 023 029 am 12. November 1975 waren noch 023 023 und 023 058 betriebsfähig. 023 023, als 23 023 beschildert, führte am 26. Oktober 1975 eine Abschiedsfahrt der Eisenbahnfreunde Zollernbahn von Tübingen über Sigmaringen und Tuttlingen nach Stuttgart durch. Am 28. November 1975 wurde sie von Crailsheim nach Lehrte überführt. Am 6. und 7. Dezember 1975 war sie mit der Lehrter 050 578 unter Dampf auf einer Fahrzeugschau aus Anlass des Jubiläums „140 Jahre deutsche Eisenbahn" auf dem Messebahnhof Hannover-Laatzen ausgestellt. Für den beabsichtigten Verkauf nach Holland absolvierte sie nach ihrer Rückkehr nach Lehrte am 10. Dezember 1975 eine Probefahrt als Vorspann vor einer 050 und einem VW-Leerzug nach Fallersleben; zurück zog sie rückwärts einen Leerzug nach Lehrte. Am 13. und 14. Dezember 1975 führte sie jeweils einen Sonderzug Hannover – Stadthagen – Rinteln – Löhne – Nienburg – Hannover und wurde am 15. Dezember 1975 z-gestellt. Nach der Ausmusterung am 22. Dezember 1975 wurde sie am 28. Januar 1976 an die Stoom Stichting Nederland (SSN) verkauft und am 12./13. März 1976 nach Rotterdam überführt. Mit Unterbrechungen ist die Lok bis heute betriebsfähig. 023 058 wurde ebenfalls aus Anlass des Jubiläums „140 Jahre deutsche Eisenbahn" am 6. Dezember 1975 auf einer Fahrzeugschau in Freiburg ausgestellt und anschließend in das Bw Tübingen überführt. Als eine Ulmer 050 ausfiel, übernahm sie am 18. Dezember 1975 den N 6325 (Tübingen 16:42 Uhr – Hechingen 17:22 Uhr); nach der Rückkehr als Lz wurde sie wieder im

▽ **Bild 432** • **023 070** erhielt vom 25. November bis 29. Dezember 1971 im AW Trier eine L 0-Bedarfsausbesserung, bei der u. a. zwei Einströmrohre aufgearbeitet wurden. Bei der Rücküberführung am 6. Januar 1972 nach Crailsheim nahm sie eine 044 und eine 50 mit, aufgenommen im Neckartal. AUFN.: PETER WAGNER, EISENBAHNSTIFTUNG

◁ **Bild 433**
023 016 am 13. Mai 1973 vor E 1560 aus Heidelberg im Bahnhof Bad Wimpfen, dessen historisierendes Gebäude sich harmonisch an die mittelalterliche Stauferpfalz aus dem 13. Jahrhundert anfügt. Das Wahrzeichen der Stadt, der 58 m hohe Blaue Turm als westlicher Bergfried, dominiert das Ensemble.

◁ **Bild 434**
Das Personal kehrt am 13. Februar 1972 nach der Mittagspause zu seiner **023 065** im Bahnhof Osterburken zurück. Um 12:25 Uhr wird es mit N 2342 nach Heidelberg gehen. Am gegenüberliegenden Bahnsteig wartet ein 798 vom Bw Heidelberg auf die Weiterfahrt.

Aufnahmen (2): Burkhard Wollny

◁ **Bild 435**
Zwei ganz unterschiedliche Produkte der deutschen Lokomotivindustrie aus den fünfziger und sechziger Jahren am 17. März 1973: Im Bahnhof Ellwangen überholt 221 145 (Krauss-Maffei 1965) vom Bw Villingen mit D 750 (Hof – Straßburg) den Anschluss abwartenden N 3531 (Crailsheim – Ulm) mit 023 042 (Henschel 1954). Am Hausbahnsteig ist das früher obligatorische Elektrowägelchen für das Expressgut im Einsatz.

Aufnahme: Herbert E. Stemmler

△ **Bild 436** • Das Bild riecht förmlich nach Dampf, Kohle und Schmieröl! 050 641 und **023 019** am 20. November 1971 im Bw Heilbronn. AUFNAHME: BURKHARD WOLLNY

Bw Tübingen abgestellt. Die vorerst letzte Fahrt einer 023 fand am 28. Dezember 1975 statt: Die Eisenbahnfreunde Zollernbahn veranstalteten einen Sonderzug von Tübingen über Ulm nach Schaffhausen und zurück nach Ulm. Abends fuhr die Lok Lz nach Crailsheim. Die z-Stellung erfolgte am 30. Dezember 1975, die Ausmusterung war von der HVB etwas voreilig auf den 22. Dezember 1975 festgesetzt. Es sollte bis 1985 dauern, bis wieder eine 023 auf Gleisen der DB unterwegs war (23 105). Nach dem Verkauf an die Eurovapor am 29. Dezember 1975 wurde die Lok erst am 27./28. Juli 1977 in Güterzügen von Crailsheim nach Wil in der Schweiz überführt. Seit 2021 ist 23 058 nach teilweise längeren Unterbrechungen wieder in Betrieb.

Man muss in den Betriebsbögen der Crailsheimer 23 lange nach Monatsleistungen über 7.000 km suchen. Dazu ist anzumerken, dass die Werte nur noch gerundet aufgezeichnet wurden. Kohleverbrauchswerte fehlen völlig. Zur Entlastung der Crailsheimer muss darauf hingewiesen werden, dass die von der HVB für die Erfassung der wesentlichen Leistungsparameter zur Verfügung gestellten Betriebsbogen-Vordrucke ab 1963 nur noch Angaben zu Monat, Betriebstagen, km im Monat, km seit der letzten Untersuchung und „Bemerkungen" vorsahen. In der Prioritätenliste der DB waren die Dampflokomotiven auf den letzten Platz abgerutscht.

Lok-Nr.	Monat	km
23 001	11.70	8.300
23 002	04.70	7.900
23 005	08.71	7.200
23 012	10.69	7.700
23 021	11.67	8.435
23 054	08.66	10.235

Die letzten Crailsheimer 023, unter ihnen nur eine Mischvorwärmer-023, und ihr Verbleib (erhaltene Loks fett):

023 002 Letztmals 13 Betriebstage im August 1975 mit 2.000 km, z 29.09.75 (lose Radreifen), + 30.10.75 verschrottet Bw Crailsheim 06.76

023 016 Letztmals drei Betriebstage im Juni 1975 mit 400 km, z 05.06.75 + 26.06.75, verschrottet AW Offenburg 1976

023 018 z 14.08.75, + 30.10.75, verschrottet Bw Crailsheim 10.76

023 019 Letztmals 23 Betriebstage 5/1975, 5.600 km

023 021 Letztmals 21 Betriebstage im Juni 1975, Entgleisung 06.75 Crailsheim, Vorlaufachse verbogen, z 22.07.75, + 21.08.75, verschrottet AW Offenburg 1976

023 023 z 15.12.75, + 22.12.75

023 029 z 12.11.75 (lose Radreifen), + 22.12.75

023 039 Letztmals ein Betriebstag im Juni 1975 mit 100 km, z 05.06.75, + 26.06.75, verschrottet AW Offenburg 1976

023 042 z 29.09.75, + 30.10.75

023 058 z 30.12.75, + 30.12.75

Somit beendete die DB die Dienstzeit ihrer letzten Neubau-Dampflok noch vor den älteren Baureihen aus den dreißiger Jahren (042, 043, 044 und 050-053)!

Von der gesamten Baureihe waren in einem Zeitraum von 9 ½ Jahren 58 Lokomotiven (55 %) beim Bw Crailsheim beheimatet. Nach Saarbrücken die höchste bei der DB erreichte Zahl.

Das Ende der 023 wurde von bemerkenswerten Sonderzugeinsätzen begleitet:

023 019, 15.06.75: Stuttgart – Hof – Nürnberg mit 012 061, anschließend Verbleib im DDM
023 023, 26.10.75: Stuttgart – Tübingen – Ebingen – Sigmaringen – Rottweil – Stuttgart (EFZ)
023 058, 28.12.75: Tübingen – Ebingen – Sigmaringen – Ulm

Alle erhaltenen 23er waren zeitweise beim Bw Crailsheim zu Hause, fünf davon hatten ihren Dienst bei diesem Bw beendet. Derzeit sind fünf 23er betriebsfähig:

023 019 **023** 029 **042** **058** **071** **076** 105

Nach dem Ende des 023-Einsatzes musste sich die Werkstatt des Bw Crailsheim wegen Personalüberhang notgedrungen überwiegend mit der Verschrottung von Dampflokomotiven beschäftigen. Von Oktober 1975 bis Februar 1977 wurden sechs 023 zerlegt: 023 002, 012, 018, 020, 024 und 040. Insgesamt gelangten in Crailsheim 25 Dampflokomotiven in den Verwertungskreislauf.

◁ **Bild 437**
Heidelberg war der westlichste Zielbahnhof der Crailsheimer 23. Dort gehörten sie von 1966 bis 1975 zum alltäglichen Erscheinungsbild. Die Mischvorwärmer-23 055 ist im September 1968 vor einem Personenzug aus Neckarelz eingetroffen.

Aufnahme: Robin Fell, Eisenbahnstiftung

◁ **Bild 438**
An einem heißen Sommertag verlässt 023 005 am 20. Juli 1969 mit dem N 3847 den Bahnhof Lauda. Das alte Stellwerk wurde noch vor dem Dampfende abgerissen.

Aufnahme Albert Schöppner, Archiv Jörg Sauter

◁ **Bild 439**
Im Bereich der ehemaligen badischen Staatsbahnen wurden in der Regel Rechteckschuppen gebaut. Die Drehscheiben lagen abseits der Schuppenzufahrt, damit die Lokomotiven bei einem Ausfall der Drehscheibe nicht im Schuppen „eingesperrt“ waren. Am 22. Februar 1975 ist **023 067** auf der Drehscheibe in Lauda zu sehen.

Aufnahme: Sammlung EK-Verlag

△ **Bild 440** • Fahrt in den Winternachmittag im Jahr 1970 mit **023 029** bei Königshofen (Baden). Der Lokführer grüßt freundlich zum Fotografen.

▽ **Bild 441** • Beim Anblick der vereisten **23 059** am 13. Januar 1968 in Lauda fröstelt man unwillkürlich! Für die Lokmannschaft sind solche Eispanzer auf dem Triebwerk eine echte Herausforderung. Wenn gar nichts mehr hilft muss der Gasbrenner ran, der sonst die Weichen freihält. Aufnahmen (2): Albert Schöppner, Archiv Jörg Sauter

△ **Bild 442** • Eine Bilderbuchausfahrt legt **023 021** vor N 7527 (Lauda – Crailsheim) am 22. Februar 1975 in Elpersheim hin.

△ **Bild 443** • Eine unbekannte Oberflächenvorwärmer-023 verlässt im Dezember 1973 in einem Gemälde aus Dampf und Schnee den Bahnhof Crailsheim nordwärts in Richtung Lauda. Aufnahmen (2): Burkhard Wollny

▽ **Bild 444** • Der Dezember 1973 war für hiesige Verhältnis ausgesprochen schneereich. **023 050** und **023 039** haben am 15. Dezember 1973 bei Königshofen (Baden) den N 2717 von Lauda nach Bad Mergentheim am Haken. Aufnahme: Albert Schöppner, Archiv Jörg Sauter

△ **Bild 445** • Ein bei den Eisenbahnfreunden beliebtes Spektakel in Lauda war werktags außer samstags um 7:00 Uhr die Doppelabfahrt der Nahverkehrszüge 5864 (links mit **023 018**, Osterburken 5:59 Uhr – Lauda 7:00 Uhr – Würzburg 7:57 Uhr) und 5656 (rechts mit **023 023**, Lauda 7:00 Uhr – Wertheim 7:45 Uhr), hier beobachtet am 24. März 1975. Nur montags waren beide Züge mit 023 bespannt. In der Regel lieferten sich die Lokführer beider Züge ein zünftiges Wettrennen, bis sich die Strecke nach Würzburg 1,5 km hinter dem Bahnhof rechts nach Gerlachsheim wandte.

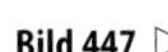

△ **Bild 446** • Die Baureihe 023 war beim Lokpersonal bekannt und geschätzt wegen ihrer vorzüglichen Anfahrzugkraft. Für die Fotografen war diese betrieblich willkommene Eigenschaft gelegentlich verbunden mit dynamischen Abfahrtsszenen, wie hier im Bild **023 042** vor N 7354 (Lauda 15:27 Uhr – Heidelberg 18:26 Uhr) am 24. März 1975 in Lauda. Aufnahmen (3): Frank Lüdecke

Bild 447 ▷ Charakteristisch für das romantische Taubertal sind die kleinen Steinwälle, welche die Felder voneinander abgrenzen. Bei Vorbachzimmern zieht **023 029** ihren N 7543 nach Crailsheim am 7. April 1975 am Fotografen vorbei. Heute ist der Aufnahmestandpunkt völlig zugewachsen und die Lok steht als Denkmal in Aalen.

△ **Bild 448** • Ein langer Güterzug hängt am 29. Dezember 1972 bei Gailenkirchen am Haken einer 50 und der Vorspannlok, einer Oberflächenvorwärmer-023.

Aufnahme: Georg Wagner

▽ **Bild 449** • Die Crailsheimer **023 048** befördert am 10. März 1974 den N 3873 von Würzburg (ab 9:29 Uhr) nach Osterburken (an 11:13 Uhr), Im Bild festgehalten zwischen Lauda und Königshofen (Baden). Sie hat bis zur z-Stellung im Juli 1974 nur noch vier Betriebsmonate vor sich.

Aufnahme: Sammlung EK-Verlag

△ **Bild 450** • Bei Königshofen (Baden) gabeln sich die Strecken von Lauda nach Crailsheim und Osterburken. Vom Bergrücken zwischen den beiden Trassen eröffnete sich in den siebziger Jahren ein herrlicher Blick in das Taubertal. Heute ist diese Fotostelle völlig zugewachsen. Im Bild **023 023**, eine der letzten Loks ihrer Baureihe, am 18. September 1975 vor N 7543 (Lauda 13:27 Uhr – Crailsheim 15:07 Uhr). Nur noch wenige Tage sollten vergehen bis zum Ende des 023-Planbetriebes. AUFNAHME: ROLF SCHULZE

▽ **Bild 451** • Bevor dieses sommerliche Bild von **023 005** vor dem N 2705 (Lauda 7:25 Uhr – Crailsheim 9:03 Uhr) am 9. August 1973 in der Ausfahrt Königshofen (Baden) entstehen konnte, musste zunächst die am frühen Morgen noch hermetisch abgeschlossene Jugendherberge in Bad Mergentheim über ein winziges Kellerfenster verlassen werden! AUFNAHME: FRANK LÜDECKE

Bild 452
Der N 7523 (Lauda 11:31 Uhr – Bad Mergentheim 11:45 Uhr) zählte zu den von den Eisenbahnfreunden besonders geschätzten Zügen, wurde er doch werktags von zwei 023 bespannt. Der größtenteils trübe Februar 1975 hielt dennoch Mitte des Monats für die zahlreich angereisten Fotografen einen sonnigen Samstag bereit, als **023 021** und **023 039** mit vereinten Kräften Edelfingen verließen.

Aufnahme: Steffen Lüdecke

Bild 453
Der Haltepunkt Unterbalbach im Taubertal bestand aus nichts als einem leicht mit Sand angeschütteten „Bahnsteig". **023 023** im Mai 1975 mit N 7532 (Bad Mergentheim 11:57 Uhr – Lauda 12:12 Uhr).

Aufnahme: Karsten Risch

Bw Crailsheim

23 001	20.06.69	–	29.12.74	z	23 037	10.06.69	–	27.05.74	z	23 063	03.06.66	–	09.06.69	
23 002	31.10.69	–	29.09.75	z	23 038	10.06.69	–	06.01.75	z	23 064	07.06.66	–	27.05.69	
23 005	24.05.69	–	01.10.74	z	23 039	01.06.67	–	05.06.75	z	23 065	10.06.66	–	10.08.72	z
23 006	17.07.68	–	11.12.72	z	23 040	30.05.69	–	01.05.75	z	23 066	19.04.66	–	05.03.69	z
23 012	10.06.69	–	22.05.75	z	23 041	01.06.67	–	21.09.70		23 067	19.04.66	–	20.03.75	z
23 016	02.12.70	–	05.06.75	z	23 042	02.03.71	–	29.09.75	z	23 068	19.04.66	–	12.03.69	z
23 018	24.12.74	–	14.08.75	z	23 044	19.06.69	–	16.11.72	z	23 069	20.05.66	–	27.06.69	
23 019	14.07.67	–	16.06.75	z	23 046	10.06.69	–	08.03.73	z	23 070	20.05.66	–	13.08.74	z
23 020	14.07.67	–	24.04.75	z	23 048	17.10.68	–	21.07.74	z	23 071	28.07.66	–	07.11.72	
23 021	14.04.67	–	22.07.75	z	23 050	23.05.69	–	28.11.74	z	23 072	20.05.66	–	25.09.72	
23 023	03.12.68	–	15.12.75	z	23 053	13.07.66	–	09.06.69		23 074	22.01.69	–	15.11.72	
23 024 (kalt abg.)	25.12.74	–	14.03.75	z	23 054	22.07.66	–	04.05.69		23 076	10.11.66	–	22.05.69	
23 027	09.03.71	–	13.02.74	z	23 055	22.07.66	–	23.07.74	z	23 083	10.10.68	–	17.06.69	
23 028	30.08.69	–	10.06.74	z	23 056	03.06.66	–	12.11.68	z	23 084	11.09.68	–	15.12.70	z
23 029	30.05.69	–	12.11.75	z	23 058	03.06.66	–	30.12.75	z	23 085	23.11.66	–	06.04.71	z
23 030	19.06.69	–	08.07.74	z	23 059	05.07.66	–	13.07.73	z	23 086	10.11.66	–	02.06.71	z
23 031	30.08.69	–	19.05.73	z	23 060	10.06.66	–	22.05.69		23 087	02.01.67	–	18.06.69	
23 032	11.07.69	–	24.08.73	z	23 061	07.06.66	–	29.12.74	z	23 088	15.11.66	–	21.11.70	z
23 033	10.09.68	–	07.11.73	z	23 062	07.06.66	–	17.06.69		23 105	27.05.68	–	17.06.69	
23 035	27.09.67	–	29.09.72	z										

Bild 454 △
Die beiden Crailsheimer Oberflächenvorwärmer-**023 005** und **023 050** überqueren am 28. Juli 1974 mit dem N 5864 (Osterburken 5:58 Uhr – Würzburg 7:57 Uhr) die Mainbrücke in Würzburg-Heidingsfeld. Eben wurden die Regler geschlossen und der Zug rollt dem Würzburger Hauptbahnhof entgegen. Im Sommerfahrplan 1974 gab es diese Vorspannleistung nur sonntags ab Lauda.

Aufnahme: Albert Schöppner, Archiv Jörg Sauter

Bild 455 ▷
023 059 verlässt mit N 3713 (Heilbronn – Crailsheim) am 14. Oktober 1972 Schwäbisch Hall.

Aufnahme: Heinz Skrzypnik

Bild 456 ▷
Im Bw Crailsheim haben sich am 3. April 1971 **023 028** und **023 006** am Wasserkran versammelt. Rechts ragt noch das Windleitblech einer 044 ins Bild. 023 006 erhielt als eine der wenigen 023 keinen Nassdampfregler mehr. Im Hintergrund erhebt sich der Sandturm von 1926, der 1983 gesprengt wurde.

Aufnahme: Georg Wagner

◁ **Bild 457**
023 012 führt den N 7511 (Lauda – Crailsheim) bei Igersheim in einen freundlichen Frühlingsmorgen. Über dem Zug erhebt sich in 329 m ü. NN die Burg Neuhaus, errichtet im 13. Jahrhundert. Die Ruine ist heute in Landesbesitz und verpachtet. Die Vorburg wird vor allem zur Pferdezucht verwendet.

Aufnahme: Georg Wagner

◁ **Bild 458**
Alle drei Traktionsarten sind im März 1975 im Bahnhof Backnang versammelt: 141 211 (BBC/Henschel 1962) vom Bw Stuttgart und 212 244 (MaK 1965) vom Bw Kornwestheim rahmen die Crailsheimer **023 023** (Jung 1952) ein, die mit dem N 5715 um 10:26 Uhr nach Schwäbisch Hall abfahren wird.

Aufnahme: Burkhard Wollny

◁ **Bild 459**
023 002 ist am 23. August 1974 um 13:18 Uhr mit N 5893 aus Würzburg im Bahnhof Lauda eingetroffen. Auf dem Nachbargleis wartet die Baureihe, welche die Nachfolge der 023 antrat: 215 103 (Henschel 1970) vom Bw Ulm.

Aufnahme: Robert Palmer, Eisenbahnstiftung

Bild 460 ▷
Für die Eisenbahnfreunde, die am Ende einer Exkursion ins 023-Land am Abend wieder mit dem Zug abreisten, war das der typische Blick zum Abschied auf das Bw Lauda und seine Dampfloks. **023 058** glänzt am 30. Dezember 1972 im letzten Licht der untergehenden Sonne vor dem Schuppen des Bw Lauda, beobachtet vom Bahnsteig aus.

Aufnahme: Georg Wagner

Bild 461 ▷
Am 27. September 1975, dem letzten Tag des planmäßigen Einsatzes der Baureihe 023 bei der Deutschen Bundesbahn, haben sich nach dem Putzen und Schmücken der Lok **023 058** im Bw Lauda die „Dampfelite" und einige Eisenbahnfreunde aus Lauda zu diesem Foto versammelt. V. l. n. r: Manfred Baumann, Hansjürgen Schulze, Hans-Karl Kunhäuser, Wilhelm Kohmünch, Karl Geier, unbekannt, Edmund Römig, Rudolf Frank, Albert Schöppner, Alfons Renk und Heinz Schulze sowie auf der Lok Alfons Herrmann und ein Rangierer.

Bild 462 ▷
Nach der Ankunft mit N 7543 aus Lauda um 15:07 Uhr, der letzten planmäßigen Fahrt einer DB-023, steht **023 058** am 27. September 1975 auf der Ausschlackgrube im Bw Crailsheim. Die Gleise im Hintergrund haben sich bereits mit einigen Schrott-Kandidaten gefüllt.

Aufnahmen (2): Albert Schöppner, Archiv Jörg Sauter

△ **Bild 463 • 023 067** vor dem Rechteckschuppen des Bahnbetriebswerkes Freudenstadt am 8. April 1974. Das Bauwerk aus dem Jahr 1892 wurde 2013 abgerissen.
Aufnahme: Klaas Vijfschagt

△ **Bild 464 •** Im Schuppen des Bw Freudenstadt steht die Crailsheimer **023 029** am 6. Juni 1974 zum nächsten Bauzugdienst bereit. Zwei Tage später ging sie zu ihrem Heimat-Bw zurück. Aufnahme: Matthias Maier

Bw Rottweil

Zwischen März 1974 und Januar 1975 waren zeitweise bis zu drei 023 des Bw Crailsheim leihweise beim Bw Rottweil, das sie von Freudenstadt aus im Bauzugdienst einsetzte.

Doch der Reihe nach: Während der Elektrifizierungsarbeiten an der Strecke Böblingen – Eutingen – Horb fuhren vor den Bauzügen zunächst Diesellokomotiven der Baureihe 236, die aber bald u. a. bei der Elektrifizierung der Verbindung Würzburg – Neckarelz, vor allem aber beim Bau der Stuttgarter S-Bahn benötigt wurden, wo aus naheliegenden Gründen Dampfloks im Tunnel unter der Stadt nicht willkommen waren. So kam bereits ab Februar 1973 die Crailsheimer 064 491 leihweise nach Rottweil, wo die letzten 038, 050-053 und 078 im Plandienst standen. Für die gestiegenen Az-Dienste im Raum Horb trafen am 24. März 1974 die beiden Mischvorwärmer-023 067 und 070 aus Crailsheim in Rottweil ein.

Ab Juli 1974 war 023 067 wieder als Bauzugreserve in Freudenstadt. Schließlich kam noch 023 002 im Dezember 1974 nach Freudenstadt, wo sie zeitweise beim Abbau des zweiten Gleises zwischen Calw und Calw-Heumaden Arbeitszüge fuhr. Am 30. Dezember 1974 befand sie sich im Bw Rottweil, das sie im Lauf des Vormittags Lz nach Freudenstadt verließ. Für Fristarbeiten und zum Auswaschen suchten die von Freudenstadt aus eingesetzten 023 stets das Bw Rottweil auf, da in Freudenstadt die Dampflokunterhaltung bereits zum 1. April 1967 beendet wurde.

Bild 465 ▷
Erst vor fünf Tagen aus Crailsheim eingetroffen: **023 067** und **023 070** am 29. März 1974 in Freudenstadt.

Aufnahme: Matthias Maier

Bild 466 ▷
023 002 (Bw Crailsheim), von Dezember 1974 bis Januar 1975 leihweise beim Bw Rottweil im Arbeitszugdienst, verlässt am 30. Dezember 1974 das Bw vor dem bekannten Fachwerk-Schuppen Lz nach Freudenstadt.

Aufnahme: Frank Lüdecke

Bild 467 ▷
Feierabendruhe am 30. März 1974 im Bw Freudenstadt: **023 070** neben der Rottweiler 038 382.

Aufnahme: Klaas Vijfschagt

◁ **Bild 468**
Im Bauzugdienst bei Wurmlingen kurz vor Tuttlingen begegnet **023 067** der Haltinger 215 138 (Henschel 1970), August 1974.

In der Folge wurden die Lokomotiven häufig getauscht, wobei Crailsheim in erster Linie Loks schickte, die in keinem allzu guten Zustand waren. Selten kamen die 023 auch im Reisezugdienst zum Einsatz: Als die letzte P 8 der DB, die Rottweiler 038 772, vom 14. bis 22. August 1974 in Reparatur war (Warten auf Ersatzteil, Achsreparatur), fuhr die Crailsheimer 023 039 als 038-Ersatz am Montag, dem 19. August 1974 im Umlauf mit dem E 3652. An den folgenden drei Montagen lief 023 039 ebenfalls in diesem Plan und erhielt damit den Vorzug vor der Baureihe 050-053, welche die Fahrzeiten des E 3652 nicht halten konnte (V_{max} 110 km/h, Reisegeschwindigkeit Eutingen – Herrenberg 93,6 km/h und Herrenberg – Böblingen 94,2 km/h). Am letzten Montag des Sommerfahrplans (23. September 1974) lief 023 058 am E 3652. Mit Eröffnung des elektrischen Betriebes zwischen Böblingen und Horb am 26. September 1974 endete diese Leistung. Schließlich konnte 023 058 am 22. September 1974 vor dem sonntäglichen N 6140 (Freudenstadt 16:00 Uhr – Horb 16:50 Uhr, Kopfmachen in Eutingen) beobachtet werden. Matthias Maier berichtet im Historischen Forum, dass sie anschließend vor dem N 6147 (Horb 18:17 Uhr – Freudenstadt 19:30 Uhr, Kopfmachen in Eutingen, Rauchkammer Richtung Freudenstadt) zurückkehrte.

Leihweise beheimatet in Rottweil (Einsatzstelle Freudenstadt) waren:

023 002	12.74 – 01.75
023 021	08.06.74 – 27.07.74
023 029	30.04.74 – 08.06.74
023 039	11.04.74 – 19.09.74
023 058	19.09.74 – 25.11.74
023 061	11.04.74 – 30.04.74
023 067	24.03.74 – 11.04.74
	27.07.74 – 12.74
023 070	24.03.74 – 11.08.74

△ **Bild 469 • 023 067** im August 1974 mit Bauzug in Wurmlingen. Der ovale Schornstein der späteren Serien kommt gut zur Geltung. AUFNAHMEN (2): HEINZ-JÜRGEN GOLDHORN

Bild 470 ▷
Die Fahrleitungsmasten stehen, alles ist bereit für die Eröffnung des elektrischen Betriebes. Noch gibt es einige Dampfleistungen: **023 039** vom Bw Crailsheim, leihweise beim Bw Freudenstadt, verlässt am 13. September 1974 vor N 5953 (Böblingen 16:39 Uhr – Horb 17:27 Uhr) den Bahnhof Ehningen. Der Heizer hat einige Schaufeln Kohle aufgelegt, es wird etwas dauern, bis bei der geringen Beanspruchung der Lok das Feuer gut durchgebrannt ist.

Aufnahme: Andreas Illgen

Bild 471 ▷
023 067 am 2. April 1974 mit Bauzug bei Eutingen.

Aufnahme: Klaas Vijfschagt

Bild 472 ▷
Hochbetrieb mit Crailsheimer 023 in Horb! Am 30. Mai 1974 sind **023 070** und **023 029** (hinten) mit ihren Bauzügen unterwegs.

Aufnahme: Georg Wagner

△ **Bild 473 • 023 067** erhält am 29. März 1974 in Freudenstadt mit dem Fuchs-Kran frische Kohle. Aufnahme: Matthias Maier

△ **Bild 474 •** Die Bestwiger 23 kamen über die Obere Ruhrtalbahn bis Hagen. Das Bahnbetriebswerk Hagen Gbf, direkt unterhalb eines Wohngebietes gelegen, wurde von den Bestwiger 23 planmäßig als Wende-Bw angefahren. Im Bild **023 014** am 13. Juni 1969. Welcher Dampflok-Fan hätte nicht gerne ein Zimmer mit Blick auf das Bw bewohnt? Aufnahme: Ulrich Budde

△ **Bild 475** • Die Bestwiger **23 045** hat am 20. Oktober 1967 den P 2232 nach Hagen gebracht und wird nun im Bw Hagen Gbf für die Rückfahrt vorbereitet. Zwei Monate später wurde ihr Heißdampf-Mehrfachventilregler aus- und ein Nassdampfregler eingebaut. Aufnahme: Ulrich Budde

BD Wuppertal

Bw Bestwig

Die zum Hochsauerlandkreis gehörende Gemeinde Bestwig (10.525 Einwohner am 31. Dezember 2020) liegt an der Ruhr und am Rande des Arnsberger Waldes. Mit dem Bau eines Bahnhofs an der Oberen Ruhrtalbahn in der zweiten Hälfte des 19. Jahrhunderts entwickelte sich der kleine Ort (625 Einwohner im Jahr 1905) zu einer Eisenbahnergemeinde. Das Bahnbetriebswerk Bestwig nahm seine bis in die späte Dampflokzeit bekannte Gestalt im Jahr 1918 an, als man damit begann, etwa 400 Meter westlich der alten Lokomotivstation von 1873 einen neuen zehnständigen Ringlokschuppen mit einer größeren 20-m-Drehscheibe zu errichten. 1924 wurden die Anlagen dem Betrieb übergeben. Bestwig war zum damaligen Zeitpunkt Heimat-Betriebswerk der preußischen Typen P 8, G 8[1], G 10, G 12 und T 14.

Die deutsche Teilung bedeutete für das Bw Bestwig durch den zum Erliegen gekommenen Ost-West-Güterverkehr eine empfindliche Reduzierung seiner Traktionsaufgaben. Am 29. September 1968 wurde das Bw Hagen Gbf zur Außenstelle des Bw Bestwig. Die letzten Dampflokomotiven verließen das Bw 1972.

Am 1. April 1982 verlor das Bw seinen Status als selbstständige Dienststelle und wurde dem Bw Hagen-Eckesey als Personaleinsatzstelle angegliedert. Die Drehscheibe und das Dach des Ringlokschuppens wurden abgebaut. Bis Ende der neunziger Jahre wurden die Gleisanlagen des Bw noch zum Abstellen und Betanken von Dieselloks genutzt. Inzwischen dienen die Gleise DB Regio NRW zur Reinigung, Betankung und Abstellung ihrer Triebwagen.

Die in Bestwig dominierende Baureihe für den Personenzugdienst war bis zum Erscheinen der 23 die Baureihe 38^{10} (preußische P 8), die in weit über 20 Lokomotiven vertreten war.

Ab Sommerfahrplan 1964 wurde Bestwig zum Auslauf-Bw für die P 8 der Direktion Wuppertal. Die abgewirtschafteten und z. T. über 45 Jahre alten Maschinen bedurften dringend der Ablösung. Diese traf zwischen Mai und September 1965 in Gestalt der Baureihe 23 ein, die bei anderen Bw vor dem Hintergrund des voranschreitenden Traktionswandels nicht mehr benötigt wurde:

23 013	17.05.65 von Siegen
23 079	20.05.65 von Krefeld, 22.09.65 nach Emden
23 089	20.05.65 von Krefeld, 23.09.65 nach Emden
23 093	24.05.65 von Krefeld, 04.06.65 nach Emden
23 090	25.05.65 von Krefeld, 23.09.65 nach Osnabrück Rbf
23 014	30.05.65 von Siegen
23 015	30.05.65 von Siegen
23 026	30.05.65 von Siegen
23 027	30.05.65 von Siegen
23 016	31.05.65 von Gießen
23 017	31.05.65 von Gießen
23 018	31.05.65 von Gießen
23 045	04.06.65 von Emden
23 048	05.08.65 von Mönchengladbach
23 049	05.08.65 von Mönchengladbach
23 042	24.09.65 von Mönchengladbach
23 043	24.09.65 von Mönchengladbach

Ob die Mischvorwärmer-23 in Bestwig von Anbeginn übel beleumundet waren oder erste Fahrversuche ernüchternd ausfielen ist heute nicht mehr feststellbar. Gesicherte Erkenntnis ist allerdings, dass die ehemaligen Krefelder 23 079 und 23 089 während ihrer kurzen Stationierung in Bestwig nur im Mai 1965 einige wenige Kilometer gelaufen sind und die gesamten Monate Juni, Juli und August 1965 als Reserve abgestellt waren. Auch die Zeit im September bis zur Abgabe nach Emden verbrachten sie auf dem Abstellgleis. Jedenfalls gelang es dem Dienststellenleiter in einer geschmeidigen Aktion, die eben erst zugeteilten vier Mischvorwärmer-23 geräuschlos und zeitnah nach Emden und Osnabrück Rbf weiterzureichen. Dafür kamen die Oberflächenvorwärmer-Loks 23 045 aus Emden und 23 042, 043, 048 und 049 aus Mönchengladbach. Mit diesem Bestand von dreizehn Loks, alle mit Oberflächenvorwärmer,

30.09.1965 (13)

23	013	014	015	016	017
	018	026	027	042	043
	045	048	049		

konnte ein sinnvoller Dienstplan aufgestellt werden, der sich im Wesentlichen auf eine Strecke konzentrierte: Kassel – Warburg – Brilon Wald – Bestwig – Arnsberg – Fröndenberg – Schwerte – Hagen. Dazu kamen noch Leistungen zwischen Warburg und Altenbeken und auf der Stichstrecke Bestwig – Winterberg. Der 5-tägige Dienstplan 53.01, gültig ab dem 3. Januar 1966, sah die Bestwiger 23 u. a. vor E 529/E 530 im Abschnitt Scherfede – Kreiensen (über Ottbergen) u.z., eine ehemalige Leistung der 03^{10} des Bw Hagen-Eckesey. Der zweite Dienstplan 53.02 hatte vier Umlauftage. Im ab 22. Mai 1966 gültigen Dienstplan 53.01 wurden sechs Lokomotiven benötigt, die im Schnitt 317 km pro Tag zurücklegten. Die Spitze wurde am Tag 1 vor Eil- und Personenzügen zwischen Hagen, Bestwig und Warburg mit 503 km ausgefahren. Im zweiten dreitägigen Dienstplan 53.02 liefen drei Loks mit nur 199 km pro Tag. Gefahren wurden die Loks von Personalen des Heimat-Bw, des Bw Schwerte und der Außenstelle Warburg.

Die erste Abstellung einer 23 beim Bw Bestwig und bei der DB überhaupt betraf 23 013, die am 5. Dezember 1966 nach einem Treibstangenbruch zwischen Warburg und Kassel z-gestellt und bereits am 24. Februar 1967 ausgemustert wurde. Ein paar Jahre zuvor wäre dieser Schaden sicherlich noch ausgebessert worden. Mit 31 Maschinen war am Jahresende 1966 die Baureihe 50 in Bestwig am stärksten vertreten und ergänzte die Baureihe 23 im Reisezugdienst.

Ab Sommerfahrplan 1967 wurde der gesamte 23-Einsatz im 9-tägigen Dienstplan 53.01 zusammengefasst, in dem durchschnittlich 274 km pro Tag erreicht wurden. Die Spitzenleistung von nur noch 413 km verzeichnete wiederum der Tag 1 zwischen Hagen, Bestwig, Warburg und Altenbeken. Auf den Lokomotiven fuhren Personale des Heimat-Bw und der Außenstelle Warburg. Gegenüber anderen Bw fielen die Bestwiger 23-Leistungen deutlich niedriger aus: Das begrenzte Einsatzgebiet und das Fehlen jeglicher Schnellzugleistungen hinterließ seine Spuren in den Laufplänen.

Ein weiterer Abgang war 23 043, die nach einem Unfall mit Brandschaden am 24. September 1967 z-gestellt und am 12. März 1968 ausgemustert wurde. Ihren Kessel erhielt am 19. Juni 1968 im AW Trier die Bestwiger 023 042, der einzige Kesseltausch, der jemals bei der Baureihe 23 stattfand.

Damit war der Bestand mit Beginn des Winterfahrplans am 24. September 1967 auf elf Lokomotiven geschrumpft:

24.09.1967 (11)

23	014	015	016	017	018
	026	027	042	045	048
	049				

Der Rückgang des Einsatzbestandes hatte eine Kürzung des Dienstplans 53.01 auf

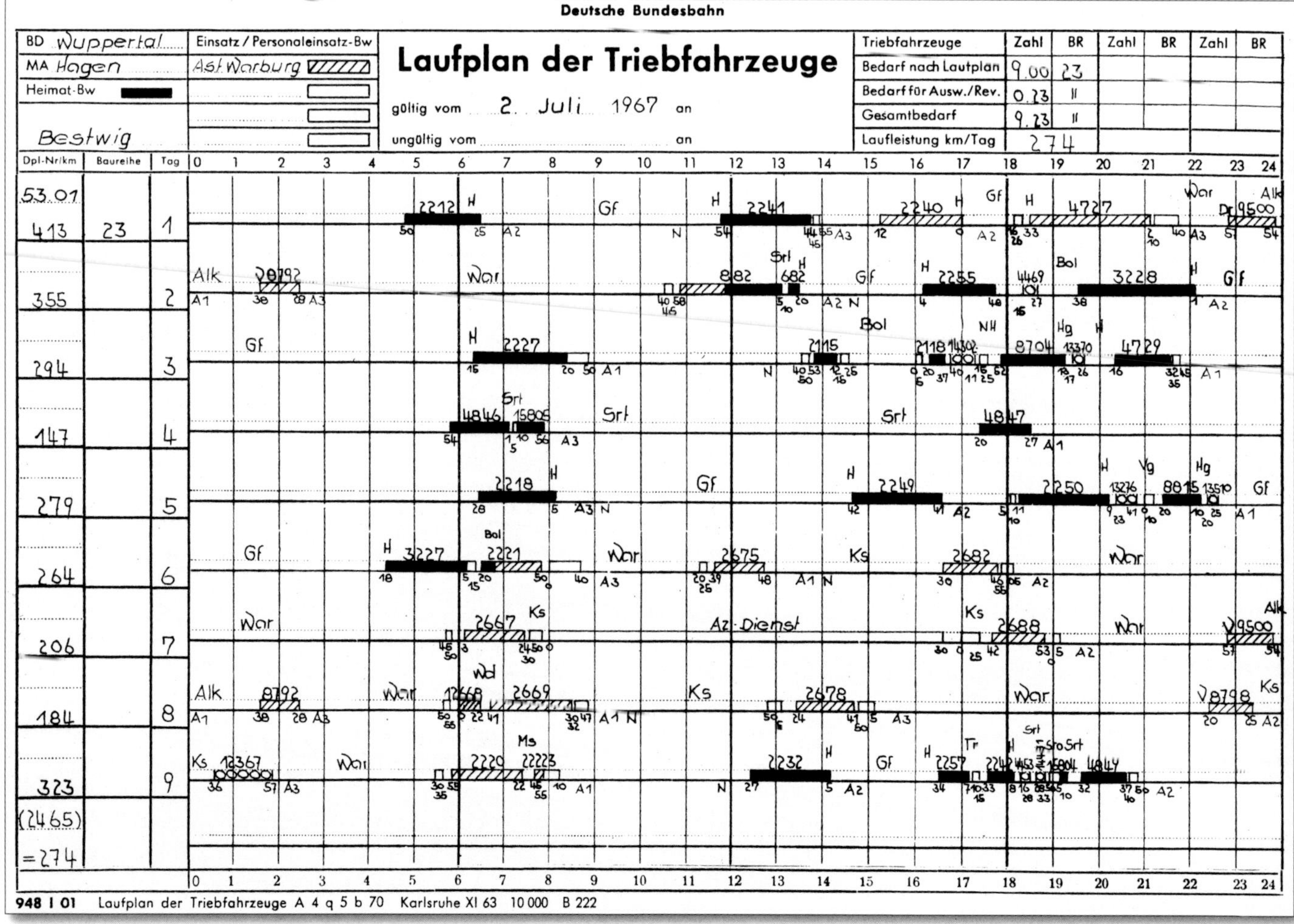

△ **Bild 476** • Laufplan des Bw Bestwig für den Sommerfahrplan 1967.

Abbildung: Sammlung Hans-Jürgen Wenzel

Bild 477 ▷
23 049 (Bw Bestwig) wartet im Oktober 1965 in Warburg vor P 2675 auf die Abfahrt.

AUFNAHME: CARL BELLINGRODT, SAMMLUNG HANS-JÜRGEN WENZEL

Bild 478 ▷
In Grebenstein zwischen Kassel und Warburg begegnen sich am 21. März 1967 die Bestwiger **23 015** vor N 2678 und ein VT 24[6] vom Bw Osnabrück Rbf.

AUFNAHME: HERBERT E. STEMMLER

Bild 479 ▷
23 014 (Bw Bestwig) stand bereits 1954 Pate für das gleichnamige Märklin-Modell, das Ende der fünfziger Jahre auch schon stolze 39 DM kostete. Gut zu erkennen ist in dieser Aufnahme vom 10. August 1968 im Bw Hagen Gbf, dass über dem Führerhaus der Lok nachträglich ein überstehender Regenschutz angebaut wurde. Der Kessel ist bereits am 3. April 1968 im AW Bremen auf einen Nassdampf-Regler Bauart Wagner umgebaut worden, was am fehlenden Reglergestänge erkennbar ist.

AUFNAHME: WOLFGANG BÜGEL, EISENBAHNSTIFTUNG

◁ **Bild 480**
23 096 war die einzige Mischvorwärmer-23, die länger als ein halbes Jahr in Bestwig stationiert war. Erst vor zwei Wochen aus Emden in Bestwig eingetroffen, führt sie am 19. Oktober 1968 bei Geisecke mit der charakteristischen Dampffahne über der Rauchkammer den P 2230.

AUFNAHME: HELMUT DAHLHAUS

◁ **Bild 481**
23 089, im Bild am 27. Mai 1965 vor einem Personenzug bei Fröndenberg, war nur vier Monate von Mai bis September 1965 in Bestwig beheimatet. Die Aufnahme zeigt sie an einem der wenigen Betriebstage in Diensten des Bw Bestwig. Bis zur Abgabe nach Emden im September 1965 stand sie nur in Reserve.

AUFNAHME: MANFRED VAN KAMPEN, EISENBAHNSTIFTUNG

◁ **Bild 482**
Hagen war der westliche Endpunkt des Einsatzgebietes der Bestwiger 23. Am 25. Juni 1967 steht **23 027** vor E 4727 nach Bestwig in Hagen Hbf zur Ausfahrt bereit.

AUFNAHME: HELMUT DAHLHAUS

△ **Bild 483** • Das Hochsauerland gilt als beliebtes und schneesicheres Wintersportgebiet. Der Eisenbahnbetrieb hat daher häufig mit winterlichen Wetterbedingungen zu kämpfen. **23 018** erhält im Jahr 1967 vor einem stattlichen Eilzug in Bestwig den Abfahrauftrag. Aufnahme: Peter Driesch, Sammlung Stefan Carstens

△ **Bild 484** • Aus einer bunten Mischung von Vorkriegs- und Umbauwagen besteht der E 682 nach Hagen Hbf am 23. Oktober 1965, gezogen von **23 016** in der Ausfahrt Bestwig. Die 23 ist erst im Frühjahr 1965 aus Gießen nach Bestwig gekommen. Der E 682 war im Winterfahrplan 1968/69 im Abschnitt Schwerte – Hagen mit einer Reisegeschwindigkeit von 93,33 km/h einer der schnellsten mit der Baureihe 023 bespannten Reisezüge. Aufnahme: Helmut Dahlhaus

△ **Bild 485 •** Auf dieser Seite zeigen sich die Frontpartien verschiedener Bestwiger Oberflächenvorwärmer-23. **23 014** am 10. Juli 1967 im Heimat-Bw Bestwig. Über dem Umlaufblech öffnet sich der Blick auf den Rauchkammerträger.

Aufnahme: Klaus D. Holzborn, Eisenbahnstiftung

△ **Bild 486 • 23 042** (Bw Bestwig) am 11. September 1968 in Schwerte. Seit Juni 1968 trägt sie den Kessel der ausgemusterten 23 043.

Aufnahme: Ludwig Rotthowe, Stiftung Eisenbahnmuseum Bochum

▽ **Bild 487 • 23 015** vom Bw Bestwig am 25. Juli 1967 im Bw Hagen Gbf. Am 29. September 1968 wurde das Bw als eigenständige Dienststelle aufgelöst und zur Außenstelle des Bw Bestwig herabgestuft. Ab Herbst 1970 entstand auf dem Areal ein Containerbahnhof, der bis 2005 in Betrieb war.

Aufnahme: Dr. Hans-Jürgen Vorsteher, Eisenbahnstiftung

▽ **Bild 488 • 023 049** vom Bw Bestwig am 6. September 1969 im Bw Warburg.

Aufnahme: Wilfried Kohlmeier

Bild 489 ▷
Soeben neu in Bestwig eingetroffen: Die ehemalige Emder **23 096**. Vom früheren Warmwasserspeicher des Heinl-Mischvorwärmers unter der Rauchkammer ist nur noch die Aufhängung für den Mischvorwärmer MV 1957 übriggeblieben. Das Aufnahmedatum ist unbekannt. Nachdem die Lok bereits den zweiten Indusi-Magneten für Rückwärtsfahrt trägt, der am 12. Oktober 1967 im AW Trier eingebaut wurde, die Lok aber noch eine alte Nummer trägt und zudem erst ab 4. Oktober 1968 in Bestwig beheimatet war, dürfte der Aufnahmezeitpunkt zwischen Oktober 1968 und Frühjahr 1969 liegen.

AUFNAHME: LUDWIG ROTTHOWE, STIFTUNG EISENBAHNMUSEUM BOCHUM

Bild 490 ▷
Die Bestwiger **23 027** und **23 049** im westlichen Wende-Bw Hagen Gbf am 25. Juni 1967.

AUFNAHME: KLAUS D. HOLZBORN, EISENBAHNSTIFTUNG

Bild 491 
Das an der Hauptbahn Kassel – Altenbeken – Paderborn gelegene Bw Warburg erreichten die Bestwiger 23 auf der Nebenbahn über Brilon Wald und Marsberg. Die etwas heruntergekommene **23 027**, die am 22. Januar 1969 ihre Wasservorräte ergänzt, ist bereits mit einem Nassdampfregler ausgerüstet.

AUFNAHME: EISENBAHNSTIFTUNG

◁ **Bild 492**
Am 10. November 1968 präsentieren sich drei Maschinen des Bw Bestwig heftig dampfend im Bw Hagen-Gbf: **23 016, 018** und **017**.

AUFNAHME: HELMUT DAHLHAUS

sieben Tage zur Folge, in dem durchschnittlich 284 km pro Tag mit der Spitze am Tag 1 von 407 km erreicht wurden. Weiterhin taten Personale des Heimat-Bw und der Außenstelle Warburg Dienst auf den Loks. Ab Sommerfahrplan 1968 wurde dieser Dienstplan wieder auf acht Tage ausgeweitet mit durchschnittlich 299 km am Tag und der Spitzenleistung am Tag 1 von 413 km zwischen Hagen, Bestwig und Warburg. Hochwertigste Leistung war weiterhin der E 4727 von Hagen nach Warburg.

Der Aufbau einer zahlenmäßig starken Gruppe mit den neuen Diesellok-Baureihen 215, 216, 217 und 218.0 beim Bw Hagen Eckesey kündete vom bevorstehenden Ende des Bestwiger 023-Einsatzes. 023 048 rollte am 25. August 1968 zur L 2 ins AW Trier und kehrte von dort nicht mehr zurück, sondern ging anschließend nach Crailsheim. Am 4. Oktober 1968 erhielt der Bestand noch einmal Verstärkung durch die Mischvorwärmer-023 096 aus Emden. Bald darauf wurde 023 015 ein knappes Jahr vor Ablauf der Kesselfrist am 13. Januar 1969 z-gestellt.

Obwohl die Anzeichen des Niedergangs nicht zu übersehen waren, schafften es die Bestwiger 023 im Winterfahrplan 1968, sich auf den vorderen Rängen der Liste der schnellsten mit Baureihe 023 bespannten Schnell-, Eil- und Personenzüge zu etablieren:

1968/69	E 682, tgl Schwerte – Hagen Reisegeschw. 93,33 km/h	bis 01.69
1969 Wi	E 1896, tgl Schwerte – Hagen Reisegeschw. 93,33 km/h Diesel-Ersatzplan	

Am 15. Januar 1969 waren noch folgende Loks im Bestand:

15.01.1969 (10)

023 014	016	017	018	026
027	042	045	049	096

Gleichwohl enthielt der Dienstplan 53.01 ab dem 2. Januar 1969 immer noch acht Umlauftage, in dem angesichts der gesunkenen Zahl von 023ern und des großen Bestandes

△ **Bild 493** • Geballte Dampf-Power im Bw Warburg im Juli 1966: **23 049** (Bw Bestwig), 50 2339 ebenfalls aus Bestwig, 03 1045 vom Bw Hagen-Eckesey und 44 435 vom Bw Paderborn. Bereits 1959 wurde das Bw Warburg als selbständige Dienststelle aufgelöst und dem Bw Bestwig als Außenstelle angegliedert. AUFN.: KURT ECKERT, EISENBAHNSTIFTUNG

Bild 494 ▷
23 049 (Bw Bestwig) auf der Drehscheibe des Bw Hagen Gbf. Der Fotograf hat als Aufnahmedatum den 15. Juli 1965 vermerkt, was zweifelhaft erscheint, denn die Lok kam erst am 5. August 1965 aus Mönchengladbach zum Bw Bestwig.

Aufnahme: Rolf Wiemann, Eisenbahnstiftung

an Hagener Loks der 216-Familie sicher auch Dieselloks mitgefahren sind. Immerhin wurden am Tag noch durchschnittlich 308 km erreicht mit der Spitze am Tag 5 von 415 km zwischen Hagen, Warburg und Kassel. Im Plan war auch die Ng-Leistung Hamm – Altenbeken – Warburg mit 9500/8780. Auf der Strecke nach Hagen waren u. a. noch die Eilzüge E 682 (an Werktagen), E 685, E 882, P 4727 und P 4829 (an Werktagen) vertreten. Die nächste Abstellung traf 023 045, die am 25. Juni 1969 z-gestellt und im Winter 1969/70 zusammen mit 051 239 in Düsseldorf Hbf als Heizlok eingesetzt wurde. Einen letzten Zugang verzeichnete der 023-Bestand am 20. Juni 1970 mit 023 097 aus Hameln.

Die Bestwiger 023 wurden nie durch hohe monatliche Laufleistungen auffällig. Im Gegenteil. Ein Blick in die Betriebsbögen bringt ernüchternde Werte hervor, insbesondere in den letzten Einsatzmonaten:

23 014	Mai 1965 bis Mai 1966: durchschnittlich 3.933 km/Monat
23 043	Mai 1965 bis Mai 1966: durchschnittlich 3.335 km/Monat
23 048	1967: durchschnittlich 5.029 km/Monat
023 015	1968: durchschnittlich 5.717 km/Monat
023 026	1969: durchschnittlich 5.308 km/Monat
023 016	1969: durchschnittlich 4.908 km/Monat
023 027	1970: durchschnittlich 3.192 km/Monat

Die Kilometer-Angaben in den Betriebsbögen sind, wie ab 1967 in vielen Bw üblich, nur noch gerundet. Kohleverbräuche wurden ab 1967 nicht mehr dokumentiert.

Der letzte 4-tägige Dienstplan, gültig ab 27. September 1970, sah die Bestwiger 023 noch mit durchschnittlich 208 km pro Tag im Einsatz. Davon waren zwei Tage überwiegend dem Arbeitszug-Dienst (Az) vor-

△ **Bild 495** • Der völlig vereiste Tender von **23 026** im Heimat-Bw Bestwig, 18. Februar 1961. Der Heizer war beim Auffüllen der Schmiergefäße nicht zu beneiden. Aufnahme: Peter Driesch, Sammlung Stefan Carstens

△ **Bild 496** • Bei Silbach kämpft sich **23 027** vom Bw Bestwig am 8. Februar 1969 auf der verschneiten Steigung Richtung Winterberg. Die Wintersportler im Zug dürften sich über die weiße Pracht ebenso gefreut haben wie der Fotograf.

AUFNAHMEN (3): LUDWIG ROTTHOWE, STIFTUNG EISENBAHNMUSEUM BOCHUM

△ **Bild 497** • Am letzten Tag des Jahres 1968 sah Ludwig Rotthowe beim Blick aus dem Abteilfenster bei Siedlinghausen die Bestwiger **23 096**, die sich durch das verschneite Sauerland in Richtung Winterberg vorankämpft.

△ **Bild 498** • Am Silvestertag des Jahres 1968 gelang Ludwig Rotthowe am Bw Bestwig diese eindrucksvolle Momentaufnahme des Winters im Hochsauerland mit **23 014**. Bevor moderne Heizungen die Weichen frei hielten, war harte manuelle Arbeit erforderlich, um einen sicheren Eisenbahnbetrieb zu gewährleisten.

behalten. Für diesen letzten Aufgalopp standen noch folgende 023 mehr oder weniger einsatzfähig zur Verfügung:

27.09.1970 (7)

023 014 016 027 042 049 096 097

Bw Bestwig					
23 013		17.05.65	–	05.12.66	z
23 014		30.05.65	–	29.09.70	
23 015		30.05.65	–	13.01.69	z
23 016		31.05.65	–	01.11.70	
23 017		31.05.65	–	01.02.70	z
23 018		31.05.65	–	23.09.70	
23 026		30.05.65	–	25.09.70	
23 027		30.05.65	–	08.03.71	
23 042		24.09.65	–	17.01.71	
23 043		24.09.65	–	24.09.67	z
23 045		04.06.65	–	25.06.69	z
23 048		05.08.65	–	25.08.68	
23 049		05.08.65	–	01.11.70	
23 079		20.05.65	–	22.09.65	
23 089		20.05.65	–	22.09.65	
23 090		25.05.65	–	23.09.65	
23 091	leihweise	27.11.67	–	31.03.68	
23 093		24.05.65	–	03.06.65	
23 096		04.10.68	–	31.01.71	
23 097		20.06.70	–	28.01.71	

△ **Bild 499** • Wo sich heute ein desolates Brachgelände vor dem Auge des Betrachters ausbreitet, erhoben sich einst die mächtigen Anlagen des Bahnbetriebswerkes Kassel-Bahndreieck. Am 6. Juni 1970 wird die Bestwiger **023 014** unter der Hochbekohlung mit frischen Vorräten versorgt. Aufnahme: Manfred Kübler, Sammlung Rolf Schulze

▽ **Bild 500** • Wir werfen am 2. Juni 1968 im Bw Kassel einen Blick auf zwei Dampflok-Baureihen der Deutschen Bundesbahn, deren Erscheinungsbild die letzten Jahre des Dampfbetriebes geprägt hat: Rechts 01 200 vom Bw Paderborn mit dem mächtigen Hochleistungskessel, 2.000-mm-Treibrädern und dem flachen Schornstein, hinter ihr ragt **23 014** vom Bw Bestwig ins Bild mit deutlich schlankerem Kessel, kleineren Zylindern und 1.750-mm-Treibrädern. Aufnahme: Hans-Jürgen Eggerstedt, Archiv Jörg Sauter

◁ **Bild 501**
Die ausfahrende **023 026** (Bw Bestwig) am 11. April 1970 in Kassel Hbf. Links ist der Tender von 10 001 zu erkennen, die im Rahmen einer Ausstellung ebenso wie 140 667 (Henschel/BBC 1967) vom Bw Bebra präsentiert wurde.

Aufnahme: Joachim Claus, Eisenbahnstiftung

Darunter waren zwei Mischvorwärmer-023, die in Bestwig wie bereits erwähnt nur eine bescheidene Rolle gespielt haben.

Am 11. Dezember 1970 wurde zwischen Kassel und Altenbeken der elektrische Betrieb eröffnet. Damit war nach dem Vordringen der Hagener Diesellokomotiven ein weiterer Meilenstein auf dem Weg in die Beschäftigungslosigkeit der Bestwiger 023 erreicht. In der Folge konnte der Dienstplan 53.01 am 17. Januar 1971 aufgelöst werden. Zu diesem Zeitpunkt waren noch vier 023 beim Bw Bestwig vorhanden:

17.01.1971 (4)
023 027 042 096 097

023 042 wurde am selben Tag auf die Reise in das AW Trier geschickt. So blieb noch 023 096, die im Januar 1971 an 19 Tagen mit rund 2.600 km im Einsatz war und am 31. Januar 1971 nach Saarbrücken verabschiedet wurde. 023 027 legte im Januar 1971 an zehn Betriebstagen noch rund 1.000 km zurück, danach war sie bis zur Abgabe nach Crailsheim am 8. März 1971 abgestellt. Damit endete der Einsatz der 023 beim Bw Bestwig wie er begonnen hatte: Unspektakulär.

Die Chronologie der letzten Maschinen

023 017	z 01.02.70
023 097	20.06.70 von Hameln
023 018	23.09.70 nach Saarbrücken Hbf
023 026	25.09.70 nach Saarbrücken Hbf
023 014	29.09.70 nach Kaiserslautern
023 049	01.11.70 nach Saarbrücken Hbf
023 016	01.11.70 zur L 0 in das AW Trier, anschließend Crailsheim
023 042	17.01.71 zur L 0 in das AW Trier, anschließend Crailsheim
023 096	31.01.71 nach Saarbrücken Hbf
023 097	28.01.71 nach Saarbrücken Hbf
023 027	08.03.71 nach Crailsheim

◁ **Bild 502**
23 017 (Bw Bestwig) rollt am 20. Oktober 1967 von der Drehscheibe in den Schuppen des Bw Hagen Gbf.

Aufnahme: Ulrich Budde

△ **Bild 503** • Auf einer Fahrzeugschau wurde im Herbst 1961 die soeben dem Bw Hagen-Eckesey zugeteilte **23 011** unter Dampf präsentiert.

Aufnahme: Walter Hanold, Archiv Jörg Sauter

Bw Hagen-Eckesey

Der ungewöhnliche Name „Eckesey“ besteht nach allgemeiner Überzeugung aus zwei Begriffen: Die erste Silbe „Ecke“ stammt vom niederdeutschen „Eiche“, während „Ey“ für eine „feuchte Wiese“ steht. Eckesey ist somit eine Gegend, die im Überflutungsgebiet eines Flusses liegt, nämlich der Volme. Als Stadtteil der kreisfreien Großstadt Hagen war Eckesey (2015: 8.145 Einwohner) traditionell eine typische Eisenbahnersiedlung an der Hauptstrecke nach Dortmund, Bochum, Herdecke und Schwerte. Heute ist Eckesey eine reine Wohnsiedlung mit starker muslimischer Minderheit (35 % türkischstämmige Migranten).

Mitte der zwanziger Jahre wurden die Anlagen des Bw Hagen-Eckesey, in amtlichen Unterlagen auch Hagen-Eck genannt, umfassend erweitert. Das Erscheinungsbild prägten seit 1926 die hintereinander liegenden Rechteckschuppen.

Im selben Jahr wurde die neue imposante Bekohlungsanlage zwischen den Rechteckschuppen und der Eckeseyer Straße in Betrieb genommen, die sich auf einer Seite auf die Außenmauern des Rechteckschuppens stützte.

Zusätzlich stand dem Betrieb ein älterer Ringlokschuppen westlich des Rechteckschuppens zur Verfügung. Als sogenanntes „Schlüssel-Betriebswerk“ der Reichsbahn wurde das Bw am 1. Oktober 1943 und 2. Dezember 1944 zum Ziel massiver alliierter Luftangriffe, die erhebliche Beschädigungen zur Folge hatten. Allein der Wasserturm blieb weitgehend verschont.

Am 25. September 1966 wurden die letzten 03^{10} abgestellt und Hagen-Eckesey wurde dampffrei. Nach der Auflösung der BD Wuppertal gehörte das Bw Eckesey seit 1. Januar 1975 zur BD Essen. Zum 1. Januar 1982 erfolgte die Umbenennung in Bw Hagen 1.

Nach Gründung der DB AG wurde das Bw 1995 zum Betriebshof (Bh), der allerdings nur ein Traktionsstandort war. Entgegen allgemeiner Erwartung wurde das Depot im Jahre 2004 geschlossen. Der charakteristische Rechteckschuppen, inzwischen saniert und von Ruß und Schmutz befreit, wird heute von DB Cargo für die Instandsetzung von Güterwagen genutzt.

Als die Baureihe 23 im Frühjahr 1958 zum ersten Mal in Gestalt von 23 026 und 027 aus Siegen in Hagen-Eckesey erschien, hatte das Bw einen großen Bestand an Dampf-Reisezuglokomotiven der Baureihen 01 (15 Loks), 03^{10} (alle 26 Maschinen) und 38^{10} (11 Loks). Allerdings liefen beide 23 nur kurze Zeit in den Eckeseyer Umläufen mit: 23 026 wurde bereits am 12. September 1958 zur L 0 in das AW Trier geschickt, nach deren Vollendung sie zunächst erneut beim Bw Siegen war und am 20. Dezember 1958 wieder in Eckesey erschien, doch nur, um am 5. Januar 1959 endgültig ins Sauerland nach Siegen zurückzukehren. Auch 23 027 wechselte zwischen März und September 1958 zweimal zwischen Siegen und Hagen-Eckesey hin und her, bis sie ab 25. September 1958 in Siegen blieb.

Zum Winterfahrplan 1961 wurden erneut vier Siegener 23 nach Eckesey versetzt: Die Oberflächenvorwärmer-23 011, 012, 014 und 015, insgesamt also nur vier Loks. Wie dringend diese Loks in Hagen-Eckesey benötigt wurden, sieht man daran, dass ab 1. Oktober 1961 der volle Bestand von vier Maschinen im 4-tägigen Dienstplan 07 mit 390 km/Tag vor Eil- und Personenzügen u. a. nach Dortmund, Düsseldorf, Essen, Hamm, Köln, Lüdenscheid, Münster, Solingen und Siegen eingesetzt wurde. In diesem Umlauf kamen die 23 im Norden vor P 1319 von Dortmund bis nach Münster. Angesichts der wenigen 23 sind mit Sicherheit auch andere Baureihen in diesem Plan unterwegs gewesen.

Die höchsten monatlichen Laufleistungen waren zum Teil beachtlich:

△ **Bild 504 • 23 026** vom Bw Hagen-Eckesey im September 1958 vor dem D 84 nach Frankfurt/M. in Oberhausen. Möglicherweise musste sie für eine ausgefallene Wanner 41 einspringen. Zu diesem Zeitpunkt verfügte Hagen-Eckesey nur über zwei Loks der Baureihe 23. AUFNAHME: KARL-ERNST MAEDEL, EISENBAHNSTIFTUNG

Deutsche Bundesbahn

BD Wuppertal
MA Hagen
Bw Hagen - Eckesey

Laufplan der Triebfahrzeuge

gültig vom 01. Oktober 1961 an
ungültig vom .... 19...... an

1 Dpl Nr	2 Baureihe	3 Tag	4 0–24 Uhr	5 Kilometer
07	23	1	H 2412 Al 1378 K W Sie 2437 Hg Ob 15205 Hr Fr 3010	335
		2	Dz KBbf Kö 3009 2414 Al 2425 4391 So 4225 Hz 4584 Js 3148	390
		3	Der 5261 Vl 1655 Sot 1660 84 Sie 1797 Fr 1639 Un 4476 Fr: 3010	453
		4	H Gt 5296 Bü Lü Bü Lü 4537 Dor Dr Dor 1319 Mst 4536 Lü Bü Lü Bü	381
				1559:4 390
09	78^{0-6}	1	H 3904 Es 3913 3918 Es 3929 3932 Es 3937	317
		2	Gf 5329 Srt 15742 We 4436 Az-Dienst 1663 Sot 1666	254
				571:2 285
			Wendezugbetrieb	
08	78^{0-5} Wendezugbetrieb	1	H 4476 Bü Lü 3503 Dor 3508 3509 3512 3515 Dor 3518 3521 Dor 3522 Lü 3531 Dor 3534 3539 Dor 3544	511
		2	H 4593 Ar 2212 1214 Dn 1209 3525 Dor 3446 Wit 3453 Dor 3536 3537 Dor 3540 Bü 4491	452
		3	H 3501 Dor 3604 Lü 3511 3513 Dor 3516 3517 Dor 3442 Wit 3447 Dor 3524 2397 Hm 1646	410
				1373:3 457

943 I 01 Laufplan der Triebfahrzeuge A 4 q (Transparent) Mainz XI 56 10000 M

△ **Bild 505** • Laufplan des Bw Hagen-Eckesey für den Winterfahrplan 1961. ABBILDUNG: SAMMLUNG KLAUS HOPF

Lok-Nr.	Monat	km	Kohlenverbrauch t/ 1.000 km	Kohlenverbrauch 1 Mio. Lok-leistungs-tkm	Zug-last [t] Ø
23 011	08.62	10.348	15,18	49,26	325
23 014	08.62	10.651	14,59	33,15	321
23 015	08.62	11.915	15,25	49,10	323
23 026	07.58	15.908	11,07	32,55	294

Zufall oder nicht: Drei Höchstwerte fielen im August 1962 an. Bemerkenswert auch der sehr günstige Kohleverbrauch von 23 026.

Die Zeit der 23 in Hagen-Eckesey währte nur kurz: 23 011 verließ das Bw bereits am 9. Januar 1963 zur L 0 im AW Nied und wechselte nach Abschluss der Untersuchung am 30. Januar 1963 nach Siegen.

Die anderen drei Eckeseyer 23 012, 014 und 015 folgten ihr zu Beginn des Sommerfahrplans 1963 am 25. Mai 1963 ebenfalls nach Siegen.

Damit mussten neben 03^{10} auch die schon betagten letzten 01 des Bw, 01 011, 031, 034 und 055, die 23-Leistungen zusätzlich übernehmen.

△ **Bild 506 • 23 027** (Bw Hagen-Eckesey) im August 1958 mit einem Schnellzug auf der Verbindungskurve zwischen Mülheim-Styrum und Oberhausen Hbf. Aufnahme: Karl-Ernst Maedel, Eisenbahnstiftung

Bw Hagen-Eckesey			
23 011	11.09.61	–	09.01.63
23 012	06.10.61	–	25.05.63
23 014	01.10.61	–	25.05.63
23 015	12.10.61	–	25.05.63
23 026	01.05.58	–	12.09.58
	20.12.58	–	05.01.59
23 027	12.03.58	–	14.04.58
	26.04.58	–	24.09.58

△ **Bild 507 •** In einer Zugpause kurz vor 16:00 Uhr am 17. Juli 1957 warf Jacques Renaud einen kurzen Blick in das Bw Hagen-Eckesey, wo er **23 027** vom Bw Siegen antraf, die 1958 kurz beim Bw Hagen-Eckesey beheimatet war. Im Hintergrund ist die „Fotobrücke" der Eckeseyer Straße über den Hagener Hauptbahnhof zu sehen. Aufnahme: Jacques H. Renaud, Eisenbahnstiftung

△ **Bild 508** • Der D 81, aufgenommen am 13. Mai 1956 in Wuppertal-Unterbarmen, an einem von Carl Bellingrodt bevorzugt aufgesuchten Motiv unweit seiner Wohnung. Zuglok ist die Siegener **23 011**, deren Messingschilder in der Sonne glänzen. Inzwischen ist der Zug aus LS-Wagen gebildet. Aufnahme: Carl Bellingrodt/EK-Verlag

Bw Siegen

Die heute knapp über 100.000 Einwohner zählende Großstadt Siegen im Siegerland liegt in einem verzweigten Talkessel der oberen Sieg. Nördlich schließt sich das Sauerland an, im Nordosten das Rothaargebirge, südlich der Westerwald und im Westen das Wildenburger Land. Die Stadt liegt heute am Schnittpunkt folgender Eisenbahnstrecken:

- der Ruhr-Sieg-Strecke
- der Dillstrecke
- der Siegstrecke
  (alle zweigleisig und elektrifiziert).

Nach dem Anschluss des Siegerlandes an das deutsche Eisenbahnnetz errichtete die Preußische Staatsbahn (KPEV) 1870 in Siegen ein Bahnbetriebswerk, dessen Kernstück der 1882 erbaute Ringlokschuppen war. Nachdem zunächst eine 18-m-Drehscheibe den Schuppen mit dem Gleisnetz verband, wurde 1940 eine 23-m-Scheibe der Firma Siemag eingebaut. In den dreißiger Jahren waren bis zu 500 Angestellte, Beamte und Arbeiter im Bw beschäftigt.

Bahnhof, Bahnbetriebswerk und Innenstadt wurden im Zweiten Weltkrieg am 16. Dezember 1944 erstmals von einem schweren britischen Luftangriff getroffen, bei dem 80 % des Stadtgebietes zerstört wurden. Von Januar bis März 1945 kam es zu weiteren Bombenangriffen, welche die Zerstörungen an den Bahnanlagen und in der Innenstadt komplett machten. Der ohnehin bereits stark beeinträchtigte Bahnverkehr kam vollends zum Erliegen, nachdem die sich zurückziehende Wehrmacht alle Brücken über die Sieg gesprengt hatte. Erst ab 1948 konnte in Siegen von einigermaßen normalen Betriebsverhältnissen gesprochen werden.

Das Bw Siegen wurde zum 31. Dezember 1996 aufgelöst. Derzeit befindet sich im denkmalgeschützten Ensemble aus Ringlokschuppen, Drehscheibe und Verwaltungsgebäude das „Südwestfälische Eisenbahnmuseum“, in dem Museumsfahrzeuge verschiedener Epochen präsentiert werden.

Als drittes Bahnbetriebswerk der Deutschen Bundesbahn erhielt Siegen ab Februar 1951, zeitgleich mit den ebenfalls neuen 82 023 bis 025, fabrikneu die fünf letzten 23er aus dem ersten Henschel-Baulos. Die Loks wurden an folgenden Tagen abgenommen:

23 011	23.02.51
23 012	28.02.51
23 013	08.03.51
23 014	30.03.51
23 015	26.04.51

Laut Betriebsbuch war 23 015 von der Abnahme am 26. April bis 8. November 1951 in Siegen, tatsächlich aber nur bis 14. Mai 1951, belegt durch Bilder, danach wechselte sie zum LVA Minden, dokumentiert durch Versuchsberichte. Widersprüchlich ist: Nach Angaben des Bw befand sich 23 015 bereits seit Abnahme zu Versuchszwecken beim LVA Minden. Nur das Betriebsbuch befand sich in Siegen. Dem stehen Fotos vom Mai 1951 in Siegen mit Schildern „Bw Siegen“ entgegen.

Die neuen 23er liefen zusammen mit der Baureihe 41 desselben Bw auf der Strecke Gießen – Siegen – Hagen mit ihrer zu Dampflokzeiten gefürchteten Steigung bei Welschen-Ennest. Außerdem wurden Dortmund und Düsseldorf erreicht. Im Umlauf waren Express-, Eil- und Schnellzüge, u. a. die D 81/D 82 nach Düsseldorf und D 235/234 zwischen Dortmund und Gießen, wobei die Fahrzeitberechnung auf dem Abschnitt Gießen – Siegen für die Baureihe 01 ausgelegt war! Allzu großes Vergnügen dürften die Loks den Siegenern bis zur überraschenden Abstellung im Januar/Februar 1952 nicht bereitet haben, denn die geringe Zahl der Betriebstage und die Verfügbarkeit von teilweise

△ **Bild 509** • An einem scheinbar schon aufgegebenen Feldwegübergang bei Welschen Ennest zieht die frühere Versuchslok des LVA Minden **23 015**, nun beim Bw Siegen in Dienst, am 1. November 1956 am Fotografen vorbei. An der Tenderrückwand befindet sich ein Behälter für das Dosierungsmittel. Hinter der Lok läuft ein preußischer Abteilwagen mit Seiteneinstieg, in den fünfziger Jahren ein ebenso gewohntes Bild wie der Doppeltelegrafenmast hinter der Lok. Aufnahme: Carl Bellingrodt/EK-Verlag

unter 50 % deuten auf nicht geringe Probleme hin, siehe Tabelle rechts oben.

Noch übertrafen die nur 90 km/h schnellen 41er in dieser ersten Einsatzphase die Siegener 23 (Angaben vom August 1951), siehe Tabelle rechts unten.

In einem Schreiben der ED Wuppertal vom 10. Dezember 1951 künden bereits erste Signale vom heraufziehenden Ungemach mit den Kesseln der 23. Während von 23 011 im August 1951 an 23 Betriebstagen noch 9.492 km (413 km/Betriebstag) berichtet werden, war 23 014 in diesem Monat nur an einem Tag mit 211 km im Betrieb. Für 23 012 und 013 verzeichnet der Bericht keinen einzigen Betriebstag! 23 015 war beim Lokversuchsamt Minden (noch bevor dies im Betriebsbuch dokumentiert wurde). 23 007 vom Bw Bremen Hbf kam am 2. Januar 1952 zum Bw Siegen und lief für kurze Zeit im Plandienst.

Wie schon bei den Bahnbetriebswerken Kempten und Bremen Hbf zeigten sich auch bei den Siegener 23 bald am Dom gefährliche Aushalsungen und Undichtigkeiten, welche die Betriebssicherheit gefährdeten und zur Abstellung der Loks führten. Auslöser war das für den mit dem Kessel verschweißten Dampfdom verwendete Blech von nur 16 mm Stärke. Die DB machte gegenüber dem Hersteller Henschel Gewährleistungsansprüche geltend,

Lok-Nr.	km-Leistung bis Abstellung	BT	Verfügbarkeit	km/BT
23 011	61.859	194	59,9 %	319
23 012	63.649	154	48,6 %	413
23 014	56.555	140	46,5 %	404

Lok-Nr.	km-Leistung im August 1951	BT	Verfügbarkeit	km/BT
41 293	11.446	28	90,3 %	408
41 042	9.215	22	80,0 %	420
41 244	10.318	26	83,9 %	400
41 219	10.230	27	87,1 %	380

der sich allerdings etwas zierte, die Kosten zu übernehmen. Es dauerte einige Monate, bis die Loks zur Behebung des Problems tatsächlich vom Herstellerwerk angenommen wurden:

23 007 z 13.02. bis 31.08.52, Domverstärkung bei Henschel ab 01.09.52, Wiederinbetriebnahme im Bw Siegen März 1953

23 008 zuletzt im Januar 1952 an 10 Tagen im Betrieb, z 13.02.52 bis 31.08.52, wieder in Dienst ab Februar 1953

23 011 abgestellt 19.01.52 bis 28.02.52, z 01.03. bis 31.07.52, bei Henschel zur Domverstärkung 01.08.52 bis 15.03.53, EAW Göttingen L 0 16.03. bis 14.04.53, Wiederinbetriebnahme im Bw Siegen 15.04.53

23 012 z 11.02. bis 31.08.52, bei Henschel zur Domverstärkung 01.09.52 bis 01.03.53, EAW Göttingen L 0 02.03. bis 26.03.53, Wiederinbetriebnahme im Bw Siegen 27.03.53

23 013 z 13.02. bis 31.08.52, Domverstärkung bei Henschel, Wiederinbetriebnahme im Bw Siegen April 1953

23 014 z 12.02. bis 31.08.52, bei Henschel zur Domverstärkung 01.09.52 bis 19.02.53, EAW Göttingen L 0 20.02. bis 13.03.53, Wiederinbetriebnahme im Bw Siegen 14.03.53

Bei Henschel wurden Dombleche von nun 26 mm Stärke eingebaut. Es fällt auf, dass alle Loks nach der Reparatur bei Henschel unmittelbar in das EAW Göttingen zu einer L 0 einrückten, wo sie „betriebsfähig gemacht" wurden, so die vielsagenden Einträge in den Betriebsbüchern.

Solange diese Maschinen noch bei Henschel waren, hatte das Bw keine bzw. zeitweise nur eine einzige 23: 23 006, die am 7. Dezember 1952 nach einer L 0 beim EAW Göttingen (davor PAW Henschel, davor Bremen Hbf) zugeteilt wurde. Das hin-

◁ **Bild 510**
Nicht weit von Carl Bellingrodts Wohnung entstand am 28. April 1951 diese Aufnahme der Siegener **23 015** mit D 81 nach Düsseldorf in Wuppertal-Unterbarmen. Erst zwei Tage zuvor war die Lok abgenommen worden. Bereits am 14. Mai 1951 wechselte sie zum LVA Minden, wo sie bis zum April 1954 Gegenstand von umfangreichen Versuchsreihen war. Mehr Details dazu im Kapitel „Versuche".

Aufnahme: Carl Bellingrodt/EK-Verlag

derte die Fahrplanreferenten der BD Wuppertal jedoch keineswegs, bereits ab dem 23. Oktober 1952 einen 8-tägigen Mischplan (täglich) für eine Lok Baureihe 23 und sieben Loks Baureihe 41 aufzustellen mit immerhin 475 km/Tag. Bis zum Eintreffen von 23 006 dürften in diesem Plan nur 41 gelaufen sein. Mit der Rückkehr der „Henschel-Rekonvaleszenten" im Frühjahr 1953 kamen dann immer mehr 23 in diesem Umlauf zum Einsatz, der überwiegend Eil- und Schnellzüge enthielt. Wendebahnhöfe waren Hagen, Kreuztal, Dillenburg, Düsseldorf, Gießen, Köln und Finnentrop. Nun endlich kamen die Loks so richtig ins Rollen. Auslöser war der empfindliche Mangel an Schnellzug-Dampfloks in den Jahren bis 1958. So stufte die Oberbetriebs-

Deutsche Bundesbahn

Laufplan der Triebfahrzeuge

BD Wuppertal
MA Siegen
Heimat-Bw Siegen
Einsatz-Bw
gültig vom 23.10.52 bis
Personaleinsatz-Bw
Verkehrstag t

Laufplan Nr	01	
Triebfahrzeuge	Zahl	BR
Bedarf n. Laufpl.	1 7	23 41
Laufkm/Tag	475	

Lpl Nr/km	Baureihe	Tag	0–24
01 392	23=1 41=7	1	Siegen 1245 Hagen 1244 Siegen 1255 Hagen 5184
482		2	Kreuztal Siegen 3864 Dillenburg 3865 Siegen 81 Düsseldorf 786 786
560		3	Gießen 785 785 Düsseldorf 82 Siegen 377 Hagen 1292
491		4	Siegen 829 Gießen 81 Siegen 781 Köln 782 Siegen 1259 Hagen
505		5	829 Siegen 375 Düsseldorf 421 Hagen 1248 Siegen Kreuztal 5183
531		6	Hagen 1238 Sieg. 1247 Hagen 1246 Siegen 1257 Hagen 1288
413		7	Finnentrop 1280 Siegen 313 Hagen 1242 Siegen 138 Gießen 557
425		8	Siegen 830 Hagen 378 Siegen 1253 Hagen 1250 Siegen

948 A 01 Laufplan der Triebfahrzeuge A 4 q III 100 Karlsruhe X 69 30000 A 101

△ **Bild 511** • Laufplan des Bw Siegen für den Winterfahrplan 1952.

Abbildung: Sammlung Hans-Jürgen Wenzel

Bild 512 ▷
23 015 (Bw Siegen) erreicht am 1. Mai 1951 mit P 1247 den Bahnhof Altenhundem. Die Rübergerbrücke ist heute deutlich verändert. Dort, wo sich früher das Bw befand, steht heute ein Baumarkt. Zwei Wochen später wechselte die Lok zum LVA Minden.

Aufnahme: Carl Bellingrodt, Slg. Hans-Jürgen Wenzel

leitung West die Baureihe 23 des Bw Siegen als „Behelfs-Schnellzuglok" ein.

Die Laufleistungen zogen entsprechend an:

Lok-Nr.	Monat	km	Kohlenverbrauch t/1.000 km
23 015	07.61	15.732	14,86
23 027	08.54	13.964	12,58
23 026	07.54	13.898	13,40
23 012	05.58	13.473	14,79
23 010	03.53	13.442	13,92
23 008	04.53	13.340	13,93
23 006	04.53	13.118	14,16
23 014	09.61	12.943	15,66
23 011	07.58	12.863	13,24
23 009	07.55	12.793	15,55

Diese Leistungen sind umso bemerkenswerter, wenn man sie in Bezug setzt zu „richtigen" Schnellzugloks, wie den Baureihen 01 und 03. Die Oberbetriebsleistung (OBL) West meldete im Juli 1956 für ihre 01 eine durchschnittliche Monatsleistung von 13.780 km, für die Baureihe 03 13.668 km und 9.482 km für die Baureihe 23. Horst Troche meint in seinem EK-Baureihenbuch „Die Baureihe 03" auf Seite 151, Spitzenleistungen sagten nichts über die Einsatzverhältnisse aus – wohl war, wenn es der einzige Einsatzparameter ist. Zieht man jedoch weitere Werte zum Vergleich heran wie Treibraddurchmesser, Höchstgeschwindigkeit und Reibungsgewicht, so belegen die links aufgeführten monatlichen Spitzenleistungen, dass die Baureihe 23 als „Behelfs-Schnellzuglok" mit nur 1.750 mm Treibraddurchmesser und einer geringeren Höchstgeschwindigkeit von 110 km/h bis 1961 sehr beachtliche Laufleistungen erzielt hat.

Nach der Übernahme der bei Henschel genesenen fünf Bremer 23 im Frühjahr 1953, den Neulieferungen 23 026, 027 und 034 im Jahr 1954 sowie dem Zugang von 23 015 vom Bw Paderborn im Juli 1955 verfügte das Bw Siegen bis 1965 stets über einen stabilen 23-Bestand von neun bis zwölf Loks.

Die Oberbetriebsleitung West disponierte die Siegener 23 in Ermangelung einer ausreichenden Zahl von „richtigen"

Bild 513 ▷
23 014 (Bw Siegen) erreicht am 2. Mai 1951 mit dem kurzen D 81 aus Siegen den Bahnhof Altenhundem.

Aufnahme: Carl Bellingrodt, Sammlung Jörg Sauter

◁ **Bild 514**
Die neuen 23er des Bw Siegen waren auf der Ruhr-Sieg-Strecke wichtige Reisezugloks und wurden auch im Schnellzugverkehr eingesetzt. **23 009** befördert im Mai 1955 bei Lenhausen den aus einem DB-Gepäckwagen polnischer Herkunft und Eilzugwagen der Einheitsbauart gebildeten D 81 Frankfurt (Main) – Düsseldorf, den sie in Siegen übernommen hat und bis zum Zielbahnhof führen wird.

Schnellzugloks im Triebfahrzeugbedarf für den Schnellzugdienst. So liefen acht Loks im Sommerfahrplan 1954 in zwei Laufplänen mit 412 bzw. 487 km/Tag im Schnellzugdienst, allerdings mit zum Teil deutlich herabgesetzter Höchstgeschwindigkeit. Im Winterfahrplan 1954/55 wurden die beiden Pläne zu einem Plan mit acht plus eine Lok mit 455 km/Tag vereinigt und ein voller Lokstillstandstag eingearbeitet. Im Sommerfahrplan 1955 wurden ebenfalls acht plus eine Lok für den Saisonverkehr mit 489 km/Tag eingesetzt. In der Saison kam noch eine Lok durch die Leistung D 356/359 zwischen Dortmund und Gießen hinzu. Die Soll-Leistung im Juli 1955 wurde von der OBL West auf 11.567 km (415 km/Tag) festgesetzt, erreicht haben die Siegener 10.787 km entsprechend 412 km/Tag (93,3 %). Für den am 3. Juni 1956 beginnenden Sommerfahrplan meldete die OBL West für das Bw Siegen einen Laufplan-Bedarf von acht 23 (+ 1 Lok für Saisonverkehr) mit einer Leistung in Höhe von 411 km/Tag. Von den P 8 der Direktion Wuppertal wurden nur 348 km/Tag erwartet.

△ **Bild 515** • Die zwei Monate alte **23 012** (Bw Siegen) verlässt am 25. April 1951 mit D 81 (Frankfurt/M. – Düsseldorf) vor der Kulisse der Bundesbahndirektion Wuppertal, die als „Königliche Eisenbahndirection der Bergisch-Märkischen Eisenbahn zu Elberfeld" die erste Eisenbahndirektion in Westdeutschland war, den Bahnhof Wuppertal-Elberfeld (heute: Wuppertal Hbf).

Aufnahmen (2): Carl Bellingrodt/EK-Verlag

△ **Bild 516 • 23 011** (Bw Siegen) mit D 138, der drei damals moderne Schürzenwagen mitführt, am 3. Mai 1951 auf der Ruhr-Sieg-Strecke bei Hofolpe.

Aufnahmen (2): Carl Bellingrodt, Sammlung Jörg Sauter

△ **Bild 517 • 23 006** (Bw Siegen) liefert sich am 17. April 1954 vor dem D 82 in Wuppertal mit der im Ortsgleis ausfahrenden 64 301 vom Bw Wuppertal-Vohwinkel ein Wettrennen. Das Feuer der 23 ist gut durchgebrannt, der Heizer blickt zufrieden auf die hinterherfahrende 64. Links stehen die Reste der einst so prachtvollen Bahnhofstraße, soweit der Krieg etwas davon übrig ließ. Hinter der Dampffahne verbirgt sich das Gebäude der Bundesbahndirektion Wuppertal.

△ **Bild 518** • Mit extrem abgefahrenen Radreifen steht **23 015** im August 1958 auf der Drehscheibe des Heimat-Bahnbetriebswerkes Siegen.

Aufnahme: Gerhard Moll, Eisenbahnstiftung

△ **Bild 519** • Ein Unfall vor P 2445, der mit einer Rangierfahrt im Siegener Hauptbahnhof kollidierte, hat deutliche Spuren an **23 014** im Bw Siegen hinterlassen, aufgenommen am 9. Dezember 1959.

Aufnahme: Klaus Hoffmann, Eisenbahnstiftung

△ **Bild 520** • Oberlokführer Fritz Klein, im Bild mit Kaffeekanne vor **23 015** im Herbst 1956, war der erste Lokführer, der im Bw Siegen auf der neuen Baureihe 23 fuhr. Ihre technischen Neuheiten wie Heißdampf-Mehrfachventilregler und Turbopumpe waren ungewohnt, gleichwohl bald geschätzt. Für ihn und seinen langjährigen Kollegen Oberlokführer Theis war die 23 auf der Ruhr-Sieg-Strecke die richtige Maschine. Aufn.: Theis

Bild 521 ▷
23 006 (Bw Siegen) fährt am 22. Juni 1959 mit P 4175 in Siegen Hbf ein. Die Wagengarnitur hat mindestens noch die Weimarer Republik erlebt. Das Schutzblech unter der Rauchkammertür ist noch vorhanden.

Aufnahme: Helmut Röth, Eisenbahnstiftung

Bild 522 ▷
Bisher gab die abweichende Ausführung der Führerhaus-Belüftung bei **23 027** Rätsel auf: Es fehlen bei ihr die vorderen beiden der in späteren Jahren in die Dachrundung eingelassenen Belüftungsklappen (vgl. Bild 110, Seite 77). Dieses Bild liefert die Auflösung: Im Bw Siegen war im Jahr 1959 der Kohlekran auf das Führerhaus von 23 027 gestürzt mit der Folge von massiven strukturellen Schäden. Bei der nachfolgenden L 2-Untersuchung im AW Nied wurde das Führerhaus mit reduzierter Belüftung neu aufgebaut.

Aufnahme: Gerhard Moll, Sammlung Stefan Lauscher

Bild 523 ▷
Loks der Baureihe 23 waren in Hagen lange Zeit planmäßig zu sehen. Nach der Elektrifizierung der Strecke nach Wuppertal im Mai 1964 kamen die Siegener 23 noch für ein Jahr weiter aus Siegen über die Ruhr-Sieg-Strecke hierher. Bis 1970 gab es dann noch Leistungen vom Bw Bestwig, wobei die Loks über die obere Ruhrtalbahn aus dem Sauerland angedampft kamen, dann allerdings im Bw Hagen Gbf wendeten. Im Bild vom 25. Juli 1964 sehen wir **23 014** vom Bw Siegen auf der Drehscheibe an der südlichen Einfahrt zum Bw Eckesey. Hinter der 23 stehen zwei E 41.

Aufnahme: Wilfried Harder, Eisenbahnstiftung

△ **Bild 524 • 23 013** vom Bw Siegen vor einem Personenzug in Richtung Hagen bei Finnentrop, April 1962. Nach knapp 16 Jahren Betriebszeit wurde sie bereits im Dezember 1966 als erste 23 z-gestellt.

Aufnahme: Ludwig Rotthowe, Stiftung Eisenbahnmuseum Bochum

15.03.1957 (12)

23	006	007	008	009	010
	011	012	013	014	015
	026	027			

Der Sommerfahrplan 1957, für den die OBL West ebenfalls einen Planbedarf von acht 23 plus eine Lok für Sonderverkehre mit einer Tagesleistung von 454 km errechnet hatte, sah die Siegener 23 vor folgenden Zügen des Schnellverkehrs:

D 81	Gießen – Siegen	Fahrzeit für BR 39
	Siegen – Düsseldorf	
D 82	Düsseldorf – Siegen	
	Siegen – Gießen	
D 84	Hagen – Siegen	Fahrzeit für BR 41
D 356	Dortmund – Gießen	
D 359	Gießen – Dortmund	
E 377	Siegen – Hagen	
E 378	Hagen – Siegen	
E 785	Gießen – Düsseldorf	
E 786	Düsseldorf – Gießen	

Im Sommer 1958 veränderte sich der Plan für acht plus eine Lok mit 468 km/Tag nur unwesentlich. 23 011 verbrachte fast das gesamte Jahr 1960 beim LVA Minden.

Im Sommerfahrplan 1961 liefen die Siegener 23 vor folgenden Schnell- und Eilzügen:

D 234	Dortmund – Hagen	Fahrzeit für BR 38^{10}
	Siegen – Gießen	Fahrzeit für BR 01
D 235	Gießen – Siegen	Fahrzeit für BR 01
	Hagen – Dortmund	Fahrzeit für BR 38^{10}
E 781	Siegen – Köln	Fahrzeit für BR 38^{10}
E 782	Köln – Siegen	Fahrzeit für BR 38^{10}
E 785	Gießen – Düsseldorf	
E 786	Düsseldorf – Gießen	
Expr 3034	Siegen – Hagen	

◁ **Bild 525**
Die nach der Elektrifizierung der Ruhr-Sieg-Strecke übriggebliebenen Leistungen der Siegener 23 wurden auf der Strecke über Au (Sieg) nach Köln gefahren. **23 010** fährt am 7. August 1965 mit dem P 1617 (Siegen – Köln) in Hennef (Sieg) ein. Das kleine Schutzblech unter der Rauchkammer ist noch vorhanden.

Aufnahme: Herbert E. Stemmler

△ **Bild 526** • Am 1. November 1956 war der D 81 Frankfurt (M) – Düsseldorf bereits u. a. aus LS-Wagen gebildet. **23 008** (Bw Siegen) rollt durch das weite Tal bei Welschen Ennest talwärts dahin.
Aufnahmen (2): Carl Bellingrodt/EK-Verlag

In zwei Dienstplänen liefen insgesamt neun 23. Der dreitägige Plan 01 war kilometerintensiv mit den Wendebahnhöfen Hagen, Siegen, Deutzerfeld, Kirchen und Gießen und 536 km/Tag. Die Spitzenleistung erreichten die 23 am Tag 3 mit 600 km zwischen Gießen, Deutzerfeld, Siegen und Hagen. Dienstplan 02 war das gemütlichere Aktionsfeld mit 356 km/Tag und hauptsächlich Eil- und Personenzugleistungen zwischen Siegen, Hagen, Dillenburg, Dortmund, Altenhundem, Köln und Finnentrop.

15.06.1961 (12)

23	006	007	008	009	010
	011	012	013	014	015
	026	027			

Dabei handelte es sich ausschließlich um Loks der ersten Serien mit Oberflächenvorwärmer und Gleitlagern. Mischvorwärmer-Loks waren nie in Siegen beheimatet. Im Winter 1963/64 bestand noch ein Planbedarf von acht 23, die immerhin 398 km/Tag erzielten mit der Spitzenleistung am Tag 1 in Höhe von 606 km zwischen Siegen, Dillenburg, Deutzerfeld und

▽ **Bild 527** • Am Block Schwerter Straße im Norden von Hagen vereinigt sich die Strecke aus Witten mit denen aus Hamm und Siegen. Auf der Strecke 228/238 kommt die Siegener **23 014** mit D 81 aus Frankfurt (M) heran. Um 11:52 Uhr wird sie in Hagen Hbf ankommen und nach kurzem Halt nach Düsseldorf weiterfahren.

△ **Bild 528** • Bei Siesel auf der Ruhr-Sieg-Strecke zwischen Hagen und Finnentrop kommt uns am 13. April 1963 die Siegener **23 008** entgegen. Die ersten Fahrleitungsmasten für die bevorstehende Elektrifizierung stehen bereits. AUFNAHME: LUDWIG ROTTHOWE, STIFTUNG EISENBAHNMUSEUM BOCHUM

Hagen. Ein Schnellzug (D 377) wurde noch zwischen Siegen und Hagen befördert. Auch im Winter 1964/65 lag der Planbedarf bei acht 23, die pro Tag 366 km zurücklegten. D 82 und D 84 im Abschnitt Hagen – Siegen waren die letzten von Siegener 23 geführten Schnellzüge.

Am 14. Mai 1965 wurde der elektrische Betrieb auf der 277 km langen Strecke Frankfurt – Gießen – Siegen – Hagen aufgenommen. Damit verloren die Siegener 23 ihr Haupteinsatzgebiet. Während bis zum Fahrplanwechsel im Mai 1965 noch monatliche Laufleistungen von rund 9.000 km erzielt wurden, sank dieser Wert ab Juni 1965 rapide auf nur noch 3.000 km. Fünf Loks (23 013, 014, 015, 026 und 027) wechselten bis zum 30. Mai 1965 zum 81 km entfernten Bw Bestwig an der Strecke Hagen – Kassel. Übrig blieben sieben Loks für zwei Laufpläne: Im ersten zweitägigen Plan, in dem ausschließlich Siegener Personal fuhr, wurden nur Personenzüge zwischen Siegen, Troisdorf, Au (Sieg) und Köln befördert mit im Durchschnitt immerhin noch 328 km/Tag. Im anderen ebenfalls zweitägigen Dienstplan, in dem Betzdorfer Personal Dienst tat, lag die Tagesleistung sogar bei 352 km. Auch in diesem Umlauf gab es nur noch Personenzüge zwischen Betzdorf, Köln, Troisdorf, Siegen und Au (Sieg).

Deutsche Bundesbahn

BD Wuppertal
MA Siegen
Bw Siegen

Laufplan der Triebfahrzeuge

gültig vom 28. Mai 1961 an,
ungültig vom .... 19..... an

1 Dpl Nr	2 Baureihe	3 Tag	4 (0 – 24 Uhr)	5 Kilometer
01	23	1	2456 Sie 4396 Bz 4871 Schl. 1608 Bz 3763 K 4370 Sie 2421 H 2422 Sie 2441 H 4566 Sie 13936 Dr 5063 13877	564
		2	Dr 6105 K Dr 9981 K 8348 Sie 4555 Df 786 Gie	446
		3	Gie 785 Df 4560 Sie 377 H 2456	600
				1610 : 3
				536 Km/Tag
02	23	1	Sie 3830 H 378 Sie 4172 Dil 4175 Sie 2445 H 235 Dor	415
		2	Dor 234 H 2414 Al 2425 H 2442 Sie 13938 K 5063	395
		3	5063 H-Gbf 2408 Sie 234 Gie 1621 Dil 4177 Sie 8357 K 8356 Sie	273
		4	Sie 2417 K 2419 F 2490 Al 2423 H 2428 Al 2436 Sie 3034 H	348
		5	H 2410 Sie 781 Kö 782 Sie	314
		6	Sie 14006 St Dr 6286 Dil 4161 Sie 4164 Gie 13702 Wz 1617 Dil 6073 K 13918 Sie 2491 K 4176 Dil 1632 Gie 235 Sie	388
				2133 : 6
				356 Km/Tag

48 I 01 Laufplan der Triebfahrzeuge A 4 q (Transparent) Mainz I 58 10000 M

△ **Bild 529** • Laufplan des Bw Siegen für den Sommerfahrplan 1961. ABBILDUNG: SAMMLUNG RONALD KRUG

Bild 530 ▷
23 012 vom Bw Siegen rollt am 12. April 1957 mit P 1245 aus Hagen an den Bahnsteig der hier abzweigenden Ruhr-Sieg-Strecke in Hohensyburg. 1962 hielt hier der letzte Zug, auf dem danebenliegenden Streckengleis Hagen – Schwerte hielten die Züge noch bis 1975. Ganz rechts außen verlaufen die Güterzuggleise in den Rangierbahnhof Hagen-Hengstey, der sich auf dem großzügig bemessenen Gelände oberhalb des Zuges befand.

Aufnahme: Carl Bellingrodt/EK-Verlag

15.06.1965 (7)

23 006 007 008 009 010
011 012

Diese Maschinen fristeten ab September 1965 ein kümmerliches Dasein. Im Winterfahrplan 1965/66 wurden sie nur noch bei Bedarf angeheizt. Im Mai 1966, dem letzten Monat des 23-Einsatzes in Siegen, waren nur noch drei 23er in Betrieb. Die anderen Loks standen bereits längere Zeit kalt und ungeschützt im Freien.

23 006	10 BT	2.267 km	227 km/BT
23 008	14 BT	3.176 km	227 km/BT

23 009 war letztmals im Januar 1966 an 23 Tagen im Betrieb mit 7.165 km (312 km/BT), seitdem abgestellt.

23 010	18 BT	4.503 km	250 km/BT

23 011 war letztmals im März 1966 an 23 Tagen im Betrieb mit 5.775 km (251 km/BT), seitdem abgestellt, am 24. April 1966 zum AW Trier für L 3. 23 012 lief letztmals im April 1966 an 21 Tagen mit 5.243 km (250 km/BT) – seitdem abgestellt – am 22. Mai 1966 zum AW Trier für L 3.

23 006, 007, 008, 009, 010 rollten Ende Mai/Anfang Juni 1966 zu ihrem neuen Heimat-Bw Kaiserslautern. 23 011 und 012 folgten nach Abschluss ihrer L 3 im AW Trier im Juli und September 1966 ebenfalls nach Kaiserslautern.

Gleichzeitig mit der Abgabe der 23er endete in Siegen die Dampflokunterhaltung. Die Leistungen der 23 auf der Siegstrecke übernahmen zum größten Teil V 160 vom Bw Köln-Nippes und Siegener V 100.

In Siegen waren für die Dauer von 13 Jahren und fünf Monaten Lokomotiven der Baureihe 23 beheimatet. Das Bw ist damit das Bw mit der zweitlängsten Stationierung hinter Kaiserslautern.

△ **Bild 531 • 23 026** (Bw Siegen) fährt am 16. März 1955 mit P 2531 in Hagen Hbf ein. Die elegante 23 und die altertümlichen Preußen-Wagen – immer wieder ein attraktiver Kontrast. Noch hat die Lok keine Indusi.

Aufnahme: Carl Bellingrodt, Eisenbahnstiftung

△ **Bild 532 • 23 006** am 10. Oktober 1965 im Heimat-Bw Siegen. Die Nachfolgerin in Form von E 41 216 (Bw Hagen-Eckesey) steht vor dem Schuppen schon bereit. Aufnahme: Kurt Reimelt, Eisenbahnstiftung

Bw Siegen				
23 006		07.12.52	–	31.05.66
23 007		02.01.52	–	12.02.52
	z	13.02.52	–	31.08.52
		02.53	–	01.06.66
23 008		13.02.53	–	31.05.66
23 009		13.02.53	–	03.03.66
23 010		06.02.53	–	01.06.66
23 011		23.02.51	–	18.01.52
	abg.	19.01.52	–	28.02.52
	z	01.03.52	–	31.07.52
		15.04.53	–	26.01.60
		04.11.60	–	10.09.61
		31.01.63	–	24.04.66
23 012		28.02.51	–	10.02.52
	z	11.02.52	–	31.08.52
		27.03.53	–	05.10.61
		26.05.63	–	22.05.66
23 013		08.03.51	–	12.02.52
	z	13.02.52	–	31.08.52
		04.53	–	16.05.65
23 014		30.03.51	–	11.02.52
	z	12.02.52	–	31.08.52
		14.03.53	–	30.09.61
		26.05.63	–	29.05.65
23 015		26.04.51	–	14.05.51
		29.07.55	–	26.09.61
		26.05.63	–	29.05.65
23 026		07.02.54	–	30.04.58
		10.10.58	–	19.12.58
		06.01.59	–	29.05.65
23 027		28.01.54	–	11.03.58
		16.04.58	–	25.04.58
		25.09.58	–	29.05.65
23 034		18.09.54	–	28.07.55

△ **Bild 533 •** Vier Loks – vier verschiedene Baureihen: Vom Preußen bis zur Neubaulok präsentieren sich am 24. Mai 1965 vor dem Schuppen des Bw Siegen **23 012** (Baujahr 1951), 50 3004 (Baujahr 1942), 57 2577 (preußische G 10, Baujahr 1922) und 44 667 vom Bw Altenhundem (Baujahr 1941). Bis auf die 44 gehören alle Maschinen zum Bw Siegen. Aufnahme: Gerhard Moll, Eisenbahnstiftung

... nach dem Plandienst: Museumslokomotiven

Nach dem Ende des Planeinsatzes am 27. September 1975 kam es noch zu einzelnen Leistungen vor Arbeitszügen oder Sonderfahrten. Immerhin acht Maschinen der Baureihe 23 sind museal erhalten, davon derzeit vier betriebsfähig. Besondere Verdienste um die Baureihe 23 haben unsere niederländischen Freunde erworben, die allein drei 23 betreiben – und das zum Teil seit bald 45 Jahren. Diese Lokomotiven laufen in privater Regie bereits doppelt so lange wie zur DB-Zeit!

Bild 534 ▷ Prächtiges Herbstwetter bildete den Rahmen für eine Rundfahrt mit **23 023** (so beschildert) am 26. Oktober 1975 ab Stuttgart durch das Donautal. Bei Beuron spiegelt sich der Zug in einem Altwasser der Donau. Heute befindet sich die Lok betriebsfähig bei der Stoom Stichting Nederland (SSN).

Aufnahme: Frank Lüdecke

Betriebsdauer aller Lokomotiven der Baureihe 23

Bei den Museumslokomotiven sind Zeiten längerer Abstellung enthalten.

Lok	Hersteller/Baujahr	Betriebszeitraum	Betriebsdauer
23 023	Jung 1952	20.12.52 – 2022	69 Jahre
	Stoom Stichting Nederland, Rotterdam; in Aufarbeitung 2022		
23 042	Henschel 1954	21.12.54 – 2022	68 Jahre
	Stiftung Bahnwelt Darmstadt-Kranichstein; in Betrieb seit 09.2022		
23 058	Krupp 1955	10.06.55 – 2022	67 Jahre
	Eurovapor; betriebsfähig		
23 071	Jung 1956	12.09.56 – 2022	66 Jahre
	VSM – Veluwsche Stoomtrein Maatschappij, Beekbergen (NL)		
23 076	Jung 1956	08.11.56 – 2022	66 Jahre
	VSM – Veluwsche Stoomtrein Maatschappij, Beekbergen (NL)		
23 105	Jung 1959	04.12.59 – 1996	40 Jahre
	DB Museum; bis 1999 betriebsfähig		
23 002	Henschel 1950	12.12.50 – 29.09.75	24 Jahre 9 Monate
23 008	Henschel 1951	05.02.51 – 25.06.75	24 Jahre 4 Monate
23 009	Henschel 1951	08.02.51 – 25.06.75	24 Jahre 4 Monate
23 011	Henschel 1951	21.02.51 – 25.06.75	24 Jahre 4 Monate
23 007	Henschel 1950	30.01.51 – 15.04.75	24 Jahre 3 Monate
23 012	Henschel 1951	27.02.51 – 22.05.75	24 Jahre 3 Monate
23 004	Henschel 1950	22.12.50 – 06.02.75	24 Jahre 2 Monate
23 001	Henschel 1950	07.12.50 – 29.12.74	24 Jahre
23 010	Henschel 1950	13.02.51 – 29.12.74	23 Jahre 10 Monate
23 005	Henschel 1950	05.01.51 – 01.10.74	23 Jahre 9 Monate
23 014	Henschel 1951	30.03.51 – 10.05.74	23 Jahre 2 Monate
23 018	Jung 1952	15.11.52 – 14.08.75	22 Jahre 9 Monate
23 016	Jung 1952	11.11.52 – 05.06.75	22 Jahre 7 Monate
23 019	Jung 1952	25.11.52 – 16.06.75	22 Jahre 7 Monate
23 021	Jung 1952	04.12.52 – 22.07.75	22 Jahre 7 Monate
23 020	Jung 1952	29.11.52 – 24.04.75	22 Jahre 5 Monate
23 006	Henschel 1950	05.02.51 – 11.12.72	21 Jahre 10 Monate
23 029	Jung 1954	08.03.54 – 12.11.75	21 Jahre 8 Monate
23 024	Jung 1953	23.10.53 – 14.03.75	21 Jahre 5 Monate
23 026	Jung 1954	06.02.54 – 15.04.75	21 Jahre 2 Monate
23 025	Jung 1953	13.10.53 – 03.10.74	21 Jahre
23 051	Krupp 1954	17.09.54 – 28.08.75	20 Jahre 11 Monate
23 036	Henschel 1954	13.10.54 – 28.08.75	20 Jahre 10 Monate
23 039	Henschel 1954	19.11.54 – 05.06.75	20 Jahre 7 Monate
23 040	Henschel 1954	01.12.54 – 01.05.75	20 Jahre 5 Monate
23 052	Krupp 1954	24.11.54 – 15.04.75	20 Jahre 5 Monate
23 028	Jung 1954	23.02.54 – 10.06.74	20 Jahre 4 Monate
23 038	Henschel 1954	06.11.54 – 06.01.75	20 Jahre 2 Monate
23 027	Jung 1954	27.01.54 – 13.02.74	20 Jahre 1 Monat
23 050	Krupp 1954	09.10.54 – 28.11.74	20 Jahre 1 Monat
23 054	Krupp 1954	21.05.55 – 16.06.75	20 Jahre 1 Monat
23 062	Krupp 1955	03.08.55 – 28.08.75	20 Jahre
23 030	Henschel 1954	09.08.54 – 08.07.74	19 Jahre 11 Monate
23 067	Jung 1955	22.04.55 – 20.03.75	19 Jahre 11 Monate
23 048	Krupp 1954	27.08.54 – 21.07.74	19 Jahre 11 Monate
23 060	Krupp 1955	30.06.55 – 15.04.75	19 Jahre 10 Monate
23 022	Jung 1952	13.12.52 – 10.08.72	19 Jahre 8 Monate
23 037	Henschel 1954	29.10.54 – 27.05.74	19 Jahre 7 Monate
23 034	Henschel 1954	17.09.54 – 24.02.74	19 Jahre 5 Monate
23 061	Krupp 1955	29.07.55 – 29.12.74	19 Jahre 5 Monate
23 070	Jung 1955	28.05.55 – 13.08.74	19 Jahre 3 Monate
23 033	Henschel 1954	09.09.54 – 07.11.73	19 Jahre 2 Monate
23 063	Krupp 1955	09.08.55 – 19.09.74	19 Jahre 1 Monat
23 055	Krupp 1955	13.07.55 – 23.07.74	19 Jahre
23 032	Henschel 1954	04.09.54 – 24.08.73	18 Jahre 11 Monate
23 064	Krupp 1955	11.11.55 – 03.10.74	18 Jahre 11 Monate
23 047	Krupp 1954	30.09.54 – 20.08.73	18 Jahre 11 Monate
23 072	Jung 1956	24.09.56 – 28.08.75	18 Jahre 11 Monate
23 075	Jung 1956	26.10.56 – 28.08.75	18 Jahre 10 Monate
23 031	Henschel 1954	13.08.54 – 19.05.73	18 Jahre 9 Monate
23 046	Krupp 1954	31.08.54 – 08.03.73	18 Jahre 7 Monate
23 073	Jung 1956	06.10.56 – 06.02.75	18 Jahre 4 Monate
23 044	Krupp 1954	20.08.54 – 16.11.72	18 Jahre 3 Monate
23 049	Krupp 1954	24.09.54 – 31.12.72	18 Jahre 3 Monate
23 003	Henschel 1950	19.12.50 – 22.01.69	18 Jahre 1 Monat
23 059	Krupp 1955	20.06.55 – 13.07.73	18 Jahre 1 Monat
23 041	Henschel 1954	09.12.54 – 29.12.72	18 Jahre
23 069	Jung 1955	20.05.55 – 27.05.73	18 Jahre
23 074	Jung 1956	10.10.56 – 03.10.74	18 Jahre
23 035	Henschel 1954	08.10.54 – 29.09.72	17 Jahre 11 Monate
23 077	Esslingen 1957	18.09.57 – 28.08.75	17 Jahre 11 Monate
23 015	Henschel 1950	25.04.51 – 13.01.69	17 Jahre 9 Monate
23 065	Jung 1955	21.03.55 – 10.08.72	17 Jahre 5 Monate
23 017	Jung 1952	11.11.52 – 01.02.70	17 Jahre 3 Monate
23 080	Esslingen 1957	18.12.57 – 23.03.74	16 Jahre 3 Monate
23 013	Henschel 1950	07.03.51 – 05.12.66	15 Jahre 9 Monate
23 045	Krupp 1954	09.07.54 – 25.06.69	14 Jahre 11 Monate
23 053	Krupp 1955	10.06.55 – 12.05.70	14 Jahre 11 Monate
23 100	Jung 1959	03.09.59 – 05.09.73	14 Jahre
23 103	Jung 1959	29.10.59 – 30.10.73	14 Jahre
23 066	Jung 1955	04.04.55 – 05.03.69	13 Jahre 11 Monate
23 068	Jung 1955	05.05.55 – 12.03.69	13 Jahre 10 Monate
23 094	Jung 1959	05.06.59 – 28.03.73	13 Jahre 9 Monate
23 056	Krupp 1955	28.05.55 – 12.11.68	13 Jahre 6 Monate
23 083	Jung 1957	06.11.57 – 30.05.71	13 Jahre 6 Monate
23 082	Jung 1957	19.10.57 – 16.04.71	13 Jahre 6 Monate
23 086	Jung 1957	19.12.57 – 02.06.71	13 Jahre 6 Monate
23 092	Jung 1958	29.04.58 – 03.10.71	13 Jahre 6 Monate
23 078	Esslingen 1957	08.10.57 – 25.03.71	13 Jahre 5 Monate
23 096	Jung 1959	03.07.59 – 28.12.72	13 Jahre 5 Monate
23 102	Jung 1959	14.10.59 – 28.03.73	13 Jahre 5 Monate
23 085	Jung 1957	05.12.57 – 06.04.71	13 Jahre 4 Monate
23 057	Krupp 1955	20.06.55 – 01.10.68	13 Jahre 3 Monate
23 089	Jung 1958	23.02.58 – 18.04.71	13 Jahre 2 Monate
23 095	Jung 1959	18.06.59 – 08.08.72	13 Jahre 2 Monate
23 084	Jung 1957	16.11.57 – 15.12.70	13 Jahre 1 Monat
23 091	Jung 1958	29.03.58 – 20.02.71	12 Jahre 11 Monate
23 079	Esslingen 1957	05.11.57 – 01.09.70	12 Jahre 10 Monate
23 043	Henschel 1954	30.12.54 – 24.09.67	12 Jahre 9 Monate
23 088	Jung 1957	05.02.58 – 21.11.70	12 Jahre 9 Monate
23 087	Jung 1957	24.01.58 – 11.09.70	12 Jahre 8 Monate
23 101	Jung 1959	24.09.59 – 20.05.72	12 Jahre 8 Monate
23 097	Jung 1959	17.07.59 – 06.02.72	12 Jahre 7 Monate
23 104	Jung 1959	29.11.59 – 10.12.71	12 Jahre 1 Monat
23 099	Jung 1959	21.08.59 – 05.08.71	12 Jahre
23 093	Jung 1959	29.06.59 – 01.04.71	11 Jahre 10 Monate
23 081	Jung 1957	08.10.57 – 20.05.69	11 Jahre 7 Monate
23 090	Jung 1958	07.03.58 – 10.10.69	11 Jahre 7 Monate
23 098	Jung 1959	31.07.59 – 08.12.68	9 Jahre 5 Monate
Durchschnittliche Betriebsdauer (nur DB-Zeit):			**17 Jahre 11 Monate**

Zur Betriebsdauer aller Lokomotiven der Baureihe 23

Die Spanne der Einsatzzeit der 23er reicht von 9 Jahren und 5 Monaten bis zu 69 Jahren bei den Museumslokomotiven. Diese lange Einsatzzeit der aktuell im Betrieb stehenden bzw. in Aufarbeitung befindlichen Museumsloks unterstreicht einerseits die Qualität der unermüdlichen Pflege der Museumseisenbahner als auch die letztlich äußerst robuste Konstruktion der Baureihe 23. Bei der nur kurzen Einsatzzeit der 23 mit höheren Betriebsnummern stellt sich freilich die Frage, ob diese Fahrzeuge sich noch amortisieren konnten. Bei 23 098, der Lok mit der kürzesten Betriebszeit von nur 9 Jahren und 5 Monaten darf das bezweifelt werden.

Bild 535 ▷
Auch nach dem offiziellen Ende des Plandienstes konnte das Bw Crailsheim noch nicht vollständig auf die 023 verzichten: Am 30. September 1975 rollt **023 023** vor dem Gag 77422 aus Crailsheim kommend Königshofen (Baden) entgegen.

Aufnahme: Albert Schöppner, Archiv Jörg Sauter

Bild 536 ▷
Ihren letzten Einsatz unter DB-Regie hatte **023 023** am 14. Dezember 1975 mit einem Sonderzug von Hannover über Stadthagen – Rinteln – Löhne – Minden – Nienburg – Hannover. Das Bild zeigt sie in voller Fahrt bei Bad Eilsen auf der privaten Rinteln-Stadthagener Eisenbahn (RStE).

Aufnahmf: Wolfgang Bügel, Eisenbahnstiftung

Bild 537 ▷
Am 28. Dezember 1975 kam **23 058** noch einmal unter DB-Regie zum Einsatz: Die Abschiedsfahrt von Tübingen über Sigmaringen nach Ulm war für alle Fotografen bei herrlichem Winterwetter ein echtes „Schmankerl". Das Bild zeigt den Zug bei der Abfahrt in Fellheim, unterstützt am Zugschluss von der Ulmer 050 419.

Aufnahme: Burkhard Wollny, Eisenbahnstiftung

△ **Bild 538** • Am 15. Juni 1975 kamen 012 061 und **023 019** mit einem Sonderzug von Nürnberg über die Schiefe Ebene nach Hof, wo sie im Planbetrieb nie zu sehen waren. Die Aufnahme zeigt den stilecht aus Vorkriegswagen gebildeten Zug auf der Rückfahrt bei Götzmannsgrün. Für beide Lokomotiven war es die letzte Fahrt, am Abend rückten sie in das Deutsche Dampflokomotivmuseum in Neuenmarkt-Wirsberg ein, wo sie seither präsentiert werden. AUFNAHME: ALBERT SCHÖPPNER, ARCHIV JÖRG SAUTER

23 019

Am 15. Juni 1975 hatte 023 019 (Jung 11474/1952) vom Bw Crailsheim gemeinsam mit 012 061 vom Bw Rheine vor einem Sonderzug von Nürnberg nach Hof und zurück ihren letzten großen Auftritt. Dreimal würde über die „Schiefe Ebene" gefahren, wobei 78 246 und 94 1730 abwechselnd als Schublokomotiven am Zug waren. Da die Rheiner Öllok 012 061 mit nur einer Tenderfüllung Schweröl aus Norddeutschland überführt wurde, war ihr Personal gezwungen, Brennstoff zu sparen, sodass ein wesentlicher Teil des Zuggewichts von 023 019 gezogen werden musste. Über die „Schiefe Ebene" lag ihre Steuerung ununterbrochen bei 65 % – eine Schinderei für die beiden Heizer, aber ein unvergessliches Klangerlebnis für Tausende Fotografen an der Strecke!

Nach Abschluss der Fahrt kehrten beide Lokomotiven abends Lz von Nürnberg in das noch im Aufbau begriffene Deutsche Dampflokomotivmuseum in Neuenmarkt-Wirsberg zurück, wo sie seither museal konserviert den Besuchern präsentiert werden.

23 023

Ihren vorletzten öffentlichkeitswirksamen Einsatz unter DB-Regie hatte 23 023 (Jung 11478/1952) am 26. Oktober 1975 vor ei-

△ **Bild 539** • Seit 1975 wird die ehemalige Crailsheimer **23 019**, eine Oberflächenvorwärmer-Lok, im Deutschen Dampflokomotivmuseum in Neuenmarkt-Wirsberg dem Publikum präsentiert. Am 23. Mai 2015 stand sie im Freigelände des Museums. AUFNAHME: FRANK LÜDECKE

△ **Bild 540** • Jeweils am ersten Wochenende im September veranstaltet der niederländische Verein „Veluwsche Stoomtrein Maatschappij" (VSM) die größte Dampfzugveranstaltung der Niederlande, die den Namen „Terug naar Toen" (Zurück nach damals) trägt. Dabei kommen immer rund zehn Dampfloks zum Einsatz. Neben vereinseigenen Fahrzeugen laufen dann auch Gastfahrzeuge. Und so war am 8. September 2019 u. a. die 23 023 des Vereins „Stoom Stichting Nederland" (SSN) aus Rotterdam zu Gast beim VSM. Dieser nutzte die Gelegenheit, im Bahnhof Beekbergen, seinem Betriebsmittelpunkt, eine Parade von drei Loks der Baureihe 23 zusammenzustellen, an der neben der SSN-Lok **23 023** die VSM-Loks **23 071** und **23 076** teilnahmen.

nem Sonderzug der Eisenbahnfreunde Zollernbahn von Stuttgart über Tübingen, Ebingen, Sigmaringen, Rottweil zurück nach Stuttgart. Schließlich absolvierte die Lok am 14. Dezember 1975 ihren allerletzten Einsatz bei der DB mit dem Sonderzug D 26124 von Hannover über Stadthagen – Rinteln – Löhne – Minden – Nienburg – Hannover. Die z-Stellung erfolgte am 15. Dezember 1975, die Ausmusterung am 22. Dezember 1975. Vom 15. Dezember 1975 bis 12. März 1976 war die Lok im Bw Lehrte abgestellt. Im April 1976 wurde sie zusammen mit 01 1075 von der Stoom Stichting Nederland (SSN) erworben und nach Rotterdam überführt. Bereits im August 1976 wurde der Kessel vom niederländischen TÜV abgenommen. Der erste Einsatz unter der Regie der SSN erfolgte am 30. April 1977. Auch am Dampflokabschiedsfest in Rheine am 10./11. September 1977 nahm 23 023 mit einem Sonderzug von Hoek van Holland teil. Nach Ablauf der Betriebsfristen wurde die Lok 1984 zunächst abgestellt, konnte jedoch bereits zur Jubiläumsveranstaltung 150 Jahre Eisenbahn in den Niederlanden wieder in Betrieb gehen. Im Oktober 1993 erhielt 23 023 im RAW Meiningen eine Hauptuntersuchung. Nach erneutem Fristablauf im Juni 2007 war geplant, die Lok bis 2009 nach einer Hauptuntersuchung wieder in Betrieb nehmen zu können. Tatsächlich

△ **Bild 541** • Bei der jährlichen Großveranstaltung „Terug naar Toen" des Vereins „Veluwsche Stoomtrein Maatschappij" (VSM) verkehren nicht nur zahlreiche Personenzüge, sondern auch diverse Fotogüterzüge. Am 8. September 2019 bespannte die Gastlok **23 023**, die seit 1976 dem Verein „Stoom Stichting Nederland" (SSN) gehört, solch einen Fotogüterzug, der gerade Beekbergen in Richtung Loenen verlassen hat.

Aufnahmen (2): Roland Hertwig

△ **Bilder 542 und 543**
◁ Die Deutsche Gesellschaft für Eisenbahngeschichte (DGEG) realisierte im Bw Bochum-Dahlhausen anlässlich des Jubiläums „50 Jahre DGEG" vom 29. April bis zum 1. Mai 2007 das einmalige Zusammentreffen von allen fünf Neubaudampflok-Baureihen der DB. Von links nach rechts stehen vor dem Schuppen: 10 001, die extra aus dem DDM in Neuenmarkt-Wirsberg geholt wurde, **23 023** der Stoom Stichting Nederland (SSN) unter Dampf, 65 018 aus den Niederlanden (ebenfalls unter Dampf), 66 002 der DGEG und 82 008 vom DB Museum Koblenz-Lützel.

Aufnahmen (2): Georg Wagner

konnte diese jedoch erst am 27. Juni 2015 mit dem Abheben des Kessels und dem Ausachsen des Rahmens begonnen werden. Ab Oktober 2018 war 23 023 wieder betriebsfähig. Am 8. September 2019 kam es in Beekbergen zum Zusammentreffen mit den anderen beiden in den Niederlanden eingesetzten 23 071 und 23 076.

23 029

Ebenfalls eine Jung-Lokomotive (11969/ 1954) ist 23 029, die als eine der letzten 023 bis zum November 1975 beim Bw Crailsheim in Betrieb war. Nach längerer Abstellzeit, zunächst im Bw Crailsheim, ab 22. September 1977 im Bw Aalen, wurde die Lok von Januar bis 19. Juni 1980 im Schwäbischen Hüttenwerk Wasseralfingen äußerlich aufgearbeitet und anschließend vor dem Berufsschulzentrum Aalen (Steinbeisstraße, 73430 Aalen) als gut zugängliches Denkmal aufgestellt. Der heutige Zustand der Lok ist nach dem letzten Anstrich im Sommer 2005 verbesserungs-

Bild 544 ▷
23 029 steht seit Juni 1980 als Denkmal vor dem Berufsschulzentrum Aalen. Eigentümer ist der Ostalbkreis (Stiftung von Baron Koenig-Fachsenfeld). Am Führerhaus ist nicht ganz zutreffend das Schild „Bw Aalen" angebracht. Am 1. August 2014 sah die Lok – nach immerhin 34 Jahren im Freien – noch recht ordentlich aus.

Aufnahme: Frank Lüdecke

Bild 545 ▽
Vom 26. bis zum 29. Mai 2005 fand unter dem Motto „Dampfwolken über Hohenlohe" eine Plandampfveranstaltung statt. Am 27. Mai 2005 bespannte **23 042** RB 18415, hier bei der Ausfahrt in Amorbach, wo die Zeit scheinbar stehengeblieben ist.

Aufnahme: Joachim Schmidt

bedürftig. Eigentümer ist der Ostalbkreis (Stiftung von Baron Koenig-Fachsenfeld).

23 042

Eine Henschel-Lokomotive (28542/1954) ist 23 042, die am 29. September 1975 beim Bw Crailsheim aus dem Betrieb genommen wurde. Sie ist die einzige 23, bei der jemals ein Kesseltausch stattfand: Am 19. Juni 1968 erhielt sie den Kessel der ausgemusterten 23 043, ebenfalls eine Henschel-Lok. Seit dem 25. Oktober 1975 ist die Deutsche Museumseisenbahn Darmstadt Eigentümer der Lokomotive. Am selben Tag wurde sie mit eigener Kraft von Crailsheim in das Museum in Darmstadt-Kranichstein überführt. Es folgten bis Ende der siebziger Jahre Einsätze auf verschiedenen Privatbahnen, bevor sie als rollfähiges Exponat im Museum präsentiert wurde.

Anfang 2004 wurde mit Unterstützung der Eisenbahnstiftung Joachim Schmidt die betriebsfähige Aufarbeitung der Lok begonnen, wobei der Tender einen komplett neuen Aufbau und die Lok die PZB90-Einrichtung erhielt. Ab März 2005 war die Lok wieder betriebsfähig. Nach einer erneuten dreijährigen Aufarbeitungszeit wurde die DB-Neubaulok am 22. Juli 2022 angeheizt und der Kesseldruck auf 10 bar gebracht. Mit dem vorhandenen Dampfdruck wurden die Luft- und Speisepumpe sowie die Lichtmaschine auf ihre Funktionalität hin geprüft und die noch schieberlosen Zylinder ausgeblasen. Nach dem Einbau der Schieber und deren Einstellung fuhr 23 042 am selben Tag die ersten Meter aus eigener Kraft. Während des Dampflokfestes am 17./18. September 2022 wurde die Lok der Öffentlichkeit erstmals unter Dampf und mit Vorführungsfahrten auf dem Gelände der Bahnwelt präsentiert.

△ **Bilder 546 und 547**

▽ Auf dem vermutlich größten Eisenbahnfest des Landes Rheinland-Pfalz – Motto „Reisen wie vor 50 Jahren" – war auch **23 042** dabei. Oben sehen wir sie am 25. September 2009 bei Theisbergstegen mit RB 13419 Kusel – Kaiserslautern, unten zwei Tage später im Neckartal bei Neckarsteinach mit dem P 93242 von Heilbronn nach Heidelberg. Die Veranstalter achteten bei dieser Veranstatung besonders auf authentische Zugbildung, so ist auch ein Gepäckwagen mit im Zug.

AUFNAHMEN (2): SAMMLUNG EISENBAHN-KURIER

23 058

Eine wahre Odyssee hat die Krupp-Lokomotive (3446/1955) 23 058 nach ihrer Zeit bei der Deutschen Bundesbahn hinter sich. Sie war am 28. Dezember 1975 als letzte 23 (bis 1985) unter DB-Regie vor einem Sonderzug Tübingen – Ebingen – Sigmaringen – Ulm im Einsatz.

Nach dieser Fahrt z-gestellt und ausgemustert wurde sie von der EUROVAPOR erworben, stand zunächst aber noch konserviert bis 27. Juli 1977 im Bw Crailsheim, bevor sie am folgenden Tag die Überführung nach Wil (St. Gallen) antrat. Den ersten Sonderzug für die EUROVAPOR beförderte sie am 23. Oktober 1977. Von 1978 bis 1984 war die Lok abgestellt, wobei sie

Bild 548 △
Am 1. Oktober 2007 gab es eine ganz besondere Leistung für **23 042**: Sie leistete **23 058** Vorspann vor dem RE4839 Heidelberg – Heilbronn „über den Buckel", wie die Strecke über Sinsheim und Bad Rappenau von den Eisenbahnern genannt wird, hier in Meckesheim.

Aufnahme: Jörg Sauter

Bild 549 ▷
Noch befindet sich **23 058** im Betriebsbestand der DB, als sie sich am 26. November 1975 mit frisch lackiertem Fahrwerk in Crailsheim unter Dampf präsentiert.

Aufn.: Sammlung EK-Verlag

am 2. April 1983 beim Bahnhofsfest in Gammertingen als kalte Ausstellungslok aus Anlass des 10-jährigen Jubiläums der EFZ präsentiert wurde und damit zum ersten Mal wieder auf deutschem Boden war. Im Herbst 1984 ging sie in Sulgen (Thurgau) in Betrieb. Erstmals wieder in Deutschland im Einsatz konnte 23 058 vom 6. bis 8. April 1985 erlebt werden, als sie am von den Eisenbahnfreunden Zollernbahn (EFZ) veranstalteten Süddeutschen Eisenbahnfest auf Strecken der Hohenzollerischen Landeseisenbahn (HZL) rund um Gammertingen teilnahm. Beim 15-jährigen Jubiläum der EFZ war sie erneut am 8. und 9. Oktober 1988 auf der HZL zu sehen. In den folgenden Jahren war die Lok hauptsächlich in Österreich und der Schweiz im Einsatz, u. a. am 18. August 1990 zusammen mit 41 018 über den Arlberg im Abschnitt Landeck – Lindau – Landeck. Am 30. Dezember 1998 löste sich bei voller Fahrt eine Treibstange und beschädigte Triebwerk, Luftpumpe und auch den Gleiskörper. Für die Reparatur wurde 23 058 im Jahr 2000 zerlegt ins Dampflokwerk Meiningen gebracht, wo sie zunächst bis 2002 blieb. Die fällige Hauptuntersuchung fand schließlich ab August 2002 im tschechischen Werk Ceské Velenice statt, in Meiningen für den Tender. Nach der Wiederinbetriebnahme im Dezember 2003 erlitt die Lok bereits im Juni 2004 bei einer Sonderfahrt von Basel nach Neustadt/Weinstraße einen Treibstangenbruch, was eine neuerliche Repara-

△ **Bild 550** • Erstmals wieder in Deutschland im Einsatz war **23 058** vom 6. bis 8. April 1985 auf den Strecken der Hohenzollerischen Landesbahn (HZL) anlässlich des von den Eisenbahnfreunden Zollernbahn (EFZ) veranstalteten Süddeutschen Eisenbahnfestes. Dabei war sie auch vor den historischen „Rheingold"-Wagen zu sehen. Aufnahme: Hermann Kuom

▽ **Bild 551** • Gleich zehn Dampflokomotiven waren beim großen Fest auf der Sauschwänzlebahn an Ostern 1987 dabei. **23 058** von der EUROVAPOR überquert soeben die Wutachschlucht, nachdem sie gerade den Weiler Kehrtunnel verlassen hat. Aufnahme: Roland Scheller

tur in Ceské Velenice nach sich zog. Ab Mai 2005 wieder in Betrieb wechselte die Lok zum neuen Standort in Haltingen in Südbaden, den sie am 13. Juni 2009 wiederum nach Winterthur verließ, um bereits im Herbst 2009 wieder nach Sulgen zurückzukehren.

Zwischenzeitlich im Eisenbahnmuseum „Locorama" in Romanshorn ausgestellt ging die Lok am 21. November 2010 nach Winterthur, wo sie bis 23. April 2011 von der Dampflokomotiv- und Maschinenfabrik DLM AG auf Leichtölfeuerung umgebaut wurde. Keine besonders gute Idee, denn mit dieser Feuerungsart kam die Lok nie richtig ins Fahren. Für den ab Sommer 2012 geplanten Einsatz auf der neuen Touristenbahn der Stichting Stoomtrein Fryslan (SSF) von Sneek nach Stavoren trat die Lok am 9. und 10. Juli 2011 die Reise in die Niederlande an. Doch im November 2011 meldete der Betreiber der Touristenbahn SSF Insolvenz an, sodass dieser Einsatz nie zustande kam und 23 058 in Stadskanaal abgestellt blieb. Vom 28. Februar bis 1. März 2013 kehrte die Lok über Emmerich und Basel nach Sissach zurück, wo sie von der „Modern Steam am Hauenstein GmbH" in Betrieb genommen werden sollte, tatsächlich aber untätig blieb. Im Winter 2016/2017 verhandelten die EUROVAPOR und die GBS Gesellschaft für Bahnservice GmbH mit dem Ziel, 23 058 wieder auf Kohlefeuerung umzurüsten und in Süddeutschland einzusetzen. Nach erfolgreicher Wasserdruckprobe stand sie am 3. Juni 2017 in Sulgen wieder als kohlegefeuerte Lok unter Dampf. Am 2. Juli 2017 erfolgte die Überführung zum Schwäbischen Eisenbahnmuseum Heilbronn (SEM).

Wer gehofft hatte, dass die Lok nun in eine störungsfreie Phase eintreten würde, wurde enttäuscht: Während einer Überführung von Heilbronn nach Würzburg am 30. November 2017 erlitt 23 058 einen größeren Schaden an der Kreuzkopfführung auf der Lokführerseite, der weitere Schäden an Zylinder und Triebwerksteilen nach sich zog. Die beschädigten Teile wurden abgebaut und im Werk Krefeld instandgesetzt. Am 28. und 29. Februar 2020 stand die Lok nach über zweijähriger Reparatur erstmals wieder unter Dampf. Bei einer Probefahrt am 9. April 2020 trat erneut ein Schaden am rechten Kreuzkopf auf, worauf im Schlepp einer Hilfslok das ehemalige Bw Crailsheim aufgesucht werden musste. Nach erfolgter Reparatur fuhr 23 058 am 6. Juni 2020 nach Heilbronn zurück. Eine Lastprobefahrt auf der Schwäbischen Waldbahn von Schorndorf nach Welzheim am 31. Oktober 2020 schloss sich an.

Bild 552 △
Bei einer großen zweitägigen Alpenrundfahrt von München über den Arlberg nach Lindau und zurück war **23 058** am 19. August 1990 im Abschnitt Landeck – Lindau – Landeck als Zug- bzw. Vorspannlokomotive mit 41 018 im Einsatz. Die Aufnahme entstand kurz vor Dalaas am Arlberg.

Bild 553 ▷
Derselbe Zug steht in Langen am Arlberg vor der Einfahrt in den Arlbergtunnel. Der Indusi-Magnet fehlt.

AUFNAHMEN (2): FRANK LÜDECKE

Bild 554 ▽
Einen Sonderzug aus der Schweiz über Schaffhausen – Stockach – Krauchenwies – Mengen – Sigmaringen – Tuttlingen – Singen – Schaffhausen führte **23 058** am 18. September 2021 über den eingleisigen Abschnitt der Gäubahn bei Möhringen

AUFNAHME: JÖRG SAUTER

23 058

△ **Bild 556 • 23 071** und 50 307 vor einem der vielen Sonderzüge anlässlich der Veranstaltung „Terug naar Toen" (Zurück nach damals) am Einfahrsignal von Beekbergen/NL, 1. September 2018. AUFN.: M. HENSCHEL

◁ **Bild 555** • Im Winter 2022/2023 bespannte **23 058** die Dampfsonderzüge im Hochschwarzwald. Gleich hat sie den am Schluchsee gelegenen Endbahnhof Seebrugg der bereits seit 1936 elektrifizierten Dreiseenbahn erreicht. AUFNAHME: JÖRG SAUTER

▽ **Bild 557 • 23 071** mit dem Sonderzug 38002, der zwei „Rheingold"-Wagen mitführt, am 25. März 2006 bei Beekbergen. AUFNAHME: REIN VAN PUTTEN

Die Lok wird in Zukunft von der GfE – Gesellschaft für Eisenbahnbetrieb mbH eingesetzt. Am 13. Juni 2021 war sie erneut auf der Schwäbischen Waldbahn (Schorndorf – Welzheim) zu sehen. Im September 2021 wurde sie vorübergehend nach Romanshorn in der Schweiz verlegt. Es bleibt zu hoffen, dass dieser schönen Lok in der Zukunft ein ruhigeres Schicksal beschieden sein möge.

23 071

Die von Jung 1956 mit der Fabriknummer 12506 erbaute Mischvorwärmer-Lok erreichte bei der DB nur eine Einsatzdauer von knapp 19 Jahren und wurde beim Bw Saarbrücken im August 1975 außer Betrieb gestellt. Nach zwei Jahren Abstellzeit in Saarbrücken erwarb 1977 die Veluwsche Stoomtrein Maatschappij (VSM) in

△ **Bild 558** • Der niederländische Verein „Veluwsche Stoomtrein Maatschappij" (VSM) betreibt die Museumsbahnstrecke Apeldoorn – Beekbergen – Loenen – Dieren. Zu seinem umfangreichen Dampflokbestand gehören zwei ehemalige DB-Loks der Baureihe 23, die betriebsfähigen 23 071 und 23 076. Am 2. Juni 2011 bespannte **23 076** einen Museumszug von Apeldoorn nach Beekbergen, der hier im Stadtgebiet von Apeldoorn entlang des Apeldoornsch Kanaal fährt. Der Wagenpark des Zuges besteht weitgehend aus ehemaligen ÖBB-Spantenwagen. AUFNAHME: ROLAND HERTWIG

Beekbergen (Niederlande) die Lok und überführte sie in die neue Heimat, wo sie die Nummer „1" erhielt und ab 1978 im Betrieb war. 1984 wurde die Lok erstmals für eine Untersuchung abgestellt, der nach längeren Betriebsphasen jeweils weitere Aufarbeitungen in den Jahren 1990, 1998 und 2003 in der Werkstatt Apeldoorn folgten. Bei der Untersuchung im Jahr 2003 wurden Kesselverkleidung und Führerhaus erneuert. Vom 29. April bis 1. Mai 2017 nahm 23 071 an der Jubiläumsveranstaltung „50 Jahre DGEG" in Bochum-Dahlhausen teil. Ein Zusammentreffen der drei in den Niederlanden betriebsfähig erhaltenen 23er (23 023, 23 071 und 23 076) ergab sich am 8. September 2019 bei der Veranstaltung „Terug naar Toen 2019" im Bahnhof Beekbergen.

23 076

Ebenfalls eine von Jung (12510/1956) erbaute Mischvorwärmer-Lok ist 23 076, die im August 1975 beim Bw Saarbrücken ihre aktive Zeit bei der DB beendete. Am 19. Februar 1976 wurde die Lok von der Veluwsche Stoomtrein Maatschappij (VSM) erworben und nach Beekbergen (NL) gebracht, wo sie die Nummer „2" erhielt und von 1978 bis Ende 1979 in Betrieb war.

Nach längerer Abstellzeit und der folgenden Untersuchung konnte 23 076 am 17. Juli 2007 wieder in Betrieb genommen werden. Auch sie war beim Zusammentreffen aller drei in den Niederlanden betriebsfähig eingesetzten 23er (23 023, 23 071 und 23 076) am 8. September 2019 in Beekbergen dabei.

◁ **Bild 559** Die beiden 23 der Veluwsche Stoomtrein Maatschappij (VSM), **23 076** und **23 071**, am 27. Mai 2017 vor Zug 38125 (Lippstadt – Bad Bentheim – (DPE 13487) – Amsterdam (Sonderzug „Westfalendampf") bei Assel. Der Zug hat mit elf Wagen eine stattliche Länge.

AUFNAHME: REIN VAN PUTTEN

Bild 560 ▷ Am 10. Oktober 1984 fand die erste Probefahrt von **23 105** statt, die zuvor im AW Kaiserslautern im Rahmen einer L2 aufgearbeitet worden war. Es war die erste Fahrt nach ihrer Abstellung am 27.12.1971, hier am Stellwerk Einsiedlerhof-Ost Vogelweh. Einige Rohrverbindungen sind noch undicht – es dampft aus allen Löchern.

Aufnahme: Hans Hilger, Eisenbahnstiftung

23 105

Die von Jung gebaute 23 105 (13113/1959) war die letzte für die Deutsche Bundesbahn gebaute Dampflokomotive und wurde am 4. Dezember 1959 beim Bw Minden/Westf. in Dienst gestellt. Ein Unfall am 27. Dezember 1971 in Trier sorgte für die Abstellung der Lok nach nur zwölf Betriebsjahren. Glücklicherweise entging diese historisch bedeutende Lokomotive der Verschrottung. Von 1972 bis 1983 überließ die DB 23 105 dem DGEG-Eisenbahnmuseum in Neustadt/W. als Leihgabe. Als die Planungen für die großen Jubiläumsveranstaltungen „150 Jahre deutsche Eisenbahn" 1985 in Nürnberg dank der Initiative von Horst Troche konkrete Formen annahmen, kam die Lok in das AW Kaiserslautern und erhielt dort vom 6. Juli 1983 bis 9. Januar 1985 eine L 2. An den Jubiläumsparaden in Nürnberg-Langwasser im September 1985 nahm 23 105 mit einer Garnitur der „Deutschen Weinstraße" teil. Nach zahlreichen Einsätzen folgte am 21. April 1996 die als Abschied deklarierte Fahrt durch das Taubertal nach Wertheim und zurück nach Crailsheim.

Nach dem Fristablauf am 18. Mai 1996 sollte sie ursprünglich nicht mehr aufgearbeitet werden, kam jedoch im Frühjahr 1997 nach Meiningen, wo eine Untersuchung durchgeführt wurde. An der Jubiläumsveranstaltung „100 Jahre Verkehrsmuseum Nürnberg" vom 15. bis 17. Oktober 1999, auf dem bereits 1935 für das Jubiläum „100 Jahre deutsche Eisenbahn" genutzten Gelände des Rangierbahnhofes Nürnberg, nahm 23 105 unter Dampf teil. Am 22. Mai 2000 lief die Fahrwerksfrist

△ **Bild 561** • Nach den Probefahrten beim AW Kaiserslautern wurde **23 105** für die bevorstehenden Jubiläumsfeierlichkeiten „150 Jahre Deutsche Eisenbahn" nach Nürnberg überführt, um Werkstatt und Personal mit der Lok vertraut zu machen. Bei einer Ausbildungsfahrt für Nürnberger Lokführer kommt die Lok am 25. Februar 1985 im Pegnitztal aus dem Rothenfelstunnel.

Aufnahme: Frank Türpitz

ab und die Lok wurde abgestellt und als rollfähiges Exponat im Bw Nürnberg-Gostenhof (früher Hbf) aufbewahrt, wo der Großbrand am 17. Oktober 2005 zu schweren Schäden an der Lok führte.

Am 1. Mai 2006 ging sie als Leihgabe zum Schwäbischen Eisenbahnmuseum Heilbronn (SEH), wo mit der äußerlichen Aufarbeitung begonnen wurde, die im August 2010 abgeschlossen werden konnte. Vom 17. April bis 6. Oktober 2019 wurde 23 105 zusammen mit zwei ehemaligen Bauzugwagen der Bauart B3yg im Eingangsbereich der Bundesgartenschau Heilbronn präsentiert.

△ **Bild 562 • 23 105** ist von einem Einsatz zurückgekehrt, auf dem Weg zum Lokschuppen liegt das Verwaltungsgebäude des Bw Nürnberg 1.
Aufnahme (22. September 1985): Wolfgang Bügel, Bildarchiv der Eisenbahnstiftung

▽ **Bild 563 •** Die Wartung der DB-Dampflokomotiven fand ab 1985 im Bw Nürnberg Hbf statt.
Aufnahme (4. August 1985): Frank Lüdecke

Bild 565 △
Das „Dampfspektakel in Franken" am 1. September 1985 präsentierte den Eisenbahnfreunden zahlreiche Dampfloks vor attraktiven Zuggarnituren, u. a. **23 105** bei Creußen südlich von Bayreuth.

AUFNAHMEN (2): FRANK LÜDECKE

◁ **Bild 564**
Vor dem sonntäglichen Wandererzug von Nürnberg nach Neuhaus an der Pegnitz rumpelt **23 105** am 4. August 1985 bei Lungsdorf über eine der zahlreichen Brücken im Pegnitztal.

Bild 566 ▷
Beim „Dampfspektakel in Franken" hat **23 105** am 1. September 1985 soeben den 185 m langen Sonneburg-Tunnel im wunderschönen Pegnitztal zwischen Velden und Rupprechtstegen verlassen.

AUFNAHME: GEORG WAGNER

△ **Bild 567**
Ein beliebter Fotostandort während der Jubiläums-Dampflokeinsätze rund um Nürnberg waren die Diehl-Werke in der Ausfahrt des Nürnberger Hauptbahnhofes. Im Bild **23 105** am 18. August 1985. Die DB hatte für das Jubeljahr 30 Schürzen- und Eilzugwagen aufarbeiten lassen.

Aufnahme:
Joachim Schmidt

◁ **Bild 568**
An den großen Paraden zum Jubiläum „150 Jahre Deutsche Eisenbahn" in Nürnberg-Langwasser nahm **23 105** mit der Garnitur „Rollende Weinstraße" teil, hier am 21. September 1985.

Aufnahme:
Frank Lüdecke

Bild 569 ▷ 18 201 hatte an der Ausstellung „150 Jahre Deutsche Eisenbahn“ in Nürnberg teilgenommen. Bei ihrer Rückführung in die DDR am 21. August 1985 wurde bei Lauf parallel gefahren. Beteiligt waren **23 105**, 18 201, 01 1100 und V 200 002.

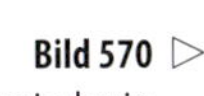

Bild 570 ▷ Bereits 1985 wieder in Betrieb genommen, hatten die Dampflokomotiven der Bundesbahn erst ab 1988 Zielbahnhöfe außerhalb Frankens. Im Mai 1988 kam **23 105** über Karlsruhe in die Pfalz erstmals wieder nach Neustadt an der Weinstraße, wo sie bis 1983 in der Obhut der DGEG ausgestellt war.

Aufnahme: Jörg Sauter

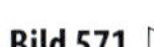

Bild 571 ▷ Die Sonderfahrten der DB brachten **23 105** auch auf Strecken, die sie im Planbetrieb nie befahren hat. Am 19. Mai 1990 rollt sie mit einem Sonderzug von München Hbf nach Kufstein über die neue Großhesseloher Brücke im Isartal bei München. Am Fuß der (alten) Brücke fanden in der Schulzeit des Verfassers denkwürdige Feiern statt.

Aufnahmen (2): Frank Lüdecke

◁ **Bild 572**
Eine Abschiedsfahrt führte **23 105** am 25. April 1996 auf die rechte Rheinstrecke bei St. Goarshausen. Über dem Zug thront die Burg Maus aus der zweiten Hälfte des 14. Jahrhunderts. Die kurtrierische Höhenburg ist seit 2002 Teil des UNESCO-Welterbes Oberes Mittelrheintal.

Aufnahme:
Georg Wagner

◁ **Bild 573**
Am 16. Oktober 1999 war **23 105** bei der Fahrzeugparade im Gleisbauhof Nürnberg anlässlich „100 Jahre Verkehrsmuseum Nürnberg" dabei.

Aufnahme:
Jörg Sauter

◁ **Bild 574**
Ein trauriges Bild boten die Fahrzeuge des DB-Museums in den Überresten des Nürnberger Ringlokschuppens am Tag nach dem Brand, dem 18. Oktober 2005. 45 010 wurde ausstellungsgerecht aufgearbeitet. Der historische Adlernachbau wurde unter Verwendung von Stahl statt Holz rekonstruiert. 01 150 ist die einzige Lok, die wieder – durch private Initiative – in Betrieb ging.

Aufnahme:
Berny Meyer

Bild 575 ▷
Im Oktober 2007 sah **23 105** eigentlich wieder ganz ordentlich aus … Allerdings ist zum Aufnahmezeitpunkt im ehemaligen Bw Heilbronn nur die Frontpartie restauriert, der Rest der Lok leuchtete in unzähligen Rosttönen. 01 1104 hingegen wird bald wieder in Betrieb genommen.

Aufnahme: Rolf Stumpf

Bild 576 ▷
Der Kessel von **23 105** erhielt im Jahr 2009 eine neue Kesselverkleidung, Heilbronn am 15. September 2009.

Bild 577 ▷
Die wieder weitgehend vollständige **23 105** war am 14. Juni 2015 auf der Drehscheibe im ehemaligen Bw Heilbronn zu bewundern.

Aufnahmen (2): Tom Horn

Anhang

Lebensläufe aller Lokomotiven der Baureihe 23

23 001 Alt

Betr.-Nr. ab 01.01.1970: 35 2001-2
Schichau 3443/1941 • Li: 07.08.1941 • Abn: 23.09.1941

Lok-Versuchsamt Grunewald	24.09.41 –	
Grunewald	–	12.44
Berlin Anhalter Bf.	06.46 –	11.47
Jüterbog	11.47 –	10.48
Rummelsburg	10.48 –	
Berlin Ostbahnhof	–	
Berlin-Karlshorst	–	05.54
Halle P (VES-M Halle)	05.54 –	57
RAW Leipzig L 4 (Einbau Gegendruckbremse)	57 –	57
Halle P (VES-M Halle)	57 –	61
RAW Cottbus/RAW Leipzig (Einbau eines Reko-Kessels BR 50^{35})	61 –	61
Halle P (VES-M Halle)	61 –	
Letzte HU (RAW Cottbus) und Einbau Giesl-Ejektor	10.70	
z	04.74	
+	74	
++ RAW Cottbus	75	

23 002 Alt

Schichau 3444/1941 • Li: 12.08.1941 • Abn: 05.11.1941
Probefahrt: 05.11.1941 Berlin-Grunewald – Güsen u. z.
Beschaffungskosten: 175.310,– RM

Lok-Versuchsamt Grunewald	12.08.41 –	03.11.42
Grunewald	04.11.42 –	(29.11.44)
Brandenburg (Havel)	12.06.45 –	20.07.46
Berlin Anhalter Bf.	21.07.46 –	(30.03.47)
RAW Stendal L 3 mW.	11.12.47 –	19.02.48
Jüterbog	20.02.48 –	31.10.48
Rummelsburg	01.11.48 –	10.05.50
Karlshorst	11.05.50 –	22.10.50
Berlin-Ostbahnhof	22.10.50 –	07.03.54
RAW Stendal L 4	08.03.54 –	31.05.56
Halle P (VES-M Halle)	01.06.56 –	02.12.59
RAW Cottbus	07.12.59	
(geplante L 3 wegen schwerer Rahmenschäden nicht mehr ausgeführt)		
z	60	
+	20.09.67	
zerlegt RAW Cottbus	12.10.67	

23 001 — 023 001-1

Henschel 28611/1950 • Li: 29.11.1950 • Abn: 07.12.1950
Probefahrt: 07.12.1950 Kassel – Hümme u. z.
Beschaffungskosten: 277.900 DM
Gesamtlaufleistung: 2.066.200 km

Kempten	08.12.50 –	08.03.52
Kempten z	09.03.52 –	29.08.52
Henschel (Domverstärkung)	30.08.52 –	24.11.52
EAW Göttingen L 0	25.11.52 –	15.12.52
Kempten i. D.	16.12.52 –	11.05.53
Oberlahnstein	12.05.53 –	11.05.55
Koblenz-Mosel	12.05.55 –	21.05.58
Trier	22.05.58 –	23.04.63
Saarbrücken Hbf	24.04.63 –	22.05.69
AW Trier L 0	23.05.69 –	09.07.69
Crailsheim	10.07.69 –	29.12.74 z
z	29.12.74	
+	05.12.74	
abg. Bw Crailsheim	04.75	
++ AW Offenburg	06.75	

23 002 — 023 002-9

Henschel 28612/1950 • Li: 08.12.1950 • Abn: 12.12.1950
Probefahrt: 12.12.1950 Kassel – Hümme u. z.
Laufleistung gesamt: 1.862.908 km

Kempten	25.01.51 –	16.03.52
Kempten z	17.03.52 –	13.08.52
Henschel (Domverstärkung)	14.08.52 –	21.04.53
EAW Göttingen L 0	25.04.53 –	20.05.53
Oberlahnstein	21.05.53 –	21.05.55
Koblenz-Mosel	22.05.55 –	04.06.58
Trier	05.06.58 –	25.05.63
Saarbrücken Hbf	26.05.63 –	30.09.69
AW Trier L 0	01.10.69 –	30.10.69
Crailsheim	31.10.69 –	29.09.75 z
z (lose Radreifen)	29.9.75	
+	30.10.75	
abg. Bw Crailsheim	11.75	
++ Bw Crailsheim	06.76	

23 003 — 023 003-7

Henschel 28613/1950 • Li: 15.12.1950 • Abn: 19.12.1950
Probefahrt: 19.12.1950 Kassel – Hümme u. z.
Beschaffungskosten: 277.900 DM

Kempten	**26.01.51** –	30.01.52
Kempten z	31.01.52 –	31.08.52
Henschel (Domverstärkung)	01.09.52 –	03.01.53
EAW Göttingen L 0	07.01.53 –	30.01.53
Oberlahnstein	31.01.53 –	21.05.55

△ **Bild 578** • D 81 wurde auf dem Weg von Hagen nach Düsseldorf in Wuppertal-Barmen mit seiner Zuglok **23 015** (Bw Siegen) von Carl Bellingrodt im Bild festgehalten. Als Datum ist der Herbst 1953 angegeben, was eher nicht stimmen kann, denn 23 015 war von November 1951 bis April 1954 durchgehend beim LVA Minden als Versuchslok in Verwendung. Oberhalb des Zuges ist im Hintergrund die streckenweise aufgeständerte Wuppertaler Nordbahn zu erkennen. Aufnahme: Carl Bellingrodt/EK-Verlag

Koblenz-Mosel	22.05.55 – 01.06.58
Trier	02.06.58 – 02.01.63
AW Nied L 0	03.01.63 – 22.01.63
Saarbrücken Hbf	25.01.63 – 22.01.69 z
z (Kesselfrist)	22.01.69
+	03.03.69
abg. AW Trier	03.69
++ Fa. Metallum, Karthaus	24.04.70

23 004 — 023 004-5

Henschel 28614/1950 • Li: 20.12.1950 • Abn: 22.12.1950
Probefahrt: 22.12.1950 Kassel – Hümme u. z.
Beschaffungskosten: 277.900 DM

Kempten	23.12.50 – 02.03.52
Kempten z	03.03.52 – 01.09.52
Henschel (Domverstärkung)	02.09.52 – 23.01.53
EAW Göttingen L 0	23.01.53 – 13.02.53
Oberlahnstein	14.02.53 – 21.05.55
Koblenz-Mosel	22.05.55 – 01.06.58
Trier	02.06.58 – 20.03.63
AW Nied L 0	21.03.63 – 08.04.63
Saarbrücken Hbf	09.04.63 – 13.11.69
AW Trier L 0	14.11.69 – 10.12.69
Kaiserslautern	15.12.69 – 12.03.70
Saarbrücken Hbf	13.03.70 – 06.02.75 z
z	06.02.75
+	16.05.75
„K"-abgestellt seit	02.74
++ AW Trier	12.76

23 005 — 023 005-2

Henschel 28615/1951 • Li: 30.12.1950 • Abn: 05.01.1951
Probefahrt: 05.01.1951 Kassel – Hümme u. z.
Beschaffungskosten: 277.900 DM
Letzte L 2: AW Trier 30.09.1968

Kempten	06.01.51 – 07.03.52
Kempten z	08.03.52 – 21.10.52
Henschel (Domverstärkung)	22.10.52 – 19.12.52
EAW Göttingen L 0	20.12.52 – 15.01.53
Kempten i. D.	16.01.53 – 01.02.53
Oberlahnstein	02.02.53 – 31.03.55
Koblenz-Mosel	01.04.55 – 04.06.58
Trier	05.06.58 – 28.05.63
Saarbrücken Hbf	29.05.63 – 23.05.69
Crailsheim	24.05.69 – 01.10.74 z
z (Fristablauf)	01.10.74
+	05.12.74
Heizlok Friedrichshafen	30.09.74 – 04.75
abg. Bw Crailsheim	04.75
++ AW Offenburg	2. Halbjahr 75

23 006 — 023 006-0

Henschel 28616/1950 • Li: 10.01.1951 • Abn: 05.02.1951
Probefahrt: 12.01.1951 Kassel – Hümme u. z.
Beschaffungskosten: 277.900 DM

Bremen Hbf	05.02.51 – 25.10.51
PAW Henschel	26.10.51 – 20.12.51
Bremen Hbf	21.12.51 – 12.01.52
EAW Ingolstadt L 0	18.01.52 – 15.09.52
PAW Henschel (Domverstärk.)	18.09.52 – 25.11.52
EAW Göttingen L 0	26.11.52 – 06.12.52
Siegen	07.12.52 – 31.05.66
Kaiserslautern	01.06.66 – 16.07.68
Crailsheim	17.07.68 – 11.12.72 z
z	11.12.72
+	01.05.73
abg. Karthaus	05.73
++ AW Trier	2. Halbjahr 1973

23 007 — 023 007-8

Henschel 28617/1950 • Li: 16.01.1951 • Abn: 30.01.1951
Beschaffungskosten: 277.900 DM
Nicht im Einsatz von 01.52 bis 02.53

Bremen Hbf	31.01.51 – 28.11.51
Siegen	02.01.52 – 12.02.52
Siegen z	13.02.52 – 31.08.52
Siegen	01.09.52 – 01.06.66
Kaiserslautern	02.06.66 – 17.03.70
Saarbrücken Hbf	18.03.70 – 15.04.75 z
z	15.04.75
+	26.06.75
++ AW Braunschweig	22.08.75 – 28.08.75

23 008 — 023 008-6

Henschel 28618/1951 • Li: 24.01.1951 • Abn: 05.02.1951
Probefahrt: 26.01.1951 Kassel – Hümme u. z.
Beschaffungskosten: 277.900 DM
Gesamtlaufleistung: ca. 1.700.000 km

Bremen Hbf	05.02.51 – 12.01.52
EAW Ingolstadt L 0	17.01.52 – 15.09.52
Henschel (Domverstärkung)	18.09.52 – 19.01.53
EAW Göttingen L 0	20.01.53 – 12.02.53
Siegen	13.02.53 – 31.05.66
Kaiserslautern	01.06.66 – 11.01.75
Saarbrücken Hbf	12.01.75 – 25.06.75 z
z	25.06.75
+	26.06.75
++ AW Braunschweig	07.11.75 – 13.11.75

23 009 — 023 009-4

Henschel 28619/1951 • Li: 29.01.1951 • Abn: 08.02.1951
Probefahrt: 02.02.1951 Kassel – Hümme u. z.
Beschaffungskosten: 277.900 DM

Bremen Hbf	08.02.51 – 31.10.51
Bremen Hbf abg.	01.11.51 – 16.12.51
EAW Ingolstadt L 0	17.12.51 – 15.09.52
Henschel (Domverstärkung)	18.09.52 – 13.01.53
EAW Göttingen L 0	14.01.53 – 12.02.53
Siegen	13.02.53 – 03.03.66
Kaiserslautern	28.07.66 – 11.01.75
Saarbrücken Hbf	12.01.75 – 25.06.75 z
z	25.06.75
+	26.06.75
++ AW Braunschweig	07.05.76 – 13.05.76

23 010 — 023 010-2

Henschel 28620/1950 • Li: 05.02.1951 • Abn: 13.02.1951
Probefahrt: 07.02.1951 Kassel – Hümme u. z.
Beschaffungskosten: 277.900 DM

Bremen Hbf	13.02.51 – 30.11.51
Bremen Hbf abg.	01.12.51 – 10.01.52
EAW Ingolstadt L 0	11.01.52 – 15.09.52
Henschel (Domverstärkung)	18.09.52 – 22.12.52
EAW Göttingen L 0	23.12.52 – 05.02.53
Siegen	06.02.53 – 01.06.66
AW Nied L 3	04.03.66 – 27.07.66
Kaiserslautern	02.06.66 – 29.12.74 z
z	29.12.74
+	05.12.74
abg. Bw Kaiserslautern	04.75
++ AW Braunschweig	27.06.75 – 03.07.75

23 011 — 023 011-0

Henschel 28621/1951 • Li: 12.02.1951 • Abn: 21.02.1951
Probefahrt: 13.02.1951 Kassel – Hümme u. z.
Beschaffungskosten: 277.900 DM

Siegen	23.02.51 – 18.01.52
Siegen abg.	19.01.52 – 28.02.52
Siegen z	01.03.52 – 31.07.52
Henschel (Domverstärkung)	01.08.52 – 15.03.53
EAW Göttingen L 0	16.03.53 – 14.04.53
Siegen	15.04.53 – 26.01.60
AW Lingen L 0	27.01.60 – 29.01.60
LVA Minden	30.01.60 – 03.11.60
Siegen	04.11.60 – 10.09.61
Hagen-Eckesey	11.09.61 – 09.01.63
AW Nied L 0	10.01.63 – 30.01.63
Siegen	31.01.63 – 24.04.66
AW Trier L 3	25.04.66 – 13.07.66
Kaiserslautern	14.07.66 – 06.09.71
Saarbrücken Hbf	07.09.71 – 26.05.72
Kaiserslautern	27.05.72 – 11.01.75
Saarbrücken Hbf	12.01.75 – 25.06.75 z
z	25.06.75
+	26.06.75
++ AW Braunschweig	2. Halbjahr 76

23 012 — 023 012-8

Henschel 28622/1951 • Li: 15.02.1951 • Abn: 27.02.1951
Probefahrt: 21.02.1951 Kassel – Hümme u. z.
Beschaffungskosten: 277.900 DM
Gesamtlaufleistung: ca. 1.680.000 km

Siegen	28.02.51 – 10.02.52
Siegen z	11.02.52 – 31.08.52
Henschel (Domverstärkung)	01.09.52 – 01.03.53
EAW Göttingen L 0	02.03.53 – 26.03.53
Siegen	27.03.53 – 05.10.61
Hagen-Eckesey	06.10.61 – 25.05.63
Siegen	26.05.63 – 22.05.66
AW Trier L 3	23.05.66 – 01.09.66
Kaiserslautern	02.09.66 – 09.06.69
Crailsheim	10.06.69 – 22.05.75 z
z (Schaden am Schieberkasten)	22.05.75
+	26.06.75
++ Bw Crailsheim	11.75

23 013

Henschel 28623/1950 • Li: 24.02.1951 • Abn: 07.03.1951
Beschaffungskosten: 277.900 DM
Nicht im Einsatz von 01.52 – 02.53

Siegen	08.03.51 – 12.02.52
Siegen z	13.02.52 – 31.08.52
Siegen	01.09.52 – 16.05.65
Bestwig	17.05.65 – 05.12.66 z
z (Treibstangenbruch zwischen Warburg und Kassel)	05.12.66
+	24.02.67
++ AW Trier	11.67

23 014 — 023 014-4

Henschel 28624/1951 • Li: 17.03.1951 • Abn: 30.03.1951
Probefahrt: 21.03.51 Kassel – Hümme u. z.
Beschaffungspreis: 277.900 DM

Siegen	30.03.51 – 11.02.52
Siegen z	12.02.52 – 31.08.52
Henschel (Domverstärkung)	01.09.52 – 19.02.53
EAW Göttingen L 0	20.02.53 – 13.03.53
Siegen	14.03.53 – 30.09.61
Hagen-Eckesey	01.10.61 – 25.05.63
Siegen	26.05.63 – 29.05.65
Bestwig	30.05.65 – 29.09.70
Kaiserslautern	30.09.70 – 06.09.71
Saarbrücken	07.09.71 – 23.05.72
AW Trier L 0	23.05.72 – 10.07.72
Kaiserslautern	11.07.72 – 10.05.74 z
z (Kesselfrist)	10.05.74
+	01.10.74
abg. Bw Kaiserslautern	04.75
++ AW Braunschweig	09.01.76 – 15.01.76

23 015 — 023 015-1

Henschel 28625/1951 • Li: 10.04.1951 • Abn: 25.04.1951
Probefahrt: 13.04.1951 Kassel – Hümme u. z.
Beschaffungskosten: 277.900 DM

Siegen	26.04.51 – 08.11.51
EAW Bremen	09.11.51 – 13.11.51

LVA Minden 14.11.51 – 01.52
abgestellt 01.52 – 31.03.52
PAW Henschel L 0
(Domverstärkung) 01.04.52 – 21.05.52
LVA Minden 22.05.52 – 18.12.52
Nebenwerkstätte (Nw.) Minden 19.12.52 – 03.03.53
PAW Henschel 04.03.53 – 09.04.53
EAW Göttingen L 0 10.04.53 – 20.04.53
Nw. Minden 21.04.53 – 17.05.53
LVA Minden 18.05.53 – 11.08.53
Nw. Minden 13.08.53 – 12.10.53
LVA Minden 13.10.53 – 09.02.54
Nw. Minden 10.02.54 – 08.03.54
LVA Minden 09.03.54 – 21.04.54
AW Trier L 2 22.04.54 – 21.05.54
Paderborn 22.05.54 – 28.07.55
Siegen 29.07.55 – 26.09.61
Hagen-Eckesey 12.10.61 – 25.05.63
Siegen 26.05.63 – 29.05.65
Bestwig 30.05.65 – 13.01.69 z
z 13.01.69
\+ 10.07.69
++ Fa. Deumu, Recklingh. Süd Ende 69

23 016 023 016-9

Jung 11471/1952 • Li: 30.10.1952 • Abn: 11.11.1952
Probefahrt: 06.11.1952 Trier –Koblenz u. z.
Beschaffungskosten: 271.500 DM
Lok entgleiste am 25.05.70 im Bf. Hemer während OZL-Bereitschaft des Bw Hagen-Eckesey

Mainz 12.11.52 – 16.04.58
Gießen 18.04.58 – 30.05.65
Bestwig 31.05.65 – 01.11.70
AW Trier L 0 02.11.70 – 01.12.70
Crailsheim 02.12.70 – 05.06.75 z
z 05.06.75
\+ 26.06.75
abg. Bw Crailsheim 11.75 – 06.76
++ AW Offenburg 2. Halbjahr 76

23 017 023 017-7

Jung 11472/1952 • Li: 30.10.1952 • Abn: 11.11.1952
Probefahrt: 07.11.1952 Trier – Hetzerath
Beschaffungskosten: 271.500 DM

Mainz 12.11.52 – 16.04.58
Gießen 18.04.58 – 21.10.64
Saarbrücken Hbf 22.10.64 – 15.12.64
Gießen 16.12.64 – 30.05.65
Bestwig 31.05.65 – 01.02.70 z
z (Ersatzteilspender) 01.02.70
\+ 27.11.70
abg. Karthaus 12.70
++ Fa. Metallum, Karthaus 12.10.71

23 018 023 018-5

Jung 11473/1952 • Li: 12.11.1952 • Abn: 15.11.1952
Beschaffungskosten: 271.500 DM

Mainz 16.11.52 – 21.04.58
Gießen 22.04.58 – 30.05.65
Bestwig 31.05.65 – 23.09.70
Saarbrücken Hbf 24.09.70 – 23.12.74
Crailsheim 24.12.74 – 14.08.75 z
z 14.08.75
\+ 30.10.75
++ Bw Crailsheim 10.76

23 019 023 019-3

Jung 11474/1952 • Li: 18.11.1952 • Abn: 25.11.1952
Probefahrt: 20.11.1952 Trier – Koblenz u. z.
Beschaffungskosten: 271.500 DM

Mainz 26.11.52 – 21.04.58
Gießen 22.04.58 – 21.05.63
Oldenburg Rbf 22.05.63 – 28.09.63
Gießen 29.09.63 – 13.07.67
Crailsheim 14.07.67 – 16.06.75 z
Letzte Fahrt: 15.06.75 Nürnberg – Marktschorgast – Hof – Nürnberg – Neuenmarkt-Wirsberg (DDM)
z 16.06.75
\+ 26.06.75
Museumslokomotive (Deutsches Dampflokomotivmuseum) ab 15.06.75

23 020 023 020-1

Jung 11475/1952 • Li: 25.11.1952 • Abn: 29.11.1952
Beschaffungskosten: 271.500 DM

Mainz 30.11.52 – 21.04.58
Gießen 22.04.58 – 13.07.67
Crailsheim 14.07.67 – 24.04.75 z
z (Kesselfrist) 24.04.75
\+ 26.06.75
abg. Bw Crailsheim 11.75 – 06.76
++ Bw Crailsheim 02.77
Letzte L 2: AW Trier 09.12.70
Letzte L 3: AW Nied 01.09.65 – 10.11.65

23 021 023 021-9

Jung 11476/1952 • Li: 28.11.1952 • Abn: 04.12.1952
Probefahrt: 01.12.1952 Trier – Cochem u. z.
Beschaffungskosten: 271.500 DM

Mainz 05.12.52 – 22.05.58
Gießen 23.05.58 – 13.07.67
Crailsheim 14.07.67 – 22.7.75 z
z (Entgleisung 06.75 Crailsheim, Vorlaufachse verbogen) 22.07.75
\+ 21.08.75
abg. Bw Crailsheim 11.75 – 06.76
++ AW Offenburg 2. Halbjahr 76

23 022 023 022-7

Jung 11477/1952 • Li: 11.12.1952 • Abn: 13.12.1952
Beschaffungskosten: 271.500 DM

Mainz 13.12.52 – 22.05.58
Gießen 23.05.58 – 03.04.67
Saarbrücken Hbf 28.04.67 – 10.08.72 z
z 10.08.72
\+ 25.11.72
++ Fa. Ferrum, Karthaus 01.73

23 023 023 023-5

Jung 11478/1952 • Li: 17.12.1952 • Abn: 20.12.1952
Probefahrt: 19.12.1952 Trier – Cochem u. z.
Beschaffungskosten: 271.500 DM

Mainz 20.12.52 – 18.07.55
Mönchengladbach 19.07.55 – 23.07.55
Paderborn 24.07.55 – 06.01.58
Oldenburg Hbf leihweise 16.07.57 – 08.10.57
Bielefeld 07.01.58 – 13.04.58
Gießen 14.04.58 – 24.04.67
Saarbrücken Hbf 09.09.67 – 02.12.68
Crailsheim 03.12.68 – 15.12.75 z
z 15.12.75
\+ 22.12.75
abg. Bw Lehrte 15.12.75 – 12.03.76
Museumslokomotive bei SSN Stoom Stichting Nederland, Rotterdam seit 03.76
betriebsfähig 12.2022

23 024 023 024-3

Jung 11838/1953 • Li: 19.10.1953 • Abn: 23.10.1953
Probefahrt: 21.10.1953 Trier Hbf – Cochem u. z.
Beschaffungskosten: 429.450 DM
Kylchap-Blasrohr (bis 1955)

LVA Minden 24.10.53 – 15.12.53
Henschel 16.12.53 – 16.03.54
LVA Minden 17.03.54 – 04.04.54
AW Trier L 0 05.04.54 – 15.04.54
Mainz 16.04.54 – 14.12.58
Bingerbrück 15.12.58 – 27.05.61
Kaiserslautern 28.05.61 – 31.05.64
Saarbrücken Hbf 01.06.64 – 24.12.74
(kalt abgestellt 07.74 – 11.74)
Crailsheim (kalt abg.) 25.12.74 – 14.03.75 z
z (Triebwerkschaden) 14.03.75
abg. Bw Crailsheim 04.75
\+ 16.05.75
++ Bw Crailsheim 09.75 – 10.75

23 025 023 025-0

Jung 11839/1953 • Li: 07.10.1953 • Abn: 13.10.1953
Probefahrt: 10.10.1953 Trier-West – Cochem u. z.
Beschaffungskosten: 429.450 DM
Gesamtlaufleistung: 1.519.600 km

Mainz 14.10.53 – 14.12.58
Bingerbrück 15.12.58 – 27.05.61
Kaiserslautern 28.05.61 – 02.06.64
Saarbrücken Hbf 03.06.64 – 03.10.74 z
z 03.10.74
\+ 05.12.74
++ AW Trier 2. Halbjahr 75

23 026 023 026-8

Jung 11966/1954 • Li: 03.02.1954 • Abn: 06.02.1954
Probefahrt: 04.02.1954 Trier – Cochem u. z.
Beschaffungskosten: 384.740 DM
Lok erhielt ab Werk den für 23 028 bestimmten Kessel Jung 11968!

Siegen 07.02.54 – 30.04.58
Hagen-Eckesey 01.05.58 – 12.09.58
AW Trier L 0 13.09.58 – 09.10.58
Siegen 10.10.58 – 19.12.58
Hagen-Eckesey 20.12.58 – 05.01.59
Siegen 06.01.59 – 29.05.65
Bestwig 30.05.65 – 25.09.70
Saarbrücken Hbf 26.09.70 – 15.04.75 z
z 15.04.75
\+ 26.06.75
++ AW Braunschweig 12.09.75 – 18.09.75

23 027 023 027-6

Jung 11967/1954 • Li: 22.01.1954 • Abn: 27.01.1954
Probefahrt: 24.01.1954 Trier – Cochem u. z.
Beschaffungskosten: 423.480 DM

Siegen 28.01.54 – 11.03.58
Hagen-Eckesey 12.03.58 – 14.04.58
Siegen 16.04.58 – 25.04.58
Hagen-Eckesey 26.04.58 – 24.09.58
Siegen 25.09.58 – 29.05.65
Bestwig 30.05.65 – 08.03.71
Crailsheim 09.03.71 – 13.02.74 z
z 13.02.74
(Lok prallte am 12.02.74 in Heidelberg wegen falscher Weichenstellung auf eine abgestellte Reisezugwagengarnitur und erlitt dabei Rahmenschäden)
\+ 09.06.74
++ Fa. Metallum, Homburg bis 06.05.75

23 028 023 028-4

Jung 11968/1954 • Li: 19.02.1954 • Abn: 23.02.1954
Probefahrt: 22.02.1954 Trier – Cochem u. z.
Beschaffungskosten: 384.740 DM
Lok erhielt ab Werk den für 23 026 bestimmten Kessel Jung 11966!

Mainz 23.02.54 – 22.04.54
Paderborn 22.04.54 – 06.01.58
Bielefeld 07.01.58 – 20.02.58
AW Trier L 0 21.02.58 – 18.03.58

△ **Bild 579** • Zu Füßen des Crailsheimer Wasserturmes lag der Abstellplatz 1, von den Eisenbahnern auch „Wiese" genannt. Am 8. September 1973 pausiert **023 023** auf dem Rundstand, der im Gegensatz zum Aufnahmetag häufig voll belegt war.
Aufnahme: Ulrich Budde

▽ **Bild 580** • Der Einsatz der Baureihe 23 beim Bw Gießen neigte sich bereits dem Ende zu, als **23 022** am 10. März 1967 das Bw Limburg besuchte. Drei Wochen später kam sie zum Bw Saarbrücken.
Aufnahme: Dieter Junker, Eisenbahnstiftung

Gießen 19.03.58 – 01.06.66
Kaiserslautern 02.06.66 – 29.08.69
Crailsheim 30.08.69 – 10.06.74 z
z 10.06.74
+ 01.10.74
++ Fa. Ferrum, Karthaus 02.75

23 029 — 023 029-2

Jung 11969/1954 • Li: 04.03.1954 • Abn: 08.03.1954
Beschaffungskosten: 384.740 DM

Mainz 08.03.54 – 13.05.54
Paderborn 14.05.54 – 05.02.58
Bielefeld 06.02.58 – 13.04.58
Gießen 14.04.58 – 01.06.66
Kaiserslautern 02.06.66 – 29.05.69
Crailsheim 30.05.69 – 12.11.75 z
z (lose Radreifen) 12.11.75
+ 22.12.75
abg. Bw Crailsheim bis 22.09.77
abg. Bw Aalen 22.09.77 – Anfang 80
Aufarbeitung im Schwäbischen
Hüttenwerk Wasseralfingen Anfang 80 – 19.06.80
Denkmallok vor Berufsschulzentrum Aalen seit 20.06.80

23 030 — 023 030-0

Henschel 28530/1954 • Li: 31.07.1954 • Abn: 09.08.1954
Probefahrt: 05.08.1954 Göttingen – Kassel u. z.
Letzte L 3: AW Nied 13.04.64 – 20.07.64
Letzte L 2: AW Trier 07.07.70
Paderborn 09.08.54 – 07.11.56
Oldenburg Hbf 08.11.56 – 17.06.59
Gießen 18.06.59 – 24.04.67
AW Trier L 0 25.04.67 – 11.06.67
Saarbrücken Hbf 12.06.67 – 18.06.69
Crailsheim 19.06.69 – 08.07.74 z
Unfall am 28.10.72 in Lauda (Flankenfahrt mit 220 015 und 215 094, Tender aufgeschlitzt, Führerhaus beschädigt)
z 08.07.74
+ 05.12.74
++ Fa. Ferrum, Karthaus 02.1975

23 031 — 023 031-8

Henschel 28531/1954 • Li: 07.08.1954 • Abn: 13.08.1954
Probefahrt: 10.08.1954 Göttingen – Kassel u. z.
Paderborn 13.08.54 – (28.04.56)
AW Trier L 2 13.11.56 – 08.12.56
Oldenburg Hbf 09.12.56 – 04.07.59
Gießen 05.07.59 – 08.06.66
AW Trier L 0 09.06.66 – 19.06.66
Kaiserslautern 20.06.66 – 29.08.69
Crailsheim 30.08.69 – 19.05.73 z
z 19.05.73
+ 24.08.73
++ Fa. Ferrum, Karthaus 10.73

23 032 — 023 032-6

Henschel 28532/1954 • Li: 28.08.1954 • Abn: 04.09.1954
Probefahrt: 01.09.1954 Göttingen – Kassel u. z.
Paderborn 04.09.54 – 05.11.56
Oldenburg Hbf 06.11.56 – 27.05.59
Trier 28.05.59 – 08.04.63
Saarbrücken Hbf 09.04.63 – 10.07.69
Crailsheim 11.07.69 – 24.08.73 z
z 24.08.73
+ 28.03.74
++ Fa. Metallum, Homburg bis 27.07.74

23 033 — 023 033-4

Henschel 28533/1954 • Li: 04.09.1954 • Abn: 09.09.1954
Probefahrt: 07.09.1954 Göttingen – Bebra u. z.
Beschaffungskosten: 423.480 DM

Paderborn 09.09.54 – 09.10.56
Mönchengladbach 10.10.56 – 18.05.67
Saarbrücken Hbf 19.05.67 – 13.08.68
AW Trier L 0 14.08.68 – 09.09.68
Crailsheim 10.09.68 – 07.11.73 z
z 07.11.73
(Heizlok Bw Heilbronn Ende 1973 – 11.09.74)
+ 19.09.74
++ Fa. Hansa, Offenburg-Schlackenloch 12.74

23 034 — 023 034-2

Henschel 28534/1954 • Li: 13.09.1954• Abn: 17.09.1954
Probefahrt: 15.09.1954 Göttingen – Kassel u. z.
Siegen 18.09.54 – 28.07.55
Paderborn 29.07.55 – 11.10.56
Mönchengladbach 12.10.56 – 18.05.67
Saarbrücken Hbf 19.05.67 – 24.02.74 z
z 24.02.74
abg. Bw Saarbrücken (Ersatzteilspender) 03.74
+ 09.06.74
++ AW Trier 2. Halbjahr 74

23 035 — 023 035-9

Henschel 28535/1954 • Li: 23.09.1954 • Abn: 08.10.1954
Mönchengladbach 09.10.54 – 26.09.67
Crailsheim 27.09.67 – 29.09.72 z
z 29.09.72
+ 29.12.72
++ AW Trier 1. Halbjahr 73

23 036 — 023 036-7

Henschel 28536/1954 • Li: 08.10.1954 • Abn: 13.10.1954
Probefahrt: 11.10.54 Göttingen – Kassel u. z.
Mönchengladbach 14.10.54 – 20.03.67
AW Trier L 3 21.03.67 – 05.06.67
Saarbrücken Hbf 06.06.67 – 02.10.74
Kaiserslautern 03.10.74 – 11.01.75
Saarbrücken Hbf 12.01.75 – 28.08.75 z
z 28.08.75
+ 30.10.75
++ AW Braunschweig 1. Halbjahr 76

23 037 — 023 037-5

Henschel 28537/1954 • Li: 26.10.1954 • Abn: 29.10.1954
Probefahrt: 28.10.1954 Göttingen – Hannover u. z.
Mönchengladbach 29.10.54 – 24.09.61
Oldenburg Hbf 25.09.61 – 15.11.61
Mönchengladbach 16.11.61 – 07.06.67
AW Trier L 0 08.06.67 – 13.07.67
Saarbrücken Hbf 14.07.67 – 09.06.69
Crailsheim 10.06.69 – 27.05.74 z
z 27.05.74
+ 01.10.74
++ Fa. Metallum, Karthaus 02.75

23 038 — 023 038-3

Henschel 28538/1954 • Li: 02.11.1954 • Abn: 06.11.1954
Probefahrt: 06.11.1954 Göttingen – Kassel u. z.
Mönchengladbach 07.11.54 – 14.12.66
AW Trier L 3 15.12.66 – 19.02.67
Saarbrücken Hbf 20.02.67 – 09.06.69
Crailsheim 10.06.69 – 06.01.75 z
z 06.01.75
abg. Bw Crailsheim 04.75
+ 16.05.75
++ AW Braunschweig 28.05.76 – 03.06.76

23 039 — 023 039-1

Henschel 28539/1954 • Li: 13.11.1954 • Abn: 19.11.1954
Probefahrt: 18.11.1954 Göttingen – Kassel u. z.
Mönchengladbach 20.11.54 – 31.05.67

Crailsheim 01.06.67 – 05.06.75 z
z 05.06.75
+ 26.06.75
abg. Bw Crailsheim 11.75, 06.76
++ AW Offenburg 2. Halbjahr 76

23 040 — 023 040-9

Henschel 28540/1954 • Li: 25.11.1954 • Abn: 01.12.1954
Probefahrt: 29.11.1954 Göttingen – Bebra u. z.
Mönchengladbach 01.12.54 – 02.05.66
AW Trier L 3 03.05.66 – 10.07.66
Saarbrücken Hbf 11.07.66 – 29.05.69
Crailsheim 30.05.69 – 01.05.75 z
z 01.05.75
(Entgleisung am 30.04.75 beim Rangieren in Lauda)
+ 26.06.75
++ Bw Crailsheim 11.75

23 041 — 023 041-7

Henschel 28541/1954 • Abn: 09.12.1954
Mönchengladbach 10.12.54 – 31.05.67
Crailsheim 01.06.67 – 21.09.70
Saarbrücken Hbf leihweise 19.05.70 – 21.09.70
Saarbrücken Hbf 22.09.70 – 29.12.72 z
z 29.12.72
+ 12.04.73
abg. Karthaus 12.72
++ Fa. Ferrum, Karthaus 06.73

23 042 — 023 042-5

Henschel 28542/1954 • Li: 15.12.1954 • Abn: 21.12.1954
Probefahrt: 17.12.1954 Göttingen – Lehrte u. z.
Lok stand im Januar 1971 mit ausgebranntem Führerstand im Bw Bestwig.
Der Erstkessel (Henschel 28542/54) befand sich im Juni 1971 zum Verschrotten bei der Fa. Ahrens.
Mönchengladbach 21.12.54 – 23.09.65
Bestwig 24.09.65 – 17.01.71
AW Trier L 0 18.01.71 – 01.03.71
Crailsheim 02.03.71 – 29.9.75 z
z 29.09.75
+ 30.10.75
Museumslok der SBDK (Stiftung Bahnwelt Darmstadt-Kranichstein) seit Oktober 1975.
betriebsfähig 10.2022

Kesselverzeichnis:
1. Henschel 28542/1954 ab Werk 21.12.54
2. Henschel 28543/1954 AW Trier 19.06.68 aus 23 043

Verwendung des Kessels 28543/1954:
1. 23 043 ab Werk 13.09.54
2. 23 042 AW Trier 19.06.68

23 043 — (023 043-3)

Henschel 28543/1954 • Li: 23.12.1954 • Abn: 30.12.1954
Probefahrt: 28.12.1954 Göttingen – Hannover u. z.
Mainz 30.12.54 – 30.06.55
Paderborn 01.07.55 – 23.07.55
Mönchengladbach 24.07.55 – 23.09.65
Bestwig 24.09.65 – 24.09.67 z
z (Unfall und Brand) 24.09.67
+ 12.03.68
Ersatzteilspender AW Trier 03.68
++ AW Trier 05.68
(Kessel ging am 19.06.68 auf 23 042)

23 044 — 023 044-1

Krupp 3179/1954 • Li: 14.06.1954 • Abn: 20.08.1954
Probefahrt: 29.06.1954 Duisburg – Paderborn u. z.
Mainz 20.08.54 – 30.05.58
Koblenz-Mosel 31.05.58 – 22.12.58
Trier 23.12.58 – 19.03.63

Bild 581 ▷
023 031 und **023 040** im Juli 1971 vor dem E 1722 (Stuttgart – Sinsheim – Heidelberg – Darmstadt – Wiesbaden), den sie in Heilbronn Hbf zur Weiterfahrt übernommen haben.

Aufnahme: Gerhard Kramer, Eisenbahnstiftung

Saarbrücken Hbf	20.03.63 – 18.06.69	
Letzte L 3: AW Nied	04.08.64 – 11.11.64	
Crailsheim	19.06.69 – 16.11.72	z
z (Unfall)	16.11.72	
+	29.12.72	
abg. Karthaus	bis 24.05.73	
abg. AW Trier	ab 24.05.73	
++ AW Trier	4. Quartal 73	

23 045 — 023 045-8

Krupp 3180/1954 • Li: 30.06.1954 • Abn: 09.07.1954

Lok wurde im Winter 1969/70 zusammen mit 051 239 in Düsseldorf Hbf als Heizlok eingesetzt.

Mainz	10.07.54 – 30.05.58
Koblenz-Mosel	31.05.58 – 28.05.60
Gießen	29.05.60 – 09.06.64
Oldenburg Rbf	10.06.64 – 19.05.65
Emden	20.05.65 – 03.06.65
Bestwig	04.06.65 – 25.06.69 z
z	25.06.69
+	19.09.69
abg. Bw Bestwig	06.69
Heizlok Düsseldorf Hbf	Winter 69/70
abg. Bw Wuppertal-Vohwinkel	01.70
++ Fa. Metzger, Witten	2. Halbjahr 70

23 046 — 023 046-6

Krupp 3181/1954 • Li: 12.07.1954 • Abn: 31.08.1954

Mainz	01.09.54 – 27.05.58
Koblenz-Mosel	28.05.58 – 28.05.60
Gießen	29.05.60 – 01.06.66
Kaiserslautern	02.06.66 – 09.06.69
Crailsheim	10.06.69 – 08.03.73 z
z (Ersatzteilspender)	08.03.73
+	24.08.73
abg. Bw Crailsheim	08.73
++ Fa. Metallum, Karthaus	10.73

23 047 — 023 047-4

Krupp 3182/1954 • Li: 25.08.1954 • Abn: 30.09.1954

Probefahrt: 27.09.1954 Düsseldorf – Hamm u. z.

Oberlahnstein	30.09.54 – 21.05.55
AW Trier L 0	04.10.55 – 18.10.55
Koblenz-Mosel	19.10.55 – 01.06.60
Trier	02.06.60 – 31.03.63

△ **Bild 582** • Vier 23er nebeneinander, davon drei unter Dampf, waren auch im Bw Crailsheim nicht alltäglich. Am Abend des 1. Juni 1975 herrscht an den Behandlungsanlagen schon so etwas wie Endzeitstimmung: **023 021**, **042** und **016** verdecken die in Crailsheim nicht mehr in Betrieb gewesene **023 024**. Aufnahme: H. Becker, Slg. Gerhard Rieger

△ **Bild 583** • Bahnhof Bingerbrück, im Juni 1955. **23 052** (Bw Mainz), gerade ein halbes Jahr alt, setzt ins Bw um. Gerade ist sie mit einem Personenzug aus Mainz gekommen. Dieses Farbbild offenbart die anfängliche Farbgebung einer fast fabrikneuen Lok. Rote Streckenlaternen und die schwarz abgedeckten Umläufe hatten beim nächsten AW-Aufenthalt keinen Bestand.

AUFNAHME: CARL BELLINGRODT/EK-VERLAG

△ **Bild 584** • So zeigt eine Bahnverwaltung den Stolz auf ihre Lokomotiven und Eisenbahner! **23 055** aus der 5. Lieferserie der Firma Krupp (23 053 – 064), die ab Werk mit einem DB-Logo auf der Rauchkammer ausgestattet waren, am 12. Dezember 1960 auf der Drehscheibe ihres Heimat-Bw Koblenz-Mosel. Schade, das Logo verschwand in den sechziger Jahren sang- und klanglos

AUFNAHME: MANFRED VAN KAMPEN, EISENBAHNSTIFTUNG

△ **Bild 585** • Vom Winter gezeichnet! Die Crailsheimer **23 059** in klirrender Kälte am sonnigen 13. Januar 1968 in Lauda. Für den Fotografen ein faszinierender Anblick, für die Lokmannschaft ein eher zweifelhaftes „Vergnügen" mit vereistem Triebwerk, eisigem Wind im Gesicht beim Blick aus dem Führerstandsfenster und klammen Fingern.

AUFNAHME: ALBERT SCHÖPPNER, ARCHIV JÖRG SAUTER

Saarbrücken Hbf	01.04.63	– 20.08.73	z
z	20.08.73		
+	28.03.74		
++ Fa. Metallum, Karthaus	05.74		

23 048 — 023 048-2

Krupp 3183/1954 • Li: 23.08.1954 • Abn: 27.08.1954
Probefahrt: 24.8.1954 Duisburg – Hamm u. z.

Oberlahnstein	27.08.54	– 21.05.55	
Koblenz-Mosel	22.05.55	– 28.08.60	
AW Nied L 2	29.08.60	– 26.09.60	
Gießen	27.09.60	– 26.05.65	
Osnabrück Rbf	27.05.65	– 20.06.65	
AW Nied L 0	21.06.65	– 07.07.65	
Mönchengladbach	08.07.65	– 04.08.65	
Bestwig	05.08.65	– 25.08.68	
AW Trier L 2	26.08.68	– 16.10.68	
Crailsheim	17.10.68	– 21.07.74	z
z	21.07.74		
+	05.12.74		
abg. Bw Crailsheim	07.74, 11.74		
++ Fa. Ferrum, Karthaus	02.75		

23 049 — 023 049-0

Krupp 3184/1954 • Li: 17.09.1954 • Abn: 24.09.1954

Oberlahnstein	24.09.54	– 21.05.55	
Koblenz-Mosel	22.05.55	– 26.05.62	
Gießen	27.05.62	– 25.10.62	
Oldenburg Hbf leihweise	26.10.62	– 25.11.62	
Gießen	26.11.62	– 05.03.64	
Oldenburg Rbf leihweise	06.03.64	– 07.04.64	
Gießen	08.04.64	– 30.04.65	
Oldenburg Rbf	01.05.65	– 21.06.65	
Mönchengladbach	09.07.65	– 04.08.65	
Bestwig	05.08.65	– 01.11.70	
Saarbrücken Hbf	11.12.70	– 26.05.72	
Kaiserslautern	27.05.72	– 31.12.72	z
z	31.12.72		
+	12.04.73		
abg. Bw Kaiserslautern	12.72		
++ AW Trier	4. Quartal 75		

23 050 — 023 050-8

Krupp 3185/1954 • Li: 30.08.1954 • Abn: 09.10.1954
Probefahrt: 04.10.1954 Duisburg – Hamm u. z.

Oberlahnstein	09.10.54	– 21.05.55	
Koblenz-Mosel	22.05.55	– 26.05.62	
Trier	27.05.62	– 22.04.63	
AW Nied L 2	23.04.63	– 17.06.63	
Saarbrücken Hbf	18.06.63	– 22.05.69	
Crailsheim	23.05.69	– 28.11.74	z
z	28.11.74		
+	05.12.74		
abg. Bw Crailsheim	11.74		
++ AW Trier	4. Quartal 75		

23 051 — 023 051-6

Krupp 3186/1954 • Li: 11.09.1954 • Abn: 17.09.1954
Probefahrt: 13.09.1954 Duisburg – Hamm u. z.

Oberlahnstein	17.09.54	– 20.05.55	
Mainz	21.05.55	– 02.06.55	
Koblenz-Mosel	03.06.55	– 26.05.62	
Trier	27.05.62	– 31.03.63	
AW Nied L 2	01.04.63	– 09.05.63	
Saarbrücken Hbf	10.05.63	– 28.08.75	z
z	28.08.75		
+	30.10.75		
abg. AW Braunschweig	08.75		
++ AW Braunschweig	21.05.76	– 27.05.76	

23 052 — 023 052-4

Krupp 3187/1954 • Li: 12.11.1954 • Abn: 24.11.1954
Probefahrt: 15.11.1954 Duisburg – Hamm u. z.

Oberlahnstein	24.11.54	– 20.05.55	
Mainz	21.05.55	– 09.11.55	
AW Trier L 0	10.11.55	– 30.11.55	
Koblenz-Mosel	01.12.55	– 27.05.62	
Trier	27.05.62	– 23.04.63	
Saarbrücken Hbf	24.04.63	– 15.04.75	z
Letzte L 3: AW Nied	06.11.64	– 01.03.65	
abg. Bf Braunschweig West	01.04.75		
z	15.04.75		
+	26.06.75		
++ AW Braunschweig	05.09.75	– 11.09.75	

23 053 — 023 053-2

Krupp 3441/1955 • Li: 21.05.1955 • Abn: 10.06.1955
Tender: Maschinenfabrik Esslingen
Beschaffungskosten: 441.500 DM

Mainz	11.06.55	– 25.04.58	
Kaiserslautern	26.04.58	– 24.05.59	
Bingerbrück	11.06.59	– 27.05.60	
Koblenz-Mosel	28.05.60	– 26.05.62	
Kaiserslautern	27.05.62	– 03.06.65	
Saarbrücken Hbf leihweise	04.06.65	– 25.06.65	
Kaiserslautern	26.06.65	– 22.05.66	
Saarbrücken Hbf	23.05.66	– 12.07.66	
Crailsheim	13.07.66	– 09.06.69	
Saarbrücken Hbf	10.06.69	– 12.05.70	z
Unfall bei Saarfels	11.05.70		

Lok fuhr am 11.05.70 vor E 1885 bei Saarfels kurz vor Beckingen mit hoher Geschwindigkeit in eine abgerutschte Schlammlawine. Die Lok entgleiste und kollidierte mit dem letzten Wagen (Wendezugsteuerwagen) des P 4864 (Trier – Saarbrücken). Darauf stürzte die Lok eine 10 m hohe Böschung hinunter. Da der Abtransport zu kostspielig war, wurde die Lok an Ort und Stelle von Fa. Ferrum zerlegt.

z	12.05.70		
+	24.06.70		
++ Fa. Ferrum, Saarfels	26.05.70		

23 054 — 023 054-0

Krupp 3442/1954 • Li: 17.05.1955 • Abn: 21.05.1955
Tender: Maschinenfabrik Esslingen
Probefahrt: 18.05.1955 Duisburg – Aachen u. z.
Beschaffungskosten: 441.500 DM
Gesamtlaufleistung: ca. 1.390.000 km

Mainz	21.05.55	– 07.05.58	
Kaiserslautern	08.05.58	– 31.05.59	
Bingerbrück	01.06.59	– 01.06.60	
Koblenz-Mosel	02.06.60	– 27.05.62	
Kaiserslautern	28.05.62	– 21.07.66	
Crailsheim	22.07.66	– 04.05.69	
AW Trier L 0	05.05.69	– 03.06.69	
Saarbrücken Hbf	04.06.69	– 16.06.75	z
z	16.06.75		
+	26.06.75		
abg. AW Braunschweig	06.75		
++ AW Braunschweig	12.09.75	– 18.09.75	

23 055 — 023 055-7

Krupp 3443/1955 • Li: 30.06.1955 • Abn: 13.07.1955
Tender: Maschinenfabrik Esslingen
Probefahrt: 01.07.1955 Düsseldorf – Hamm u. z.
Beschaffungskosten: 441.500 DM
Gesamtlaufleistung: 1.400.600 km

Mainz	14.07.55	– 02.06.58	
Kaiserslautern	03.06.58	– 31.05.59	
Bingerbrück	01.06.59	– 27.05.60	
Koblenz-Mosel	28.05.60	– 05.02.62	
Kaiserslautern	06.02.62	– 21.07.66	
Crailsheim	22.07.66	– 23.07.74	z
z	23.07.74		
+	05.12.74		
abg. Bw Crailsheim	07.74		
++ AW Offenburg	4. Quartal 75		

23 056 — 023 056-5

Krupp 3444/1955 • Li: 20.05.1955 • Abn: 28.05.1955
Tender: Maschinenfabrik Esslingen
Probefahrt: 26.05.1955 Duisburg – Hamm u. z.
Beschaffungskosten: 441.500 DM

Mainz	28.05.55	– 31.05.58	
Kaiserslautern	01.06.58	– 31.05.59	
Bingerbrück	01.06.59	– 28.09.60	
Koblenz-Mosel	29.09.60	– 05.02.62	
Kaiserslautern	06.02.62	– 02.06.66	
Crailsheim	03.06.66	– 12.11.68	z
z (Stehkessel ausgeglüht, Ersatzteilspender AW Trier 11.68)	12.11.68		
+	03.03.69		
++ AW Trier	04.69		

23 057 — 023 057-3

Krupp 3445/1955 • Li: 13.06.1955• Abn: 20.06.1955
Tender: Maschinenfabrik Esslingen
Probefahrt: 14.06.1955 Düsseldorf – Dortmund u. z.
Beschaffungskosten: 441.500 DM

Mainz	21.06.55	– 19.05.58	
AW Trier L 2	19.05.58	– 17.06.58	
Kaiserslautern	18.06.58	– 31.05.59	
Bingerbrück	01.06.59	– 31.05.61	
Oldenburg Hbf	01.06.61	– 21.07.63	
AW Nied L 0	22.07.63	– 18.08.63	
Oldenburg Rbf	19.08.63	– 24.05.65	
Emden	25.05.65	– 01.10.68	z
z (aufwendige L 0 erforderlich, Ersatzteilspender AW Trier, Tender an 23 077)	01.10.68		
+	11.12.68		
++ AW Trier	4. Quartal 68		

23 058 — 023 058-1

Krupp 3446/1955 • Li: 27.05.1955 • Abn: 10.06.1955
Tender: Maschinenfabrik Esslingen
Probefahrt: 01.06.1955 Duisburg – Aachen u. z.
Beschaffungskosten: 441.500 DM

Mainz	11.06.55	– 02.06.58	
Kaiserslautern	03.06.58	– 31.05.59	
Bingerbrück	01.06.59	– 27.05.61	
Kaiserslautern	28.05.61	– 02.06.66	
Crailsheim	03.06.66	– 30.12.75	z
z	30.12.75		
+	22.12.75		
Verkauft an EUROVAPOR	29.12.75		
abg. Bw Crailsheim	29.12.75	– 27.07.77	
EUROVAPOR, Wil (St. Gallen)	28.07.77	– Anf. 78	
EUROVAPOR, Sulgen (Thurgau)	Anf. 78	– 2000	
Leihgabe an Club 41 073 e. V. Haltingen	01.01.2001	– 2009	
Umbau auf Leichtölfeuerung durch Dampflokomotiv und Maschinenfabrik DLM AG, Winterthur	22.11.2010	– 23.04.2011	
Vermietung an SSF (Stichting Stoomtrein Fryslan)	09.07.2011	– 2013	
Rückbau auf Rostfeuerung	2017		
betriebsfähig	01.2023		

23 059 — 023 059-9

Krupp 3447/1955 • Li: 10.06.1955 • Abn: 20.06.1955
Tender: Maschinenfabrik Esslingen
Probefahrt: 11.06.1955 Duisburg – Hamm u. z.
Beschaffungskosten: 441.500 DM

Mainz	21.06.55	– 01.06.58	

△ **Bild 586** • Zwei Mischvorwärmer-23, die bei den Lokpersonalen in Crailsheim und Lauda nicht besonders geschätzt waren, haben im Bw Lauda am 1. Oktober 1967 Aufstellung genommen: **23 062** (Krupp 1955) und **23 071** (Jung 1956). Beide sind noch mit dem empfindlichen Heißdampfregler ausgerüstet.

▽ **Bild 587** • Eine der ersten 23 beim Bw Crailsheim war die Mischvorwärmer-**23 069**, die im Mai 1966 aus Kaiserslautern nach Hohenlohe kam. Am 3. September 1966 steht sie vor dem Schuppen des Bw Lauda.

Aufnahmen (2): Albert Schöppner, Archiv Jörg Sauter

Kaiserslautern 02.06.58 – 31.05.59
Bingerbrück 01.06.59 – 04.05.61
AW Nied L 2 05.05.61 – 11.06.61
Kaiserslautern 12.06.61 – 12.06.66
AW Trier L 0 13.06.66 – 04.07.66
Crailsheim 05.07.66 – 13.07.73 z
z 13.07.73
abg. Bw Crailsheim 07.73
\+ 28.03.74
++ Fa. Metallum, Homburg 2. Quartal 74

23 060 023 060-7

Krupp 3448/1955 • Li: 23.06.1955 • Abn: 30.06.1955
Tender: Maschinenfabrik Esslingen
Probefahrt: 24.06.1955 Düsseldorf – Hamm u. z.
Beschaffungskosten: 441.500 DM
Gesamtlaufleistung: 1.347.300 km
Mainz 01.07.55 – 07.11.58
Kaiserslautern 08.11.58 – 13.12.58
Bingerbrück 13.12.58 – 27.05.61
Kaiserslautern 28.05.61 – 09.06.66
Crailsheim 10.06.66 – 22.05.69
Saarbrücken Hbf 23.05.69 – 15.04.75 z
z 15.04.75
\+ 26.06.75
abg. Bf. Braunschweig West
++ AW Braunschweig 22.08.75 – 28.08.75

23 061 023 061-5

Krupp 3449/1955 • Li: 15.07.1955 • Abn: 28.07.1955
Tender: Maschinenfabrik Esslingen
Probefahrt: 18.07.1955 Duisburg – Aachen u. z.
Beschaffungskosten: 441.500 DM
Mainz 30.07.55 – 14.12.58
Bingerbrück 15.12.58 – 27.05.61
Kaiserslautern 28.05.61 – 06.06.66
Crailsheim 07.06.66 – 29.12.74 z
z 29.12.74
\+ 05.12.74
++ AW Offenburg 4. Quartal 75

23 062 023 062-3

Krupp 3450/1955 • Li: 26.07.1955 • Abn: 03.08.1955
Tender: Maschinenfabrik Esslingen
Probefahrt: 28.07.1955 Duisburg – Aachen u. z.
Beschaffungskosten: 441.500 DM
Gesamtlaufleistung: 1.339.500 km
Mainz 03.08.55 – 16.04.58
Kaiserslautern 17.04.58 – 08.05.58
Mainz 09.05.58 – 14.12.58
Bingerbrück 15.12.58 – 27.05.61
Kaiserslautern 28.05.61 – 06.06.66
Crailsheim 07.06.66 – 17.06.69
Saarbrücken Hbf 17.06.69 – 28.08.75 z
z 28.08.75
\+ 30.10.75
++ AW Trier 4. Quartal 77

23 063 023 063-1

Krupp 3451/1955 • Li: 30.07.1955 • Abn: 09.08.1955
Tender: Maschinenfabrik Esslingen
Probefahrt: 01.08.1955 Duisburg – Aachen u. z.
Beschaffungskosten: 441.500 DM
Gesamtlaufleistung: 1.469.500 km
Mainz 09.08.55 – 14.12.58
Bingerbrück 15.12.58 – 27.05.61
Kaiserslautern 28.05.61 – 02.06.66
Crailsheim 03.06.66 – 09.06.69
Saarbrücken Hbf 10.06.69 – 19.09.74 z
z (kalt abg. ab März 1974) 19.09.74
\+ 05.12.74
++ Fa. Metallum, Karthaus 04.75

23 064 023 064-9

Krupp 3452/1955 • Li: 07.11.1955 • Abn: 11.11.1955
Tender: Maschinenfabrik Esslingen
Probefahrt: 08.11.1955 Duisburg – Hamm u. z.
Beschaffungskosten: 441.500 DM
Gesamtlaufleistung: 1.350.700 km
Mainz 11.11.55 – 14.12.58
Bingerbrück 15.12.58 – 27.05.61
Kaiserslautern 28.05.61 – 06.06.66
Crailsheim 07.06.66 – 27.05.69
Saarbrücken Hbf 28.05.69 – 03.10.74 z
z 03.10.74
\+ 05.12.74
abg. Karthaus 10.74
++ AW Trier 4. Quartal 77

23 065 023 065-6

Jung 12131/1955 • Li: 16.03.1955 • Abn: 21.03.1955
Beschaffungskosten: 441.500 DM
Mainz 22.03.55 – 10.12.58
Bingerbrück 11.12.58 – 27.05.61
Kaiserslautern 28.05.61 – 09.06.66
Crailsheim 10.06.66 – 10.08.72 z
z 10.08.72
\+ 08.11.72
++ Fa. Ferrum, Karthaus 03.73

23 066 023 066-4

Jung 12132/1955 • Li: 30.03.1955 • Abn: 04.04.1955
Beschaffungskosten: 441.500 DM
Mainz 05.04.55 – 14.12.58
Bingerbrück 15.12.58 – 28.05.61
Kaiserslautern 29.05.61 – 18.04.66
Saarbrücken Hbf leihweise 23.10.64 – 07.12.64
Crailsheim 19.04.66 – 05.03.69 z
z 05.03.69
\+ 10.07.69
abg. Karthaus 07.69
++ Fa. Ferrum, Saarbrücken-Schleifmühle 2. Halbjahr 69

23 067 023 067-2

Jung 12133/1955 • Li: 18.04.1955 • Abn: 22.04.1955
Probefahrt: 20.04.1955 Trier – Cochem u. z.
Beschaffungskosten: 441.500 DM
Gesamtlaufleistung: 1.298.400 km
BZA Minden 23.04.55 – 28.06.55
Mainz 29.06.55 – 14.12.58
Bingerbrück 15.12.58 – 27.05.61
Kaiserslautern 28.05.61 – 18.04.66
Crailsheim 19.04.66 – 20.03.75 z
z 20.03.75
\+ 16.05.75
abg. Bw Crailsheim 04.75
abg. Bf Jerxheim
++ AW Braunschweig 12.12.75 – 18.12.75

23 068 023 068-0

Jung 12134/1955 • Li: 29.04.1955 • Abn: 05.05.1955
Beschaffungskosten: 441.500 km
Mainz 06.05.55 – 14.12.58
Bingerbrück 15.12.58 – 27.05.61
Kaiserslautern 28.05.61 – 18.04.66
Crailsheim 19.04.66 – 12.03.69 z
z (Feuerbüchse vollständig ausgeglüht, abg. Bw Heilbronn) 12.03.69
\+ 10.07.69
abg. Bad Friedrichshall 01.11.69
++ Fa. Hansa, Rot bei Laupheim 70

23 069 023 069-8

Jung 12135/1955 • Li: 16.05.1955 • Abn: 20.05.1955
Probefahrt: 20.05.1955 Trier – Wengerohr u. z.
Beschaffungskosten: 441.500 DM
Mainz 21.05.55 – 09.09.57
AW Trier L 0 10.09.57 – 19.09.57
BZA Minden 20.09.57 – 02.12.58
Mainz 03.12.58 – 10.12.58
Bingerbrück 11.12.58 – 22.05.61
AW Nied L 0 23.05.61 – 13.06.61
Kaiserslautern 14.06.61 – 19.05.66
Crailsheim 20.05.66 – 27.06.69
Saarbrücken Hbf 28.06.69 – 27.05.73 z
z 27.05.73
\+ 24.08.73
abg. Karthaus 05.73
++ AW Trier 4. Quartal 74

23 070 023 070-6

Jung 12136/1955 • Li: 25.05.1955 • Abn: 28.05.1955
Probefahrt: 26.05.1955 Trier – Wengerohr u. z.
Beschaffungskosten: 441.500 DM
Gesamtlaufleistung: 1.420.300 km
Mainz 29.05.55 – 14.12.58
Bingerbrück 15.12.58 – 08.05.61
AW Nied L 0 09.05.61 – 30.05.61
Kaiserslautern 31.05.61 – 19.05.66
Crailsheim 20.05.66 – 13.08.74 z
z (Zeitfrist abgelaufen, L 2 erforderlich) 13.08.74
abg. Bw Crailsheim 08.74
\+ 05.12.74
++ AW Offenburg 4. Quartal 75

23 071 023 071-4

Jung 12506/1956 • Li: 31.08.1956 • Abn: 08.09.1956
Probefahrt: 08.09.1956 Trier Hbf – Wengerohr u. z.
Beschaffungskosten: 441.500 DM
Paderborn 12.09.56 – 28.01.58
Bielefeld 29.01.58 – 20.04.58
Mainz 21.04.58 – 14.12.58
Bingerbrück 15.12.58 – 27.05.61
Kaiserslautern 28.05.61 – 18.04.66
AW Trier L 3 03.05.66 – 27.07.66
Crailsheim 28.07.66 – 07.11.72
Saarbrücken Hbf 08.11.72 – 28.08.75 z
z 28.08.75
\+ 30.10.75
abg. Bw Sbr 08.75 – 06.77
Museumslok bei VSM (Veluwsche Stoomtrein Maatschappij, Beekbergen (NL), (betriebsfähig seit 1978) Juni 77 – heute

23 072 023 072-2

Jung 12507/1956 • Li: 18.09.1956 • Abn: 24.09.1956
Probefahrt: 20.09.1956 Trier Hbf – Cochem u. z.
Beschaffungskosten: 441.500 DM
Gesamtlaufleistung: 1.391.000 km
Paderborn 23.09.56 – 28.01.58
Bielefeld 29.01.58 – 16.04.58
Mainz 17.04.58 – 14.12.58
Bingerbrück 15.12.58 – 27.05.61
Kaiserslautern 28.05.61 – 19.05.66
Crailsheim 20.05.66 – 25.09.72
AW Trier L 0 26.09.72 – 20.11.72
Saarbrücken Hbf 21.11.72 – 28.08.75 z
z 28.08.75
\+ 30.10.75
++ AW Braunschweig 14.05.76 – 20.05.76

△ **Bild 588** • Die Emder Nummernschwestern **23 078** und **23 079**, beide mit deutlichen Betriebsspuren, am 9. Januar 1967 vor E 588 in Norddeich Mole. Die Lokomotiven sind mit Glocke ausgerüstet und haben noch Heißdampfregler. Aufnahme: Detlev Luckmann, Eisenbahnstiftung

▽ **Bild 589** • Beim Umbau vom Heinl-Mischvorwärmer auf den MV 57 blieb vom Warmwasserspeicher nur ein Träger für die Befestigung der Fahrpumpe übrig. Bei **023 085** ist der Winkel dieses Teils im Gegensatz zur danebenstehenden **023 054** senkrecht ausgefallen. Aufnahme: Hans-Jürgen Eggerstedt, Archiv Jörg Sauter

23 073 — 023 073-0

Jung 12508/1956 • Li: 25.09.1956 • Abn: 06.10.1956
Probefahrt: 03.10.1956 Trier Hbf – Wengerohr u. z.
Beschaffungskosten: 441.500 DM
Gesamtlaufleistung: 1.200.000 km

Paderborn	07.10.56 – 09.01.58	
Bielefeld	10.01.58 – 16.04.58	
Mainz	17.04.58 – 25.11.58	
Bingerbrück	26.11.58 – 28.06.59	
Oldenburg Hbf	29.06.59 – 31.03.63	
Oldenburg Rbf	01.04.63 – 04.05.65	
AW Nied L 3	05.05.65 – 01.08.65	
Emden	02.08.65 – 25.05.68	
Saarbrücken Hbf	26.05.68 – 06.02.75	z
z (Feuerbüchse ausgeglüht)	06.02.75	
abg. Karthaus		

Lok wurde Anfang Februar 1975 auf der Strecke Lebach – Völklingen mit zu niedrigem Wasserstand gefahren. Dabei glühte die Feuerbüchse aus.

+	16.05.75
++ AW Trier	2. Quartal 77

23 074 — 023 074-8

Jung 12509/1956 • Li: 01.10.1956 • Abn: 10.10.1956
Probefahrt: 05.10.1956 Trier Hbf – Wengerohr u. z.
Gesamtlaufleistung: 1.407.400 km

Paderborn	11.10.56 – 09.01.58	
Bielefeld	10.01.58 – 20.04.58	
Mainz	21.04.58 – 14.12.58	
Bingerbrück	15.12.58 – 28.05.59	
Oldenburg Hbf	29.05.59 – 18.08.63	
AW Nied L 0	19.08.63 – 10.09.63	
Oldenburg Rbf	11.09.63 – 28.07.65	
Emden	29.07.65 – 08.08.68	
AW Trier L 3	09.08.68 – 21.01.69	
(Lok erhielt als letzte DB-Dampflok eine L 3)		
Crailsheim	22.01.69 – 15.11.72	
Saarbrücken Hbf	16.11.72 – 03.10.74	z
z	03.10.74	
+	05.12.74	
++ Fa. Metallum, Karthaus	04.75	

23 075 — 023 075-5

Fahrgestell: Jung 12511/1956
• Li: 16.10.1956 • Abn: 26.10.1956
Kessel und Tender: Jung 12510/1956
Probefahrt: 22.10.1956 Trier Hbf – Cochem u. z.
Beschaffungskosten: 441.500 DM
Gesamtlaufleistung: 1.500.800 km

Paderborn	27.10.56 – 15.01.58	
Bielefeld	16.01.58 – 20.04.58	
Mainz	21.04.58 – 14.12.58	
Bingerbrück	15.12.58 – 01.06.59	
AW Nied L 2	02.06.59 – 01.07.59	
Oldenburg Hbf	02.07.59 – 31.03.63	
Oldenburg Rbf	01.04.63 – 20.06.65	
AW Nied L 0	30.06.65 – 14.07.65	
Emden	15.07.65 – 25.05.68	
Letzte L 3: AW Nied	19.10.66 – 27.12.66	
Saarbrücken Hbf	26.05.68 – 28.08.75	z
z	28.08.75	
+	30.10.75	
++ AW Braunschweig	2. Quartal 76	

23 076 — 023 076-3

Fahrgestell: Jung 12510/1956
• Li: 30.10.1956 • Abn: 08.11.1956
Kessel und Tender: Jung 12511/1956
Probefahrt: 06.11.1956 Trier Hbf – Wengerohr u. z.
Beschaffungskosten: 441.500 DM

Paderborn	09.11.56 – 15.01.58	
Bielefeld	16.01.58 – 09.07.58	
Oldenburg Hbf	10.07.58 – 25.10.64	
AW Nied L 0	26.10.64 – 18.11.64	
Oldenburg Rbf	19.11.64 – 21.04.65	
Emden	22.04.65 – 09.11.66	
Crailsheim	10.11.66 – 22.05.69	
Saarbrücken Hbf	23.05.69 – 28.08.75	z
z	28.08.75	
+	30.10.75	
abg. Bw Saarbrücken	bis 05.02.76	
Museumslok bei VSM (Veluwsche Stoomtrein Maatschappij), Beekbergen (NL)	19.02.76 – heute	
betriebsfähig	01.2023	

23 077 — 023 077-1

Maschinenfabrik Esslingen 5205/1957
• Li: 14.09.1957 • Abn: 18.09.1957
Probefahrt: 17.09.1957 Stuttgart Hbf – Freudenstadt u. z.
Gesamtlaufleistung: 1.396.500 km

AW Eßlingen L 0	14.09.57 – 01.10.57	
Oldenburg Hbf	02.10.57 – 24.10.63	
AW Nied L 0	24.10.63 – 20.11.63	
Oldenburg Rbf	21.11.63 – 19.06.65	
AW Nied L 3	22.06.65 – 07.09.65	
Emden	08.09.65 – 12.05.68	
AW Trier L 0	15.05.68 – 26.06.68	
Saarbrücken Hbf	27.06.68 – 28.08.75	z
z	28.08.75	
+	30.10.75	
++ AW Braunschweig	16.04.76 – 22.04.76	

23 078 — 023 078-9

Maschinenfabrik Esslingen 5206/1957
• Li: 30.09.1957 • Abn: 08.10.1957
Probefahrt: 04.10.1957 Stuttgart – Tuttlingen u. z.

Oldenburg Hbf	10.10.57 – 16.02.65	
AW Nied L 2	18.02.65 – 28.03.65	
Oldenburg Rbf	29.03.65 – 23.09.65	
Emden	24.09.65 – 25.3.71	z
z (Kessel und Zeitfrist abgel.)	25.03.71	
+	02.06.71	
abg. Karthaus	06.71	
++ Fa. Ferrum, Karthaus	09.02.72	

23 079 — 023 079-7

Maschinenfabrik Esslingen 5207/1957
• Li: 29.10.1957 • Abn: 05.11.1957
Probefahrt: 04.11.1957 Stuttgart Hbf – Tuttlingen u. z.
Gesamtlaufleistung: ca. 980.000 km

Krefeld	06.11.57 – 19.05.65	
Bestwig	20.05.65 – 22.09.65	
Emden	23.09.65 – 01.09.70	z
Hamburg-Rothenburgsort	z 18.12.70 – 15.12.71	+
z (Zeitfrist abgelaufen)	01.09.70	
Heizlok Hamburg Hbf	ab 18.12.70	
Sicherheitsventile auf 10,5 atü eingestellt	15.01.71	
+	15.12.71	
abg. Bw Hamb.-Rothenb.	03.71/13.09.71/09.72/08.73	

Überführung am 12.08.73 mit 094 110, 094 307, 094 360 und 094 515 nach Bw Lübeck

++ Fa. Werner Hinrichs, Lübeck	Ende 73

23 080 — 023 080-5

Maschinenfabrik Esslingen 5208/1957
• Li: 12.12.1957 • Abn: 18.12.1957
Probefahrt: 17.12.1957 Stuttgart Hbf – Tuttlingen u. z.
Gesamtlaufleistung: ca. 1.160.000 km

Lok hatte als Lz 17130 am 24.09.58 bei Urft einen schweren Zusammenstoß mit 38 2965 vor N 3515. Während die P 8 vollständig zerstört wurde, konnte 23 080 im AW Nied vom 06.04.59 bis 06.04.60 im Rahmen einer L 3 wiederhergestellt werden.

Krefeld	19.12.57 – 05.04.59	
AW Nied L 3	06.04.59 – 06.04.60	
Oldenburg Hbf	07.04.60 – 31.03.63	
Oldenburg Rbf	01.04.63 – 26.07.65	
Emden	27.07.65 – 08.04.68	
AW Trier L 0	09.04.68 – 30.05.68	
Saarbrücken Hbf	31.05.68 – 23.03.74	z
z (Kesselfrist abgelaufen, Ersatzteilspender)	23.03.74	
+	09.06.74	
++ Fa. Ferrum, Saarbrücken-Schleifmühle	11.07.74 – 20.07.74	

23 081 — 023 081-3

Jung 12751/1957 • Li: 27.09.1957 • Abn: 08.10.1957
Probefahrt: 02.10.1957 Trier Hbf – Cochem u. z.

Braunschweig Vbf	09.10.57 – 22.04.58	
Bielefeld	23.04.58 – 04.06.65	
Osnabrück Rbf	05.06.65 – 22.05.66	
Emden	23.05.66 – 20.05.69	z
z (Ersatzteilspender AW Trier)	20.05.69	
+	19.09.69	
++ Fa. Metallum, Karthaus	07.70	

23 082 — 023 082-1

Jung 12752/1957 • Li: 12.10.1957 • Abn: 19.10.1957

Braunschweig Vbf	20.10.57 – 13.04.58	
Bielefeld	15.04.58 – 23.05.65	
Osnabrück Rbf	23.06.65 – 26.05.67	
Emden	28.05.67 – 08.04.68	
Saarbrücken Hbf	21.05.68 – 16.04.71	z
z	16.04.71	
+	02.06.71	

Lok verunglückte wegen falscher Weichenstellung am 15.04.1971 in Trier Hbf (Frontalzusammenstoß mit 260 432). Wegen Fristablauf am 18.10.71 nicht mehr ausgebessert.

++ AW Trier	2. Quartal 72

23 083 — 023 083-9

Jung 12753/1957 • Li: 29.10.1957 • Abn: 06.11.1957
Probefahrt: 04.11.1957 Trier – Cochem u. z.

Braunschweig Vbf	07.11.57 – 17.04.58	
Bielefeld	18.04.58 – 31.05.65	
Osnabrück Rbf	01.06.65 – 11.09.68	
AW Trier L 0	12.09.68 – 09.10.68	
Crailsheim	10.10.68 – 17.06.69	
Saarbrücken Hbf	18.06.69 – 30.05.71	z
z	30.05.71	
+	15.12.71	
++ Fa. Metallum, Karthaus	03.72	

23 084 — 023 084-7

Jung 12754/1957 • Li: 13.11.1957 • Abn: 16.11.1957
Probefahrt: 14.11.1957 Trier Hbf – Cochem u. z.

Braunschweig Vbf	18.11.57 – 20.04.58	
Bielefeld	21.04.58 – 31.05.65	
Osnabrück Rbf	01.06.65 – 10.09.68	
Crailsheim	11.09.68 – 15.12.70	z
z	15.12.70	
+	23.02.71	
++ Fa. Ferrum, Karthaus	06.71	

23 085 — 023 085-4

Jung 12755/1957 • Li: 29.11.1957 • Abn: 05.12.1957

Braunschweig Vbf	06.12.57 – 21.04.58	
Bielefeld	22.04.58 – 11.10.65	
Hameln	12.10.65 – 09.01.66	
Minden	10.01.66 – 22.11.66	
Crailsheim	23.11.66 – 06.04.71	z
z (Zeitfrist abgelaufen)	06.04.71	
+	02.06.71	
abg. Bw Crailsheim	25.09.71	
abg. Karthaus	01.10.71	
++ AW Trier	2. Quartal 73	

◁ **Bild 590**
050 641 wartet am 22. Mai 1969 in Crailsheim die Ausfahrt des E 1960 nach Heilbronn mit **023 086** ab.

AUFNAHME: ROBIN FELL, EISENBAHNSTIFTUNG

23 086 023 086-2

Jung 12756/1957 • Li: 16.12.1957 • Abn: 19.12.1957
Probefahrt: 18.12.1957 Trier Hbf – Cochem u. z.

Braunschweig Vbf	20.12.57 – 12.04.58	
Bielefeld	14.04.58 – 27.09.65	
Oldenburg Hbf leihweise	29.05.62 – 31.07.62	
Hameln	28.09.65 – 09.01.66	
Minden	10.01.66 – 09.11.66	
Crailsheim	10.11.66 – 02.06.71	z
z (Zeitfrist abgelaufen)	02.06.71	
+	09.09.71	
abg. Bw Crailsheim	25.09.71	
++ Fa. Ferrum, Karthaus	04.72	

23 087 023 087-0

Jung 12757/1957 • Li: 21.01.1958 • Abn: 24.01.1958

Braunschweig Vbf	25.01.58 – 23.04.58	
Bielefeld	24.04.58 – 19.10.65	
Minden/W.	20.10.65 – 21.11.66	
AW Trier		
Crailsheim	02.01.67 – 18.06.69	
Saarbrücken Hbf	19.06.69 – 11.09.70	z
z (abg. AW Trier, Ersatzteilspender)	11.09.70	
+	27.11.70	
++ Fa. Metallum, Karthaus	04.71	

23 088 023 088-8

Jung 12758/1957 • Li: 31.01.1958 • Abn: 05.02.1958

Braunschweig Vbf	06.02.58 – 16.04.58	
Bielefeld	17.04.58 – 27.09.65	
Minden	28.09.65 – 14.11.66	
Crailsheim	15.11.66 – 21.11.70	z
z (abg. AW Trier, Ersatzteilspender)	21.11.70	
+	23.02.71	
abg. Karthaus	04.71, 06.71	
++ Fa. Ferrum, Karthaus	06.71	

23 089 023 089-6

Jung 12759/1958 • Li: 18.02.1958 • Abn: 23.02.1958
Probefahrt: 20.02.1958 Trier Hbf – Cochem u. z.

Krefeld	24.02.58 – 19.05.65	
Bestwig	20.05.65 – 22.09.65	
Emden	23.09.65 – 18.04.71	z
z (Ersatzteilspender, AW Trier)	18.04.71	
+	09.09.71	
abg. Karthaus	09.71	
++ Fa. Ferrum, Sbr-Schleifmühle	3. Quartal 72	

23 090 023 090-4

Jung 12760/1958 • Li: 04.03.1958 • Abn: 07.03.1958

Krefeld	08.03.58 – 24.05.65	
Bestwig	25.05.65 – 23.09.65	
Osnabrück Rbf	29.10.65 – 28.09.68	
Emden	29.09.68 – 10.10.69	z
z (Zeitfrist abgelaufen, L 2 erforderlich)	10.10.69	
+	04.03.70	

Am 16.03.70 zum AW Trier geschleppt.

++ Fa. Metallum, Karthaus	07.70	

23 091 023 091-2

Jung 12761/1958 • Li: 25.03.1958 • Abn: 29.03.1958

Krefeld	30.03.58 – 09.06.65	
Mönchengladbach	10.06.65 – 03.07.65	
Osnabrück Rbf	04.07.65 – 26.11.67	
Bestwig leihweise	27.11.67 – 31.03.68	
Osnabrück Rbf	01.04.68 – 28.09.68	
Emden	29.09.68 – 20.02.71	z
z (Kesselfrist abgelaufen)	20.02.71	
+	02.06.71	
abg. Karthaus	06.71	
++ AW Trier	2. Quartal 72	

23 092 023 092-0

Jung 12762/1958 • Li: 25.04.1958 • Abn: 29.04.1958
Probefahrt: 28.04.1958 Trier – Cochem u. z.
Letzte L 2: AW Trier

(Umbau auf Nassdampfregler)	13.10.69 – 12.11.69	

km-Leistung gesamt: 900.035 km

Krefeld	30.04.58 – 09.06.65	
Mönchengladbach	10.06.65 – 03.07.65	
Osnabrück Rbf	04.07.65 – 28.09.68	
Emden	29.09.68 – 03.10.71	z
z (Kesselfrist abgelaufen)	03.10.71	
+	15.12.71	
++ Fa. Paul Jost, Mülheim-Speldorf	04.12.72	

23 093 023 093-8

Jung 13101/1959 • Li: 23.06.1959 • Abn: 29.06.1959
Probefahrt: 05.05.1959 Frankfurt/M. – Wiesbaden u. z.
Beschaffungskosten: 515.000 DM

Krefeld	01.07.59 – 23.05.65	
Bestwig	24.05.65 – 03.06.65	
Emden	04.06.65 – 15.11.69	
Kaiserslautern	16.11.69 – 14.12.69	
Saarbrücken	15.12.69 – 31.03.71	
Saarbrücken z	01.04.71 – 06.05.71	
Mannheim z (Heizlok)	07.05.71 – 09.09.71	+
z	01.04.71	
Heizlok AW Schwetzingen	07.05.71 – 29.09.71	
+	09.09.71	
abg. Bw Mannheim	ab 30.09.71	
++ Fa. Ferrum, Karthaus	04.72	

23 094 023 094-6

Jung 13102/1959 • Li: 26.05.1959 • Abn: 05.06.1959
Beschaffungskosten: 515.000 DM

Oldenburg Hbf	09.06.59 – 22.07.63	
Oldenburg Rbf	13.08.63 – 13.08.65	
Osnabrück Rbf	14.08.65 – 30.06.67	
Emden	01.07.67 – 13.09.71	
Dillingen	14.09.71 – 31.10.71	
Saarbrücken Hbf	01.11.71 – 28.03.73	z
z (abg. Karthaus)	28.03.73	
+	24.08.73	
++ AW Trier	4. Quartal 75	

23 095 023 095-3

Jung 13103/1959 • Li: 09.06.1959 • Abn: 18.06.1959
Beschaffungskosten: 515.000 DM

Oldenburg Hbf	19.06.59 – 31.03.63	
Oldenburg Rbf	01.04.63 – 01.09.65	
Osnabrück Rbf	02.09.65 – 30.06.67	
Emden	01.07.67 – 13.09.71	
Dillingen	14.09.71 – 31.10.71	
Saarbrücken Hbf	01.11.71 – 26.07.72	
Saarbrücken Hbf z	27.07.72 – 01.08.72	
Saarbrücken Hbf	02.08.72 – 08.08.72	z
z	08.08.72	
+	08.11.72	
++ Fa. Metallum, Karthaus	01.73	

23 096 023 096-1

Jung 13104/1959 • Li: 30.06.1959 • Abn: 03.07.1959
Probefahrt: 01.07.1959 Wiesbaden – Frankfurt/M. u. z.
Beschaffungskosten: 515.000 DM

Oldenburg Hbf	06.07.59 – 25.02.64	
AW Nied L 2	26.02.64 – 30.03.64	

Bild 591 ▷ Die gepflegte, gerade einmal neun Jahre alte **23 103** auf der Drehscheibe ihres Heimat-Bahnbetriebswerkes Minden. Der weitgehend glatte Kessel trägt zum harmonischen und eleganten Erscheinungsbild der Lok bei.

Aufnahme (1968): Günter Hauthal, Eisenbahnstiftung

Oldenburg Rbf	31.03.64 – 27.05.65	
Osnabrück Rbf	28.05.65 – 30.06.67	
Emden	01.07.67 – 03.09.68	
Bestwig	04.10.68 31.01.71	
Saarbrücken Hbf	01.02.71 – 28.12.72	z
z	28.12.72	
+	12.04.73	
++ Fa. Metallum, Karthaus	07.73	

23 097 — 023 097-9

Jung 13105/1959 • Li: 14.07.1959 • Abn: 17.07.1959
Beschaffungskosten: 515.000 DM

Minden/W.	20.07.59 – 23.09.60	
Bielefeld	24.09.60 – 24.06.62	
Minden/W.	15.07.62 – 26.05.65	
Bielefeld	30.05.65 – 28.09.65	
Minden/W.	29.09.65 – 28.09.68	
Löhne	29.09.68 – 31.01.69	
Hameln	01.02.69 – 19.06.70	
Bestwig	20.06.70 – 28.01.71	
Saarbrücken Hbf	29.01.71 – 06.02.72	z
z (abg. Karthaus)	06.02.72	
+	18.04.72	
++ Fa. Ferrum, Saarbrücken-Schleifmühle	3. Quartal 72	

23 098 — 023 098-7

Jung 13106/1959 • Li: 28.07.1959 • Abn: 31.07.1959
Probefahrt: 29.07.1959 Frankfurt/M. – Wiesbaden u. z.
Beschaffungskosten: 515.000 DM

Minden (Westf)	01.08.59 – 28.09.68	
Löhne	29.09.68 – 07.12.68	
Löhne z	08.12.68 – 01.02.69	
Hameln z	01.02.69 – 04.03.70	+
z (Ablauf Kesselfrist)	08.12.68	
abg. Bw Hameln		
abg. AW Trier (Ersatzteilspender)		
+	04.03.70	
++ Fa. Metallum, Karthaus	10.70	

23 099 — 023 099-5

Jung 13107/1959 • Li: 18.08.1959 • Abn: 21.08.1959
Beschaffungskosten: 515.000 DM

Minden/W.	22.08.59 – 28.09.68	
Löhne	29.09.68 – 16.01.69	
Saarbrücken Hbf	17.01.69 – 05.08.71	z
z	05.08.71	
+	15.12.71	
++ Fa. Ferrum, Karthaus	02.72	

23 100 — 023 100-1

Jung 13108/1959 • Li: 01.09.1959 • Abn: 03.09.1959
Probefahrt: 02.09.1959 Frankfurt/M. – Wiesbaden u. z.
Gesamtlaufleistung: 944.000 km

Minden (Westf)	04.09.59 – 28.09.68	
Löhne (abgestellt)	29.09.68 – 02.12.68	
Saarbrücken Hbf	03.12.68 – 05.09.73	z
z (Unfall in Ehrang, abgestellt ab 05.73)	05.09.73	
+	28.03.74	
++ Fa. Metallum, Karthaus	06.74	

23 101 — 023 101-9

Jung 13109/1959 • Li: 22.09.1959 • Abn: 24.09.1959
Beschaffungskosten: 515.000 DM

Minden/W.	25.09.59 – 28.09.68	
Löhne	29.09.68 – 02.12.68	
Saarbrücken Hbf	03.12.68 – 20.05.72	z
z	20.05.72	
+	15.08.72	
++ Fa. Ferrum, Karthaus	09.72	

23 102 — 023 102-7

Jung 13110/1959 • Li: 13.10.1959 • Abn: 14.10.1959
Probefahrt: 14.10.1959 Frankfurt/M. – Wiesbaden u. z.

Minden (Westf)	16.10.59 – 28.09.68	
Löhne	29.09.68 – 31.01.69	
Hameln	01.02.69 – 30.09.69	
In Reserve abgestellt	01.10.69 – 07.12.69	
AW Trier L 2	08.12.69 – 29.01.70	
Emden	30.01.70 – 23.09.71	
Saarbrücken Hbf	24.09.71 – 28.03.73	z
z (abg. Karthaus)	28.03.73	
+	24.08.73	
++ AW Trier	4. Quartal 73	

23 103 — 023 103-5

Jung 13111/1959 • Li: 27.10.1959 • Abn: 29.10.1959
Probefahrt: 28.10.1959 Frankfurt/M. – Wiesbaden u. z.
Beschaffungskosten: 515.000 DM
Gesamtlaufleistung: ca. 900.000 km

Minden (Westf)	30.10.59 – 28.09.68	
Löhne	29.09.68 – 30.09.68	
In Reserve abgestellt	01.10.68 – 31.01.69	
Hameln	01.02.69 – 05.12.69	
AW Trier L 2	08.12.69 – 29.01.70	
Emden	30.01.70 – 23.09.71	
Saarbrücken Hbf	24.09.71 – 30.10.73	z
z	30.10.73	
Vermietung als Heizlok an Karl Richterberg AG Bingen-Gaulsheim	10.07.73 – 03.08.73	
+	28.03.74	
++ Fa. Metallum, Karthaus	06.74	

23 104 — 023 104-3

Jung 13112/1959 • Li: 23.11.1959 • Abn: 29.11.1959
Beschaffungskosten: 515.000 DM

Minden/W.	24.11.59 – 28.09.68	
Löhne	29.09.68 – 31.01.69	
Hameln	01.02.69 – 25.09.69	
Saarbrücken Hbf	26.09.69 – 10.12.71	z
z (abg. Karthaus)	10.12.71	
+	18.04.72	
++ Fa. Ferrum, Saarbrücken-Schleifmühle	3. Quartal 72	

23 105 — 023 105-0

Jung 13113/1959 • Li: 02.12.1959 • Abn: 04.12.1959
Probefahrt: 03.12.1959 Frankfurt/M. – Niedernhausen – Höchst – Wiesbaden u. z.
Letzte an DB abgelieferte Dampflok!

Minden (Westf)	07.12.59 – 26.05.68	
Crailsheim	27.05.68 – 17.06.69	
Saarbrücken Hbf	18.06.69 – 03.01.72	z
z (Unfall am 27.12.71 in Trier)	03.01.72	
+	18.04.72	
DGEG (Leihgabe), Neustadt/Weinstr.	72 – 83	
AW Kaiserslautern L 2	06.07.83 – 09.01.85	
Nürnberg 1 (betriebsfähig)	10.01.85 – 17.05.96	
DB Museum	18.05.96 –30.04.2006	

17.10.2005 schwere Beschädigung bei Großbrand im Ringlokschuppen Nürnberg-West.

Leihgabe an SEH (Südd. Eisenbahnmuseum Heilbronn e.V.)	01.05.2006 – heute	
Präsentation auf Bundesgartenschau Heilbronn	17.04.– 06.10.2019	

Die größten 23-Schrottplätze mit Zerlegedaten

	AW Offenburg	Bw Crailsheim	Karthaus	AW Trier	AW Braunschweig
23 001	06.75				
23 002		06.76			
23 003			24.04.70		
23 004				12.76	
23 005	2. Halbjahr 1975				
23 006				2. Halbjahr 1973	
23 007					28.08.75
23 008					13.11.75
23 009					13.05.76
23 010					03.07.75
23 011					2. Halbjahr 1976
23 012		11.75			
23 013				11.67	
23 014					15.01.76
23 016	2. Halbjahr 1976				
23 017			12.10.71		
23 018		10.76			
23 020		02.77			
23 021	2. Halbjahr 1976				
23 022			01.73		
23 024		10.75			
23 025				2. Halbjahr 1975	
23 026					18.09.75
23 028			02.75		
23 030			02.75		
23 031			10.73		
23 034				2. Halbjahr 1974	
23 035				1. Halbjahr 1973	
23 036					1. Halbjahr 1976
23 037			02.75		
23 038					03.06.76
23 039	2. Halbjahr 1976				
23 040		11.75			
23 041			06.73		
23 043				05.68	
23 044				4. Quartal 1973	
23 046			10.73		
23 047			05.74		
23 048			02.75		
23 049				4. Quartal 1975	
23 050				4. Quartal 1975	
23 051					27.05.76
23 052					11.09.75
23 054					18.09.75
23 055	4. Quartal 1975				
23 056				04.69	
23 057				4. Quartal 1968	
23 060					28.08.75
23 061	4. Quartal 1975				
23 062				4. Quartal 1977	
23 063			04.75		
23 064				4. Quartal 1977	
23 065			03.73		
23 067					18.12.75
23 069				4. Quartal 1974	
23 070	4. Quartal 1975				
23 072					20.05.76
23 073				2. Quartal 1977	
23 074			04.75		
23 075					2. Quartal 1976
23 077					22.04.76
23 078			09.02.72		

Bild 592 △
Zwei ehemalige Crailsheimer 023 in Karthaus am 11. Februar 1973: **023 006** (links) und die nach einem Unfall 1972 ausgemusterte **023 044**. 023 006 gehörte zu den wenigen 23, die bis zum Schluss den Heißdampfregler behielten, erkennbar an der Betätigungsstange am Langkessel.
Aufnahme: Reinhard Gumbert

Bild 593 ▷
023 012 wurde am 26. Juni 1975 beim Bw Crailsheim ausgemustert. Als Arbeitsbeschaffungsmaßnahme durften die Schlosser, welche die Lok jahrelang gepflegt hatten, die Zerlegung durchführen. 023 012 war 24 Jahre und 3 Monate in Betrieb, aufgenommen hier am 8. November 1975.
Aufnahme: Burkhard Wollny

	AW Offenburg	Bw Crailsheim	Karthaus	AW Trier	AW Braunschweig
23 081				07.70	
23 082				2. Quartal 1972	
23 083			03.72		
23 084			06.71		
23 085				2. Quartal 1973	
23 086			04.72		
23 087			04.71		
23 088			06.71		
23 090			07.70		
23 091				2. Quartal 1972	
23 092					
23 093			04.72		
23 094				4. Quartal 1975	
23 095			01.73		
23 096			07.73		
23 098			10.70		
23 099			02.72		
23 100			06.74		
23 101			09.72		
23 102				4. Quartal 1973	
23 103			06.74		
Summe	**8**	**6**	**29**	**22**	**17**

◁ **Bild 594**
Gegen Ende der Dampflokzeit versammelten sich im Bw Crailsheim zahlreiche ausgemusterte Loks der Baureihen 023 und 050 – 053. Am 5. April 1975 dämmert **023 001** der Verschrottung entgegen, die letztlich im Juni 1975 im AW Offenburg durchgeführt wurde. Im Gegensatz zu den letzten Lieferserien erreichte 023 001 eine Betriebsdauer von immerhin 24 Jahren.

Aufnahme: Frank Lüdecke

◁ **Bild 595**
Nach 21 Jahren und 5 Monaten Betriebszeit ist die Zerlegung von **023 024**, aufgenommen im Bw Crailsheim am 27. September 1975, schon weit fortgeschritten. Auf die frühere Versuchslok deuten noch die Reste des Warmwasserspeichers hin.

Aufnahme: Bernd Filius

▽ **Bild 596**
Noch relativ vollständig wartet die ehemalige Crailsheimer Mischvorwärmer-**023 085** (z 06.04.71, + 02.06.71) am 2. April 1972 in Karthaus auf die Zuführung in den Wertstoff-Kreislauf. Nur 13 Jahre und 4 Monate war sie für die DB im Betrieb.

Aufnahme: Albert Schöppner, Archiv Jörg Sauter

△ **Bild 597** • Im Bw Crailsheim sind im Oktober 1975 von **023 040** nur noch der Rahmen, die Rauchkammer-Rohrwand, Teile des Kesselbauchs und die Feuerbüchse übrig. Der Tender ist noch komplett. Aufnahme: Albert Schöppner, Archiv Jörg Sauter

▽ **Bild 598** • Die erst eine Woche zuvor z-gestellte und noch nicht ausgemusterte **023 020** bietet am 1. Mai 1975 im Bw Crailsheim bereits ein recht klägliches Bild. Es ist immer wieder erstaunlich, wie schnell Dampflokomotiven verfallen, sobald sie im Freien stehen und nicht mehr im Betrieb sind. 22 Jahre und 5 Monate Betriebszeit stehen bei ihr zu Buche. Aufnahme: Georg Wagner

Verzeichnis und Verbleib aller DB-23

Lok-Nr.	Hersteller	Fabr.-Nr.	Anlieferung	Abnahme	an Bw/Dienststelle	letztes Bw	z-Stellung	Ausmusterung	Bemerkung/Verbleib 2023
23 001	Henschel	28611	29.11.1950	07.12.1950	Kempten	Crailsheim	29.12.74	05.12.74	
23 002	Henschel	28612	08.12.1950	12.12.1950	Kempten	Crailsheim	29.09.75	30.10.75	
23 003	Henschel	28613	15.12.1950	19.12.1950	Kempten	Saarbrücken Hbf	22.01.69	03.03.69	
23 004	Henschel	28614	20.12.1950	22.12.1950	Kempten	Saarbrücken Hbf	06.02.75	16.05.75	
23 005	Henschel	28615	30.12.1950	05.01.1951	Kempten	Crailsheim	01.10.74	05.12.74	
23 006	Henschel	28616	10.01.1951	05.02.1951	Bremen Hbf	Crailsheim	11.12.72	01.05.73	
23 007	Henschel	28617	16.01.1951	30.01.1951	Bremen Hbf	Saarbrücken Hbf	15.04.75	26.06.75	
23 008	Henschel	28618	24.01.1951	05.02.1951	Bremen Hbf	Saarbrücken Hbf	25.06.75	26.06.75	
23 009	Henschel	28619	29.01.1951	08.02.1951	Bremen Hbf	Saarbrücken Hbf	25.06.75	26.06.75	
23 010	Henschel	28620	05.02.1951	13.02.1951	Bremen Hbf	Kaiserslautern	29.12.74	05.12.74	
23 011	Henschel	28621	12.02.1951	21.02.1951	Siegen	Saarbrücken Hbf	25.06.75	26.06.75	
23 012	Henschel	28622	15.02.1951	27.02.1951	Siegen	Crailsheim	22.05.75	26.06.75	
23 013	Henschel	28623	24.02.1951	07.03.1951	Siegen	Bestwig	05.12.66	24.02.67	
23 014	Henschel	28624	17.03.1951	30.03.1951	Siegen	Kaiserslautern	10.05.74	01.10.74	
23 015	Henschel	28625	10.04.1951	25.04.1951	LVA Minden (Siegen)	Bestwig	13.01.69	10.07.69	
23 016	Jung	11471	30.10.1952	11.11.1952	Mainz	Crailsheim	05.06.75	26.06.75	
23 017	Jung	11472	30.10.1952	11.11.1952	Mainz	Bestwig	01.02.70	27.11.70	
23 018	Jung	11473		15.11.1952	Mainz	Crailsheim	14.08.75	30.10.75	
23 019	Jung	11474	18.11.1952	25.11.1952	Mainz	Crailsheim	16.06.75	26.06.75	Museumslok DDM ab 15.06.75
23 020	Jung	11475	25.11.1952	29.11.1952	Mainz	Crailsheim	24.04.75	26.06.75	
23 021	Jung	11476	28.11.1952	04.12.1952	Mainz	Crailsheim	22.07.75	21.08.75	
23 022	Jung	11477	11.12.1952	13.12.1952	Mainz	Saarbrücken Hbf	10.08.72	25.11.72	
23 023	Jung	11478	17.12.1952	20.12.1952	Mainz	Crailsheim	15.12.75	22.12.75	Museumslok SSN ab 1976 (betriebsfähig)
23 024	Jung	11838	19.10.1953	23.10.1953	LVA Minden	Crailsheim	14.03.75	16.05.75	
23 025	Jung	11839	07.10.1953	13.10.1953	Mainz	Saarbrücken Hbf	03.10.74	05.12.74	
23 026	Jung	11966	03.02.1954	06.02.1954	Siegen	Saarbrücken Hbf	15.04.75	26.06.75	
23 027	Jung	11967	22.01.1954	27.01.1954	Siegen	Crailsheim	13.02.74	09.06.74	
23 028	Jung	11968	19.02.1954	23.02.1954	Mainz	Crailsheim	10.06.74	01.10.74	
23 029	Jung	11969	04.03.1954	08.03.1954	Mainz	Crailsheim	12.11.75	22.12.75	Denkmal vor Berufs-schulzentrum Aalen seit 20.06.80
23 030	Henschel	28530	31.07.1954	09.08.1954	Paderborn	Crailsheim	08.07.74	05.12.74	
23 031	Henschel	28531	07.08.1954	13.08.1954	Paderborn	Crailsheim	19.05.73	24.08.73	
23 032	Henschel	28532		04.09.1954	Paderborn	Crailsheim	24.08.73	28.03.74	
23 033	Henschel	28533	04.09.1954	09.09.1954	Paderborn	Crailsheim	07.11.73	19.09.74	
23 034	Henschel	28534	13.09.1954	17.09.1954	Siegen	Saarbrücken Hbf	24.02.74	09.06.74	
23 035	Henschel	28535	23.09.1954	08.10.1954	Mönchengladbach	Crailsheim	29.09.72	29.12.72	
23 036	Henschel	28536	08.10.1954	13.10.1954	Mönchengladbach	Saarbrücken Hbf	28.08.75	30.10.75	
23 037	Henschel	28537	26.10.1954	29.10.1954	Mönchengladbach	Crailsheim	27.05.74	01.10.74	
23 038	Henschel	28538	02.11.1954	06.11.1954	Mönchengladbach	Crailsheim	06.01.75	16.05.75	
23 039	Henschel	28539	13.11.1954	19.11.1954	Mönchengladbach	Crailsheim	05.06.75	26.06.75	
23 040	Henschel	28540	25.11.1954	01.12.1954	Mönchengladbach	Crailsheim	01.05.75	26.06.75	
23 041	Henschel	28541		09.12.1954	Mönchengladbach	Saarbrücken Hbf	29.12.72	12.04.73	
23 042	Henschel	28542	15.12.1954	21.12.1954	Mönchengladbach	Crailsheim	29.09.75	30.10.75	Museumslok SBDK Kranichstein seit 10/1976; betriebsfähig 2023
23 043	Henschel	28543	23.12.1954	30.12.1954	Mainz	Bestwig	24.09.67	12.03.68	
23 044	Krupp	3179	14.06.1954	20.08.1954	Mainz	Crailsheim	16.11.72	29.12.72	
23 045	Krupp	3180	30.06.1954	09.07.1954	Mainz	Bestwig	25.06.69	19.09.69	
23 046	Krupp	3181	12.07.1954	31.08.1954	Mainz	Crailsheim	08.03.73	24.08.73	
23 047	Krupp	3182	25.08.1954	30.09.1954	Oberlahnstein	Saarbrücken Hbf	20.08.73	28.03.74	
23 048	Krupp	3183	23.08.1954	27.08.1954	Oberlahnstein	Crailsheim	21.07.74	05.12.74	
23 049	Krupp	3184	17.09.1954	24.09.1954	Oberlahnstein	Kaiserslautern	31.12.72	12.04.73	
23 050	Krupp	3185	30.08.1954	09.10.1954	Oberlahnstein	Crailsheim	28.11.74	05.12.74	
23 051	Krupp	3186	11.09.1954	17.09.1954	Oberlahnstein	Saarbrücken Hbf	28.08.75	30.10.75	
23 052	Krupp	3187	12.11.1954	24.11.1954	Oberlahnstein	Saarbrücken Hbf	15.04.75	26.06.75	
23 053	Krupp	3441	21.05.1955	10.06.1955	Mainz	Saarbrücken Hbf	12.05.70	24.06.70	
23 054	Krupp	3442	17.05.1955	21.05.1955	Mainz	Saarbrücken Hbf	16.06.75	26.06.75	
23 055	Krupp	3443	30.06.1955	13.07.1955	Mainz	Crailsheim	23.07.74	05.12.74	

Lok-Nr.	Hersteller	Fabr.-Nr.	Anlieferung	Abnahme	an Bw/Dienststelle	letztes Bw	z-Stellung	Ausmusterung	Bemerkung/Verbleib 2023
23 056	Krupp	3444	20.05.1955	28.05.1955	Mainz	Crailsheim	12.11.68	03.03.69	
23 057	Krupp	3445	13.06.1955	20.06.1955	Mainz	Emden	01.10.68	11.12.68	
23 058	Krupp	3446	27.05.1955	10.06.1955	Mainz	Crailsheim	30.12.75	22.12.75	Museumslok EUROVAPOR; betriebsfähig 2023
23 059	Krupp	3447	10.06.1955	20.06.1955	Mainz	Crailsheim	13.07.73	28.03.74	
23 060	Krupp	3448	23.06.1955	30.06.1955	Mainz	Saarbrücken Hbf	15.04.75	26.06.75	
23 061	Krupp	3449	15.07.1955	28.07.1955	Mainz	Crailsheim	29.12.74	05.12.74	
23 062	Krupp	3450	26.07.1955	03.08.1955	Mainz	Saarbrücken Hbf	28.08.75	30.10.75	
23 063	Krupp	3451	30.07.1955	09.08.1955	Mainz	Saarbrücken Hbf	19.09.74	05.12.74	
23 064	Krupp	3452	07.11.1955	11.11.1955	Mainz	Saarbrücken Hbf	03.10.74	05.12.74	
23 065	Jung	12131	16.03.1955	21.03.1955	Mainz	Crailsheim	10.08.72	08.11.72	
23 066	Jung	12132	30.03.1955	04.04.1955	Mainz	Crailsheim	05.03.69	10.07.69	
23 067	Jung	12133	18.04.1955	22.04.1955	BZA Minden	Crailsheim	20.03.75	16.05.75	
23 068	Jung	12134	29.04.1955	05.05.1955	Mainz	Crailsheim	12.03.69	10.07.69	
23 069	Jung	12135	16.05.1955	20.05.1955	Mainz	Saarbrücken Hbf	27.05.73	24.08.73	
23 070	Jung	12136	25.05.1955	28.05.1955	Mainz	Crailsheim	13.08.74	05.12.74	
23 071	Jung	12506	31.08.1956	08.09.1956	Paderborn	Saarbrücken Hbf	28.08.75	30.10.75	Museumslok VSM seit 03.01.77; betrf. 2023
23 072	Jung	12507	18.09.1956	24.09.1956	Paderborn	Saarbrücken Hbf	28.08.75	30.10.75	
23 073	Jung	12508	25.09.1956	06.10.1956	Paderborn	Saarbrücken Hbf	06.02.75	16.05.75	
23 074	Jung	12509	01.10.1956	10.10.1956	Paderborn	Saarbrücken Hbf	03.10.74	05.12.74	
23 075	Jung	12511	16.10.1956	26.10.1956	Paderborn	Saarbrücken Hbf	28.08.75	30.10.75	
23 076	Jung	12510	30.10.1956	08.11.1956	Paderborn	Saarbrücken Hbf	28.08.75	30.10.75	Museumslok VSM seit 27.01.76; betrf. 2023
23 077	Mf Esslingen	5205	14.09.1957	18.09.1957	Oldenburg Hbf	Saarbrücken Hbf	28.08.75	30.10.75	
23 078	Mf Esslingen	5206	30.09.1957	08.10.1957	Oldenburg Hbf	Emden	25.03.71	02.06.71	
23 079	Mf Esslingen	5207	29.10.1957	05.11.1957	Krefeld	HH-Rothenburgsort	01.09.70	15.12.71	
23 080	Mf Esslingen	5208	12.12.1957	18.12.1957	Krefeld	Saarbrücken Hbf	23.03.74	09.06.74	
23 081	Jung	12751	27.09.1957	08.10.1957	Braunschweig Vbf	Emden	20.05.69	19.09.69	
23 082	Jung	12752	12.10.1957	19.10.1957	Braunschweig Vbf	Saarbrücken Hbf	16.04.71	02.06.71	
23 083	Jung	12753	29.10.1957	06.11.1957	Braunschweig Vbf	Saarbrücken Hbf	30.05.71	15.12.71	
23 084	Jung	12754	13.11.1957	16.11.1957	Braunschweig Vbf	Crailsheim	15.12.70	23.02.71	
23 085	Jung	12755	29.11.1957	05.12.1957	Braunschweig Vbf	Crailsheim	06.04.71	02.06.71	
23 086	Jung	12756	16.12.1957	19.12.1957	Braunschweig Vbf	Crailsheim	02.06.71	09.09.71	
23 087	Jung	12757	21.01.1958	24.01.1958	Braunschweig Vbf	Saarbrücken Hbf	11.9.70	27.11.70	
23 088	Jung	12758	31.01.1958	05.02.1958	Braunschweig Vbf	Crailsheim	21.11.70	23.02.71	
23 089	Jung	12759	18.02.1958	23.02.1958	Krefeld	Emden	18.04.71	09.09.71	
23 090	Jung	12760	04.03.1958	07.03.1958	Krefeld	Emden	10.10.69	04.03.70	
23 091	Jung	12761	25.03.1958	29.03.1958	Krefeld	Emden	20.02.71	02.06.71	
23 092	Jung	12762	25.04.1958	29.04.1958	Krefeld	Emden	03.10.71	15.12.71	
23 093	Jung	13101	23.06.1959	29.06.1959	Krefeld	Mannheim	01.04.71	09.09.71	
23 094	Jung	13102	26.05.1959	05.06.1959	Oldenburg Hbf	Saarbrücken Hbf	28.03.73	24.08.73	
23 095	Jung	13103	09.06.1959	18.06.1959	Oldenburg Hbf	Saarbrücken Hbf	08.08.72	08.11.72	
23 096	Jung	13104	30.06.1959	03.07.1959	Oldenburg Hbf	Saarbrücken Hbf	28.12.72	12.04.73	
23 097	Jung	13105	14.07.1959	17.07.1959	Minden/W.	Saarbrücken Hbf	06.02.72	18.04.72	
23 098	Jung	13106	28.07.1959	31.07.1959	Minden/W.	Hameln	08.12.68	04.03.70	
23 099	Jung	13107	18.08.1959	21.08.1959	Minden/W.	Saarbrücken Hbf	05.08.71	15.12.71	
23 100	Jung	13108	01.09.1959	03.09.1959	Minden/W.	Saarbrücken Hbf	05.09.73	28.03.74	
23 101	Jung	13109		24.09.1959	Minden/W.	Saarbrücken Hbf	20.05.72	15.08.72	
23 102	Jung	13110	13.10.1959	14.10.1959	Minden/W.	Saarbrücken Hbf	28.03.73	24.08.73	
23 103	Jung	13111	27.10.1959	29.10.1959	Minden/W.	Saarbrücken Hbf	30.10.73	28.03.74	
23 104	Jung	13112	23.11.1959	29.11.1959	Minden/W.	Saarbrücken Hbf	10.12.71	18.04.72	
23 105	Jung	13113	02.12.1959	04.12.1959	Minden/W.	Saarbrücken Hbf	03.01.72	18.04.72	Museumslok DB Museum; betriebsfähig bis 1999

Bemerkung: Tender für 23 053 bis 064 wurden von der Maschinenfabrik Esslingen geliefert.

Danksagung

Am Ende dieses faszinierenden Buchprojekts möchte ich einigen Kollegen und Freunden, stellvertretend für viele andere, danken für ihre wertvollen Beiträge, seien es zu allererst Fotos, aber auch Betriebsbuch-Scans, Umlaufpläne, amtliche Dokumente und Statistiken. Es ist verblüffend, aus welchen verlorengeglaubten Quellen immer wieder wichtige Details aus der Dampflokzeit auftauchen. Unter denen, die an der Entstehung dieses Buches mitgewirkt haben, befindet sich ein Solitär von herausragendem Rang für die deutsche Lokomotivforschung der letzten fünf Jahrzehnte: Mein langjähriger Freund Hans-Jürgen Wenzel! Seiner Weitsicht ist es zu verdanken, dass von mehreren Bundesbahndirektionen vollständige Sammlungen von Umlaufplänen der fünfziger und sechziger Jahre erhaltengeblieben sind und nicht wie bei anderen Direktionen mit dem Ende des Dampfbetriebes im Altpapier entsorgt wurden. Seine in Jahrzehnten zusammengetragene Fotosammlung ist eine Fundgrube für jeden Autor. Danke Hans-Jürgen!

Einige Persönlichkeiten, die sich über viele Jahre der Sammlung von Dokumenten und Fotos gewidmet haben und deren Früchte ihrer Arbeit auch diesem Buch zugutekamen, möchte ich gerne hervorheben. Ulrich Budde hat mit seinen akribischen Aufzeichnungen der Bauartunterschiede zur Klärung vieler offener Fragen beigetragen. Michael Bergmann und Andreas Giller vom Henschel-Museum und Sammlung e. V. in Kassel bereicherten die Bilddokumentation mit ihren Fundstücken. Joachim Bügel von der Eisenbahnstiftung, der wohl wichtigsten und größten Sammlung von Eisenbahnfotos, stellte wieder zahlreiche Bilddokumente zur Verfügung. Wolfgang Feuerhelm hat über die Jahre mit unglaublicher Hingabe und ebensolchem Fleiß tausende Betriebsbücher digitalisiert und dadurch ein großes Kulturerbe vor dem Untergang bewahrt. Die Betriebsbuch-Scans aus seiner Sammlung waren für dieses Buch eine einzigartige Quelle – herzlichen Dank Wolfgang! Bei der Beschreibung der Versuche beim LVA Minden war das Betriebsbuch des langjährigen „Versuchskaninchens“ 23 015 von besonderem Interesse. Joachim Herter sandte mir nicht nur dieses Dokument postwendend aus seiner Sammlung, sondern auch gleich die Bücher der beiden Bielefelder 23 084 und 085. Großer Dank! Ein Mann, der geradezu erspürt, in welchem Archiv noch nie entdeckte Dokumente schlummern, ist Klaus Hopf. Seine Aussendungen mit den neuesten Fundstücken versetzen den Empfänger regelmäßig in gespannte Erwartung; dafür gebührt ihm mein besonderer Dank. Wenn man ein Thema bearbeitet, bei dem es um Fahrzeiten, Fahrplangestaltung und Zugförderung geht, ist es immer von Vorteil, wenn ein allseits anerkannter Fachmann einen Blick auf das Ergebnis längeren Schaffens wirft. Dieser Mann für die komplexen Fragestellungen war und ist Ronald Krug, dem ich herzlich für seine Anregungen und kritischen Kommentare danke. Matthias Maier hat detaillierte Informationen zum Einsatz der 23 in Rottweil und Freudenstadt beigesteuert. Gerhard Rieger aus Stuttgart hat aus seiner großartigen Sammlung neben Bilddokumenten einige verschollene Buchfahrpläne zutage gefördert, aus denen wichtige Erkenntnisse gewonnen wurden. Die Fotosammlungen mehrerer profilierter Berliner Bildautoren betreut seit einigen Jahren Karsten Risch, der auch für dieses Buch dafür gesorgt hat, dass kein wichtiges Bild ins Vergessen abgleitet. Herzlichen Dank dafür! Der Stiftung des Eisenbahnmuseums Bochum verdanken wir, dass die unschätzbaren Bilddokumente von Ludwig Rotthowe in Gänze erhalten sind; einige seiner meisterhaften Bildschöpfungen können in diesem Buch bewundert werden. Zu den in den Niederlanden erhaltenen 23 und insbesondere zu den Emder Loks hat Rein van Putten wertvolle Bilddokumente und Informationen beigetragen. Dem Team um Frau Block vom Verkehrsarchiv beim DB-Museum gebührt mein Dank für das geduldige Bereitstellen von sozusagen „schwerwiegenden“ Unterlagen. Wenn in diesem Buch beim Betrachten eines ganz besonders stimmungsvollen Fotos der Wunsch aufkeimt, selbst auch mit einem solchen künstlerischen „Auge“ gesegnet zu sein, dann handelt es sich nicht selten um ein Motiv aus der Hand meines Freundes Burkhard Wollny. Es gibt nicht viele Lichtbildner, die schon vor über 50 Jahren solche kraftvollen Bilddokumente geschaffen haben – danke Burkhard!

Die Nerven von Silvia Teutul vom EK-Verlag habe ich bei der Bearbeitung des Layouts vermutlich einer latenten Prüfung unterzogen, danke für Ihre Duldsamkeit und Genauigkeit!

Nicht zuletzt danke ich erneut Jörg Sauter vom EK-Verlag, der mich schon beim 01-Projekt als Lektor begleitete. Er unterzog mein Manuskript einer kritischen Prüfung; seine Anregungen und Verbesserungsvorschläge kamen der Qualität dieses Buches zugute. Ihm verdanken wir auch, dass Bildsammlungen von bedeutenden Bildautoren wie Hans-Jürgen Eggerstedt, Albert Schöppner und Walter Hanold komplett erhalten sind. Als Kurator betreut er die vom EK-Verlag gesammelten Werke von Carl Bellingrodt und Dr. Günter Scheingraber.

Ohne die Hilfe der zuvor Genannten wäre dieses Buch nicht möglich gewesen, dafür noch einmal ein herzlicher Dank!

◁ **Bild 599**
Die Gewerkschaft Deutscher Lokomotivführer passte die Form ihrer Jubiläumsgeschenke schon bald nach dem Krieg der neuen Zeit an. Bereits Anfang 1953 wurde als Ehrengabe diese Plakette verwendet, welche eine Bundesbahn-Neubaulokomotive der Baureihe 23 wiedergab.

Aufnahme: Slg. Dr. Daniel Hörnemann

△ **Bild 600** • Anlässlich vieler Zusammenkünfte bei meinem Freund Heinz Skrzypnik habe ich stets bewundernd auf seine faszinierende Schildersammlung geblickt, in der sich auch ein Messinggussschild von 23 003 und ein auf Blech gemaltes (!) Computerschild von 023 105-0 befindet. AUFNAHME: HEINZ SKRZYPNIK

△ **Bild 601** • Die Loks der ersten Henschel-Serie hatten alle Messinggussschilder, so auch die spätere Versuchslok des LVA Minden 23 015. In der Sammlung von Joachim Herter befindet sich dazu das entsprechende Fabrikschild aus Rotguss. AUFNAHMEN (2): JOACHIM HERTER

△ **Bild 602** • Mit dieser Beschilderung ist 23 039 ab Juni 1967 beim Bw Crailsheim gefahren. Die Gattungsbezeichnung P35.17 ist von besonderem Wert, da diese Schilder ab Ende der fünfziger Jahre nicht mehr an den Loks angebracht wurden. AUFNAHME: WERNER WÜNSCH

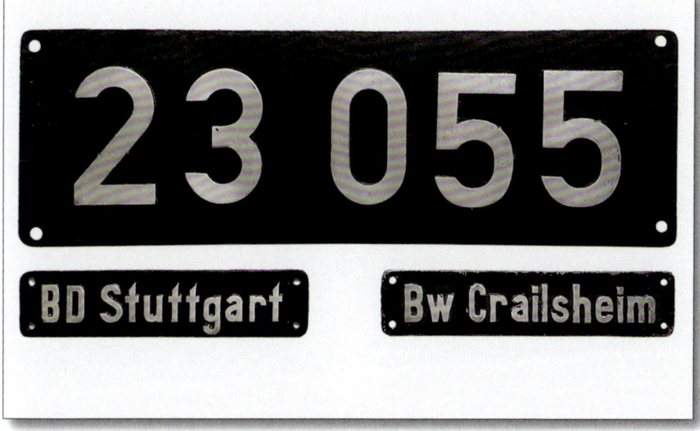

△ **Bild 603** • 23 055 hatte ein Blechschild mit genieteten Aluminiumziffern. Die BD- und Bw-Schilder sind vom Typ GALMg3Cu. AUFNAHME: HEINZ SKRZYPNIK

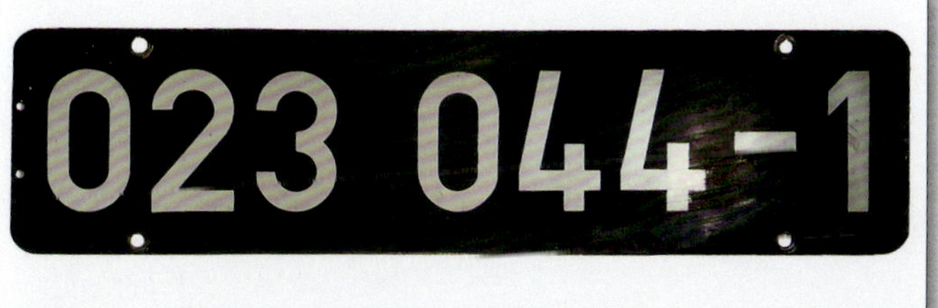

△ **Bild 604** • Das Siebdruckschild der Crailsheimer 023 044 nach dem neuen, ab 1. Januar 1968 gültigen Nummernschema, war ab Ende 1968 an der Lok angebracht. AUFNAHME: GERD BÖCK

△ **Bild 605** • Dieses Lokschild trug 23 072 von der Indienststellung beim Bw Paderborn im Jahr 1956 bis 1969 beim Bw Crailsheim. AUFNAHME: WOLFGANG FEUERHELM

△ **Bild 606** • Glücklich darf sich ein Sammler preisen, der ein solch seltenes Schilderensemble ergattern konnte! Das Bw Emden-Schild ist keine GALMg3Cu-Ausführung, sondern vermutlich ein seltenes RICO-Schild. AUFNAHME: JOHANNES HOLZ-KOBERG

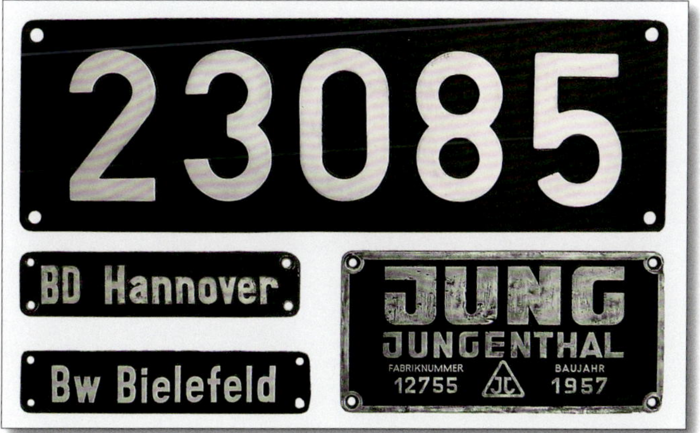

△ **Bild 607** • Die höheren Betriebsnummern aus den letzten Bauserien fielen durch den fehlenden Abstand zwischen Baureihen- und Ordnungsnummer auf, wie 23 085 (Jung 1957/12755) vom Bw Bielefeld. AUFNAHME: JOACHIM HERTER

△ **Bild 608 • 023 020** und 050 833 sind am 22. Februar 1975 mit N 7543 von Lauda nach Crailsheim unterwegs bei Satteldorf. Im Schattenriss kommt die kompakte Form der 023 gegenüber der gestreckten 50 zur Geltung. Aufnahme: Burkhard Wollny

Literatur- und Quellenverzeichnis

Düring, Theodor: Die Leistungsfähigkeit der Baureihe 23, in: Eisenbahn-Revue 3/81, 5/81 und 6/81

Ebel, Jürgen: Die Neubau-Dampflokomotiven der Deutschen Bundesbahn, Band 1 und 2, Stuttgart 1984

Ebel, Jürgen U./Knipping, Andreas/Wenzel, Hansjürgen: Die Baureihe 78, Freiburg 1990

Fuhrmann, Matthias: Deutsche Bahnbetriebswerke, München 2002

Gerlach, Klaus: Für unser Lokarchiv, Berlin 1961

Goette, Peter: Leichte F-Züge der Deutschen Bundesbahn, Freiburg 2011

Gottwald, Alfred B.: 50 Jahre Einheitslokomotiven, Stuttgart 1975

Gottwald, Alfred B.: Wittes Neubaulokomotiven, Freiburg 2014

Griebl, Helmut/Schadow, Fritz: Verzeichnis der deutschen Lokomotiven 1923 – 1963, Berlin 1965

Große, Peter/Högemann, Josef: Die Baureihe V 100, Freiburg 2005

Hehl, Markus: Eisenbahn im Allgäu, Freiburg 1997

Heinrich, Peter: Einheitslok 1950 – Die Baureihen 10, 23, 65, 66 und 82, Nürnberg 1973

Högemann, Josef/Hertwig, Roland/Große, Peter: Die V 160-Familie, Band 1, Freiburg 2015

Hollingsworth, Brian/Cook, Arthur: Das Handbuch der Lokomotiven, Herrsching 1990

Holzborn, Klaus D.: Neubaulokomotiven der DB, München 1981

Joachim, Ernst: Elektrische Lokomotiven, Düsseldorf 1973

Knipping, Andreas: Die Triebfahrzeuge der Deutschen Bundesbahn und ihre Heimat-Betriebswerke, Stand 21.12.1958, Hrsg. Dipl.-Ing. Gustav Röhr, Krefeld 1976

Knipping, Andreas: Die Triebfahrzeuge der Deutschen Bundesbahn und ihre Heimat-Betriebswerke, Stand 31.12.1962, Hrsg. Dipl.-Ing. Gustav Röhr, Krefeld 1974

Konzelmann, Peter: Die Baureihe 41, Wuppertal 1975

Krug, Ronald: Aus dem Zugförderungsdienst: Die schnellsten Dampfzüge, Freiburg 2014

Krug, Ronald: Dampfgeführte Reisezüge der DB, Winterfahrplan 1966/67, Freiburg 2020

Lüdecke, Steffen: Die Baureihe 18^{4-6}, Freiburg 1984

Maier, Matthias: Die Baureihe V 200, Freiburg 2005

Maedel, Karl-Ernst: Die deutschen Dampflokomotiven gestern und heute, Berlin 1963

Mehltretter, J. Michael: Mit Volldampf voraus, Stuttgart 2013

Mehltretter, J. Michael: Dampflokomotiven – Das große Finale, Stuttgart 2012

Messerschmidt, Wolfgang: Taschenbuch Deutsche Lokomotivfabriken, Stuttgart 1977

Niederstraßer, Leopold: Die 1'C 1'h2-Personenzuglokomotive 23 105, Karlsruhe 1976

Niederstraßer, Leopold/van Kampen, Manfred: Auszüge aus dem Betriebsbuch der 23 105, Karlsruhe 1977

Pieper, Oskar: Lokomotivverzeichnis der Deutschen Reichsbahn DB und DR, Band 1, Hrsg. Dipl.-Ing. Gustav Röhr, Krefeld 1968

Scharf, Hans-Wolfgang: Eisenbahnen zwischen Neckar, Tauber und Main, Freiburg 2001

Scharf, Hans-Wolfgang/Ernst, Friedhelm: Vom Fernschnellzug zum Intercity, Freiburg 1983

Steuber, Egbert von: Historische Triebfahrzeuge deutscher Staatsbahnen, Gülzow 2008

van Kampen, Manfred/Wenzel, Hansjürgen: Die Baureihe 03^{10}, Freiburg 1978

Troche, Horst: Die Baureihe 03, Freiburg 2006

Wenzel, Hansjürgen: Die preußische P 8 – Die Baureihe 38^{10}, Freiburg 1994

Wenzel, Hansjürgen: Die Baureihe 39, Solingen 1971

Wenzel, Hansjürgen: Die Baureihe 39, Freiburg 1981

Wenzel, Hansjürgen: Die Baureihe 39 – Geschichte der preußischen P 10, Freiburg 2002

Wenzel, Hansjürgen: Die Baureihe 50, Freiburg 1988

o. Verf.: Beschreibung der 1'C 1'h2-Personenzuglokomotive mit Schlepptender Baureihe 23 der Deutschen Bundesbahn bis Betriebsnummer 23 052, Minden 1953

o. Verf.: Bespannungsübersicht für alle Schnell- und Eilzüge der Deutschen Bundesbahn, Sommerfahrplan 1961, Hrsg. Dipl.-Ing. Gustav Röhr, Krefeld 1970

o. Verf.: Dampfgeführte Reisezüge der DB, verschiedene Ausgaben 1968/69 bis 1973, Freiburg

o. Verf.: Dampflokomotivkunde, Band 134, 2. Auflage, Frankfurt am Main 1959

o. Verf.: Der Dienst des Heizers auf der Lokomotive, Band 430, Frankfurt am Main 1957

o. Verf.: Der Dienst des Lokomotivheizers, Düsseldorf 1951

o. Verf.: Die Dampflokomotive im Betrieb, Frankfurt am Main 1958

o. Verf.: Die DB 1965, Freiburg 1991

o. Verf.: Die DB 1967, Freiburg 1993

o. Verf.: Die DB 1971, Freiburg 1997

o. Verf.: DB Dampflokomotiven 1971, Freiburg 1997

o. Verf.: DB-Dampflokomotiven 1972, Freiburg 1998

o. Verf.: DB Dampfloks 1973, Freiburg 1999

o. Verf.: Die Triebfahrzeuge der Deutschen Bundesbahn und ihre Heimat-Betriebswerke, Stand 31.12.1964 ff., Hrsg. Dipl.-Ing. Gustav Röhr, Krefeld 1965

o. Verf.: Kostenträger-Stückrechnung für Dampflokomotiven in den AW (Zentralstelle für den Werkstättendienst Frankfurt (M)

o. Verf.: Kurzbeschreibung der 1C1h2-Personenzuglokomotive Betriebsgattung P 35.17/19 Reihe 23 der Deutschen Bundesbahn, Minden 1950

o. Verf.: Wissenschaftliche Dienste, Deutscher Bundestag, Kaufkraftvergleiche historischer Geldbeträge, Berlin 2016

o. Verf.: Lok-Magazin, Hrsg. Karl-Ernst Maedel, verschiedene Ausgaben ab Nr. 1, Stuttgart 1962 ff.

o. Verf.: Merkbuch für die Schienenfahrzeuge der Deutschen Bundesbahn, Dampflokomotiven und Tender (Regelspur), Frankfurt am Main 1953

o. Verf.: 125 Jahre Henschel Lokomotiven, Kassel 1973

o. Verf.: Henschel-Hefte, verschiedene Ausgaben, Kassel 1935-1938

o. Verf.: Die Lokomotivfabriken Europas, Wien 1962

o. Verf.: Zugförderungsvorschrift, Dienst auf Dampflokomotiven, gültig ab 1. Januar 1965

Betriebsbücher

Eisenbahn-Kurier, verschiedene Ausgaben, Freiburg

Die Dampf-Bahn, versch. Ausgaben ab 1975, Pöcking

Werkkarten

Ausmusterungsprotokolle

Wikipedia

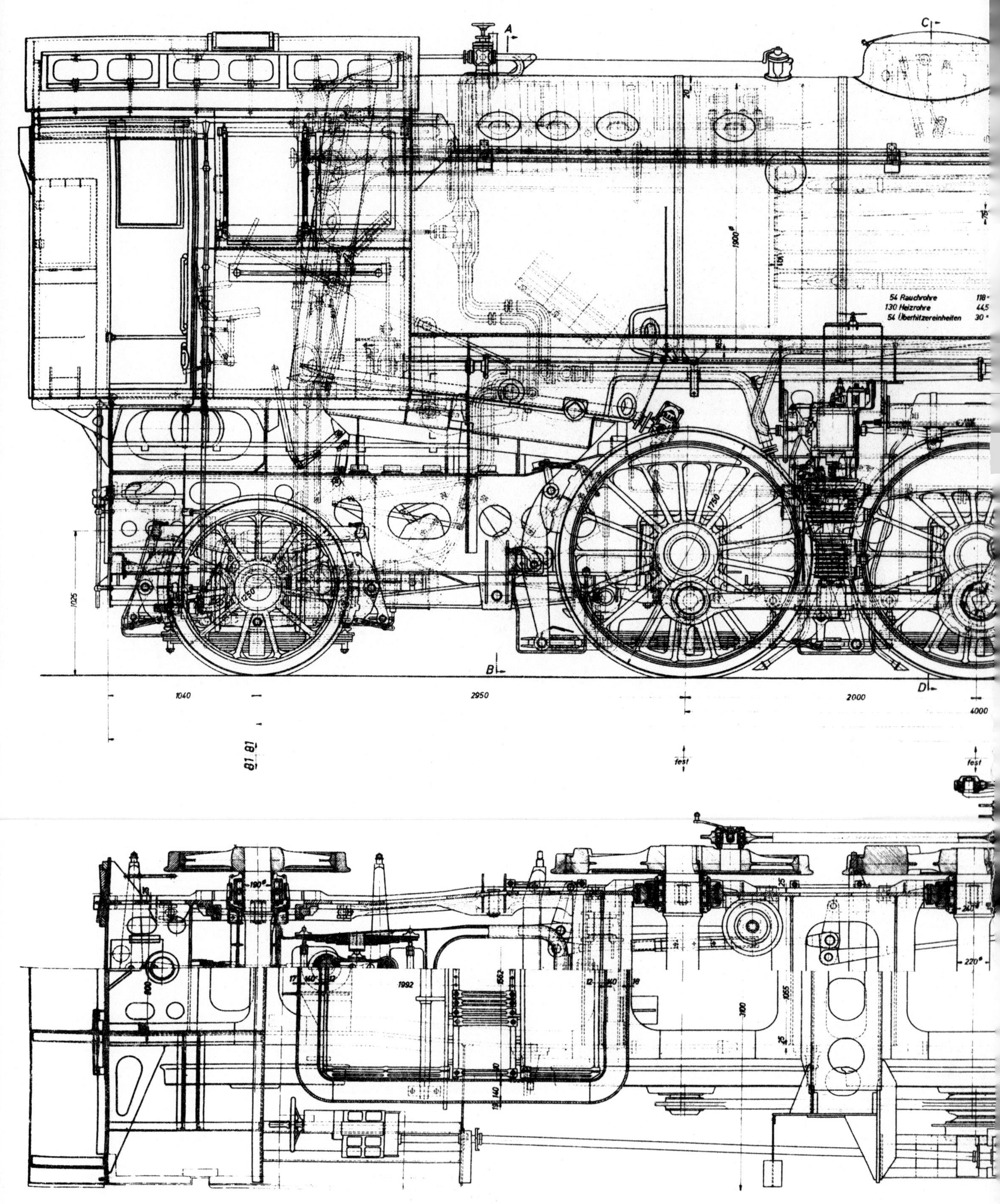

A
C
54 Rauchrohre
130 Heizrohre
54 Überhitzereinheiten
1900
1750
1250
1125
B
D
1040
2950
2000
4000
fest
fest
1992